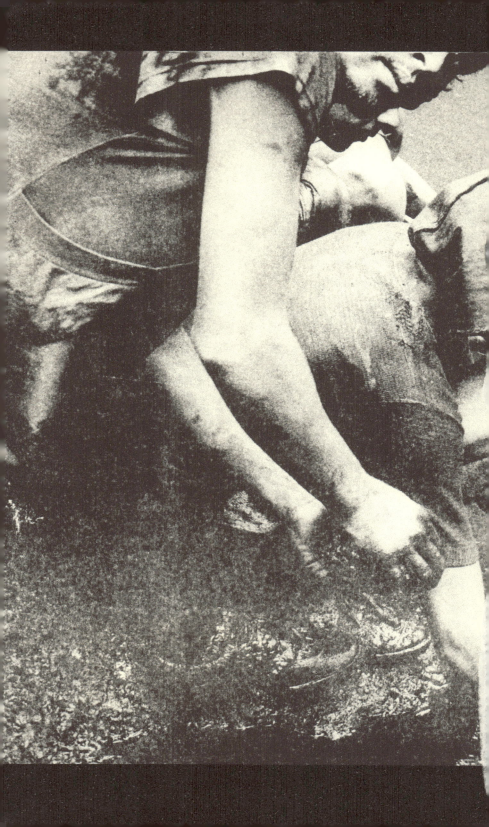

A Morte Social dos Rios

Coleção Estudos
Dirigida por J. Guinsburg
(*in memoriam*)

NOVA EDIÇÃO

Coordenação de texto Luiz Henrique Soares e Elen Durando
Preparação Ingrid Basílio
Revisão Marcio Honorio de Godoy
Capa Sergio Kon
Produção Ricardo W. Neves e Sergio Kon.

Mauro Leonel

A MORTE SOCIAL DOS RIOS
CONFLITO, NATUREZA
E CULTURA NA AMAZÔNIA

FOTOS
Sebastião Salgado

NOTA:
A primeira edição deste livro contou com o apoio da Fapesp e uma versão anterior foi selecionada dentre quarenta obras inscritas no Programa de Edições de Textos de Docentes e Pós-Graduados da Unesp de 1997.

CIP-Brasil. Catalogação-na-Publicação
Sindicato Nacional dos Editores de Livros, RJ

L599m
2. ed.

Leonel, Mauro
A morte social dos rios : conflito, natureza e cultura na Amazônia / Mauro Leonel ; fotos Sebastião Salgado. - 2. ed.. - São Paulo : Perspectiva, 2020.
480 p. : il. ; 23 cm. (Estudos ; 157)

Inclui bibliografia
ISBN 978-65-5505-001-1

1. Desenvolvimento sustentável - Amazônia. 2. Garimpo - Aspectos ambientais - Amazônia. 3. Pesca - Aspectos ambientais - Amazônia. I. Título. II. Série.

20-63393
CDD: 363.7098113
CDU: 502.1:639.2(811.3)

Meri Gleice Rodrigues de Souza - Bibliotecária CRB-7/6439
06/03/2020   13/03/2020

EDIÇÃO REVISTA E AUMENTADA
2ª edição

Direitos reservados em língua portuguesa à
EDITORA PERSPECTIVA LTDA.
Av. Brigadeiro Luís Antônio, 3025
01401-000 São Paulo SP Brasil
Telefax: (011) 3885-8388
www.editoraperspectiva.com.br

2020

Este livro é dedicado aos que apoiaram sua publicação
e em particular àqueles que permitiram suas duas edições:
Gita Guinsburg
e Jacó Guinsburg (*in memoriam*);
ao professor Aziz Ab'Saber (*in memoriam*) e ao colega e
amigo professor André Felipe Simões, pelos prefácios;
ao professor Carlos Walter Porto-Gonçalves,
pela apresentação na orelha da capa;
a Lélia e Sebastião Salgado pelas fotos antológicas.

Os maus passos
quem os deu na vida
foi a arrogância
da cabeça
a afoiteza
das glândulas
a incurável cegueira
do coração.
Os tropeços
deu-os a alma
ignorante dos buracos
da estrada
das armadilhas
do mundo

JOSÉ PAULO PAES

Que um sonho bom, sem fronteiras, sem fim,
Venha clarear em nós o eu profundo.
É preciso rir – ensina Piolim –
E na alegria renovar o mundo

CARLOS DRUMMOND DE ANDRADE

> [...] *país inconcluso,*
> *de rios informulados*
> *e geografia perplexa.*
>
> CARLOS DRUMMOND DE ANDRADE

Euclides da Cunha chamou um de seus ensaios sobre a Amazônia de "Fazedores de Desertos". Esta lembrança pretende mostrar que a forma predatória do avanço das fronteiras econômicas preocupava a muitos e sempre. Este trabalho é apenas mais uma contribuição à compreensão de como o colonizador – e os "empresários de hecatombes" – deixam suas pegadas pela destruição e não apenas na natureza, mas nas populações. O próprio processo da ocupação, da caça ao índio e do garimpo já era então assim descrito:

[...] Aggravou-o ainda com se alliar ao sertanista ganancioso e bravo, em busca do selvicola e do ouro.

Afogado nos recessos de uma flora que lhe abreviava as vistas e sombreava as tocaias do tapuya, dilacerou-a, golpeando-a de chammas, para desvendar os horizontes e destacar, bem perceptíveis, tufando nos descampados limpos, as montanhas que o norteavam balisando a rota das bandeiras.

Atacaram a terra nas explorações minerais a céo aberto, esterilisaranvna com o lastro das grupiaras, retalharam-na a pontaços de alvião, degradaram-na com as torrentes revoltas; e deixaram, ao cabo, aqui, ali, por toda a banda, para sempre áridas, avermelhando nos ermos com o vivo colorido da argilla revolvida, as *calas* vasias e tristonhas com o seu aspecto suggestivo de grandes cidades em ruínas [...]

Ora, taes selvatiquezas atravessaram toda a nossa história [...]
[In: *Contrastes e Confrontos*, Editora Porto, 1909.]

Sumário

Prefácio à Segunda Edição – *André Felipe Simões*.........XVII
Mauro Leonel, um Cientista Social Participativo –
Aziz Ab'Saber XXIII
Siglas XXIX

Introdução à Segunda Edição
ATUALIDADE DA ÁGUA E AMBIENTE
NA AMAZÔNIA 3
    Desmatamento 8
    Hidrelétricas na Amazônia.................... 12
    Governo Bolsonaro e Meio Ambiente............ 17
    Conflitos em Terras Indígenas................ 24
    Mineração e Garimpo em Terras Indígenas...... 31
    Áreas de Conservação......................... 36
    Agrotóxicos e Meio Ambiente.................. 37
    Plástico e Meio Ambiente..................... 38
    Fontes Consultadas........................... 39

1 A AMBIVALÊNCIA:
DEGRADAÇÃO AMBIENTAL E DESIGUALDADE
NAS QUESTÕES SOCIOAMBIENTAIS
AMAZÔNICAS................................. 43

Precedentes Metodológicos e Referências Para
o Processo de Produção deste Trabalho............ 48

A Pesquisa e o Intervalo Entre o Que É e o Que Deve Ser... 52

As Ciências Humanas no Diálogo Interciências
da Sustentabilidade............................. 54

A Solidariedade das Determinações................ 62

Modos Socialmente Diferenciados de Uso
dos Recursos Regionais.......................... 64

A Relevância do Estudo do Uso Social dos Rios
e da Pesca Para a Compreensão das Correlações
Socioambientais Amazônicas..................... 69

2 O USO SOCIAL DOS RIOS E A COMPETIÇÃO
NA PESCA INTERIOR 75

O Pescador Beiradeiro ou Ribeirinho............... 75

Pescadores Artesanais Especializados no Abastecimento
das Cidades..................................... 78

O Associativismo Paternalista.................... 81

Intermediação e Aviamento na Pesca Artesanal...... 87

3   A DIVERSIDADE DAS PESCAS AMAZÔNICAS ... 93
    A Pesca Artesanal e Empresarial Estuarina
    de Exportação 93
    O Piabeiro e a Pesca Ornamental 97
    A Diversidade e Sazonalidade da Pesca, dos Rios
    e das Espécies 99
    A Pesca Principal dos Migradores Escamosos e
    dos Bagres 102
    Os Instrumentos e Técnicas de Pesca e Seus Impactos .. 108

4   OS CONFLITOS E AS POLÍTICAS PÚBLICAS
    DA PESCA 115
    A Piscicultura Empresarial de Espécies e Técnicas
    Forâneas 115
    A Política Governamental Para a Pesca na Amazônia . 118
    A Importância das Várzeas 127
    O Conflito pelas Várzeas, Lagos e Outros Locais
    Piscosos 132
    Os Índios e a Pesca 138

5   O GERENCIAMENTO DOS RIOS E DA PESCA ... 143
    Referências Combinadas Para o Gerenciamento 143
    O Controle Pela Quantidade, Instrumentos,
    Espécies e Estações 147
    O Gerenciamento Pela Diversificação
    e Alternativas de Mercado 153
    O Controle dos Desperdícios e a Reforma
    Institucional 154
    Uma Pesquisa Interdisciplinar Voltada ao
    Gerenciamento da Pesca 157
    Pesca: uma Perspectiva Socioambiental Para
    o Gerenciamento dos Recursos Comuns 161

6 MERCADOS E EQUIPAMENTOS DA PESCA
REGIONAL 171
As Estatísticas Precárias da Importante Pesca
Artesanal Amazônica 171
A Pesca de Manaus e a Sobrepesca Seletiva 174
A Pesca Interior do Pará: Consumo e Mercados 177
A Carência dos Artesanais em Estocagem
e Congelamento 181
As Embarcações da Pesca Artesanal e Industrial..... 185

7 O GARIMPO, OS RIOS E A PESCA TRADICIONAL . 189
O Impacto Socioambiental dos Garimpos 189
Efeitos do Garimpo Sobre a Pesca e os Beiradeiros..... 195
Um Quilo de Ouro Exige um Quilo e Meio, ou Mais,
de Mercúrio 199
A Garimpagem Pipoca em Toda a Região e Além
Fronteiras 207
O Garimpo e os índios 215
As Pesquisas Sobre os Impactos do Mercúrio
e do Garimpo 227
Medidas Preventivas e Corretivas na Correlação
Garimpo e Pesca............................... 232
A Competição Entre a Pesca e o Garimpo 238

8 FRONTEIRA ECONÔMICA, POLÍTICAS
PÚBLICAS E A PESCA 243
A Competição da Pesca e da Agropecuária
Pelas Várzeas................................. 243
As Madeireiras e o Carvão Vegetal 248
A Extração Mineral 250
A Mineração e os Índios 255
A Urbanização e a Industrialização de Acampamento 258
Estradas...................................... 264
As Hidrelétricas e as Grandes Construtoras 266
As Hidrelétricas na Amazônia 269
Os Interesses no Planejamento Energético.......... 274
O Impacto Socioambiental das Hidrelétricas 278
As Hidrelétricas, a Pesca e os Beiradeiros 288
Colonização, Polonoroeste e Hidrelétricas.......... 293

9 SOCIEDADES E NATUREZAS 303
Diferenças no Uso Social dos Recursos Naturais 303
Concepções e Técnicas Diferenciadas de Uso dos
Recursos 307
A Irrupção do Estado e do Progresso 313
Endocolonialismo, Qualidade de Vida e Acumulação
Primitiva 320
A Contribuição e os Impasses do Ambientalismo ... 323
A Introdução do Custo Socioambiental 330
Referências Para o Desenvolvimento Sustentável 334
Uma Estratégia Pela Diversidade e Pela Eficácia..... 340

ANEXO:
POLÍTICA AMBIENTAL
E TEORIAS DA DEMOCRACIA 351
Negacionismo Antiambiental
de Trump e Bolsonaro 351
A Degradação Ambiental Como um Processo
Sociopolítico 352
Teorias Políticas Participativas, Discursivas, Deliberativas
e Delegativas 353
  I. Cidadania 356
  II. Mudanças Climáticas 372
  III. Contribuições da política ambiental 384
  IV. ONGs: Diversas Visões Analíticas 409
Lições da Arqueologia: Sociedades e Civilizações
Escolhem Seu Futuro 422
Bibliografia 424

LISTA DE ALGUMAS ÁREAS INDÍGENAS
COM GARIMPO 429

BIBLIOGRAFIA 433

Prefácio à Segunda Edição

Convidado que fui a redigir o prefácio associado ao relançamento do livro *A Morte Social dos Rios*, de autoria do antropólogo Mauro Leonel, inevitavelmente sobreveio-me sentimento de orgulho, de regozijo. Nesse sentido, posso afirmar que Mauro Leonel, que foi meu colega enquanto docente do curso de bacharelado em Gestão Ambiental da Escola de Artes, Ciências e Humanidades da Universidade de São Paulo – EACH/USP –, também conhecida como USP Leste, representa para mim uma das mais importantes referências no âmbito da ciência e da academia brasileiras. Foi também professor da pós-graduação de Estudos Culturais (EACH) e América Latina (Prolam-USP). De fato, entre os anos de 2009 e 2012, tive a oportunidade de observar Mauro atuando como professor e, sem dúvida, aprendi sobremaneira com ele. Recordo-me que nós dois ministramos, naquele período, aulas para turmas da disciplina "Sociedade, Meio Ambiente e Cidadania" do Ciclo Básico da EACH. Nesse contexto, pude verificar o quão coerente e necessariamente transgressor era Mauro em suas aulas. Se o conteúdo tratava de influências da cultura cigana (ou indígena ou de povos ribeirinhos ou de populações caiçaras, por exemplo) na constituição da sociedade brasileira, Mauro se esmerava em realizar a máxima imersão possível de seus alunos (muitos destes depois se tornaram seus admiradores e, de certa forma, discípulos) na temática em foco. Além de tudo, para minha felicidade, consegui conquistar a amizade de Mauro. Destarte, ainda hoje, em minhas aulas na USP e palestras no Brasil e no exterior, de forma direta e/ou indireta, procuro me inspirar em Mauro e em sua forma inteligentemente não convencional de construir o ser cientista brasileiro e o ser docente de universidade pública deste país.

No contexto vigente de restauração do Instituto de Antropologia e Meio Ambiente, o Iamá (ONG que contou com fomento nacional e internacional, e que trabalhou de modo caracteristicamente interdisciplinar nas décadas de 1980, 1990 e 2000 sob a égide de intensa produção acadêmica no campo das ciências políticas e sociais e, em paralelo, assim como nos dias atuais, atenta ao ativismo político endereçado ao fortalecimento da democracia no Brasil; ou, quiçá, estabelecimento dessa democracia talvez ainda não efetivamente nascida), estou, mais uma vez, desfrutando do sempre enriquecedor convívio mais próximo do amigo Mauro Leonel (hoje docente aposentado pela USP). Assim, instado por Mauro a redigir o prefácio correlato ao relançamento do livro *A Morte Social dos Rios*, originalmente publicado em 1998, empreendi a necessária leitura da supracitada obra. Nesse sentido, já no início de minha leitura deparei-me com o prefácio original redigido pelo geógrafo e professor universitário brasileiro Aziz Nacib Ab'Saber (1924-2012), considerado referência mundial em temáticas relacionadas ao meio ambiente e a impactos ambientais decorrentes das atividades humanas. A tarefa que me foi solicitada não me pareceu nada trivial, afinal, dialogar, mesmo que indiretamente e *vis-à-vis* de outro recorte temporal, com o eminente Aziz Ab'Saber é, compreendo, intrinsecamente desafiante por natureza.

Para além da leitura de *A Morte Social dos Rios*, fui brindado com a avaliação de uma atualíssima introdução, "Atualidade da Água e Ambiente na Amazônia", que significa, de fato, ampla contextualização do problema socioambiental no Brasil. Tal introdução tornou *A Morte Social dos Rios* ainda mais indispensável aos formandos e especialistas em sociologia, geografia, gestão ambiental, economia, engenharia ambiental e biologia, afinal é possível, a partir do texto introdutório à presente 2ª edição, a devida e necessária atualização do debate socioambiental no país e, centralmente, das notadamente deletérias políticas governamentais em delineamento – e algumas já vigentes – direcionadas à (não) preservação ambiental. É nessa introdução que o antropólogo Mauro Leonel, de ampla vivência em investigações de campo (particularmente na Amazônia brasileira, a Amazônia Legal) e detentor de diversas e sólidas conexões científico-acadêmicas com pesquisadores de universidades do exterior (em especial, europeias), revela todo o vigor de sua contundência e criticidade sociopolítica sem perder, em momento algum, necessário rigor científico e distanciamento coerente do que, em geral, traz degradante (em textos acadêmicos) juízo de valor (ou seja, em última instância e simplificadamente, o panfletarismo ambiental). De fato, Mauro Leonel consegue conjugar profundidade científico-acadêmica sem se tornar, sob hipótese alguma, enfadonho e/ou hermético – e isso, lamentavelmente, é raro.

Parece-me claro que cabe, em especial a alunas e a alunos de cursos de graduação relacionados à temática ambiental, em nome da luta pela preservação da vida e do meio (e do todo) ambiente, usar de seus saberes acadêmico-científicos atuais ou vindouros, participar ativamente da construção de processos (no seio das esferas governamental, privada, no ambiente acadêmico, na atuação em ONG, no cotidiano) que visem, prioritariamente, a mitigação das históricas desigualdades socioeconômicas existentes de modo vigoroso no Brasil e no mundo. Essa necessidade se materializa a partir do foco na formação crítica e humanística (no sentido iluminista da palavra), ou seja, aquela que signifique uma formação efetivamente não abstratizante, que viabilize o rumar em prol de maior compreensão de sua própria realidade social e da ampliação de seus horizontes de vida e mesmo de sua felicidade (por mais difícil que seja mensurar "felicidade"). Assim, tais formandos "das áreas ambientais" não podem ficar indiferentes a esse contexto que, sob óptica realista e na medida do aumento do crescimento econômico em detrimento à preservação do meio ambiente e da dignidade para a maioria dos humanos, significa a antecipação da extinção da própria espécie humana (e, o que me parece ainda mais inaceitável, na extinção em massa das demais espécies vivas do planeta). É também sob esse viés que a leitura de *A Morte Social dos Rios* contribui sobremaneira.

Na supracitada introdução, temas emblemáticos inerentes à questão ambiental no Brasil são apresentados e analisados sob preceitos de leitura não hermética; assim, mesmo leitores noviços (digamos, bacharelandos de primeiro semestre) sentir-se-ão próximos do sempre original e instigante texto de Mauro Leonel. O texto introdutório, apresentado a seguir, discorre de modo fluente sobre temas tênues e complexos, considerando-se as políticas ambientais que vêm sendo engendradas pelo atual governo federal. Destarte o contexto atual é de aparentemente irrefreáveis retrocessos na atuação do poder público face à preservação do meio ambiente no Brasil. E é nessa audaciosa perspectiva que temas como "água na Amazônia e impactos ambientais", "Desmatamento", "'Bolsonarismo' e Meio Ambiente", "Mineração em áreas indígenas e de conservação", "Garimpo ilegal", "Agrotóxicos e Meio Ambiente", "Hidrelétricas na Amazônia", "Conflitos em terras indígenas" e "Plástico e Meio Ambiente" são apresentados e analisados (ou, talvez, dissecados). Somente a introdução citada, *per si*, encerra nítido potencial para tornar-se publicação científica em periódico internacional de relevo em vista da visão e análise panorâmica tão atual e necessária para a compreensão das inúmeras dificuldades de se rumar para algum desenvolvimento socioeconômico no Brasil, sem que haja, correlatamente, despropositada e aviltante degradação da base de recursos naturais do país e, mais do que isso, da ainda pujante e (mui) relativamente intocada natureza desse imenso naco dos trópicos tão invejado pelos imperialismos estadunidenses, europeus e, uma novidade preocupante, aqueles crescentemente perpetrados por emergentes potências asiáticas.

E é essa a tônica da íntegra do fascinante livro *A Morte Social dos Rios*.

A obra em si, parafraseando livremente Aziz Ab'Saber, trata-se de ensaio de elevado fôlego no qual o autor busca demonstrar que o envenenamento dos rios amazônicos por mercúrio impacta profundamente a qualidade do pescado, a saúde dos pescadores e da população em geral, o que causa perdas no campo da mais importante fonte de renda para a sobrevivência dos amazônidas. Nesse contexto, *A Morte Social dos Rios* é livro atualíssimo sob quaisquer matizes políticos, sociais, científicos e acadêmicos que se possa focar. Centralmente, significa forte crítica, sob sólidas bases científicas e com amplas investigações (de longo prazo) de campo, ao caráter predatório do estilo nada distributivo do capitalismo irrefreável, e, aparentemente, acéfalo (na medida em que degrada as próprias fontes geradoras de acumulação de riqueza) implementado na região amazônica (e, nos dias de hoje, considerando o ano da graça de 2019, de modo claro e notório, em todo o Brasil).

Como fruto direto da transformação do capitalismo financeiro em modelo hegemônico (ou da transformação do capitalismo industrial de base produtiva em capitalismo financeiro de base especulativa), menos de cinquenta pessoas no mundo detém riqueza equivalente àquela possuída por cerca de metade da população mundial, ou seja, algo em torno de 3,6 bilhões de terráqueos, de acordo com a Confederação Não Governamental Oxfam. Já no Brasil, os cinco cidadãos mais ricos detêm riqueza equivalente à riqueza somada da metade mais pobre da população brasileira (algo próximo de 103 milhões de pessoas), também de acordo com a Oxfam (2018). E cada vez mais esse processo piramidal de enriquecimento vem se intensificando. Para 2050, quando a ONU estima que sejamos cerca de 9,5 bilhões de viventes humanos na Terra, na medida em que o capitalismo financeiro se tornar ainda mais hegemônico e associado à busca pela maior lucratividade possível dentro do menor tempo (a despeito de preceitos do desenvolvimento sustentável ou mesmo de aspectos claramente aéticos e/ou amorais sob a perspectiva de descaso para com questões de cunho socioambiental), mui provavelmente menos dezenas de humanos hão de possuir riqueza análoga àquela somada por mais e mais bilhões de (também) humanos. Não por acaso tem aumentado os casos de suicídio dentre, por exemplo, as comunidades indígenas do Brasil, afinal, perceber-se desvalorizado e desabilitado para o livre viver, para o desfrute e a construção e o revisitar da própria cultura ou para alguma relação mais harmônica com a natureza, de fato, para alguns, pode ser absolutamente inaceitável, pode ser insuportável. E a sociedade brasileira, como demonstra *A Morte Social dos Rios*, lamentavelmente é exemplar no que se refere à estratificação socioeconômica e às inúmeras deletérias consequências imateriais e materiais de matizes diversos aos socialmente mais vulneráveis.

A ilusória barreira de indiferença exercida pelos privilegiados em relação aos depauperados, aos pobres e aos miseráveis, cuja miséria procuram ignorar ou ocultar, como diria o eminente educador Darcy Ribeiro (1922-1997), em última instância representa uma espécie de miopia social. Mas essa miopia talvez possa, futuramente, ser atenuada e talvez até "curada" também por alguns dos leitores de *A Morte Social dos Rios* (nem que seja no próximo século, se não nos extinguirmos antes em prol da acéfala volúpia consumista). Talvez pareça utópico mencionar algo assim considerando-se as abissais desigualdades socioeconômicas intrínsecas ao país e a conjuntura política pela qual o país atravessa (claramente perpetuadora de desigualdades), mas, como diria o escritor uruguaio Eduardo Galeano (1940-2015): "A utopia está lá no horizonte. Aproximo-me dois passos, ela se afasta dois passos. Caminho dez passos e o horizonte corre dez passos. Por mais que eu caminhe, jamais alcançarei. Para que serve a utopia? Serve para isso: para que eu não deixe de caminhar."

Assim, também em prol da construção de um mundo mais ambientalmente justo, o livro em foco é de ampla valia. Afinal, como demonstra Mauro Leonel nesta obra atemporal, sob qualquer base argumentativa (conceitual ou não), não é aceitável a priorização do sistema econômico com base na degradação do meio ambiente e das condições humanas e não humanas de vida. Em muitos casos, falamos aqui de extinção.

O livro *A Morte Social dos Rios* não é, de fato, circunscrito tão somente a leitoras e leitores atuantes no ambiente acadêmico, a despeito de significar também contribuição relevante para a ciência produzida no Brasil e na América Latina. O texto flui de modo instigante e agradável tal como naqueles livros que não conseguimos frear a leitura até que finde.

Em nome da construção coletiva do conhecimento com vista a uma sociedade mais justa, fraterna e igualitária, recomendo fortemente a leitura desta instigante, necessária e atualíssima obra!!!

André Felipe Simões
Universidade de São Paulo – USP

Mauro Leonel, um Cientista Social Participativo

Mauro Leonel é um antropólogo que, ainda muito jovem, optou por investigações de campo em longínquos setores da Amazônia brasileira. Durante anos realizou pesquisas em Rondônia, no Amazonas, Pará, Mato Grosso, Amapá, Acre e em Goiás, onde entrou em contato com lideranças indígenas, seringueiros e beiradeiros, procurando conhecer e servir às populações da região. Suas pesquisas o levaram ainda a países vizinhos como Paraguai, Peru e Bolívia. Mais do que isso, criou oportunidades para que representantes das comunidades indígenas – aculturadas ou não aculturadas – pudessem postular soluções viáveis para seus companheiros e seus aldeamentos. De modo explícito e permanente, escreveu trabalhos, de alta sensibilidade humana e cultural, sobre os grupos indígenas da Amazônia. Em 1985, redige um simbólico artigo, sob o título de "A Democracia Não Chegou aos Índios". No ano seguinte (1986), publicou pelo CEDI um trabalho de denúncia – "Índios Isolados. As Maiores Vítimas". Em 1995, publica um ensaio de maior fôlego sob a designação contundente de *Etnodicéia Uruéu-Au-Au*[1], fixando-se na temática da letalidade desumana que atinge os grupos de cultura primária

1. Edusp/Fapesp/Iamá, 1995.

durante contatos culturais assimétricos e altamente desiguais. Na importante revista francesa *Ethnies Droits de l'Homme et Populations Autochtones*, editada pela Survival International/France, colaborou com um estudo intitulado "Dernier cercle: Indiens isoles du Polonoroeste", ocasião rara em que teve a felicidade de escrever na mesma publicação em que sua companheira de vida e trabalho, Betty Mindlin, divulgou seu artigo sobre "Le Projet Polonoroeste et les Indiens".

Mauro Leonel desenvolve trabalhos de valor e grande dignidade humana e participativa, em coautoria com Betty Mindlin e Carmen Junqueira, a saber: "O Segundo Massacre Cinta-Larga" (Mauro e Carmen); "O Cenário do Assassinato de Iabner Suruf" (Mauro e Betty); "Tancredo e os Índios de Rondônia e Mato Grosso" (Mauro e Carmen); "O Que o Polonoroeste Deve aos Índios" (Mauro e Betty); "Environment, Poverty and Indians" (Mauro, Carmen e Betty).

Cientes de que no dia em que desaparecer o último representante de um grupo linguístico e cultural estará definitivamente perdida a possibilidade de recuperar o essencial de culturas que têm raízes na pré-história, Mauro e seus companheiros de trabalho têm propugnado por corretas demarcações de terras indígenas, proteção efetiva dos grupos isolados e um novo entendimento do que sejam os "redutos dos homens", perdidos no meio de florestas biodiversas e no domínio dos mais distantes igarapés das solidões amazônicas. Cansados de tentar obter auxílio esclarecido de autoridades de seu país, Mauro, que durante a década de 1970, viveu na França, Portugal e Suíça, Carmen e Betty apelaram para as organizações e pessoas esclarecidas de outros países, através de artigos e pronunciamentos dirigidos a uma clientela cultural sensível e colaboradora. Exemplo desse tipo de iniciativa é o artigo intitulado "A Corresponsabilidade Internacional e a Questão Indígena e Ambiental na Amazônia", publicada na revista *São Paulo em Perspectiva*, dedicada à Eco-Rio 92 (Fundação SEADE), e reproduzida em espanhol e inglês no Boletim da IWGIA, em Copenhague, Dinamarca, e pela Novib, na Holanda.

Sobre Mauro Leonel, testemunhei ainda dois episódios de sua vivência direta com nossos problemas: um em Rondônia, em Porto Velho, procurando resolver o drama de um chefe indígena envolvido numa briga de bar e que, machucado, encontrava-se às voltas com a polícia, por ter reagido a bordunadas; outro no Tribunal Russel sobre a Amazônia, em Paris (1990), assessorando os representantes indígenas (entre eles, David Ianomami), que lhe pediam para redigir uma nota reinvidicando o direito de escolher eles mesmos os antropólogos, funcionários, e não apenas tolerar ou sofrer as consequências, em suas terras, daqueles visitantes, às vezes incômodos, inclusive garimpeiros e madeireiros, que o governo ou as universidades lhes enviam, mesmo quando autorizados pela Funai.

OUTROS CAMPOS DAS CIÊNCIAS SOCIAIS

Entrementes, Mauro Leonel projetou sua temática para outros campos das ciências sociais, revendo os impactos ocasionados pela abertura de rodovias no meio das selvas e reavaliando o exato significado dos grandes projetos, em termos de benefícios sociais[2]. Nesse mesmo sentido, especulou sobre a competividade altamente desigual que vem acontecendo com a expansão das indefectíveis agropecuárias, invasoras de terra firme, das várzeas e das beiradas de igarapés, rios e riozinhos da Amazônia. Sua preocupação básica está sempre voltada para o homem-habitante, seja ele o índio ou o pescador sofrido, dedicado a uma cotidiana luta pela sobrevivência. Com probidade, concedeu atenção devida aos especialistas das ciências da natureza, da pesca e da água, como Michael Goulding, W.S. Jung, H. Sioli e Violeta R. Loureiro, documentando-se em outras disciplinas para seu trabalho, voltado à compreensão de temas sociais e de políticas públicas.

O estudo que Mauro Leonel ora oferece ao público brasileiro (e aos seus numerosos amigos do exterior) centra-se no cruzamento das atividades garimpeiras em face dos pescadores. Trata-se de um ensaio de alto fôlego em que procura demonstrar que o envenenamento das águas correntes por mercúrio afeta profundamente a qualidade do pescado, a saúde dos pescadores, ocasionando perdas no campo da principal fonte de ofertas para a sobrevivência dos amazônidas. Fiel aos objetivos de seu

---

2. *Roads, Indians and the Environment in the Amazon: from the Central Brazil to the Pacific*", IWGIA/72, Copenhague, 1992.

estudo, Leonel atinge o campo das ciências políticas, ao realizar um tratamento especial dos conflitos da fronteira política, derivados da invasão capitalista irrefreável sofrida pela Amazônia, um pouco por toda a parte, nos últimos cinquenta anos. Nos últimos dois capítulos de sua importante contribuição, Mauro Leonel se esmerou, conseguindo abranger questões fundamentais, que emergiram em propostas e (re)direcionamentos.

Em *Fronteira Econômica, Políticas Públicas e a Pesca*, conseguiu abordar "a competição da pesca e da agropecuária pelas várzeas", "a multiplicação das madeireiras e carvoarias, extração mineral e os índios", "a urbanização e a industrialização de acampamento", "a multiplicação das hidrelétricas e seus impactos negativos na população beiradeira". Suas conclusões e considerações finais centram-se na relação entre sociedades, comunidades e natureza, na conjuntura do fim do século xx e do milênio, no grande norte brasileiro, envolvendo críticas a diferentes setores das políticas públicas e dos utópicos que não se aprofundam no conhecimento de realidades tão complexas quanto aquelas envolvidas pela magnitude da biodiversidade natural e os paradoxos culturais e socioeconômicos da diversidade existente entre grupos que possuem raízes pré-históricas, caboclos com heranças linguísticas ocidentais, porém com conhecimentos herdados do saber indígena, e agressivos representantes do capitalismo selvagem, que se dedicam a mercadear espaços e predar natureza e culturas.

Ao penetrar nos meandros do tratamento da garimpagem, Mauro Leonel foi fundo na avaliação dos pobres garimpeiros, aqueles que realizam as duras tarefas de escavar a terra, transportar sacos de rochas mineralizadas, e vivem em condições sub-humanas no recesso dos acampamentos rústicos e provisórios. O autor conhece a vida miserável das personagens pobres que fazem a riqueza de uma pequena, agressiva e cínica máfia, que controla a maior parte dos garimpos amazônicos. Juntos assistimos a uma reunião em Manaus em que os poderosos donos de cavas e áreas de garimpos esbravejavam contra as autoridades, os militares e, por extensão, contra a comunidade científica. Lembro-me sempre de que, ao ser citado o nome do professor Warvick Kerr, respeitável cientista brasileiro, natural de Santana do Parnaíba, os controladores mafiosos dos garimpos gritavam:

"mas quem é esse gringo?" Ficamos sabendo que, entre muitos inimigos da ciência e dos cientistas, figuram algumas personagens que se enriquecem com o duro trabalho dos maiores excluídos da sociedade brasileira.

Aziz Ab'Saber

Siglas

ABA	Associação Brasileira de Antropologia
ABAG	Associação Brasileira do Agronegócio
AC	Estado do Acre
AC	*A Crítica*- jornal AM
ACSS	Asociación para la Conservacion de la Selva Sur.
AGU	Advocacia Geral da União
Aidesep	Asociación Interétnica para el Desarrollo de la Selva Peruana
AI	Área Indígena
AID	Agência Internacional Para o Desenvolvimento.
AM	Estado do Amazonas
ANA	Agência Nacional de Águas
Anai	Associação Nacional de Apoio ao Índio
ANM	Agência Nacional de Mineração
AP	Estado do Amapá
APIB	Articulação dos Povos Indígenas do Brasil
APP	*A Província do* Pará – jornal
ATL	Acampamento Terra Livre
BA	Estado da Bahia
Basa	Banco da Amazônia S.A.
BEC	Batalhão de Engenharia de Construção
BID	Banco Interamericano de Desenvolvimento
BM	Banco Mundial
BMeF	Bolsa Mercantil e de Futuros

BNCC	Banco Nacional de Crédito ao Cooperativismo
BNDES	Banco Nacional do Desenvolvimento Econômico e Social
BR	Rodovia Federal Brasileira
Cagero	Companhia de Abastecimento Agrícola do Estado de Rondônia
Canorpa	Cooperativa Agrícola do Norte do Paraná
CB	*Correio Brasiliense* – jornal
CCPY	Comissão Pela Criação do Parque Yanomami
Cedi	Centro Ecumênico de Documentação e Informação
CEE	Comunidade Econômica Europeia
CEEE-RS	Companhia Estadual de Energia Elétrica do Rio Grande do Sul
CEF	Caixa Econômica Federal
Cemat	Centrais Elétricas do Mato Grosso
Cemig	Companhia Energética de Minas Gerais
Cena	Centro de Energia Nuclear na Agricultura/Esalq/USP
Ceron	Centrais Elétricas de Rondônia
Cesp	Companhia Energética de São Paulo
Cetem	Centro de Estudos de Tecnologia Mineral/CNPq
Cetesb	Companhia de Tecnologia de Saneamento Ambiental
Chesf	Centrais Hidrelétricas do São Francisco
Cimi	Conselho Indigenista Missionário
Cirm	Comissão Interministerial Para os Recursos do Mar
CMA	Comando Militar da Amazônia
CNE	Comissão Nacional de Energia
CNEC	Consórcio Nacional de Engenheiros Consultores
CNJ	Conselho Nacional de Justiça
CNPq	Conselho Nacional de Desenvolvimento Científico e Tecnológico
CNP	Confederação Nacional dos Pescadores
Codeama	Conselho de Desenvolvimento Econômico do Amazonas
Codesaima	Companhia de Desenvolvimento de Roraima
Codevasf	Companhia de Desenvolvimento do Vale do São Francisco
Cofa	Comitê Orientador do Fundo Amazônia
Cofide	Corporación Financiera de Desarrollo
Coica	Coordinadora de las Organizaciones Indígenas de la Cuenca Amazónica
Comar	Comando Aéreo
Conage	Coordenação Nacional dos Geólogos
Conama	Conselho Nacional de Meio Ambiente
Cordemad	Corporación Departamental del Desarrollo de Madre de Dios
CPP	Comissão Pastoral dos Pescadores

SIGLAS

CPRM	Companhia de Pesquisa de Recursos Minerais
CPT	Comissão Pastoral da Terra
CVRD	Companhia Vale do Rio Doce
DER	Departamento Estadual de Estradas de Rodagem
DNER	Departamento Nacional de Estradas de Rodagem
DNAEE	Departamento Nacional de Águas e Energia Elétrica
DNOCS	Departamento Nacional de Obras Contra as Secas
DNPM	Departamento Nacional de Produção Mineral
DP	*Diário Popular* – jornal SP
DPT	Departamento de Proteção Territorial
EFMM	Estrada de Ferro Madeira-Mamoré
Eletronorte	Centrais Elétricas do Norte do Brasil
Eletrosul	Centrais Elétricas do Sul do Brasil
Embratur	Empresa Brasileira de Turismo
Embrapa	Empresa Brasileira de Pesquisas Agropecuárias
Emater	Empresa Agrícola de Treinamento e Extensão Rural
EPI	Environmental Policy Institute
EPM	Escola Paulista de Medicina
FAB	Força Aérea Brasileira
FAO	Food and Agriculture Organization
Fase	Federação de Órgãos Para Assistência Social e Educacional
FBV	*Folha de Boa Vista* – jornal RR
FEA	Faculdade de Economia e Administração
Fenamad	Federación Nativa del Río Madre de Dios y Afluentes
Fepa	Federação dos Pescadores do Pará
Finep	Fundo Nacional de Investimento em Projetos
Finsocial	Fundo de Investimento Social
Fiocruz	Fundação Instituto Oswaldo Cruz
Fipe	Fundação Instituto de Pesquisas Econômicas
Fiset	Fundos de Investimentos Setoriais
FM	*Folha Metropolitana* – jornal de Guarulhos/SP
FNO	Fundo Constitucional Norte
FSP	*Folha de S.Paulo* – jornal SP
FT	*Folha da Tarde* – jornal SP
Funai	Fundação Nacional do Índio
Gedebam	Grupo de Estudos e de Defesa do Baixo Amazonas
GF	Guiana Francesa
GM	*Gazeta Mercantil* – jornal SP
Getat	Grupo Extraordinário de Terras Araguaia-Tocantins
Iamá	Instituto de Antropologia e Meio Ambiente
Ibama	Instituto Brasileiro do Meio Ambiente e dos Recursos Naturais Renováveis
IBDF	Instituto Brasileiro de Desenvolvimento Florestal
Ibram	Instituto Brasileiro de Mineração

ICMBio	Instituto Chico Mendes de Conservação da Biodiversidade
IEF	Instituto Estadual de Florestas
IÉ	Isto É – semanário SP
Idesp	Instituto de Desenvolvimento Econômico e Social do Pará
Imazon	Instituto do Homem e Meio Ambiente da Amazônia
Incra	Instituto Brasileiro de Colonização e Reforma Agrária
Inpa	Instituto Nacional de Pesquisas da Amazônia
Inpe	Instituto Nacional de Pesquisas Espaciais
Intermat	Instituto de Terras do Mato Grosso
Ipea	Instituto de Pesquisa Econômica Aplicada
ISA	Instituto Socioambiental
JC-USP	*Jornal do Campus* – USP
JE	*Jornal do Estado* – RO
JT	*Jornal da Tarde* – SP
JB	*Jornal do Brasil* – RJ
JBa	*Jornal da Bahia*
JBr	*Jornal de Brasília*
MA	Estado do Maranhão
MA	Ministério da Agricultura
MMAAL	Ministério do Meio Ambiente e da Amazônia Legal
MME	Ministério das Minas e Energia
MN	Museu Nacional/UFRJ
MPEG	Museu Paraense Emílio Goeldi
MPF	Ministério Público Federal
MRN	Mineração Rio Norte
MT	Estado do Mato Grosso
Naea	Núcleo de Altos Estudos da Amazônia/UFPA
OEM	*O Estado de Minas* – jornal
OESC	*O Estado de Santa Catarina* – jornal
OESP	*O Estado de S. Paulo* – jornal
OE-RO	*O Estadão* –jornal RO
OG	*O Globo* –jornal RJ
OI	*O Imperial* – jornal PA
OIT	Organização Internacional do Trabalho
OL	*O Liberal* – jornal PA
OMS	Organização Mundial da Saúde
ONGS	Organizações Não Governamentais
ONU	Organização das Nações Unidas
PA	Estado do Pará
PAU	Programa de Áreas Úmidas
PCH	Pequena Central Hidrelétrica
PDRI	Programa de Desenvolvimento Regional Integrado
PDS	Partido Democrático Social

PE	Estado de Pernambuco
Pescart/MA	Plano de Assistência Para o Pescador Artesanal
Peti	Programa de Estudos das Terras Indígenas
PF	Polícia Federal
PI	Estado do Piauí
PIB	Produto Interno Bruto
PIN	Programa de Integração Nacional
Planafloro	Plano Agropecuário e Agroflorestal de Rondônia
PM	Polícia Militar
PMACI	Programa de Meio Ambiente e Comunidades Indígenas
PNB	Produto Nacional Bruto
PND	Plano Nacional de Desenvolvimento
PNMA	Programa Nacional de Meio Ambiente
Pnud	Programa das Nações Unidas Para o Desenvolvimento
Polamazônia	Programa de Polos Agropecuários e Agrominerais da Amazônia
Polonoroeste	Programa Integrado de Desenvolvimento do Noroeste
PRA	Programa de Regularização Ambiental
Propesca	Programa de Desenvolvimento Pesqueiro
PRS	Plano de Recuperação Setorial/Eletrobrás
Raisg	Rede Amazônica de Informação Socioambiental Georreferenciada
Rima	Relatório de Impacto Ambiental
RO	Estado de Rondônia
RR	Estado de Roraima
SBPC	Sociedade Brasileira Para o Progresso da Ciência
Seagri/RO	Secretaria de Estado da Agricultura – RO
Sedam	Secretaria do Desenvolvimento Ambiental de Estado – Rondônia
ex-Sema	Secretaria Especial do Meio Ambiente (federal/extinta)
Semago	Secretaria de Meio Ambiente de Goiás
Semam/PR	Secretaria de Meio Ambiente da Presidência da República
Seplan	Secretaria do Planejamento da Presidência da República
Sopren	Sociedade de Preservação dos Recursos Naturais e Culturais da Amazônia
SP	Estado de São Paulo
SPI	Serviço de Proteção ao Índio
STF	Supremo Tribunal Federal
SPU	Serviço do Patrimônio da União
Sudam	Superintendência do Desenvolvimento

	da Amazônia
Sudeco	Superintendência do Desenvolvimento do Centro-Oeste
Sudepe	Superintendência do Desenvolvimento da Pesca
Sudhevea	Superintendência do Desenvolvimento da Borracha
TCU	Tribunal de Contas da União
TO	Estado do Tocantins
UCG	Universidade Católica de Goiás
UFMT	Fundação Universidade Federal do Mato Grosso
UFPA	Universidade Federal do Pará
UFRJ	Universidade Federal do Rio de Janeiro
UH	*Última Hora* – jornal
UHE	Usina Hidrelétrica
UNB	Universidade de Brasília
Unesp	Universidade Estadual Paulista
UICN	União Internacional Pela Conservação da Natureza
Unir	Universidade de Rondônia
Usagal	União dos Sindicatos e Associações dos Garimpeiros da Amazônia Legal
USP	Universidade de São Paulo

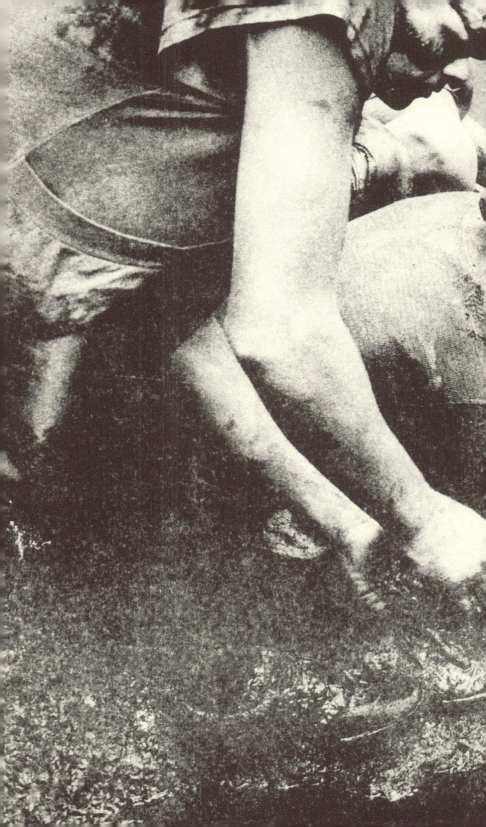

Atualidade da Água e Ambiente na Amazônia

Analisaremos aqui a continuidade e a extensão do comprometimento dos recursos hídricos e do ambiente na Amazônia nas duas primeiras décadas do século XXI. Recapitularemos fatos diretamente ligados a estudos hídricos, ao desmatamento, à mineração e ao garimpo, à agropecuária, às hidrelétricas, aos povos indígenas, às reservas florestais e à reorientação negativa e perigosa estabelecida pelo governo Bolsonaro a partir de 2019[1].

Procuramos atualizar as abordagens anteriores, consideradas na primeira edição, com os acontecimentos mais recentes, visando mostrar que o quadro apenas se agravou, sobretudo nos governos Michel Temer e Jair Messias Bolsonaro.

Os pajés dos Ikolen-Gavião de Rondônia, Alamaã e Tsiposegov, explicaram-me algo que a ciência ocidental levou muito tempo para internalizar. Eles disseram que se deveria preservar as águas, porque viabilizam as florestas, e as florestas, porque garantem os rios. A pesca é fundamental para a vida dos povos indígenas, dos ribeirinhos e das comunidades extrativistas.

---

1 Este trabalho contou com as indispensáveis colaborações do sociólogo e pesquisador do Iamá, Mario Miranda Antonio Junior, e do professor da EACH/USP, André Felipe Simões.

Na Amazônia brasileira, a produção de peixes nativos caiu 4,8% em 2018, ou seja, 287,9 mil toneladas, segundo dados do Anuário 2019 da Associação Brasileira da Piscicultura (Peixe BR). No ano passado, ao mesmo tempo, a tilápia chegou a 400,2 mil toneladas, aumentando 11,9% em relação a 2017. O volume corresponde a 55,4% do cultivo brasileiro, e a tilápia é o principal produto da piscicultura no país, embora seja de origem africana. A introdução dessa espécie na Amazônia peruana e brasileira tem diminuído a fauna aquática. No Peru, a tilápia está proibida, ao passo que no Brasil é motivo de controvérsia, por tratar-se de um peixe de retorno rápido, fácil reprodução e preço acessível para comercialização. De origem africana, a sua introdução ilegal tem sido considerada séria ameaça à diversidade, uma vez que ela se alimenta das ovas de outros peixes, causando degradação nas paisagens aquáticas e prejuízos em outras culturas extrativistas.

Estudos amparados por dados de satélite comprovam que as terras indígenas são as áreas que mais impedem o desmatamento. Apenas na Amazônia brasileira, 180 povos indígenas ao lado de ribeirinhos, seringueiros e outras populações que vivem do agroextrativismo seguem barrando o desmatamento e protegendo a floresta[2].

O desmatamento na Amazônia está estreitamente ligado à questão da ocupação predatória da terra. Desde a época da colonização até os dias atuais, a natureza e os povos indígenas e tradicionais são vistos pelos exploradores como meros obstáculos ao desenvolvimento. É nessa relação que os conflitos eclodem.

Grandes empresas ligadas à pecuária, monocultura e mineração, nacionais ou estrangeiras, promovem o desenvolvimento acelerado, ampliando a demanda por energia e meios de transporte. Isso exige a abertura de estradas e a construção de hidrelétricas, aumentando o desmatamento. Todas essas atividades consideram a natureza ora como obstáculo ora como suporte às atividades econômicas.

Estudo publicado em março de 2019 na revista científica *Water* (MDPI), no âmbito do Projeto MapBiomas, revela uma tendência de redução da superfície hídrica na Amazônia brasileira. Através de imagens coletadas durante 33 anos (1985-2017) pelo satélite

2   Revista Estudos Avançados – USP, v. 19, n. 53, São Paulo, 2005. Disponível em: <http://www.scielo.br>.

Landsat, foi possível dimensionar as transformações ocorridas nos corpos hídricos da região. Assim, foram perdidos, em média, 350 km² de ambientes aquáticos por ano. Segundo Bernardo Caldas, da WWF-Brasil, um dos autores do estudo, há uma correlação entre a construção de hidrelétricas e o desmatamento e a perda de superfície de água na Amazônia. A área em que mais se percebe o impacto dessas intervenções se situa no chamado arco do desmatamento. As áreas de inundação (várzeas) são as mais afetadas com a perda de superfícies aquáticas. A bacia forma uma rede de ecossistemas interligados fundamentais para a biodiversidade, a reprodução de peixes e outras espécies e a sobrevivência de diversas comunidades.

Durante o 8º Fórum Mundial da Água, ocorrido em Brasília, em março de 2018, comunidades indígenas de países sul-americanos defenderam a preservação de rios e montanhas contra a privatização e venda de aquíferos e mananciais. A sessão especial "Culturas de Águas dos Povos Indígenas da América Latina", coordenada pela Unesco, destacou a importância das águas para o uso comunitário, compartilhada como bem comum.

A pesquisa "O Futuro Climático da Amazônia", publicada em 2016 pelo cientista Antonio Donato Nobre, afirma que parte significativa das águas que formam as nuvens advém da captação realizada pelas raízes das plantas. Uma árvore de grande porte é capaz de bombear da terra e transpirar mais de mil litros de água em um único dia.

Artigo publicado em 2013 na revista *Nature*, "Fluxos Terrestres de Água Dominados Pela Transpiração", revela que 90% da água que chega na atmosfera vem da transpiração das plantas, e apenas 10% através da evaporação sem mediação destas. Considerando que a Amazônia é a maior floresta do mundo, estima-se em mais de vinte bilhões de toneladas a quantidade de água transpirada por dia pelas árvores da região. Esse volume de águas, resultado da transpiração das plantas, é fundamental para regular a quantidade de chuvas no planeta.

A sua bacia é o maior sistema hidrográfico do mundo, alcançando uma extensão equivalente ao território continental dos Estados Unidos, sendo responsável por aproximadamente 16% da água doce que chega aos oceanos. Sustenta ainda a maior diversidade de peixes de água doce do planeta, algo em torno de 1,8 mil espécies, de um total de três mil no mundo, abastecendo cerca de vinte milhões de pessoas na região[3]. Estudo recente publicado no boletim do Museu Americano de História Natural fixa em 2.716 o número de espécies na Amazônia, sendo que 1.696 existem apenas ali[4].

A floresta Amazônica, ao contrário das afirmações de que ela é improdutiva, além da enorme biodiversidade intrínseca, produz imensas quantidades de água para todo o país. Massas de ar carregadas de vapor de água da transpiração das plantas formam os denominados rios voadores, levando umidade da região para outras partes do Brasil e da América do Sul, influenciando chuvas na Argentina, Chile, Bolívia, Paraguai e Uruguai.

Para Philip Fearnside, em "Desmatamento na Amazônia: Dinâmica, Impactos e Controle", a evapotranspiração e a ciclagem de água estão comprometidas pelo desmatamento. As alterações geradas no volume de chuvas ocasionam impactos nos reservatórios de São Paulo e Rio de Janeiro, causando graves problemas de abastecimento de água. Há ainda o risco de savanização pela substituição da vegetação amazônica (60%) por uma parecida com o cerrado.

A região coberta pelos rios e a umidade da Amazônia alimenta áreas que compõem 70% do PIB da América do Sul. De acordo com o Instituto Nacional de Pesquisas da Amazônia (Inpa), apenas uma árvore com uma copa de dez metros de diâmetro pode lançar na atmosfera mais de trezentos litros de água/dia em forma de vapor, muito mais que o dobro da quantidade utilizada por um brasileiro em um dia.

O desmatamento prejudica a evapotranspiração, interferindo no volume de chuvas, impactando rios e reservatórios, comprometendo diversas atividades econômicas na região. Florestas degradadas ou desmatadas são as maiores fontes de emissão de gases que provocam o efeito estufa, depois da queima de combustíveis fósseis (particularmente aquela associada à geração de energia elétrica a partir do carvão mineral e aquela correlata ao setor de transporte devido à combustão de derivados do petróleo, em especial a gasolina e o diesel). Por essa razão, o Acordo

---

3   "Águas Amazônicas". Disponível em: <https://brasil.wcs.org/>.
4   "Carta ao Imperador Pelos Peixes da Amazônia". Disponível em: <https://www1.folha.uol.com.br>.

de Paris, cujo objetivo é manter o aquecimento médio da temperatura mundial abaixo de 2°C, até o final do corrente século XXI (2100), enfatiza peremptoriamente a preservação das florestas. Dados de 2015 da ONU apontam o Brasil entre os dez maiores emissores de gases que causam o efeito estufa (GEE). De acordo com o Sistema de Estimativas de Emissões de Gases do Efeito Estufa do Observatório do Clima, o país emitiu, em 2016, 2,278 bilhões de toneladas brutas de gás carbônico, contra 2,091 bilhões em 2015. Trata-se de 3,4% do total mundial, considerando o Brasil como sétimo maior poluidor do planeta. Para cumprir as metas de emissões de gases estabelecidas no acordo internacional, o Brasil se comprometeu, além de estratégias ligadas diretamente à área de energia, a alcançar, até 2030, na Amazônia, o desmatamento ilegal zero e a compensação das emissões provenientes da supressão legal de áreas florestadas.

Em abril de 2019, 602 cientistas, com representantes de todos os 28 países membros da União Europeia, publicaram um manifesto na revista *Science*, solicitando que a Comunidade Europeia condicione a compra de insumos brasileiros ao cumprimento de compromissos ambientais. O documento pede que seja respeitado o princípio da sustentabilidade, os direitos humanos e o rastreamento da origem dos produtos. Pede ainda que sejam implementados, bem como aperfeiçoados, os meios de participação efetiva de cientistas, comunidades locais e povos indígenas na verificação do cumprimento de tais compromissos e mesmo de produção desses insumos[5].

Como maior floresta tropical do mundo, a Amazônia reúne imensa biodiversidade, com uma em cada dez espécies conhecidas. Preservá-la implica estabilizar outros ecossistemas e biomas interligados à região (como o pantanal mato-grossense e o cerrado). A sua proteção gera externalidades positivas para a agricultura, na medida em que áreas agrícolas com florestas saudáveis no entorno asseguram maior presença de polinizadores, o uso medicinal de plantas e o controle natural de pragas.

---

5 "602 Cientistas Pedem Que a Europa Condicione Importações do Brasil a Cumprimento de Compromissos Ambientais". Disponível em: <https://www.bbc.com/>.

DESMATAMENTO

Nos últimos sessenta anos, a Amazônia perdeu o equivalente a uma Alemanha em florestas. Os dados são de um levantamento conduzido por uma equipe de cientistas através da ONG Conservation International (CI), divulgados na revista *Science*. O foco do estudo são as áreas de preservação ambiental em todo o planeta ao longo dos últimos cinquenta anos.

O estudo identificou 3.749 atos de gestão pública que afetam mais de 500 mil km² de áreas protegidas – 440 em países da Amazônia, 148 no Brasil. Esses atos, denominados PADDD (Protected Areas Downgranding, Downsizing and Degazettement), consistem em processos de recategorização para a redução ou extinção legal de áreas protegidas disputadas por interesses econômicos.

Os dados mostram que esse processo se intensificou a partir do ano 2000. O grande problema é que as alterações em áreas de conservação ocorrem de forma abrupta e os processos de demarcação são demorados, havendo propostas para tornar mais burocrática o processo de demarcação e reduzir essas áreas. O governo do Pará pretende liberar terras estaduais à iniciativa privada.

Entre agosto de 2017 e julho de 2018, o desmatamento na Amazônia aumentou 13,7%. Os dados divulgados pelo Ministério do Meio Ambiente, obtidos pelo Inpe (Instituto de Pesquisas Espaciais), informam que é o maior desde 2008, alcançando uma área de 12.911 km². Os estados do Pará, Mato Grosso, Rondônia e Amazonas são os que têm a maior área de perda de floresta. Esse aumento promove a elevação das emissões antrópicas de gases causadores do efeito estufa.

Dados do Boletim do Desmatamento, realizado pelo Imazon (Instituto do Homem e Meio Ambiente da Amazônia), revelam um aumento de 34% no desmatamento em dezembro de 2018, em comparação com o mesmo período em 2017. Isso corresponde a uma área de 246 km². O estado do Pará lidera com 48% de perda de floresta registrada no período.

Estudos indicam que, em anos eleitorais, quando a fiscalização diminui, há um aumento no desmatamento. Entre 2017 e 2018, a Floresta Amazônica perdeu uma área equivalente a treze vezes o tamanho de Belo Horizonte (MG). De acordo com o Imazon, 83% do desmatamento se converte em áreas de pasto e para outros setores do agronegócio.

A cadeia da proteína animal abrange 233 milhões de hectares, sendo 33 milhões para o plantio de soja e o restante para pasto. A pecuária na Amazônia avança sobre a floresta, em busca de pasto para o gado e de terra para o cultivo de soja e milho destinados à exportação e à alimentação de bois, porcos e frangos. O aumento no consumo de carne impulsiona o desmatamento. Atualmente a Amazônia tem cerca de 85 milhões de cabeças de gado – três para cada habitante. Na década de 1970, a pecuária quase não existia na região e a floresta estava intacta. A partir daí, estima-se que uma área equivalente ao tamanho da França tenha sido desmatada e 66% se tornado pasto. De acordo com a Fundação Heinrich Böll, o Brasil é o segundo maior produtor de soja do mundo, atrás apenas dos Estados Unidos. Além do desmatamento, a produção de carne gera ainda gases de efeito estufa, colaborando para a intensificação das mudanças climáticas e de seu mais proeminente fenômeno, o aquecimento global.

O desmatamento na Amazônia relacionado à pecuária tem forte presença no sul do Amazonas, em parte da região conhecida como arco do desmatamento. Apenas as cidades de Lábrea e Boca do Acre respondem por 38% do rebanho do estado, totalizando 510 mil cabeças de gado. O montante na região atingiu 1,3 milhões de cabeças, um aumento de 37% entre 2000 e 2017.

O aumento da pecuária é acompanhado pelo desmatamento. De acordo com o Monitoramento da Floresta Amazônica Brasileira por Satélite (Prodes), Lábrea está em 4º lugar entre os municípios com o maior aumento do desmatamento nos últimos cinco anos. Entre 2010 e 2017, o desmatamento cresceu 21,7% ao ano. Em 2017, o Sistema de Alerta do Desmatamento (SAD), do Imazon, publicou oito boletins com o *ranking* dos dez municípios que mais desmatam; Lábrea apareceu cinco vezes e Boca do Acre, duas.

Boca do Acre possui 374 áreas embargadas pelo Ibama, e Lábrea, 716 propriedades, em decorrência do desmatamento ou desrespeito à área de reserva legal. A produção nos frigoríficos da região segue inalterada e com previsão de aumento. Por essa razão, o Ibama estima que 50% do gado abatido venha de áreas embargadas. Sem concurso público desde 2012, o órgão alega não possuir funcionários suficientes para fiscalizar o cumprimento dos embargos.

Levantamento via satélite realizado pelo Imazon revela que 2/3 de toda a área desmatada na Amazônia legal virou pasto e que, em

2016, a quantidade de gado chegou a 85 milhões de cabeças para uma população de 25 milhões de pessoas – mais de três por pessoa, conforme já mencionado. Na cidade de São Félix do Xingu, maior rebanho do país, a proporção é de dezoito cabeças por pessoa. A Amazônia, atualmente, concentra 40% do rebanho nacional.

Com o objetivo de mapear e analisar a cadeia produtiva pecuária, o mesmo levantamento identificou frigoríficos, fazendas e áreas desmatadas. Para um rebanho na casa das dezenas de milhões, apenas 128 frigoríficos são responsáveis por 93% do abate, atendendo cerca de 390 mil fazendas.

Ainda sobre a relação entre a pecuária e o desmatamento, o estudo mapeou a área de abrangência dessas fazendas, constatando que ela atinge a quase totalidade das áreas embargadas pelo Ibama, e 88% do território desmatado entre 2010 e 2015. Dos dez estados onde a criação de gado mais cresceu, oito estão nos limites da Amazônia legal.

A expansão da pecuária no Norte do país abre caminho para que a monocultura da soja avance. A criação de gado demanda a soja, e o desmatamento para pastagens provoca a ampliação de áreas agricultáveis para o agronegócio.

Entre 1990 e 2006, o rebanho bovino brasileiro saltou de 147 milhões de cabeças para 206 milhões. Oitenta por cento desse crescimento se deu na Amazônia legal, passando de 26 milhões para 73 milhões de cabeças, saltando de 18% para 36% do total nacional. Esse aumento da pecuária na região se explica pela oferta de pastos, pelo reduzido investimento e alta produtividade, apropriação de terras públicas, subsídios estatais e pelo controle bem-sucedido da febre aftosa. A pecuária responde por cerca de 81% do total de áreas desmatadas na região entre 1990 e 2005. O aumento no preço do gado e da soja, não por acaso, coincide com a expansão do desmatamento.

Eis o *modus operandi* do desmatamento na Amazônia: primeiro o invasor se apropria da terra pública e derruba a floresta, depois vende a madeira para se capitalizar, planta capim e traz o gado. Logo as terras de interesse da agricultura abrem espaço para o cultivo da soja, demanda da pecuária. Nem as áreas de conservação ou aquelas ocupadas por povos indígenas e populações tradicionais agroextrativistas são capazes de barrar o avanço dos rebanhos e o desmatamento. Os casos de intimidação e conflitos são cada vez mais recorrentes.

O desmatamento e a pecuária na Amazônia estão intimamente ligados à produção de gases de efeito estufa. O aumento do consumo de carne pressiona a pecuária, no entanto, a exportação e a elevação do preço da soja e do gado no mercado internacional constituem os principais estímulos.

Desde a época da ditadura, o projeto de integração planejou e executou empreendimentos de grande porte para a região, como as BRS 163, 364, a Transamazônica, a Transoceânica e hidrelétricas como Tucuruí, Balbina, Samuel e, mais recentemente, Belo Monte. Por exemplo, para os exploradores, a terra indígena dos Cinta Larga (RO) não passa de uma reserva de diamantes, e a dos Tenharim e Jiahui (AM) é tratada como obstáculo rodoviário.

Ainda de acordo com a análise de Fearnside já citada, o desmatamento na Amazônia segue aumentando desde 1991, sacrificando a possibilidade de aproveitamento dos serviços ambientais da floresta. Destaca três "grupos de serviços": ciclagem de água, armazenamento de carbono e biodiversidade. Aponta ainda que a sociodiversidade também é ameaçada pela destruição da floresta, comprometendo o meio de vida de povos indígenas e extrativistas.

Entre 2015 e 2017, um projeto do Ministério Público Federal chamado "Amazônia Protege" mapeou 307 mil hectares de desmatamento ilegal, propondo 2,5 mil ações civis públicas. De acordo com o pesquisador Paulo Moutinho, do Ipam (Instituto de Pesquisa Ambiental da Amazônia), esse projeto articula três elementos de enfrentamento ao desmatamento ilegal que sempre estiveram separados: ação judicial, tecnologia e informações científicas.

Em parceria com o Ibama e o ICMBio, o foco do Amazônia Protege são as ações civis públicas em áreas acima de sessenta hectares. Até o momento, o projeto já pediu 4,9 bilhões de reais em indenizações, apontando ainda 2,9 mil réus nessas ações[6].

Projeto analisado na Câmara dos Deputados propôs a flexibilização dos licenciamentos ambientais para atividades agropecuárias e obras de infraestrutura. Defendem a proposta a bancada ruralista, o ministro do meio ambiente e o deputado Kim Kataguiri (DEM-SP), que coordena o grupo de trabalho composto por nove parlamentares, sendo apenas dois ambientalistas.

---

6 "Procuradoria Aponta Quase 3 Mil Réus e Pede R$ 5 Bi Por Desmate na Amazônia". Disponível em: <https://www1.folha.uol.com.br/>.

A proposta prevê maior autonomia para que estados e municípios alterem as condições de licenciamento. Ambientalistas preveem que essa medida promoverá uma guerra fiscal ambiental, a diminuição de exigências nos municípios aumenta a disputa por empreendimentos. O presidente da Câmara dos Deputados pretende aprovar rapidamente o projeto.

Esteve no Rio de Janeiro em junho, reunido com empresários, o enviado especial da ONU para uma cúpula climática marcada para setembro de 2019 em Nova York, Luis Alfonso de Alba. Segundo ele, já passou da hora de todos entenderem que não se trata mais de hipótese; os impactos do aquecimento global já estão sobre nós.

Carlo Pereira, da Rede Brasil do Pacto Global da ONU, entende que a colaboração entre governos e o setor privado é fundamental. O governo dos Estados Unidos já deixou o Acordo de Paris, e o governo Bolsonaro, no mesmo tom, manifestou reservas, desistindo de sediar a COP25, transferida para o Chile. Resistiu ainda sediar em Salvador a pré-COP25.

Representante da Abiquim (Associação Brasileira da Indústria Química), Marina Rocchi sugeriu que, além do ministério do meio ambiente, o da economia também seja convidado às discussões na ONU. Em 30 de junho de 2019, foi realizado pela ONU, em Abu Dhabi, um encontro para apresentação de um inventário de medidas com a finalidade de enfrentar a crise climática. Ela acrescentou que, apesar da resistência de governos, parcerias locais e com a iniciativa privada devem ser incentivadas. Com a globalização, as empresas ganharam muito poder.

A receita de grandes corporações supera o PIB de muitos países. Com financiamento e *lobby* político, as grandes corporações podem contribuir com tecnologia, marketing e inovação, afirma Carlo Pereira. Se quem vota na ONU são os Estados, ele lembra que as empresas influenciam.

HIDRELÉTRICAS NA AMAZÔNIA

Os projetos para a construção de hidrelétricas na Amazônia remontam à época da ditadura. O Plano Decenal de Energia (PDE), que cobre o período de 2011 a 2023, prevê a construção de vinte novas usinas na Amazônia.

É consenso entre especialistas que os impactos e prejuízos socioambientais, mesmo no caso de usinas hidrelétricas a fio d'água, são maiores que as vantagens em comparação à geração de energia eólica e solar. Essas usinas de pequeno porte são muito menos impactantes do que as hidrelétricas que exigem amplos reservatórios que requerem o alagamento de grandes territórios com florestas. Os principais problemas são a transferência de populações, a perda dos solos, de espécies de plantas e animais, habitats, de monumentos naturais e antrópicos (como as pinturas rupestres perdidas devido ao alagamento da Grande Volta do Xingu, correlato à construção do Complexo Hidrelétrico de Belo Monte) e, de modo mais amplo, o aumento da destruição da floresta.Esse conjunto de transformações acarreta prejuízos de longo prazo para todo o ecossistema e as populações atingidas.

Por outro lado, existem outras fontes renováveis de geração de energia, cujo impacto socioambiental é relativamente pequeno, de implementação tipicamente menor e capacidade de produção muitas vezes análoga. Enquadram-se nesse modelo os empreendimentos eólicos, fotovoltaicos e de biomassa.

O relatório "Hidrelétricas na Amazônia: Um Mau Negócio Para o Brasil e Para o Mundo", elaborado pelo Greenpeace, traz informações sobre os impactos causados por hidrelétricas construídas na Amazônia, elencando desde violações de direitos humanos de populações indígenas, quilombolas e ribeirinhos, danos profundos na biodiversidade, violações de tratados e acordos internacionais, exploração de trabalho semiescravo, até denúncias de superfaturamento e corrupção. O documento revela o interesse de grupos estrangeiros como a Siemens e a Voith por trás de grandes empreendimentos hidrelétricos na Amazônia, como Belo Monte e São Luiz do Tapajós.

O empreendimento de São Luiz do Tapajós, cujo licenciamento foi arquivado pelo Ibama em 2016, atualmente encabeça a lista de projetos a serem revistos pelo governo federal. A hidrelétrica de Marabá, no rio Tocantins, é a segunda na lista, posto que a sua viabilidade já foi aprovada pela Agência Nacional de Energia Elétrica (Aneel).

Os últimos grandes empreendimentos hidrelétricos na Amazônia, como Belo Monte, notabilizaram-se pelas inúmeras ações judiciais decorrentes de violações de direitos humanos e prejuízos ambientais. Dados do Tribunal de Contas da União (TCU) revelam que Belo Monte enfrentou pelo menos 25 ações judiciais, devido à falta de estudos de impacto ambiental e indenizações às populações atingidas.

A hidrelétrica São Manoel, a despeito das licenças ambientais concedidas, é alvo de três ações civis públicas movidas pelo Ministério Público Federal relacionadas à ausência de estudos de impacto ambiental e ao não cumprimento de medidas preventivas socioambientais.

Esse número elevado de ações judiciais em torno dos empreendimentos hidrelétricos mostra a falta de entendimento entre os órgãos ambientais governamentais e os ligados à energia e infraestrutura. O judiciário acaba ficando como mediador entre os diversos interesses e interlocutores públicos, privados e sociais. Considerando a viabilidade econômica de execução, em dezembro de 2017, um acórdão do TCU determinou um posicionamento definitivo em relação a cinco empreendimentos hidrelétricos parados por causa de embargos jurídicos relacionados a questões ambientais. Percebe-se a primazia do interesse econômico em detrimento da questão socioambiental.

De acordo com o TCU, trata-se de subordinar as decisões relacionadas às hidrelétricas ao governo amparado pelo Conselho Nacional de Política Energética. O documento indica que caberá à Casa Civil articular estudos capazes de determinar se um projeto é viável ou inviável, e não ao órgão ambiental.

O posicionamento do TCU é preocupante, pois prioriza empreendimentos hidrelétricos e de infraestrutura, desrespeitando os órgãos ambientais, a despeito das suas competências fundamentais. Percebe-se no documento uma preocupação com um suposto despreparo das autoridades em lidar com questionamentos da sociedade civil – ONGs e populações atingidas – e dos órgãos de defesa ambiental, minimizando o debate e a participação pública asseguradas pela Constituição.

De acordo com o TCU, considerando a avaliação da Empresa de Pesquisa Energética (EPE), as hidrelétricas são ainda muito importantes para a ampliação da oferta de energia, sobretudo na região Norte do país. A preocupação redobra, pois o documento indica que outras fontes de energia se farão necessárias, apontando o carvão mineral como a alternativa mais competitiva, desconsiderando o aumento na emissão de gases decorrente da sua utilização.

O acórdão preocupa ainda mais porque é categórico, colocando-se em oposição aos direitos dos povos indígenas, ao afirmar que: "não é razoável que os interesses dos povos tradicionais prevaleçam, a qualquer custo, sobre os da coletividade". O documento indica que a única possibilidade para a geração de energia no país é por meio de usinas hidrelétricas.

A usina de Belo Monte no rio Xingu (PA) é a terceira maior hidrelétrica do mundo. Iniciada em 2011 ao custo de 26 bilhões de reais, entrou em operação em 2016. A previsão é de que em 2020 toda a obra esteja concluída e a usina comece a operar em capacidade plena, atendendo sessenta milhões de pessoas em dezessete estados. Os impactos ambientais e sociais são imensos e deverão prejudicar comunidades e a natureza por um tempo muito além de 2020.

Os dados sobre as populações desalojadas pela barragem são incertos, oscilam entre vinte e cinquenta mil pessoas – segundo a International Rivers e a Xingu Vivo. A mobilização de trabalhadores para a obra elevou repentinamente a população da cidade de Altamira (PA) de 100 mil para 160 mil. Essa ocupação desordenada, embora tenha potencializado o comércio e ampliado as ofertas de trabalho, sobrecarregou a infraestrutura urbana de serviços públicos básicos. O volume de lixo e esgoto da cidade e a demanda por serviços de saúde ficaram comprometidos. O aumento da violência, tráfico e prostituição dispararam.

Com o fim das obras em 2015, cinquenta mil trabalhadores deixaram a cidade, e a crise econômica se instalou com o fechamento de comércios, serviços e ofertas de trabalho. A população ribeirinha desalojada – cerca de cinco mil famílias – foi instalada nas margens da cidade em bairros com infraestrutura urbana precária, longe do rio e da pesca, que asseguravam a sua subsistência.

Os impactos ambientais causados por Belo Monte vão do desmatamento à alteração do curso do rio, comprometendo o clima, as espécies aquáticas e os meios de subsistência das populações ribeirinhas. A construção da barragem inundou diversas ilhas e áreas de vegetação. As árvores que não foram removidas elevaram a emissão de gases causadores do efeito estufa. A redução no fluxo do rio Xingu reduziu a pesca e ameaça as metas econômicas e de produção de energia previstas.

Há ainda o projeto de construção de uma mina de ouro na região, a Volta Grande, ameaçando as populações Munduruku e Juruna. As indenizações pagas por Belo Monte – U$ 10 mil/mês por grupo indígena –, sem qualquer acompanhamento técnico, causaram danos às populações, na medida em que o repentino fluxo de dinheiro no seio da população provocou a explosão do consumo, alcoolismo, drogas, prostituição, ocasionando conflitos intertribais e problemas de saúde.

Na bacia Amazônica, os governos planejam a construção de 147 hidrelétricas, sendo que 65 são em território brasileiro. Cerca de 2,3 mil espécies de peixes encontradas na região serão afetadas, bem como as populações que sobrevivem da pesca. Na área da barragem de Tucuruí, estima-se em 60% a diminuição do pescado após a sua construção, afetando cem mil pessoas que viviam no entorno do rio.

Os impactos ambientais e sociais na construção de hidrelétricas não são considerados nos custos desses empreendimentos. Na Europa e nos Estados Unidos, mais barragens estão sendo removidas do que construídas. Entre 2006 e 2014, 546 barragens de usinas hidrelétricas foram desativadas apenas nos Estados Unidos.

O desmatamento provoca menor precipitação de chuvas e aumento da temperatura, portanto depender da água como fonte de energia depõe contra as hidrelétricas. O Brasil necessita diversificar a sua matriz energética, ainda bastante dependente de grandes reservatórios de água, abrindo alternativas como energia eólica, solar e de biomassa.

O plano de expansão do sistema baseado em hidrelétricas prevê a construção imediata de quatro novas no estado do Amazonas, das sete que serão construídas na bacia do rio Aripuanã, alcançando ainda Rondônia e Mato Grosso. Cerca de 112 mil habitantes serão impactados, conforme a previsão de 300 a 400 km^2 de áreas inundadas para cada barragem construída. Estima-se que somente no Amazonas oito unidades de conservação – federais e estaduais – serão atingidas, causando impactos significativos entre espécies animais e vegetais.

Segundo o pesquisador Philip Fearnside, o *lobby* das empreiteiras pressiona a construção de hidrelétricas porque envolve elevado volume de recursos. A despeito da oposição do Ibama e da Funai, hidrelétricas como Belo Monte e São Manoel foram construídas e obtiveram licenças de operação. Ele revela ainda a existência de planos para a construção de novas barragens como a de Babaquara-Altamira e o interesse da China, França e Canadá na construção de hidrelétricas no Brasil.

Philip acrescenta ainda que a China já controla Santo Antônio do Jari e negocia parte de Belo Monte. Os franceses são donos de boa parte de Jirau, e o Canadá, através de consultorias que desenham planos de energia, tem grande interesse nesses empreendimentos. A participação desses países decorre tanto da necessidade de controlar recursos naturais planeta afora, quanto de expandir negócios como a venda de equipamentos industriais e consultoria técnica[7].

Atualmente, já existem 140 hidrelétricas em funcionamento na bacia Amazônica e outras 428 em fase de planejamento, de acordo com estudo publicado na revista *Nature*. O impacto gerado por 568 hidrelétricas seria devastador. Foram ouvidos, para esse estudo, especialistas de diversas universidades dos Estados Unidos, entre biólogos, geólogos, engenheiros ambientais, ecologistas, economistas, dentre outros. Todos concordam que, apesar das dimensões colossais do Amazonas, não há rio que suporte essa quantidade de hidrelétricas.

O problema é que cada vez que as águas passam por uma hidrelétrica, perde-se sedimentos e nutrientes que dão vida ao rio ao longo do seu curso. Estima-se que cerca de 60% deles se perderiam, comprometendo as planícies amazônicas, manguezais e as linhas de corais na costa, prejudicando todo o equilíbrio dos ecossistemas locais e do bioma da Amazônia como um todo.

GOVERNO BOLSONARO E MEIO AMBIENTE

O governo Bolsonaro, projeto neoliberal autoritário vitorioso nas eleições presidenciais de 2018, apresenta-se com o propósito

---

[7] Segundo André Felipe Simões (EACH/USP), "nota-se, portanto, o crescente posicionamento do Brasil como país periférico tão somente supridor de recursos naturais de baixo valor agregado aos países centrais representantes do capitalismo financeiro em vias de hegemonização no Globo. Esse posicionamento, não vanguardista, (em boa medida compulsório, mas, em geral, com amplo apoio da elite local) remonta, mais claramente, ao início do século XIX, quando a chegada da coroa portuguesa ao Brasil, em 1808, como estratégia associada à dificuldade de enfrentamento das tropas de Napoleão Bonaparte, marca o início mais efetivo da história e do desenvolvimento (e do subdesenvolvimento) do Brasil".

deliberado de comprometer os avanços na política ambiental e indigenista para a Amazônia.

A nomeação do ex-secretário estadual de Meio Ambiente de São Paulo, Ricardo Salles, ligado ao partido Novo e condenado por improbidade administrativa pela adulteração de mapas para alterar o zoneamento de áreas de preservação, beneficiando mineradoras, é parte desse projeto. Foram nomeados também lideranças da UDR, como seu ex-presidente, Luiz Antonio Nabhan Garcia, para a Secretaria de Assuntos Fundiários, e a Deputada Federal pelo DEM (MS) e líder da bancada ruralista no Congresso, Tereza Cristina Corrêa da Costa Dias, ambos adversários declarados dos direitos indígenas, quilombolas, das questões ambientais e dos Sem Terra. Tereza Cristina, enquanto deputada federal, notabilizou-se na defesa do projeto de lei 6299/02 (PL do Veneno), flexibilizando a utilização de agrotóxicos no país à revelia da Anvisa e do Ibama, que se manifestaram contrários. Outra mudança de vulto foi a transferência da Agência Nacional de Águas (ANA) do Ministério do Meio Ambiente para o do Desenvolvimento Regional.

O Ministério do Meio Ambiente perdeu o Serviço Florestal Brasileiro para a Agricultura. O Serviço Florestal tinha como principal atribuição o Cadastro Ambiental Rural (CAR), com o registro eletrônico obrigatório para os proprietários de imóveis rurais, visando implementar o Código Florestal para garantir a preservação permanente nas propriedades rurais. O governo tem procurado descaracterizar o Código Florestal. A pesca também passou ao Ministério da Agricultura.

Essas decisões se desdobram em outras tantas, considerando que a ação governamental se articula em diversas pastas – ministérios, agências, secretarias, órgãos técnicos responsáveis pela fiscalização e implementação de políticas que incidem sobre a natureza e os povos indígenas e tradicionais.

O órgão ambiental mais importante do país, o Ibama, completou trinta anos em 2019. Após um período de ascensão durante os governos Lula, a autarquia segue apreensiva no atual governo após ser atacada por Bolsonaro, que a acusa de praticar a "indústria da multa". De acordo com ele, há um excesso de preciosismo dos técnicos e agentes, e os licenciamentos seriam muito exigentes. Seu governo procurou flexibilizar a legislação e facilitar as licenças ambientais. A preocupação com a situação atual do Ibama se justifica quando se constata, por exemplo, que a Diretoria de Proteção Ambiental do órgão foi ocupada, desde o governo FHC até o de Temer, por um técnico de carreira, e agora foi entregue a um major da Polícia Militar de São Paulo.

O cerco ao Ibama deu-se aceleradamente. Em fevereiro de 2019, o ministro do Meio Ambiente, Ricardo Salles (Novo-SP), exonerou 21 de 27 superintendentes regionais da autarquia, sem indicar os seus substitutos – em trinta anos de existência, nunca houve uma exoneração coletiva como essa antes[8] –, como destacou a imprensa.

O Ministério do Meio Ambiente elaborou uma minuta de decreto para a criação de um "núcleo de conciliação" com poderes para analisar, rever o valor e até anular multas emitidas pelo Ibama. Trata-se de uma instância decisória, sob controle direto da cúpula governamental. A minuta foi elaborada sem pareceres técnicos e jurídicos, acabando com uma prática do Ibama, a "conversão indireta" de multas – expediente que concedia 60% de desconto no valor da multa ao autuado que financiasse cotas de projetos ambientais escolhidos em chamadas públicas[9].

Todas essas ações evidenciam a disposição e o empenho governamental em cumprir com o desmonte do órgão ambiental, promovendo a um só tempo ataques ao seu poder de fiscalização e arrecadação. No primeiro bimestre do ano de 2019, o Ibama teve a menor quantidade de emissão de multas desde 1995. Houve ainda ataque às medidas de incentivo a financiamento de projetos ambientais por empresas autuadas, selecionados em chamadas públicas. Buscou-se sufocar também as organizações da sociedade civil – Terceiro Setor –, diminuindo as possibilidades de diálogo e parceria[10].

Essas medidas corroboram o discurso de campanha de Bolsonaro, quando afirmava que acabaria com a "indústria da multa", que, segundo ele, prevalece no órgão, e com o suposto "controle" da agenda ambiental e indígena promovido por ONG's. Esse discurso não é recente: há tempos ecoa no debate político através de representantes do agronegócio, latifúndio, ruralistas e mineradoras.

---

8   "Ricardo Salles Exonera 21 dos 27 Superintendentes Regionais do Ibama". Disponível em: <https://www1.folha.uol.com.br/>.
9   "Ministério do Ambiente Quer Núcleo Com Poder de Anular Multas do Ibama". Disponível em: <https://www1.folha.uol.com.br/>.
10 "Ibama Tem Início de Ano Com Menor Quantidade de Multas Aplicadas Desde 1995". Disponível em: <https://www1.folha.uol.com.br/>.

O Ministério do Meio Ambiente impôs uma mordaça ao Ibama. Todas as demandas enviadas ao órgão agora deverão ser encaminhadas ao Ministério. Esse procedimento passou a ser adotado após a exoneração do chefe da comunicação social da autarquia. O ICMBio teve que adotar a mesma postura, na medida em que ambos são vinculados ao MMA.

Ricardo Salles, ministro do Meio Ambiente, desde o início do governo Bolsonaro, segue na ofensiva para "enquadrar" (no sentido de cercear a atuação) e desmontar os órgãos ambientais. Assim enquadrou o Conama (Conselho Nacional de Meio Ambiente) e o ICMBio (Instituto Chico Mendes de Biodiversidade). Em reunião do colegiado, o ministro apelou para medidas intimidatórias. Transferiu o local da reunião da sede do Ibama para um auditório mais reservado no Ministério do Meio Ambiente, negando o direito à palavra aos suplentes do Conama, direito previsto em regimento. Mantendo-os segregados em outro espaço sob a vigilância de seguranças.

O governo Bolsonaro propõe-se ao desmonte dos órgãos, conselhos e das políticas ambientais. Nesse período, o ministro Salles exonerou diversos funcionários, transferiu órgãos para outras pastas, extinguiu a Secretaria de Mudança do Clima e Florestas e a de Biodiversidade, deixando o cargo vago por longo período.

Exonerações no ICMBio e no Ibama inviabilizam as suas atividades, e esses órgãos tiveram as suas assessorias de imprensa subordinadas aos ministérios do Meio Ambiente e Agricultura. O Conama é o próximo órgão na mira do governo, no esteio da extinção de diversos conselhos por decreto. Contudo, como foi criado por meio de projeto de lei, não pode ser extinto como todos os que encerraram as suas atividades após o decreto 9.759/19 assinado por Bolsonaro em abril de 2019[11].

Em decreto publicado no dia 29 de maio de 2019, a composição do Conama foi reduzida de 96 membros para 22. Essa mudança fortaleceu a participação do governo federal, reduzindo a da sociedade civil de 22 assentos para quatro. Entre os assentos retirados estão o ICMBio e a ANA, além de representações indígenas, científicas (SBPC) e sanitária. As entidades civis serão ainda escolhidas por sorteio e terão mandato de apenas um ano.

11 "Gestão Ambiental Sob Salles Tem Fim de Políticas do Passado e Exonerações". Disponível em: <https://www1.folha.uol.com.br/>.

Criado em 1984, o órgão tinha papel de destaque na elaboração e implementação da política ambiental, ajudando a definir normas para licenciamento e fiscalização.

A repercussão internacional dos posicionamentos sobre questões ambientais do governo Bolsonaro tem sido negativa. O Museu Americano de História Natural de Nova York recusou sediar um evento em homenagem a Bolsonaro. Realizado pela Câmara de Comércio Brasil-Estados Unidos, pretendia condecorar o presidente brasileiro e Mike Pompeo, Secretário de Estado dos EUA. A nota divulgada pelo museu recusando o evento afirmou que o perfil do presidente brasileiro não refletia as posições da instituição. O prefeito de Nova York, o democrata Bill de Blasio, pediu que o museu não recebesse Bolsonaro e criticou os posicionamentos homofóbicos, racistas e o seu discurso sobre a Amazônia e as mudanças climáticas. O evento foi transferido para um hotel da cidade[12]; diante da polêmica, Bolsonaro desistiu da viagem. Finalmente, foi improvisada uma cerimônia em Dallas, Texas, em maio de 2019.

Segundo a maior parte da comunidade científica, a despeito do visível descaso do atual governo do Brasil perante a questão socioambiental, a crise ambiental é uma realidade. A preocupação mundial com o aquecimento global mobiliza a contribuição de pesquisadores, ambientalistas e governos no esforço de compreender e mitigar esse processo. A contribuição de pesquisadores brasileiros deveria ser motivo de orgulho para o governo, mas não é o que tem acontecido recentemente.

O físico Paulo Artaxo da USP contribuiu para desvendar detalhes sobre a formação de nuvens de chuva na Amazônia, demonstrando o quanto as queimadas comprometem a sua produção. O climatologista Carlos Nobre dedicou-se a identificar a relação entre queimadas e aquecimento global nas secas prolongadas na Amazônia. Demonstrou que o agravamento desse processo levará à savanização da região, com impactos desastrosos à formação de chuvas e em todo o clima da América do Sul. O biólogo Mauro Galetti Rodrigues, da Unesp de Rio Claro, aponta em seus estudos que o processo de "desfaunação", perda de fauna, tem comprometido a manutenção de florestas. Essas pesquisas foram publicadas

---

12 "Após Negativa de Museu, Hotel na Times Square Deve Sediar Evento Com Bolsonaro". Disponível em: <https://www1.folha.uol.com.br>.

em revistas especializadas, como a *Science* e a *Nature*. Trata-se de trabalhos de pesquisadores reconhecidos pela comunidade acadêmica nacional e internacional. Entretanto, para os senadores Flávio Bolsonaro (PSL-RJ) e Marcio Bittar (MDB-AC) isso não significa muito. Em artigo no *site* Congresso em Foco, negam que o aquecimento global seja causado por ações do homem, que a crise da biodiversidade não existe e que florestas não geram chuvas. Por fim, afirmam que tudo não passa de "ideologia verde, refúgio de esquerdistas"[13].

O ministro do Meio Ambiente, Ricardo Salles, afirmou ter encontrado irregularidades em contratos de ONG's com o Fundo Amazônia. Alemanha e Noruega, países doadores do fundo gerido pelo BNDES, foram pegos de surpresa com essa declaração durante entrevista na sede do Ibama.

Maior projeto de cooperação internacional para a preservação da Amazônia, o fundo recebeu, em uma década, 3,1 bilhões de reais em doações – 93,3% da Noruega – repassados para estados, municípios, ONG's e universidades. A embaixada da Noruega afirmou inicialmente em nota que não recebeu qualquer proposta do governo para alterar a estrutura de governança ou os critérios para a alocação dos recursos.

Apenas 25% dos contratos do fundo foram analisados. Em 2018, o TCU concluiu que os recursos são utilizados de maneira adequada, contribuindo para os objetivos previstos. As quantias destinadas pelo fundo são calculadas a partir da redução das taxas de desmatamento. Salles, por sua vez, disse que a diminuição do desmatamento associada ao fundo é uma questão interpretativa, contrariamente à visão dos doadores. Essas afirmações causaram a desconfiança dos doadores, bem como a demissão da chefe do departamento de meio ambiente do BNDES, que repercutiu mal também entre seus colegas da instituição.

Em carta dirigida ao ministro do meio ambiente e ao chefe da Secretaria de Governo, Noruega e Alemanha se posicionaram favoráveis à manutenção da estrutura do Fundo. Afirmam confiança no BNDES, que faz auditorias anuais seguindo padrões internacionais e reconhecem o uso eficiente dos recursos. Contrários às mudanças no Cofa (Comitê Orientador do Fundo

---

13 "Paranoia ou Mistificação". Disponível em: <https://www1.folha.uol.com.br/>.

Amazônia) propostas pelo ministro Salles, que pretendeu reduzir a participação dos estados e da sociedade civil e aumentar a do governo federal, afirmaram que a representação da sociedade confere transparência à gestão e favorece a tomada de decisões compartilhada. Os países doadores entendem que conter o desmatamento é uma tarefa coletiva e necessita da cooperação entre autoridades, empresas privadas, ONG's e comunidades. Não houve acordo entre os doadores e o governo brasileiro.

As alterações do Código Florestal propostas pelos ruralistas com o apoio do governo (MP 867), aprovadas pela Câmara dos Deputados por 243 a 19, amplia o período em que o desmatamento não precisa ser compensado, prorroga indefinidamente o prazo de adesão de produtores ao Programa de Regularização Ambiental (PRA) e propõe a conversão de multas anteriores a 2008 em prestação de serviços ambientais não especificados.

A flexibilização do Código foi bloqueada no Senado e retirada da agenda por um acordo entre os partidos. As mudanças favoreciam apenas 4% do agronegócio, recebendo críticas inclusive do diretor da Associação Brasileira do Agronegócio (Abag), Luiz Cornacchioni, de ambientalistas e de parlamentares da Comissão de Meio Ambiente. O governo prometeu insistir no tema.

O ministro do Meio Ambiente criticou o Inpe e pretende contratar uma empresa para monitorar a Amazônia no combate ao desmatamento via imagens de satélite. De janeiro a maio de 2019, o Ibama registrou a menor proporção de autuações por alerta de desflorestamento dos últimos quatro anos.

Nos primeiros cinco meses do governo Bolsonaro, o Inpe enviou aos órgãos de fiscalização 3,9 mil alertas, via Detecção do Desmatamento na Amazônia Legal em Tempo Real (Deter-B) – média de 29 alertas/dia. A fiscalização do Ibama, no mesmo período, realizou apenas 850 autuações, média de 6,2/dia. A proporção ficou em 4,5 alertas por autuação. Entre 2016 e 2018, a proporção média foi de 1,1 a 3,4 alertas para cada autuação.

Segundo especialistas e funcionários do Ibama e do ICMBio, para otimizar o combate ao desmatamento é necessário realizar novos concursos para preencher o déficit de funcionários, punir as infrações detectadas e melhorar as condições logísticas na Amazônia.

CONFLITOS EM TERRAS INDÍGENAS

Declarações, medidas e projetos anunciados pelo governo Bolsonaro têm aumentado a tensão entre as populações indígenas e empreendimentos privados e governamentais. A principal expressão desse modelo foi a tentativa de passagem para o Ministério da Agricultura de atribuições que pertenciam ao Ministério do Meio Ambiente e à Funai, ligada ao Ministério da Justiça. Tal decisão foi tomada no primeiro dia de governo – 1º de janeiro de 2019 –, sem qualquer consulta pública.

A demarcação das áreas indígenas passaria da Funai e do Ministério da Justiça para o Incra, tradicional órgão de promoção de conflitos entre assentamentos e direitos indígenas à terra. A ministra da Agricultura, Tereza Cristina, afirmou que os direitos indígenas ficariam sob responsabilidade dos Direitos Humanos, no entanto, o direito indígena às terras tem uma caracterização especial, como "povos indígenas". Após uma forte movimentação no Congresso Nacional, a Funai e as demarcações foram devolvidas ao Ministério da Justiça.

O conflito de interesses e o risco de transferir a demarcação de terras indígenas do Ministério da Justiça para o Ministério da Agricultura, Pecuária e Abastecimento colocou em choque a política agrícola da União com os direitos e tradições dos índios. Havia também a incompatibilidade entre as atribuições do Ministério da Mulher, Família e Direitos Humanos e os índios, com evidente prejuízo às suas tradições e culturas, assegurados pela Constituição Federal.

Em reunião com lideranças indígenas e parlamentares da Frente Parlamentar Pró-Indígena da Câmara, no dia 25 de abril de 2019, o presidente da Câmara dos Deputados, Rodrigo Maia (DEM-RJ), afirmou que não concordava com a transferência da demarcação de terras indígenas da Funai do Ministério da Justiça para o da Agricultura. Segundo o parlamentar, essa alteração dividiria o país e favoreceria apenas o interesse do agronegócio, não construindo uma solução coletiva.

De acordo com Rodrigo Maia, o presidente do Senado, Davi Alcolumbre (DEM-AP), compartilharia com ele a compreensão de que a Funai deveria ser reestabelecida junto à Justiça. Nessa reunião, resultado da mobilização indígena, articulada pela deputada federal

Joenia Wapichana (Rede-RR), a prioridade era reverter a transferência de poder na demarcação das terras indígenas e a vinculação da Funai ao Ministério da Mulher, Família e Direitos Humanos, conforme a Medida Provisória 870 assinada pelo presidente da república no primeiro dia de governo. A devolução da Funai e das demarcações foram aprovadas pelo Congresso Nacional, e, em seguida, desafiadas por uma segunda decisão de Bolsonaro, em medida provisória, de devolver as demarcações ao Ministério da Agricultura. Seu desafio ao Congresso foi considerado, em liminar do ministro Luís Roberto Barroso do STF, inconstitucional.

Pressionado por ruralistas, o general Franklimberg Ribeiro de Freitas, presidente da Funai, foi demitido em junho de 2019. Em discurso para servidores, afirmou que o presidente é mal assessorado, mencionando o secretário especial de assuntos fundiários, Nabhan Garcia, que "saliva ódio aos indígenas". E ressaltou que Nabhan quer acabar com o DPT (Departamento de Proteção Territorial), responsável pela proteção e demarcação de terras indígenas. Disse ainda que os recursos são mínimos e o déficit de pessoal é grave.

Em sintonia com o agronegócio e o governo Bolsonaro, o povo Paresi, da terra indígena Utiariti, em Mato Grosso, comemorou a colheita de nove mil hectares de soja e cerca de quatro mil de milho. Com o apoio do governo federal, os índios pretendiam fazer a comercialização, apesar da oposição do Ministério Público Federal e da falta de licenciamento pelo Ibama e Funai.

Em 2005, como a lavoura de soja se expandia, os Paresis começaram a plantá-la por meio de um acordo com produtores rurais que entravam com as máquinas, insumos e fertilizantes, enquanto os indígenas cediam a terra e parte da mão de obra. Para o Ministério Público, tratava-se de arrendamento, o que é proibido pela Constituição Federal no artigo 231, que trata do "usufruto exclusivo" das terras pelos povos indígenas, previsto em convenções internacionais.

Ao contrário da opinião predominante entre povos indígenas, indigenistas, ambientalistas e juristas, os Paresis defendem que a legislação permita acordos de produção com não índios e a utilização de sementes transgênicas. Essas propostas contrariam a produção sustentável e tradicional que protege os rios e as florestas em pé.

No bojo da crise política e econômica na Venezuela, ocasionando problemas de abastecimento de energia em Roraima – fronteira com esse país –, o governo aposta no projeto de criação de uma linha de transmissão ligando Manaus (AM) a Boa Vista (RR), orçada em aproximadamente dois bilhões de reais[14]. Esse projeto deverá acompanhar a BR-174, rodovia criada na época da ditadura dentro do território dos Waimiris-Atroaris, quando foram perseguidos e assassinados pelos militares.

Em 2014, em audiência realizada na aldeia, durante os trabalhos da Comissão da Verdade, o general do exército Guilherme Theophilo afirmou que as relações com os indígenas seriam inspiradas em Rondon e Gomes Carneiro, nunca mais igual a Gentil Nogueira Paes – os dois primeiros eram favoráveis aos indígenas e o segundo foi responsável pela perseguição e assassinato de índios. Nessa ocasião, o militar fazia alusão ao general de brigada responsável pelo 2º Grupamento de Engenharia e Construção do Exército, entre 1974 e 1978, durante a construção da rodovia BR-174.

Ouvido pela *Folha de S.Paulo*, o líder Mario Parwé afirmou estar apreensivo com a postura do governo, embora se mostrasse favorável ao diálogo e à passagem da linha de transmissão no território, desde que seguindo o traçado da rodovia e considerando a necessidade de mais estudos de impacto e informações sobre o projeto[15].

De acordo com o porta-voz da presidência, general Rêgo Barros, isso significa que "o processo de construção será acelerado, que aspectos relativos às questões ambientais serão considerados, mas estarão num bojo maior que é o da soberania nacional". Informa que se trata de um processo que vem sendo embargado desde 2011 por "questões ambientais que estão a ser solucionadas pelo Meio Ambiente e eventualmente questões da área indígena. Iremos sempre consultá-los [índios], mas, obviamente, o interesse da soberania nacional tem que ser imaginado acima de determinadas questões que venham a entravar esse processo".

---

14   Os dados e eventos a seguir apresentados acerca da linha de transmissão foram extraídos da reportagem de Rubens Valente na Ilustríssima; disponível em: <https://www1.folha.uol.com.br>.
15   "Bolsonaro Reacende Tensão Com Índios". Disponível em: <https://www1.folha.uol.com.br/>.

O Ministério Público Federal, destaca a Convenção 169 da OIT (Organização Internacional do Trabalho), assinada pelo Brasil e considerada um "tratado internacional de direitos humanos", tendo ainda "status normativo supralegal" reconhecido pelo STF (Supremo Tribunal Federal). O acordo estabelece a consulta prévia aos povos indígenas que devem deliberar de forma livre sobre empreendimentos que impactem seu território. Todavia, após reunião do Conselho Nacional de Defesa, com o objetivo de acelerar a obra, o Ministério de Minas e Energia emitiu nota sobre um suposto entendimento jurídico do STF, que sustenta que tais obras podem ser realizadas "independentemente de consulta às comunidades indígenas envolvidas ou à Funai". O governo Bolsonaro declarou-se disposto a impor a construção. A decisão do conselho não esclareceu se foram avaliadas outras formas de geração de energia, como eólica ou solar, o que tornaria desnecessários os elevados custos e prejuízos ambientais.

Os primeiros relatos de conflitos com os Waimiris-Atroaris são do século XIX, na cidade de Moura, em 1873. No século XX, relatos do Serviço de Proteção ao Índio (SPI) revelam desde conflitos com jagunços contratados por empresas até fazendeiros e militares na mesma região. O ápice desses conflitos acontece na ditadura com as obras do Plano de Integração Nacional, que julgavam a Amazônia um imenso vazio, desconsiderando as populações que lá viviam.

O discurso oficial sustentava que os indígenas não poderiam ser um empecilho para o desenvolvimento. Nesse sentido, o esforço dos militares para "pacificar" os índios terminou com a chacina de onze pessoas na expedição do padre italiano João Calleri em 1968. Até 1974, aconteceram mais três massacres com vítimas na Funai e na obra, até o Batalhão de Infantaria de Selva assumir e impor a estrada BR-174. Em 2014, cálculos da Comissão da Verdade estimaram, por conta desse contexto, em cerca de 2,5 mil o custo de vidas indígenas.

Na data da reunião do Conselho Nacional de Defesa, ocorreu uma audiência para tomada de depoimentos indígenas feita pela Justiça Federal, a fim de apurar ações da ditadura. De forma inédita, a juíza federal Raffaela Cássia de Sousa foi ouvir os índios em seu território e em sua língua nativa. Acompanhada por técnicos da Funai, advogados da União e um coronel, a magistrada ouviu relatos de perseguições, torturas e extermínio. Os advogados representando a União e o coronel procuravam colocar em dúvida os depoimentos.

O exército sempre se recusou a admitir que indígenas tenham sido mortos em obras durante a ditadura, mas existem publicações com relatos que confirmam esses fatos, como o livro *Os Fuzis e as Flechas*, de Rubens Valente. De acordo com o procurador da república Júlio Araújo, "não há nenhum esforço do exército para assegurar a elucidação da verdade. Apesar das evidências, apenas há um negacionismo quanto às violações", acrescentando que se busca "relativizar o genocídio", de modo que a União tenta mostrar um "conflito em que os índios é que atacavam", enquanto as forças do Estado apenas reagiam.

Em maio de 2019, foi divulgado um relatório sobre violações de direitos indígenas durante a construção da Hidrelétrica de Itaipu (1970-1982). Produzido ao longo de três anos pela Advocacia Geral da União (AGU), o documento poderá embasar ações judiciais para a responsabilização da União[16].

Na véspera do Dia do Índio, Bolsonaro recebeu no Palácio do Planalto um grupo de cinco indígenas de etnias diferentes. Levados por Nabhan Garcia, ruralista e secretário de Assuntos Fundiários do Ministério da Agricultura, e pelo senador Chico Rodrigues (DEM – RR), o vídeo foi transmitido ao vivo pelas redes sociais, causando polêmica pelos ataques à Funai, ao Ibama e às ONG's ligadas às questões indígenas e ambientais.

No vídeo, o presidente defende a exploração mineral em áreas indígenas e o cultivo de soja, além de reafirmar o empenho em acabar com a suposta "indústria da multa" que predominaria no Ibama, beneficiando ONG's[17]. Por fim, criticou ainda partidos e ONG's que "escravizam os índios", utilizando-os para benefício próprio.

O Acampamento Terra Livre (ATL), organizado pela Articulação dos Povos Indígenas do Brasil (Apib), acontece em Brasília anualmente em abril desde 2004. Em 2019, foi realizado entre os dias 24 e 26 de abril, em clima de tensão e animosidade entre

---

16 "Maia Fala em Retirar Demarcação de Terras Indígenas da Agricultura". Disponível em: <https://www1.folha.uol.com.br/>.
17 "Em Live Bolsonaro Ataca Ibama, ONG's e Ameaça Cortar Diretoria da Funai". Disponível em: <https://www1.folha.uol.com.br/>.

os povos indígenas e o governo federal. Na semana que antecedeu o evento, Bolsonaro afirmou em vídeo que o "encontrão de índio" é custeado com dinheiro do contribuinte e que essa "farra vai acabar". Após essas declarações, a coordenadora executiva da Apib e ex-candidata a vice-presidente pelo PSOL, Sônia Guajajara, rebateu as declarações do presidente afirmando que, desde 2004, o evento é custeado com recursos próprios e que mais uma vez o presidente "continua incitando a sociedade contra os povos indígenas".

Em entrevista ao *site* Uol, de acordo com Guajajara, a fala do presidente revela que "cada vez mais se confirma essa ideia que ele [Bolsonaro] tem dos povos indígenas como um povo que é dependente do governo ou que é manipulado ou usado por outros"[18]. Diante da estimativa de que o ato reuniria até dez mil indígenas em Brasília, o presidente convocou a Força Nacional para realizar a segurança da Esplanada dos Ministérios e da Praça dos Três Poderes.

Contrário à demarcação de terras e entusiasta do discurso de "incorporação" dos indígenas à sociedade, Bolsonaro, quando ataca a legislação, mira em ONG's, ambientalistas, partidos políticos de esquerda, lideranças indígenas e supostos "conspiradores internacionais". Ele desconhece que os artífices dos artigos da Constituição de 1988, que regem esses territórios, foram elaborados pela direita, tendo à frente o senador Jarbas Passarinho, apoiador da ditadura.

O texto de 1988 recuperava o estatuto proposto pelos militares em 1967, resgatando o conceito de que as "terras tradicionalmente ocupadas pelos indígenas são bens da União". Contrários à exploração mineral, por temer que o destino das riquezas nacionais caísse em mãos estrangeiras, o pensamento dos militares em 1988 se materializava em Jarbas Passarinho, senador pelo PDS do Pará[19].

As terras indígenas atualmente correspondem a 12,2% do território nacional, totalizando 462 áreas regularizadas, das quais 54% se situam na Amazônia Legal. Há, porém, pelo menos 689

---

18 Bolsonaro Diz Que "Encontrão de Índio" Terá Verba Pública; Guajajara Rebate; UOL, 11 abr. 2019, disponível em: <https://noticias.uol.com.br >.
19 "Alvo de Bolsonaro, Estatuto de Terras Indígenas Foi Criado Pelo Regime Militar". Disponível em: <https://www1.folha.uol.com.br/poder/2019/04/alvo-de-bolsonaro-estatuto-de-terras-indigenas-foi-criado-pelo-regime-militar.shtml>.

terras indígenas no Brasil com cerca de 240 povos, com 128 ainda em fase de identificação. Na terra indígena Uru-Eu-Wau-Wau, situada em Rondônia, os cerca de seiscentos indígenas vivem sob o assédio de aproximadamente cinco mil invasores que desmatam e abrem garimpos.

De acordo com dados do Cimi (Conselho Indigenista Missionário), o número de invasões em 2017 aumentou 62% em relação ao ano anterior. Segundo o documento "Violência Contra os Povos Indígenas no Brasil", existe uma grande ofensiva do garimpo atingindo a área Ianomâmi em Roraima, a região do Vale do Javari no Amazonas, o entorno do rio Tapajós e seus afluentes no Pará e dentro do território do povo Suruí em Rondônia.

Ao lado do aumento no número de invasões e conflitos, decresce a homologação de terras indígenas. De 145 homologações no governo FHC para 79 no governo Lula, 21 no de Dilma, até alcançar zero no governo Temer em 2017. O relatório que reúne casos de criminalização, racismo e violência afirma que a "mera existência dos povos e das comunidades se tornou um fardo pesado para os que administram o país com as lentes da exploração, expropriação e expansão"[20].

De acordo com dados do CNJ (Conselho Nacional de Justiça), os casos de processos ajuizados envolvendo questões indígenas alcançaram 699 ocorrências em 2017. Os processos tratam de ações relacionadas a direitos indígenas (212), violações de direitos de crianças e adolescentes (214) e conflitos de terras (273).

Em busca de proteger a reserva do Xingu, o líder Raoni, acompanhado por outros três líderes da Amazônia, em turnê pela Europa, foram recebidos pelo presidente Emannuel Macron no Palácio do Eliseu em maio de 2019. Macron disse que eles podem contar com o apoio francês na defesa da biodiversidade e dos povos da Amazônia.

Em viagem de três semanas, o objetivo das lideranças foi chamar a atenção da opinião pública e de líderes políticos. Em entrevista ao *Le Parisien*, Raoni afirmou pretender levantar um milhão de euros para construir muros verdes feitos de bambu, para demarcar a reserva, protegendo-a de traficantes de animais, madeireiros, garimpeiros e caçadores.

20 "Aumenta Número de Casos de Invasão e Conflitos em Terras Indígenas". Disponível em: <https://oglobo.globo.com/>.

No âmbito da presidência do G7, a França se mostrou favorável às demandas, demonstrando interesse em sediar uma cúpula internacional de povos indígenas em 2020. No bojo da diplomacia ambiental, Macron lembrou que os índios são fundamentais na preservação das florestas e da biodiversidade, engajados nas lutas contra as mudanças climáticas, afirmando que os acordos comerciais com os países latino-americanos estão condicionados ao Acordo de Paris[21]. Raoni foi também recebido pelo papa Francisco e conseguiu apoio do principado de Mônaco. David Ianomâmi foi recebido em um evento em Harvard.

MINERAÇÃO E GARIMPO EM TERRAS INDÍGENAS

Empresas de mineração cobiçam 25% das terras indígenas, 1/4 de todas as terras indígenas na Amazônia Legal estão na mira de mineradoras, com pedidos de pesquisa e exploração à espera de resposta. De acordo com o ISA (Instituto Socioambiental), existem 6.871 requerimentos abertos pelas empresas, totalizando 29,8 milhões de hectares, o equivalente ao território dos estados de São Paulo e Rio de Janeiro, segundo a *Folha de S.Paulo* em 20 de dezembro de 2018.

Atualmente a mineração é proibida em territórios indígenas, todavia há uma expectativa muito grande por parte do setor em relação à liberação pelo governo Bolsonaro. A elevada quantidade de pedidos de pesquisa e exploração mostra que o interesse comercial é grande e segue em expansão. As principais empresas interessadas são o grupo Santa Elina, Anglo American e Vale. Embora prevista na Constituição, a autorização para a exploração passa pelo aval do Congresso e das próprias comunidades indígenas. Ao mesmo tempo que impede a expansão da mineração, a ausência de legislação que regulamente a questão promove o garimpo ilegal nos territórios indígenas.

Em março de 2019, o ministro das Minas e Energia, almirante Bento Albuquerque, anunciou, no evento Prospectors and Developers Association of Canada – um dos principais ligados à

---

21 "Macron Recebe Líder Indígena e Oferece Apoio Para Proteger o Xingu". Disponível em: <https://www1.folha.uol.com.br/>.

mineração no mundo –, que o governo brasileiro está disposto a liberar a mineração em áreas indígenas e de fronteira. Afirmou ainda que pretende abrir para empresas privadas a atividade de pesquisa ligada a minerais nucleares.

De acordo com o ministro, a mineração em áreas indígenas deverá passar por consulta ao Congresso e pelas próprias comunidades, destacando que elas não terão autonomia para vetar a atividade. Para o governo, a mineração é de "interesse nacional" e, considerando a necessidade de "integrar" os povos indígenas à sociedade, é inaceitável que 12% do território nacional sob demarcação não possa ser explorado. Parte-se do pressuposto de que a empresa privada trará "benefícios para essas comunidades e também para o país". O ministro afirmou que até junho colocará em leilão algumas áreas que pertencem ao Serviço Geológico Brasileiro[22].

É importante destacar que muitas dessas medidas governamentais confrontam normativas internacionais, tratados e convenções dos quais o Brasil é signatário e a própria Constituição Federal. Por essa razão, em março de 2019, o Ministério Público Federal (MPF), através da Câmara de Populações Indígenas e Comunidades Tradicionais, emitiu uma nota técnica apontando a inconstitucionalidade da Medida Provisória 870/2019 e dos Decretos 9.667/2019 e 9.673/2019.

O MPF afirmou que a política indigenista proposta pela MP e os referidos decretos, além de afrontar o estatuto constitucional indígena, ainda viola o direito previsto aos povos originários à consulta prévia, estabelecido pela Convenção 169 da Organização Internacional do Trabalho (OIT). Destacou ainda que o Brasil é signatário desde 2002 da Convenção, e que o Supremo Tribunal Federal já conferiu a ela estatura constitucional.

Em dezembro de 2018, a Rede Amazônica de Informação Socioambiental Georreferenciada (Raisg) divulgou um mapa inédito sobre o garimpo na região amazônica, cobrindo seis países do continente. O mapa revela a distribuição geográfica da atividade ilegal na Amazônia brasileira, boliviana, colombiana, equatoriana, peruana e venezuelana. Embora não tenha dados consistentes, sabe-se que a atividade é recorrente na Guiana, Guiana Francesa e no Suriname.

---

22 "Ministro Diz Que Governo Planeja Liberar Mineração em Terras Indígenas". Disponível em: <https://www.valor.com.br/>.

O mapa aponta 2.312 pontos e 245 áreas de garimpo ou extração de minerais, mapeando ainda trinta rios afetados pela atividade mineradora. Desses 2,3 mil pontos, 453 estão localizados no Brasil. O documento reúne informações e pesquisas, além de reportagens locais e imagens de satélite, identificando áreas protegidas como unidades de conservação e terras indígenas. De acordo com o estudo, a Venezuela é a campeã de pontos de garimpo ilegal, seguida pelo Brasil e pelo Equador. Em relação ao garimpo ilegal em terras indígenas, o Brasil lidera com dezoito casos entre 37 identificados.

O impacto decorrente da mineração e garimpo provoca prejuízos em todo o ambiente – flora, fauna e seres humanos. A atividade utiliza desde gigantescas retroescavadeiras hidráulicas (PCs) até mangueiras (jatos d'água) para agredir a floresta e a terra, causando imensa devastação. A utilização de mercúrio para a purificação do ouro contamina a terra, a água e o ar, atingindo os animais e os seres humanos.

Afetando o sistema nervoso central, o mercúrio causa prejuízos de ordem cognitiva e motora, além de problemas cardíacos e perda da visão. Estudo de 2014 realizado pelo ISA e pela Fiocruz em áreas indígenas próximas a garimpos de ouro na Amazônia revelou que 92% de amostras coletadas de peixes apresentavam níveis elevadíssimos de concentração de mercúrio, contaminando as populações que dependem da pesca na região – ribeirinhos e indígenas.

No rio Tapajós, a atividade do garimpo acontece há décadas. Contudo, a presença do garimpo ilegal está adoecendo a população por causa do mercúrio. Inofensivo e naturalmente encontrado no solo amazônico, a atividade garimpeira faz com que se torne tóxico.

Segundo a líder Munduruku Alessandra, as dragas, ao remexerem o fundo do rio, aumentam o nível de mercúrio e espalham a contaminação. Ela relata ainda o aumento no número de embarcações, apontando maior atividade garimpeira. Os efeitos da contaminação já são sentidos na população pelo aumento no número de abortos espontâneos e crianças com problemas de memória[23]. O neurocirurgião Erik Jennings, que atua na região, informa que a intoxicação acontece por causa do metilmercúrio,

---

23 "Níveis de Mercúrio Aumentam no Rio Tapajós e a População Adoece". Disponível em: <https://www.abrilabril.pt/>.

versão venenosa do mineral, resultado da atividade do garimpo ilegal. Estudos feitos por pesquisadores da Unesp de Rio Claro em parceria com a Queensland University of Technology da Austrália, publicado na revista *Ecotoxicology and Environmental Safety*, revelaram alto nível de mercúrio acumulado em sedimentos de lagos do rio Madeira em decorrência do garimpo de ouro[24].

A indústria da mineração no Brasil concentra alguns dos recursos mais cobiçados no mundo, como o nióbio, o tântalo, o níquel e o manganês. Dados do Anuário Estatístico de 2017 revelam que o Brasil detém 98,2% de todo o nióbio do mundo. Todas essas reservas concentram-se na região amazônica e em terras indígenas, nos estados do Amazonas, Pará e Rondônia.

Na Amazônia, a mineração ilegal de ouro se tornou um imenso negócio, tanto para empresas quanto para grupos garimpeiros. Estima-se na casa das dezenas de milhares o número de garimpeiros na região. Em cidades como Itaituba no Pará, às margens do rio Tapajós, o garimpo ilegal representa aproximadamente 70% da economia. Em um povoado de garimpeiros encontrado pelo exército em terras ianomâmi, entre os estados do Amazonas e Roraima, a movimentação alcançava 32 milhões de reais ao mês com a extração ilegal do ouro.

Estima-se que na fronteira com a Guiana encontram-se cerca de vinte mil brasileiros trabalhando em minas clandestinas. Nesses assentamentos improvisados, a exploração do jogo, da prostituição, o tráfico de pessoas, as drogas, o trabalho escravo e os jagunços compõem o cenário do garimpo ilegal. A Amazônia abriga uma vasta e complexa rede de crime organizado. Belém (PA), Macapá (AP) e Manaus (AM) estão entre as cidades com as maiores taxas de homicídio do país e têm alguns dos locais mais perigosos para ambientalistas, ativistas de direitos humanos e jornalistas no mundo. Povos indígenas e quilombolas acabam sendo as principais vítimas desse cenário.

A Amazônia abrange os três maiores produtores de coca do mundo – Colômbia, Bolívia e Peru. O garimpo ilegal de ouro na região tem atraído o interesse dos grupos de narcotraficantes. Considerando a imensa escala dos negócios, a vastidão do território e as dificuldades de fiscalização e segurança, os criminosos

---

24 "Garimpo de Ouro no Rio Madeira Deixa Rastro de Poluição Por Metais Tóxicos". Disponível em: <https://www1.folha.uol.com.br/>.

operam com liberdade e desenvoltura. Entidades como o Ibama e as de segurança precisam ter acesso a mais recursos – financeiros e técnicos –, ao lado de políticas sociais que contemplem o público cooptado pelo garimpo e o crime organizado.

Em Roraima, o líder David Kopenawa denuncia a invasão da terra ianomâmi por cerca de vinte mil garimpeiros. Em audiência, com outros indígenas, pediu providências aos Ministérios da Justiça, Defesa e à Funai em Brasília. Segundo os indígenas, na região de Auris os garimpeiros construíram uma vila com balsas e pistas de pouso em busca de ouro e diamantes, contaminando os rios Uraricoera, Mucajaí, Apiaú e Alto Catrimani. O garimpo ameaça três aldeias com cerca de quinhentos índios. Os garimpeiros vão às aldeias em busca de alimentos e de cooptar jovens para o trabalho.

Os impactos de quarenta anos da mineração de bauxita na região de Oriximiná no Pará sobre ribeirinhos e quilombolas estão no livro *Antes a Água Era Cristalina, Pura e Sadia: Percepções Quilombolas e Ribeirinhas dos Impactos e Riscos da Mineração*. Os depoimentos denunciam danos sobre os cursos d'água e revelam insegurança em relação às barragens de rejeitos na região.

A empresa responsável, Mineração Rio do Norte (MRN), reúne um conglomerado de acionistas de grande porte, como a Vale, Alcoa, Companhia Brasileira de Alumínio, South 32, Hydro, dentre outras. De acordo com a Agência Nacional de Águas, a MRN é a quarta mineradora em número de barragens no país, totalizando 25 implantadas e outras em fase de estudos. Além da manutenção das barragens, a empresa é ainda responsável pelos estudos que atestam a qualidade da água.

Segundo os moradores, a diminuição do pescado e o aumento de doenças ligadas à água na região contradizem os estudos da MRN, que atestam a qualidade de rios e igarapés. As alterações nos cursos d'água restringem ainda o acesso à água potável. Por fim, revelam que, na elaboração dos planos de emergência em relação às barragens, não houve consulta às comunidades situadas na área de risco.

ÁREAS DE CONSERVAÇÃO

Estudo apresentado pela WWF (World Wide Fund for Nature) durante o IX Congresso de Unidades de Conservação (CBUC) realizado em Florianópolis, em 2017, aponta que das 316 unidades de conservação federais e estaduais na Amazônia, 110 estão potencialmente ameaçadas por projetos de infraestrutura, alcançando cerca de trinta mil km² – 2% do território protegido. Em 204 unidades de conservação, o desmatamento aparece como a maior ameaça, atingindo áreas de proteção integral e uso sustentável. Em 181 unidades, o problema é a pecuária – áreas de pastagens ilegais. Entretanto, o grande problema identificado no estudo consiste no fenômeno conhecido por PADDD (Protected Areas Downgranding, Downsizing and Degazettement) – meio de burlar a proteção por meio de recategorização ou mesmo extinção da área, através das vias parlamentares condicionadas pelo *lobby* de interesses econômicos.

No Pará, a Agência Nacional de Mineração (ANM) tem liberado projetos de mineração dentro de Unidades de Conservação (UCS), segundo o Ministério Público Federal. A denúncia afirma que há exploração mineral nas Florestas Nacionais de Itaituba 1 e 2 e Trairão, provocando desmatamento e assoreamento de rios.

Dados levantados pelo ICMBio, órgão responsável pela manutenção das unidades de conservação, permitiram a ação do Ministério Público Federal. Nota técnica do instituto revela que nas florestas nacionais de Itaituba 1 e 2 constam onze lavras para exploração, 24 autorizações para pesquisa, 166 requerimentos para lavra e outros trinta pedidos de pesquisa relacionados a garimpos de diamante e ouro. As florestas nacionais são unidades de conservação consideradas de uso sustentável, portanto, mineração e garimpo estão proibidos e os órgãos ambientais não podem autorizar a exploração.

AGROTÓXICOS E MEIO AMBIENTE

A bancada ruralista e do agronegócio, intrinsecamente irmanadas ao atual governo, controlam a pasta da Agricultura. Resulta disso um aumento significativo na liberação de agrotóxicos no país. De acordo com dados do Ministério da Agricultura, Pecuária e Abastecimento, apenas em 2018 foram aprovados 450 registros no Brasil. Nos dois primeiros meses de 2019, foram registrados 74, o que dá uma média de mais de um por dia, preocupando especialistas.

Na contramão dos países desenvolvidos, o Brasil segue flexibilizando as licenças para o registro e comercialização de agrotóxicos, com um aumento expressivo desde 2016. Segundo Luiz Claudio Meirelles, pesquisador da Fiocruz e ex-coordenador de avaliação toxicológica da Anvisa, ouvido pela *Folha de S.Paulo* (5.3.2019), o grande problema é que o aumento da liberação de agrotóxicos não vem acompanhada por ações de controle e fiscalização.

Dos 58 produtos aprovados nos primeiros meses de 2019 – já publicados no *Diário Oficial da União* –, 21 são considerados extremamente tóxicos para a saúde, onze altamente, dezenove mediamente e apenas sete pouco nocivos. No que diz respeito ao risco ambiental, um é considerado extremamente perigoso, 31 como muito perigosos, 24 como perigosos e apenas dois como pouco[25].

No plano internacional, recomendações da ONU para que agrotóxicos altamente perigosos sejam retirados do mercado já são observadas por diversos países no Hemisfério Norte. Caso do sulfloxaflor, por exemplo, em razão do seu poder de impactar as populações de abelhas, liberado aqui e proibido na Europa e nos Estados Unidos.

O Conselho de Pesquisa Científica da ONU, em março de 2019, denunciou o glifosfato como potencial causador de câncer. A França estabeleceu duras restrições ao uso de agrotóxicos por questões ambientais e de saúde pública. Nos Estados Unidos, além das limitações de uso, foi banida a pulverização aérea de plantações.

PLÁSTICO E MEIO AMBIENTE

Em 1987, o Protocolo de Montreal, ratificado pelo Brasil em 1990, relacionado à proteção da camada de ozônio, estabeleceu metas que deveriam ser cumpridas pelos países signatários a partir da interrupção na produção e uso de substâncias que a destroem.

---

25 "Registro de Agrotóxicos no Brasil Cresce e Atinge Maior Marca em 2018". Disponível em: <https://www1.folha.uol.com.br/>.

Segundo a WWF, esse é o modelo a ser seguido no combate à contaminação de plástico nos oceanos.

Em estudo divulgado no dia 4 de março de 2019, a WWF apresentou um relatório que aponta o crescimento de resíduos plásticos no mundo e indica possíveis caminhos para mitigar o problema. Os dados levantados são alarmantes; em 2016, por exemplo, 396 milhões de toneladas de plástico virgem foram produzidos, ou seja, aproximadamente, 53 kg por pessoa[26].

Atualmente, há cerca de trezentos milhões de toneladas nos oceanos, o que equivaleria a algo em torno de onze trilhões de garrafas plásticas de meio litro. Os países que mais produzem e descartam resíduos plásticos são Estados Unidos, China, Índia e Brasil. Nos Estados Unidos a reciclagem de resíduos plásticos alcança 35% do volume descartado e no Brasil, apenas 2%. Na China o patamar é da ordem de 22% e na Índia, 6%.

Segundo dados divulgados, cerca de 20% do plástico mundial é coletado para reciclagem[27]. Todavia, o estudo da WWF revela que na Europa menos da metade do material é reaproveitado devido à baixa qualidade dos produtos feitos a partir do plástico reciclado e à possível presença de contaminação. Por essas razões, o tema foi discutido na Assembleia das Nações Unidas para o Meio Ambiente ocorrida na segunda semana de março de 2019 em Nairóbi, no Quênia, quando Brasil e Argentina se recusaram a assinar o tratado.

No Brasil, alguns avanços já são notados, como as leis que proíbem canudos plásticos – descartáveis –, em cidades como Santos (SP), Rio de Janeiro, Ilhabela (SP), São Vicente (SP) e Guarujá (SP). Embora sejam leis necessárias, a coordenadora da WWF-Brasil, Anna Carolina Lobo, afirma que "elas estão virando a 'lei que não pegou', porque junto com a publicação não veio o pacote completo de trabalhar com estabelecimentos, chegar em acordos". Isto é, a solução do problema passa pelo envolvimento da cadeia produtiva e do consumidor, já pensando na manutenção de resíduos. Trata-se de pensar na infraestrutura, na logística, em metas concretas para a gestão de resíduos e na conscientização da população.

A preocupação em relação ao volume de resíduos plásticos no oceano decorre do seu impacto nocivo junto à fauna marinha.

---

26 "Brasil É um dos Maiores Consumidores de Plástico, Mas Só Recicla 2% do Total". Disponível em: <https://www1.folha.uol.com.br/>.
27 Ibidem.

Atualmente, é bastante comum a divulgação de imagens de animais vítimas de sacolas e outros objetos plásticos, estejam eles presos e/ou enroscados ou mortos pela ingestão destes. É comum biólogos marinhos encontrarem de tartarugas a baleias mortas pela ingestão de sacolas. Frisa-se, ainda, que parte dos (micro) plásticos dispostos nos oceanos são ingeridos pelos peixes e, por vezes, esses peixes, depois de pescados, servem de alimento ao ser humano, que se contamina amplamente no contexto desse ciclo não virtuoso de geração excessiva e descarte inadequado de produtos plásticos (confeccionados a partir do petróleo, na indústria petroquímica). Por fim, a degradação de corais também é uma realidade e uma ameaça ao ecossistema marinho.

FONTES CONSULTADAS

FEARNSIDE, Philip. Desmatamento na Amazônia: Dinâmica, Impactos e Controle. *Acta Amazônica*, v. 3, 2006.
REVISTA ESTUDOS *Avançados* – USP, v. 19, n. 53, São Paulo, 2005. Disponível em: <http://www.scielo.br/>. Acesso em: 7 mar. 2019.
VALENTE, Rubens. *Os Fuzis e as Flechas: História de Sangue e Resistência Indígena na Ditadura*. São Paulo: Companhia das Letras, 2017. Coleção Arquivo da Repressão no Brasil

Internet

"IBAMA TEM Início de Ano Com Menor Quantidade de Multas Aplicadas Desde 1995". Disponível em: <https://www1.folha.uol.com.br/>. Acesso em: 7 mar. 2019.
"MINISTÉRIO DO Ambiente Quer Núcleo Com Poder de Anular Multas do Ibama". Disponível em: <https://www1.folha.uol.com.br/. Acesso em: 7 mar. 2019.
"REGISTRO DE Agrotóxicos no Brasil Cresce e Atinge Maior Marca em 2018". Disponível em: <https://www1.folha.uol.com.br/>. Acesso em: 7 mar. 2019.
"RICARDO SALLES Exonera 21 dos 27 Superintendentes Regionais do Ibama". Disponível em: <https://www1.folha.uol.com.br/>. Acesso em: 7 mar. 2019.
"MINISTRO DIZ Que Governo Planeja Liberar Mineração em Terras Indígenas". Disponível em: <https://www.valor.com.br/>. Acesso em: 8 mar. 2019.
"BANCO DE Dados de Hidroelétricas na Amazônia". Disponível em: <http://amazonia.inesc.org.br/>. Acesso em: 12 mar. 2019.
"BRASIL É um dos Maiores Consumidores de Plástico, Mas Só Recicla 2% do Total". Disponível em: <https://www1.folha.uol.com.br/>. Acesso em: 12 mar. 2019.
"MAPA INÉDITO Indica Epidemia de Garimpo Ilegal na Panamazônia". Disponível em: <http://amazonia.org.br/>. Acesso em: 12 mar. 2019.
"HIDRELÉTRICAS NA Amazônia: Um Mau Negócio Para o Brasil e Para o Mundo". Disponível em: <https://www.greenpeace.org/>. Acesso em: 18 mar. 2019.

"NÍVEIS DE Mercúrio Aumentam no Rio Tapajós e a População Adoece". Disponível em: <https://www.abrilabril.pt/>. Acesso em: 18 mar. 2019.

"TCU ABRE Caminho Para Retomada de Grandes Hidrelétricas na Amazônia". Disponível em: <http://amazonia.org.br/>. Acesso em: 18 mar. 2019.

"BOLSONARO REACENDE Tensão Com Índios". Disponível em: <https://www1.folha.uol.com.br/>. Acesso em: 20 mar. 2019.

"TAPAJÓS TÓXICO: Garimpo Aumenta Níveis de Mercúrio no Rio e População Adoece". Disponível em: <https://www.brasildefato.com.br/>. Acesso em: 20 mar. 2019.

"ESTUDO INÉDITO Revela Que Amazônia Está Perdendo Superfície de Água". Disponível em: <https://ciclovivo.com.br/>. Acesso em: 25 mar. 2019.

"A IMPORTÂNCIA da Amazônia no Ciclo das Águas". Disponível em: <http://portalamazonia.com/>. Acesso em: 25 mar. 2019.

"POVOS INDÍGENAS Ensinam Que Água Deve Ser Reverenciada". Disponível em: <https://ciclovivo.com.br/>. Acesso em: 25 mar. 2019.

"DESMATAMENTO NA Amazônia Aumentou 40% nos Últimos 12 Meses, Diz Instituto". Disponível em: <https://g1.globo.com/>. Acesso em: 29 mar. 2019.

"GARIMPO DE Ouro no Rio Madeira Deixa Rastro de Poluição Por Metais Tóxicos". Disponível em: <https://www1.folha.uol.com.br/>. Acesso em: 27 mar. 2019.

"LEGADO DE Belo Monte: Danos Causados Pela Usina na Amazônia Não Terminaram Após Sua Construção". Disponível em: <https://pt.mongabay.com/>. Acesso em: 27 mar. 2019.

"PECUÁRIA E O Desmatamento na Amazônia na Era das Mudanças Climáticas". Disponível em: <https://imazon.org.br/>. Acesso em: 4 abr. 2019.

"CUSTOS SOCIAIS e Ambientais de Usinas Hidrelétricas São Subestimados, Aponta Estudo". Disponível em: <http://amazonia.org.br/>. Acesso em: 8 abr. 2019.

"QUILOMBOLAS E Ribeirinhos Denunciam os Impactos da Mineração em Oriximiná, Pará". Disponível em: <http://amazonia.org.br/>. Acesso em: 8 abr. 2019.

"GESTÃO AMBIENTAL Sob Salles Tem Fim de Políticas do Passado e Exonerações". Disponível em: <https://www1.folha.uol.com.br/>. Acesso em: 17 abr. 2019.

"HIDRELÉTRICAS BRASILEIRAS Sustentam o Lobby Entre Empreiteiras e o Poder Público". Disponível em: <http://www.ihu.unisinos.br/>. Acesso em: 17 abr. 2019.

"AS 500 Hidrelétricas Que Ameaçam o Rio Amazonas". Disponível em: <http://www.ihu.unisinos.br/>. Acesso em: 17 abr. 2019.

"UNIDADES DE Conservação da Amazônia Estão Ameaçadas". Disponível em: <https://www.wwf.org.br/>. Acesso em: 17 abr. 2019.

"EM LIVE Bolsonaro Ataca Ibama, ONG's e Ameaça Cortar Diretoria da Funai". Disponível em: <https://www1.folha.uol.com.br/>. Acesso em: 18 abr. 2019.

"ALVO DE Bolsonaro, Estatuto de Terras Indígenas Foi Criado Pelo Regime Militar". Disponível em: <https://www1.folha.uol.com.br/>. Acesso em: 20 abr. 2019.

"APÓS NEGATIVA de Museu, Hotel na Times Square Deve Sediar Evento Com Bolsonaro". Disponível em: <https://www1.folha.uol.com.br/>. Acesso em: 24 abr. 2019.

"AUMENTA NÚMERO de Casos de Invasão e Conflitos em Terras Indígenas". Disponível em: <https://oglobo.globo.com/>. Acesso em: 24 abr. 2019.

"MAIA FALA em Retirar Demarcação de Terras Indígenas da Agricultura". Disponível em: <https://www1.folha.uol.com.br/>. Acesso em: 30 abr. 2019.

"PROCURADORIA APONTA Quase 3 Mil Réus e Pede R$ 5 Bi Por Desmate na Amazônia". Disponível em: <https://www1.folha.uol.com.br/>. Acesso em: 6 maio 2019.

"602 CIENTISTAS Pedem Que a Europa Condicione Importações do Brasil a Cumprimento de Compromissos Ambientais". Disponível em: <https://www.bbc.com/>. Acesso em: 8 maio 2019.

"PARANOIA OU Mistificação". Disponível em: <https://www1.folha.uol.com.br/>. Acesso em: 8 maio 2019.

"MACRON RECEBE Líder Indígena e Oferece Apoio Para Proteger o Xingu". Disponível em: <https://www1.folha.uol.com.br/>. Acesso em: 23 maio 2019.

"CARTA AO Imperador Pelos Peixes da Amazônia". Disponível em: <https://www1.folha.uol.com.br/>. Acesso em: 23 jun. 2019.

"ÁGUAS AMAZÔNICAS". Disponível em: <https://brasil.wcs.org/>. Acesso em: 15 jan. 2020.

1. A Ambivalência:
Degradação Ambiental e Desigualdade nas Questões Socioambientais Amazônicas

Este capítulo inicial expõe o objeto deste estudo, enunciando as interrogações e condições que lhe deram origem, o porquê e o como dessas escolhas. Aborda ainda algumas das dificuldades metodológicas próprias desta pesquisa, resume sua temática e encadeamento, indicando os estudos de caso selecionados e sua organização interna.

Há paralelismos, ou correlações, entre a degradação ambiental e a desigualdade social? Há incompatibilidades entre a preservação ambiental, o desenvolvimento socioeconômico e a qualidade de vida das populações tradicionais? O estudo de alguns aspectos das relações entre sociedades e natureza, através de interseções contemporâneas exemplares, constitui o tema deste trabalho. Seu objeto específico são algumas das configurações sociais e situações presentes nas duas últimas décadas na Amazônia, selecionadas dentre relações significativas para o estudo das interfaces socioambientais, como no caso do conflito garimpo e pesca, e, de forma mais abrangente, na análise do avanço da fronteira econômica e das referências do capítulo final relativas ao desenvolvimento sustentável.

À Amazônia coincide ser um ponto privilegiado de concentração da biodiversidade do planeta e, simultaneamente, um dos polos da desigualdade e da diversidade social brasileira.

A expansão da fronteira econômica, com suas consequências sobre as populações tradicionais, acompanhada do comprometimento da renovabilidade dos recursos naturais, instigou, na conclusão deste trabalho, a retomada da questão da sustentabilidade – da compatibilidade entre preservação ambiental e qualidade de vida. A existência de pontos de vista extremos, a atualidade e o frequente improviso contribuem para exigir o desafio do rigor no trato dos temas ambientais pelas ciências sociais, como em seu diálogo com as ciências da natureza.

Seria a preservação ambiental uma preocupação luxuosa das sociedades abastadas do Primeiro Mundo, importada despropositadamente por uma fração das elites urbanas brasileiras, exterior a uma agenda que deveria centrar-se apenas na pobreza? Seria incompatível garantir a renovabilidade dos recursos naturais com qualidade de vida às populações, como se pensa em algumas vertentes, em diferentes polos ideológicos? Desenvolvimento implica, sempre e necessariamente, degradação ambiental? A preservação ambiental deve ser adiada para depois de ultrapassada a miséria e o atraso, constituindo-se em estágios evolutivos, em momentos sucessivos, descontínuos e diferenciados na história do "progresso"? As populações desfavorecidas têm interesse imediato e comparativamente maior na preservação ambiental? É o ser humano incompatível com a natureza que lhe dá a vida, como chegam a formular alguns biocêntricos? Tais interrogações permeiam esta pesquisa, inclusive ao repassar casos selecionados, como o garimpo, a pesca e outros fatos da fronteira econômica.

Essas coincidências plenas – desigualdade e degradação ambiental – desafiam a compreensão de situações da Amazônia, por representarem uma contribuição teórica potencial ao entendimento das inter-relações entre sociedades e natureza. Mas acrescentam outras dificuldades. A primeira delas decorre da diversidade, tanto socioeconômica, da especificidade cultural, quanto dos ecossistemas diferenciados nessa imensidão espacial. Geralmente a Amazônia é tratada como um todo, como se explicável duma só feita, talvez mais pelo que dela se ignora, do que pelo que se lhe conhece, tanto em termos sociais quanto ambientais. Melhor seria referir-se a Amazônias, em suas formações sociais diferenciadas, evitando-se generalizações arbitrárias, reducionistas e ineficazes para explicar situações multifacetadas, tanto em relação aos ecossistemas como à diversidade das configurações sociais, à sua sociodiversidade. Neste trabalho, um dos focos privilegiados volta-se às comunidades tradicionais da região, aos pescadores e ribeirinhos, aos índios, às comunidades extrativistas do interior e ao dilema com que se defrontam frente ao avanço da fronteira econômica sobre seu espaço social e físico, e às novas configurações sociais geradas por esse processo endocolonial, recente e conflituoso.

O centro de enfoque deste estudo é a concorrência pelo uso dos recursos, tanto a gerada por grupos de interesse quanto a originária de modos de uso tecnologicamente diferenciados, em particular a competição entre o uso imediatista *dos recursos rentáveis, mas não renováveis*, como o ouro, e seus impactos, a urbanização e a industrialização, com suas exigências em energia e mineração, confrontado ao uso permanente do pescado e da água, *recursos vitais e renováveis*. O ponto de partida é constituído por estes dois eixos centrais – o uso social da água e do peixe e o uso dos recursos minerais e energéticos. Este trabalho procura compreender o processo social que leva à degradação ambiental, destacando cruzamentos, pontos de encontro ou inter-relações socioambientais e as necessidades de pesquisa para seu gerenciamento, que permitirá o uso desses recursos, porém, o uso adequado.

Na competição em torno ao uso dos recursos água e pescado, considerou-se, no capítulo 2, as populações ribeirinhas, periurbanas e indígenas, em sua concorrência com outras pescas, como as comerciais e industriais de maior porte, nas águas interiores e estuarinas. Competição também com a degradação em escala, introduzida pelos fatos da exploração contemporânea, das novas tecnologias, que impõem mais estreitos limites temporais aos recursos naturais renováveis e disponíveis. No capítulo 3, o estudo de caso principal trata da organização social da pesca artesanal a partir dos produtores primários – o beiradeiro, o piabeiro e o semiespecializado – relacionados com a intermediação, as sobrevivências das relações coloniais de produção no aviamento e as influências externas no associativismo. Adicionalmente, recuperou-se, a partir dos especialistas e das informações dos pescadores, o impacto ambiental das técnicas de pesca utilizadas, consideradas em suas adequações com a diversidade das águas, dos rios e das espécies.

Procurou-se analisar, no capítulo 4, a situação diferenciada de cada um dos atores, identificados em grupos de interesse e em sua interação, em seus conflitos pelos locais piscosos, em sua integração ao circuito econômico e quanto à sua postura frente à renovabilidade do recurso peixe. Considerou-se ainda o que pescam, as diferentes qualidades das águas e do pescado, a política governamental, a piscicultura, para chegar-se, no capítulo 5, a um conjunto de referências e indicações das carências de pesquisas essenciais ao gerenciamento sustentável da pesca e dos rios. Buscou-se integrar as pesquisas especializadas da biota com as voltadas às configurações sociais, para uma visão de processo e das relações. Ficou para o capítulo 6, como um anexo, para os leitores mais envolvidos no tema, o trecho mais árido, a descrição dos equipamentos e dos mercados locais e dos grandes centros, interestaduais, fronteiriços e de exportação, assim como as condições de estocagem e as embarcações. Esses números tornam-se relevantes para se tomar o pulso da dimensão da atividade e das proporções das diferentes pescas.

O capítulo 7 considera o garimpo, seus impactos sobre a pesca e as comunidades, em particular o mercúrio e o revolvimento dos solos, os conflitos internos à atividade, o mercado, a expansão da garimpagem, inclusive quanto aos índios e aos países fronteiriços, para chegar-se a referências quanto à prevenção da degradação socioambiental que a atividade provoca. O garimpo é visto em sua competição com a pesca, em sua condição de atividade econômica de alta lucratividade para seus novos atores, os financiadores e os empresários informais "donos de garimpo".

O capítulo 8 repassa outras atividades e situações criadas pela frente econômica e pelas políticas governamentais, conturbando e competindo com a pesca e as comunidades tradicionais, como a agropecuária nas várzeas, as madeireiras, o carvão vegetal, as extrações minerais, a urbanização, o turismo, a industrialização e as estradas, integrando outros arquivos desta pesquisa. Essas situações são correlacionadas a seus impactos sobre os rios, a pesca e as populações tradicionais, em particular no caso das hidrelétricas, cuja análise toma várias partes deste capítulo, procurando compreender a política energética, os interesses das grandes construtoras, o impacto socioambiental, tendo como exemplo a região de Rondônia e Mato Grosso, por permitir interligar a colonização e a urbanização com as novas necessidades energéticas que desencadearam.

O capítulo 9, a conclusão, compara o modo de uso das sociedades tradicionais de floresta e o da fronteira econômica, as concepções e técnicas diferenciadas quanto ao uso dos mesmos recursos comuns. Repassam-se temas correlatos, como os da origem e do papel do Estado, a "acumulação primitiva" endocolonial e alguns conceitos pertinentes, como os de progresso, qualidade de vida e desigualdade. Finalmente, considera-se a repercussão do ambientalismo, suas bases conceituais, qualidades e lacunas, frente à expansão do modo de vida do sistema global, para concluir-se sobre um conjunto de referências quanto ao desenvolvimento sustentável da região. É a parte final do trabalho, a partir dos procedimentos e precauções metodológicas expostas nesta introdução e do estudo do que é dos fatos, que permitirá referir-se ao que deve ser, tomando-se então partido, numa perspectiva propositiva, enunciando uma estratégia pela diversidade e eficácia.

O uso da água, do pescado, dos solos e dos recursos florestais permite confrontar tipos de utilização praticados por sociedades diferenciadas pela cultura, com os processos recentes de colonização, o desmatamento, a questão fundiária, a migração e a urbanização, também competindo com o uso tradicional. O impacto dos grandes projetos nas populações e ecossistemas, as relações políticas e econômicas em torno ao uso social da água e da floresta revelam não apenas a tônica das políticas públicas, mas o conjunto da visão societária dominante na expansão da fronteira econômica. A compreensão dessas relações sociais pode resultar numa contribuição ao entendimento de elementos do processo de integração endocolonial, de ocupação e globalização acelerada do conjunto desse espaço social e físico.

Este trabalho retoma, assim, aspectos e segmentos das configurações sociais amazônicas, através de exemplos que possam contribuir para a compreensão de um processo específico, datado, localizado e circunstanciado, numa interface precisa: até onde se degradam os homens e qual a simultaneidade desse processo social que amplia a degradação ambiental enquanto aprofunda a desigualdade com esse processo global que leva ao desencanto?

A ciência social tem-se ocupado separadamente dos índios, dos seringueiros e dos ribeirinhos. Os colonos, garimpeiros, a população periurbana, são vistos como se chegassem massificados em categorias sem tom, quando vivem situações diversas, que aqui se buscou revelar. Pode-se separar e reintegrar as diferentes condições sociais, ampliando o processo de compreensão da configuração social contemporânea das Amazônias engrandecidas e atualizadas pela redescoberta de sua *sociodiversidade* relacionada ao uso diferenciado dos recursos naturais e às políticas públicas. Esse é o objeto deste estudo.

PRECEDENTES METODOLÓGICOS E REFERÊNCIAS PARA O PROCESSO DE PRODUÇÃO DESTE TRABALHO

Cada pesquisa tem sua história própria. Esta resulta de um processo de uma década de viagens e pesquisas, entrevistas, leituras, coleta de dados, intervenções frente a políticas públicas e em projetos de desenvolvimento sustentável, consultorias internacionais, governamentais e não governamentais, em vários pontos e temas socioambientais da Amazônia brasileira e peruana. Sua dificuldade própria decorre desse processo próprio. Como retomar esse conjunto acumulado de informações que, embora qualificadas, reduziam-se a aprendizados setorizados, pontuais, circunstanciados, em contextos diferenciados, e transformá-los em uma contribuição científica? Uma pesquisa padrão obrigaria talvez ao procedimento exatamente contrário, ou seja, partir de um esquema para demonstrá-lo. Ao mesmo tempo, parecia difícil conceber uma teoria sociológica que se realimentasse de si mesma, uma vez que sua referência apenas pode ser a dinâmica dos fatos sociais. A escolha foi uma retomada do diálogo intercambiante com os fatos, a partir da consulta a outros precedentes ou tentativas de compreensão e de um distanciamento das circunstâncias e dos pressupostos, permitindo uma visão integrativa, através de um fio condutor, no caso, o uso social da água, um recurso vital ao ser humano, e que permitia a integração coerente de algumas das pesquisas temáticas realizadas na direção de uma visão ampliada.

Uma referência para o caminho adotado foram os bons resultados do precedente de Norbert Elias, que, ao proceder à análise da evolução dos costumes, o fez como um processo cambiante, desconfiando de uma produção teórica que, em momentos extremos, parece acreditar poder realimentar-se apenas do preconcebido. Seu estudo procurou recuperar a simultaneidade e a articulação entre os planos empírico e teórico. Recomendou, acima de tudo à sociologia, que excluísse o impróprio pela crítica, pelo intercâmbio com outros especialistas, em direção a um "estoque comum de conhecimentos" (1990, p. 218).

O desconforto atual com algumas teorias que se pretendem matriciais redunda em um esforço de revalorização da documentação empírica, utilizada exaustivamente neste trabalho. Há diferença entre uma epistemologia, que convida e orienta, ao rigor e uma outra, simples camisa de força, compreensão apriorística. Procurou-se um procedimento que desse conta do objeto pertinente, que respondesse às suas exigências próprias, inovando até no material utilizado, como o fez Michel Foucault. Como Elias, procurou-se reabilitar inclusive a imaginação, mas dosando-a pelo desafio da crítica. Não se pretendeu assim reabilitar dogmas empiristas ou indutivistas, mas apenas responder a exigências de um trabalho particular de conhecimento, e poder descobrir regras e referências apropriadas a esse propósito específico.

Para os propósitos limitados, geograficamente localizados e datados deste trabalho – contribuir com a revisão de algumas relações, num período e numa região –, tornou-se impeditivo esperar que todas as questões epistemológicas estivessem resolvidas interdisciplinarmente, além da suspeita de que não pudessem resolver-se separado ou exteriormente ao processo de compreensão das configurações sociais em presença. Assim, reduziu-se a expectativa de respostas próprias da teoria sociológica para reintegrar e articular fatos e explicações como paralelas intercomunicantes de uma mesma caminhada. A ênfase deste trabalho está no tratamento e revisão do empiricamente documentado, para reintroduzi-lo num patamar reelaborado de compreensão, buscando um maior conhecimento das relações factuais entre desigualdade e uso inadequado dos recursos naturais na recente expansão da fronteira econômica na Amazônia brasileira. A maneira de Elias, propondo um diálogo entre o empírico e o teórico, representou assim um bom precedente de referência, embora, nesse caso, para um projeto menos ambicioso, mais circunstanciado e contemporâneo (Elias, 1990, p. 215).

Outra recorrência para este trabalho diz respeito aos limites e ao reexame das pistas da pesquisa empírica. Claude Lévi-Strauss, por exemplo, abriu um rico universo com sua curta visita aos *Tristes Trópicos*, entre os Kadiwéu, Nambiquara e Kawahíwa. Embora dizendo-se – e é compreensível – sem nenhum gosto pela antropologia aplicada, e duvidando de seu alcance científico, adverte que a antropologia dispõe de um "imenso aparelho teórico e prático, que lhe permite até formar práticos; e sobretudo que ela está disponível, inteiramente pronta para intervir em tarefas que, além disto, se impõem à atenção dos homens" (1967, p. 423). Admite a possibilidade da intervenção social da ciência por duas razões: por permitir "ao menos conhecer os fatos, e porque a verdade possui uma força que lhe é própria".

O argumento apresentado por Lévi-Strauss para, embora com prudência, manifestar-se em favor da intervenção, é o tributo prestado por Karl Marx aos inspetores de fábrica ingleses, pela fonte de fatos que registraram, contribuição decisiva ao primeiro tomo de *O Capital*, porque "experimentados, imparciais, rigorosos e desinteressados". Marx vai mais longe: "Perseu cobria-se de uma nuvem para perseguir os monstros; nós, para podermos negar a existência das monstruosidades, mergulhamos inteiramente na nuvem, até os olhos e os ouvidos" (apud Lévi-Strauss, 1967, p. 423). A base empírica da produção nas ciências humanas é, assim, às vezes, exterior, múltipla, fortuita e exploratória.

A questão está em como podem as contribuições de pesquisas empíricas, aplicadas e de intervenção redundarem em contribuição ao conhecimento. Sem dúvida oferecem uma ampla gama de fatos à compreensão. No entanto, não representam propriamente, nem são em geral seu propósito, contribuições científicas *strícto sensu*. Normalmente, apresentam-se em forma menos acabada, admitindo-se, por absurdo, que o conhecimento social tenha um cume.

Um outro ângulo revelador dos obstáculos a este trabalho adveio do envolvimento do pesquisador em atividades de intervenção. Precauções e procedimentos cuidadosos devem ser postos como condição de sucesso ao estudo do objeto no qual o pesquisador está envolvido (Bourdieu, 1984, p. 11). No seu caso, Pierre Bourdieu considera-se um pesquisador acadêmico estudando os acadêmicos, ou seja, o próprio meio de que faz parte. As dificuldades epistemológicas fundamentais que descreveu terminam por ser as mesmas de qualquer procedimento de compreensão científica. A primeira é a diferença entre conhecimento prático e *connaissance savante*, o conhecimento erudito, em face do aplicado. Sua proposta, nesses casos, é a de proceder-se a uma ruptura com a experiência mais próxima, para, em seguida, restituir-se o conhecimento obtido ao preço dessa ruptura. Tanto o *excesso de proximidade quanto o de distância* representam obstáculos ao conhecimento científico, permitido por um equilíbrio que se buscou encontrar.

Procurou-se assim romper e restaurar essa proximidade, através de um longo trabalho sobre o objeto, e o próprio tema da pesquisa, para uma maior integração e a definição de limites (Bourdieu, 1984, p. 11). A dificuldade específica é a proximidade, a intimidade: o fato de contar o pesquisador com outro envolvimento no tema, em outra postura, que não apenas a de quem o estuda. A condição é ruptura, trabalho, revisão crítica e reintegração, é o seu ritual de passagem, o seu procedimento, a recriação de um distanciamento. Semelhante ao de Edgar Morin, que atribui à reintegração do observador na observação a responsabilidade pelos maiores progressos científicos contemporâneos, dado que todo conceito remete ao objeto concebido e ao sujeito que o concebe, indissociáveis de uma cultura e de uma sociedade determinada (Morin, 1987, p. 15).

Há outra porta vizinha, escancarada por Foucault, na qual, sem perda de rigor, como disse Bourdieu, pode-se buscar "o domínio de sua história, história das categorias de pensamento". Porta do "trabalho crítico do pensamento sobre si mesmo", desconfiada das certezas do poder/saber, temendo as sacralizações (apud Eribon, 1990, p. 307). Mais uma postura do que propriamente um método, sugeriu abrir acesso aos arquivos do presente, do específico e do cotidiano, permitindo que a compreensão parta de *focos múltiplos*, até das margens, do diferente, desconfiando das convicções que se escondem do rigor e da revisão crítica. Pretendeu-se, como nesse precedente, desconstruir outros discursos, além do especializado, para alcançar um sentido global caleidoscópico, como o real multifacetado, que vaza frequentemente nas margens das teorias.

A porta de Foucault, semiaberta e desconcertante, ofereceu possibilidades também à definição de novos interesses para esta pesquisa e o uso de fontes, enfoques e escolha de objetos menos convencionais que provocaram reservas, como as de Jürgen Habermas, ao referir-se ao dandismo da personalidade de

Foucault, além de apontá-lo no coro dos desenganados; entre os que não tomam partido; entre os que arriscam recair no positivismo, empiricismo, ceticismo e presentismo (Habermas, 1989, p. 229). Apesar das advertências feitas, o fascínio pela porta foucaultiana sobrevive, pois a excelência do resultado continua sendo a boa medida de qualquer trabalho.

O exemplo de Elias foi estimulante para o desafio deste trabalho, pois ele atribuiu seus bons resultados simplesmente ao ter procurado demarcar-se – e desconfiar – da maneira puramente teórica e especulativa, ao mesmo tempo, dos que abusam dela até ao vazio repetitivo ou à abstração artificial, redutora, estática e redundante. Quis evitar e denunciar os reducionismos, revelando a *dinâmica dos processos em análise*. Arriscou buscar compreender processos de longo prazo, mudanças diversas e até opostas. Fugiu do padrão exigente e falacioso de uma teoria geral da civilização, quando construída no ar e a ser confrontada *a posteriori*. Quis mais ar, mais luz, um maior e mais livre diálogo com outros ramos do conhecimento e desejou permitir-se "introvisões teóricas porventura encontradas no caminho" (1990, p. 18). Propôs-se descobrir seu método à medida que o praticava, enriquecendo-o em direção ao método próprio ao seu objeto, dialogando com o saber acumulado, experimentando, *intercomunicando compartimentos*. Quis o direito de medir os procedimentos pelo valor da descoberta, ou "achado sociológico", "cujo equivalente mais conhecido nas ciências físicas são o experimento e seus resultados" (Elias, 1990, p. 215).

A PESQUISA E O INTERVALO
ENTRE O QUE É E O QUE DEVE SER

Toda aquisição científica implica novas questões e deve ser superada e deve envelhecer.

WEBER, 1979, p. 119.

É possível, assim, e foi o que aqui se buscou, aprender do estoque comum de conhecimentos das ciências humanas, permanecendo nele na medida da eficácia, evitando perder-se o compromisso com o resultado, em meio "à guerra classificatória do mundo intelectual". Deve-se aprender da ciência acumulada, sem aprisionar-se na sua circularidade, em seu labirinto de mármore. O horizonte do conhecimento está na ampliação da compreensão, mesmo trabalhando em tema datado e específico como este, está em descobrir suas exigências próprias, em voltar-se ao movimento da vida. Isoladamente do estudo de dinâmicas sociais, ou de alguns de seus aspectos, a produção de conhecimentos tende a circunscrever-se a rearrumações sucessivas, quase exegéticas, como se a reprodução de matrizes garantisse, *de per si*, a nova produção. Os instrumentos, como na proposta de Elias, foram aqui afinados e sincronizados nos ensaios e movimentos da orquestra.

Também não se pode temer a relação que se deve estabelecer entre a compreensão e a contribuição à mudança; apenas é aconselhável fugir do preconcebido, velado em certas axiomáticas. A investigação necessita de um movimento próprio, separado dos ideais e doutrinas, como o único modo de "reunir conhecimentos sociológicos adequados, suficientes para serem usados na solução dos agudos problemas da sociedade", através da revelação do que é, separando os fatos das ideologias do desejável (Elias, 1990, p. 226). O estudo do que é deve ser separado do estudo do que deve ser. O juízo de valor foi reservado, neste trabalho, para um momento posterior à compreensão, e assim procurou-se garantir sua eficácia. Eis por que, neste trabalho, reservou-se para o capítulo final as tomadas de posição propositivas, decorrentes dos fatos considerados, uma cautela ainda mais necessária quando se trabalha com temas agudamente cercados do trágico da condição humana.

Em outras palavras, foi possível buscar compreender para mudar, o que não deve ser visto como um mal em si – quando não se pretende reabilitar falsas neutralidades –, mas apenas introduzir uma indispensável precaução: o momento de compreender não deve ser embaçado pelo preconcebido. A alternativa à antinomia entre neutralidade e compromisso é desideologizar, é passar o juízo de valor a um segundo momento do pensamento, fundado no primeiro, o da compreensão pela revisão crítica. Os ideais de curto prazo comprometem a compreensão dos fatos verificáveis. Os conceitos de sistema social terminam por pretender observar uma sociedade inexistente, em repouso, abstrata, e "são prejudicados pela ideia correlata de imutabilidade" (Elias, 1990, p. 249).

A pesquisa social deve tornar-se instrumento de prática social, mas é apenas efetiva quando a análise científica separa-se dos ideais. Nada a ver com a renúncia ou abstenção em influenciar o curso dos fatos políticos: rejeitou-se apenas o pensamento instrumental e introduziu-se uma condição prévia e excludente em qualquer intervenção prática: o que é vem antes do que deve ser, à maneira de Weber. O primeiro passo volta-se ao que é, para permitir o surgimento do que deve ser, com maiores chances de eficácia. O núcleo do procedimento consiste em, num primeiro movimento, separar os ideais, impedir que ofusquem a compreensão dos fatos através do distanciamento conceitual e de uma visão heliocêntrica, holística – caleidoscópica, diria Foucault –, que dê conta de configurações sociais diferenciadas e competitivas, de indivíduos interdependentes e mutuamente orientados, tendendo a formar monopólios (Elias, 1990, p. 245) e, sobretudo, separando pressupostos de preconceitos. A história é importante e útil essencialmente por ensinar a fazer história, para orientar e sugerir a mudança social, instruir sobre o que fazer e o que não fazer (Giddens, 1987, p. 25).

AS CIÊNCIAS HUMANAS NO DIÁLOGO INTERCIÊNCIAS DA SUSTENTABILIDADE

"Nenhuma disciplina tem precedência intelectual numa tentativa tão importante quanto a de assegurar a sustentabilidade", argumentam os promotores da *Ecological Economics* (Constanza, 1991, p. 3). Para assegurar a sustentabilidade, do planeta e da humanidade, inclusive quando o tema é um de seus desafios contemporâneos, como no caso da Amazônia, a cooperação interciências é fundamental, condição à formulação necessária de referências para o desenvolvimento sustentável. O uso adequado dos recursos naturais pela sociedade obriga a esse esforço transdisciplinar, buscando ultrapassar, de modo cooperativo e apropriado, as concepções das diferentes ciências, integrando e sintetizando perspectivas, acima das territorialidades, das técnicas e métodos específicos, focalizando mais diretamente os problemas, abrindo-se para o uso de instrumentos menos convencionais e atravessando-se as fronteiras de cada disciplina.

Trans, multi ou interdisciplinaridade vêm se tornando expressões frequentes e comuns – se não palavras-chave – de pesquisadores, de diferentes formações e procedências, ocupando-se do uso adequado dos recursos naturais na Amazônia. A ocorrência é ainda mais frequente no mundo anglo-saxônico. Para outros, no entanto, a ênfase estaria menos na interdisciplinaridade, no caso das ciências sociais. Ao contrário, pode-se admitir que, apesar da grande demanda, não tem havido um esforço adequado de análise e reflexão no campo do conhecimento socioambiental. O primeiro passo consiste em submeter à análise científica a complexidade e a ambivalência desses fenômenos de degradação ambiental em escala, considerados como temas do campo da "ecologia política", repassando-os sob o ponto de vista das relações sociais (Ceri, 1987, p. 12).

Como num pêndulo, para muitos o centro da questão está na reafirmação da primazia explicativa das ciências da natureza, para outros a ênfase é contrária: ausência de produção das ciências humanas sobre o tema, o que parece o mais provável. Lévi-Strauss lembra que "estamos condenados a viver e pensar em vários níveis e esses níveis são incomensuráveis. Há saltos existenciais para passar de um ao outro" (FSP, 3/10/1993, p. 6). Ou seja, o papel das ciências sociais é justamente o de ocupar-se, pioneira e provisoriamente, da integração desses níveis, para que se desdobrem, desse "modo provisório de apreender os fenômenos", para o modo científico especializado. Na questão da sustentabilidade, como neste trabalho, esse é o desafio e o risco próprio das ciências sociais, por convidar o tema à visão integrativa que a pesquisa social deve oferecer.

A recapitulação, embora não exaustiva, das contribuições das ciências sociais para este trabalho não chegou a oferecer o suporte desejável. *Grosso modo*, há duas vertentes nas ciências sociais pensando o ambiente: uma tem origem na crítica da modernidade, da sociedade industrial, do progresso; a outra, de vertente etnológica, parte da comparação entre sociedades e de um diálogo especializado e comparativo com a ecologia. Ambas impõem limites, porque excessivamente gerais ou deliberadamente localizadas. A compreensão das dinâmicas das relações entre sociedades e natureza na Amazônia parece mais ser tributária da complementaridade multidisciplinar, embora tudo leve a crer que a maior contribuição deverá sair sobretudo das ciências humanas, de seu saber acumulado ou do seu campo de conhecimentos, no sentido de Elias e de Foucault, de seu diálogo com a etnologia, história, geografia, sociologia e da retomada das questões postas pela economia política. Sem dúvida alcançaria melhor desempenho num diálogo ampliado à ecologia e às ciências da natureza, com exigências ainda maiores quanto aos procedimentos, trabalho a ser feito em equipe, num quadro de maior amplitude e ambição de propósitos. Uma pesquisa circunscrita como esta, restrita ao estudo de algumas ligações factuais relativas ao uso social dos recursos, numa região e época precisas, conforma-se a seus limites, e não se propõe a responder a todos os temas ao mesmo tempo.

A abordagem das questões socioambientais, mesmo visando a um objetivo limitado como o deste trabalho, deve dialogar com a ecologia humana, a recente Ecological Economics, e com as teorias do desenvolvimento e da dependência, com os debates atuais sobre o desenvolvimento sustentável, da sociologia crítica à sociedade industrial, dos estudos demográficos, das teorias do Estado e das migrações, dentre outros campos do conhecimento. Uma das maneiras propostas para a compreensão das interações entre os fatos sociais e os fatos ecológicos é a sociologia comparativa, tendo como domínio privilegiado a etnologia e a ecologia humana. Esse é o caminho proposto por algumas teorias, aqui recapituladas através de um estudo-síntese de Georges Guille-Escuret, que levam, contudo, à decepção, uma vez que não existe ainda nem o menor começo de acordo sobre o que deveria constituir seu "átomo de cientificidade" (Guille-Escuret, 1989, p. 6).

Ao recapitular esses diálogos, por exemplo, entre a etnologia e a ecologia, Guille-Escuret os encontrou confusos, pela ausência de regras, marcados "pelas consequências nefastas da especialização das ciências". Admite necessária a compartimentação das disciplinas em ramos diversos, para a elaboração dos métodos de análise apropriados a cada objeto de estudo (1989, p. 9). Revendo os antecedentes desse diálogo ecologia/etnologia, descobriu-o carregado de preconceitos e limites mútuos, com uma alta competitividade semivelada, forte corporativismo e codificações de enunciados especializados. Uma afinidade maior, ou uma facilidade de comunicação, foi a encontrada entre os ecólogos e a econometria, sobretudo quanto a cálculos de custo-benefício de impactos ambientais, questões energéticas e outras. E identifica um diálogo mais difícil - e remoto - entre as ciências humanas e a ecologia, entendida como ciência da natureza, ainda por ser feito (Guille-Escuret, 1989, p. 55). Todas essas propostas teóricas e disciplinares resultam em contribuições, mas nenhuma delas chega a oferecer um instrumental ágil e efetivo, necessário para orientar uma análise mais acurada das questões socioambientais amazônicas como a deste trabalho.

O que há de acordo, quase unânime, é a necessidade de uma "ecologia que integrasse verdadeiramente os dados sociológicos humanos" (Guille-Escuret, 1989, p. 7). Inclusive porque a distância espacial, introduzida pela internacionalização do mercado, separa o primeiro produtor do último dos consumidores, impedindo que a compreensão das relações entre sociedades e naturezas limite-se à comparação etnológica. Guille-Escuret lembra que um londrino, ao beber café com rum, torna "o meio de referência ampliado à escala do planeta e da história ocidental". Critica o desmembramento, que atribui à tendência funcionalista, de uma "ecologia urbana" separada da antropologia ecológica, como mais um pretexto para refundar as ciências sociais sob a égide das ciências da natureza e aumentar o hiato entre as duas (Guille-Escuret, 1989, p. 107). Para contribuir à compreensão de processos em curso na Amazônia, não é necessário esperar o prévio esgotamento do debate sobre a quais ciências, ou métodos, cabem resolver um problema. Pode-se avançar, mesmo sem responder completamente quanto à menor ou maior propriedade dos diferentes neologismos em torno da ecologia humana, antropologia ecológica, ecologia cultural, socioecologia, sociobiologia, biossociologia, etnobiogeografia, etnoecologia, e outros polos conceituais de agrupamentos de pesquisadores. Uma Amazônia diversificada, comprometida pelo mercado internacionalizado e pela mídia, obriga a uma compreensão em processo, que contribua a uma visão integrativa, que ultrapasse os estudos etnológicos e ecológicos, e às tentativas de sua interação exclusiva. O fato da globalização na escala planetária deve ser introduzido como parte decisiva à compreensão da realidade das Amazônias de hoje.

Guille-Escuret, por outro lado, acredita que o determinismo, que a seu ver domina muitos ecólogos, impede-os de compreender como a faculdade simbólica e a produção dos meios de existência agem sobre o modo de instalação e de reprodução de uma sociedade humana em seu ambiente. Competentes e orientados para a descrição e a explicação da biodiversidade, muitos cientistas têm pouco domínio de instrumentos para a compreensão da sociodiversidade. O determinismo leva-os a abstrair a história, o fato de que o ser humano é o conjunto de suas relações sociais (1989, p. 63). Assim como as sociedades não podem ser compreendidas esvaziadas de sua natureza, a espécie humana não pode ser entendida descarnada de sua sociabilidade. As sociedades, inclusive na Amazônia, devem ser vistas em seu ambiente, mas a fabricação prática e ideológica da natureza é feita na, e pela, sociedade. Mas não há dúvida de que aumentam os interlocutores para uma visão integrada, inclusive dentre os cientistas da natureza.

Teme ainda Guille-Escuret os riscos particulares a uma colaboração multidisciplinar posta sob o controle autoritário dos biólogos. Os esforços, argumenta, poderiam transformar-se numa permanente polêmica contra os reducionismos, os que pretendem deduzir a etnologia da ecologia, da adaptação, da evolução e da seleção naturais, reduzindo o significado das relações político-ideológicas até ao extremo reducionismo do materialismo cultural (1989, p. 75). Muitas tentativas interdisciplinares esgotam-se na dificuldade dos biólogos em ultrapassar seu treinamento para a descrição, classificação, taxinomia e inventário de espécies. Nos dois campos, ciências humanas e naturais, há lacunas importantes na formação dos especialistas, embora diferenciadas por grupos nacionais. O resultado é que há poucos cientistas naturais com formação sociológica, e o inverso é também frequente, embora diferenciem-se quanto ao tipo e à extensão das lacunas, conforme tenham origem neste ou naquele país ou formação de um ou de outro lado do Atlântico. A extensão dessas lacunas agrava as dificuldades da ação interdisciplinar, dificultando a complementaridade das especialidades e especialistas.

Guille-Escuret identifica diferenças de enfoque, por exemplo entre franceses e anglo-saxões, considerando os primeiros mais prudentes quanto à multidisciplinaridade, enquanto os funcionalistas, em particular norte-americanos, pretendem um ambicioso projeto de interpretação socioecológica. A sociologia francesa ganhou em autonomia e em personalidade ao defender-se das teorias organicistas e dos determinismos biológicos, embora, em contrapartida, manifeste uma rigidez maior quanto à transdisciplinaridade. Essa rigidez tem origem na desconfiança decorrente de um passado de reducionismo funcionalista, frequente nas práticas transdisciplinares. Há tendência a instaurar uma hierarquia entre as ciências, resultante de imposições pré-fabricadas de uma ciência a outra, em particular determinismos ambientais postos abruptamente, banalizando o homem no reino animal, esvaziando sua originalidade biológica. Nada pode assegurar que uma afirmação da biologia possa ser considerada como mais rigorosa do que as produzidas pelas ciências humanas. A proposta consiste na troca interdisciplinar fundada tanto numa troca de dados quanto de modos de ver os fatos (Guille-Escuret, 1989, p. 114).

Essas diferenças de visão das produções especializadas reaparecem nos movimentos ambientalistas relativos à Amazônia. Há um polo que enfatiza a conservação ambiental específica de nichos e santuários ecológicos, pretendendo, em suas posições mais extremas, reservá-los exclusivamente ao turismo e à pesquisa. Apesar de sua importância, os parques e reservas são apenas um dos instrumentos de preservação e conservação, sobrevalorizados a partir de uma cultura e de um momento preciso do processo histórico. Uma parte dos ambientalistas manifesta pouca, ou nenhuma, preocupação com as populações que ali vivem, às vezes, há milênios. Esse ambientalismo contenta-se com a ênfase na defesa de algumas áreas protegidas, reservadas à conservação permanente de células representativas da biodiversidade. Sua visão sobre a preservação, e a da Amazônia em particular, abstrai portanto dali a vida e a presença humana. Um exemplo foi o Workshop 90, um seminário internacional sobre biodiversidade, realizado em Manaus. Uma centena de cientistas da natureza procurou colocar no mapa suas pesquisas de pontos endêmicos de espécies da biota da região. Ignorou-se assim a atualidade da ocupação humana, ou seja, a viabilidade, frente à ocupação e à sociodiversidade, das prioridades de preservação que apontavam. Nos grandes centros urbanos brasileiros, apesar de degradados socioambientalmente, a prioridade ainda é dada a essa mesma orientação unilateral e restritiva, à "preservação legal e de fato dos nichos, santuários, espécies e reservas ecológicas importantes, testemunhas de sítios e de ambientes naturais", como aparece com grande frequência em programas ambientais estaduais, carentes de uma visão integradora socioambiental (FSP, 4/6/1987).

Guille-Escuret acredita que muitos cientistas da natureza participam dessa visão extremada: "na medida em que se solidarizam com o seu objeto, a vida, têm uma tendência inquietante a considerar que o único grande erro da natureza – de fato, sua falta irremediável – é o homem" (1989, p. 5). Para muitos ambientalistas, a relação homem-natureza é colocada em um plano exterior às relações sociais (Ceri, 1987, p. 11). No entanto, preservação e qualidade de vida são ambivalentes, e nada indica como impossível que se deem simultânea e articuladamente. Uma corrente expressiva alimenta essas oposições como excludentes. Com frequência constituem-se falsos extremos interessados, quando se trata, na verdade, de como integrar estes dois valores, preservação e qualidade de vida.

As ciências sociais já não necessitam orientar-se pela comparação com outras ciências, basta tomar-se, como a medida de qualquer trabalho científico, a qualidade do seu resultado. Nas ciências sociais, a medida do resultado apenas podem ser as relações sociais desvendadas, uma agregação à compreensão e ao conhecimento, uma contribuição ao pensamento. Mesmo no precedente de Elias, o seu resultado exemplar não parece decorrer, e não o demonstrou, de sua pretensa insistência numa dívida com as exatas, da similaridade com práticas de laboratório das ciências da natureza. Rompeu apenas, e em boa companhia dentro das ciências humanas, com a tradição ineficaz da erudição ensimesmada e circular. Procurou, premeditadamente, isolar o núcleo, proceder a ligações factuais, localizar um processo de diferenciação crescente, aprender, compreender e explicar, enfim, uma "teoria sociológica não dogmática, empiricamente baseada, dos processos sociais em geral e do desenvolvimento social em particular" (1990, p. 16).

Assim o fez, e de uma certa maneira precisou fazê-lo, conservando-se na melhor tradição anglo-saxônica. Prestou esse tributo reverenciado às ciências naturais por acreditar terem alcançado "o estágio de maturidade científica". Sua admiração convicta pelas exatas é tão profunda e segura, que não perde uma palavra em justificá-las, como quem não supõe que se possa desconfiar de tal certeza. No entanto, manifestam-se, e com frequência, ceticismos quanto à superioridade de uma ciência sobre outra, sobretudo por se ocuparem de objetos diferentes, com dificuldades próprias, resultando em procedimentos adaptados às exigências de cada resultado. Seu propósito maior está, na verdade, acima de sua reverência às exatas, e é simplesmente um bom resultado, como termina por revelar, permitido pela reafirmação da propriedade do diálogo epistemológico específico, restabelecido diante do desafio particular de cada objeto (Elias, 1990, p. 218).

Elias, visto pelo resultado, e independentemente dos possíveis limites de sua autoexplicação, procedeu apenas na melhor tradição das ciências humanas, como nos estudos de Weber sobre a burocracia, as religiões, os trabalhadores do Elba, nos Arquivos da Sociologia e da Política Social – processos de compreensão em que se afinam epistemologias conceitualmente rigorosas, mas que apreendem também por vias paralelas, até das exteriores à pesquisa e à teoria sociológica, mais do que se admite, exercitando-se contra os Junker, contra o absolutismo e o sectarismo, pela Constituição e a República de Weimar. Outra pista para este trabalho foi também oferecida por Elias, ao considerar os costumes, quando resolveu reabilitar o bom-senso, reafirmando valores como simplicidade e clareza, e poder-se-ia acrescentar-lhes o rigor, recuperou assim a visão perdida de processo, reconhecendo desafiar a tradição erudita dominante (1990, p. 14). Esses procedimentos são, sem dúvida, indispensáveis ao rigor, quando não são apenas esgrimidos como uma camisa de força retórica em oposição a uma outra, no embate interideologias. Pretendeu, e conseguiu, revalorizar a análise factual como geradora de conceitos e combater, por ineficaz, o procedimento que plasma aprioristicamente o pensamento a partir de uma tipologia pretendida universal. Evitou assim, com sucesso, forçar o real a ver-se no premeditado.

Referindo-se à diversidade amazônica, Becker chama a atenção para o papel primordial da ciência "através de pesquisas dirigidas para a ação visando a solução dos problemas e dinamização das possibilidades. E não se trata da ciência aplicada tal como convencionalmente entendida, e sim de estimular uma nova ciência", reinterpretando o método científico "como tentativa de compreender a complexidade, significando a sua aproximação com as humanidades e as ciências sociais. Em outras palavras, trata-se da negação da divisão antagônica entre ciência e humanidades e o reconhecimento da cultura como uma arena alternativa em que a ação do homem pode ser eficaz para forjar seu próprio destino". Seu exemplo é o aprendizado com o saber nativo sobre a biodiversidade amazônica (Becker, 1993, p. 140).

A SOLIDARIEDADE DAS DETERMINAÇÕES

Apesar de posturas diferentes, franceses e anglo-saxões convergem quanto ao fato de que as sociedades adaptam-se ao seu ambiente. Para Guille-Escuret, o ponto de demarcação das tônicas nacionais ou culturais deve-se a que a tradição francesa enfatiza, na análise das adaptações, o aporte de instrumentos de uma história feita de choques, influências, rupturas e reviravoltas. Os franceses se diferenciariam por buscar conhecer tanto as mudanças quanto as evoluções, as rupturas e os ajustamentos. Esse autor denuncia a predileção dos funcionalistas por sociedades isoladas, cercadas pela natureza. Há uma postura, argumenta, que negligencia *a priori* a interferência ecológica das interações entre populações vizinhas, ou até num mesmo território, apresentando sempre as sociedades como individualidades distintas. Busca-se apresentar as sociedades pela metáfora do organismo ou sistema – como se uma sociedade não agisse sobre a outra –, eludindo-se as heterogeneidades suscetíveis de intervir em uma cultura. Vizinhos, e outras influências culturais, fazem parte do ambiente, assim como o ecossistema. Outro risco das explicações funcionalistas, acrescenta, é o de ver os fatos por um único eixo de causas, por exemplo as proteínas, abandonando a solidariedade das determinações de fenômenos ecológicos, econômicos, ideológicos, simbólicos e políticos (Guille-Escuret, 1989, p. 115).

A predileção por este ângulo etnologia/ecologia, na discussão atual sobre a interdisciplinaridade, dá-se, com tônicas nacionais diferenciadas, nos círculos acadêmicos do Primeiro Mundo, em particular entre equipes que estudam realidades de regiões exóticas, com frequência isolando-as abstratamente, com vistas a opinar sobre seu desenvolvimento ou como parte de exercícios acadêmicos de formação curricular. Essa abordagem, restringindo-se ao interétnico, é uma contribuição limitada para a compreensão das configurações amazônicas, em particular ante a colonização, a migração e a exploração dos recursos em grande escala. As configurações atuais exigem uma perspectiva que considere as situações e os processos, além das diferenciações étnicas e a descrição de sua adaptação ao ecossistema. Uma perspectiva que isola e abstrai as sociedades, que se restringe à comparação interétnica, não poderia dar conta das diversidades, urgências, das crises, conflitos e dilemas contemporâneos na região – embora tais descrições representem também uma contribuição, mesmo porque a maioria da população atual é composta de colonos migrantes vindos do leste, que trazem consigo sua visão ecológica própria, tomada de empréstimo de sua região de origem, geralmente o padrão europeu-ocidental dominante, entrando em conflito com as culturas locais, mas influenciando-se reciprocamente. As culturas ditas exóticas resultam da maturação de sua adaptação ao meio; as da colonização esforçam-se, ao contrário, em modelar o meio a si mesmas, à sua prática e experiência anteriores (Guille-Escuret, 1989, p. 128).

Uma das formas de estudo em voga que procede à recuperação do conhecimento tradicional é conhecida como etnociência. Consiste em compartimentar o saber indígena à maneira de inventário, como na tradição acadêmica, recuperando descritivamente saberes reclassificados por semelhança nos campos determinados da botânica, biologia, astronomia e outras especialidades consagradas. Essa orientação das pesquisas não tem aceitação unânime, embora ofereça alguns bons resultados dentro de seu objetivo limitado, inclusive em sua vertente anglo-saxônica. Há reações da parte dos que, por exemplo, veem uma dissociação exagerada e artificial entre os aspectos culturais, práticas e fatos e os conhecimentos. Essa forma de reconstrução, chamada etnociência, comporta-se frequentemente como autorredutora (Guille-Escuret, 1989, p. 100). O reducionismo reside em pretender-se a desmontagem impossível de um saber milenar, cujo valor e compreensão recupera-se apenas através de sua integração. Essa desconstrução, sem o universo simbólico, não passa da sobreposição etnocêntrica de um conhecimento sobre outro. Alguns chegam a advertir sobre o caráter de instrumentalização das relações com os índios, decorrente da visão de que são portadores de tecnologias úteis, transformando-as em lucro imediatista (Castro, 1992, p. 26).

Embora tais precauções se refiram a riscos reais de reducionismos e apropriação indébita, essa postura vigilante deve ser transformada em um desafio a que se encontrem as bases e as regras orientadoras de um diálogo que pode ser mutuamente proveitoso em primeiro lugar aos próprios índios. O temor abstrato apenas imobiliza, e pode culminar numa postura obscurantista. Pensar esse diálogo como uma simples apropriação de tecnologias reduz o campo de possibilidades que pode oferecer. Trata-se de uma profunda diferença cultural, de modos de ser em sociedade e em face da natureza, no modo de concebê-la e de relacionar-se com ela, de repensarem-se as sociedades, inclusive quanto à convivência que mantêm entre si. Desenvolvem-se atualmente diferentes tentativas de regulamentação jurídica dos direitos de propriedade intelectual do saber tradicional, que poderão aprofundar-se na medida de sua revelação.

MODOS SOCIALMENTE DIFERENCIADOS DE USO DOS RECURSOS REGIONAIS

A Amazônia convida particularmente à compreensão pelos modos de ser diferenciados. No entanto, como tomar abstratamente segmentos e sociedades com culturas tão díspares, a não ser para destacar o fosso que as separa? Como retirá-las de versões ainda disseminadas de sacralização idealizada da cultura indígena, numa vertente, e da pretensa superioridade etnocêntrica do progresso, na contramão? Uma das precauções necessárias é evitar o nivelamento da diferença. Ao contrário, há que se desvendar o processo de cada configuração real, antes de se tomar em consideração, de forma abrangente e globalizante, os ensinamentos que uma sociedade e uma cultura possam oferecer à outra.

A cultura tribal de floresta demonstra ter o que revelar sobre o ambiente à outra, à recém-chegada, e mais do que normalmente se admite tanto em harmonia com a natureza quanto em tecnologias de uso adequado. No entanto, esse aprendizado tem regras. A idealização não constitui um bom ponto de partida, nem em direção à revalorização do *beau sauvage*, nem à reafirmação do pseudoprogresso endocolonial.

O diálogo comparativo pode ser ampliado e datado, ir além do modo de ser do colonizador e do modo de ser tradicional dos povos tribais de floresta, tomados abstratamente. Pode levar em conta como se configuram, na atualidade, em confronto e mudança. Porque há sobreviventes testemunhando esses modos de ser diferenciados e vivendo mudanças, o que basta para mostrar que as relações dessas sociedades entre si constituem um desafio contemporâneo. É na diversidade dessas configurações sociais, decorrentes do processo colonial, como o das populações ribeirinhas e extrativistas, ou mais recentes, como o das levas de colonos e garimpeiros, e os contingentes marginalizados nas periferias das cidades, que as Amazônias podem ser melhor compreendidas. As primeiras levas de ocupantes resultam de migrações anteriores às duas últimas décadas, e constituíram comunidades, ou segmentos, comparativamente em maior harmonia com o meio, apesar das profundas contradições, submissões e conflitos em que os seringais se envolveram, até um passado recente, com os índios. Os próprios índios são diversos entre si, e mudam, e devem ser considerados nesse processo de mudança. Os ambientes e as sociedades interagem e modificam-se. Os indígenas de hoje testemunham as sociedades de floresta anteriores à colonização, mas já não poderiam ser as mesmas, frente à diversidade de situações e respostas às influências avassaladoras que recebem.

Os elementos fundamentais da vida biológica, na especificidade amazônica, como a terra florestada, integrada em grande pluviosidade e alagamentos sazonais, temperatura com poucas alterações, permitiram incomum diversidade de espécies. Permitiram também o surgimento de sociedades e culturas particulares, desenvolvidas durante milênios, adaptando-se, pelo uso adequado da água e da floresta, contornando os limites físicos impostos pelas vastas extensões de solos fracos na terra firme. A Amazônia, este "laboratório apropriado para o estudo da adaptação cultural", na expressão clássica de Meggers, permite confrontar esses dois tipos de utilização humana, ou duas civilizações diferentes (Meggers, 1987, p. 26; Moran, 1990, p. 19; Sioli, 1990, p. 62). Um tipo é anterior e longevo, o outro se iniciou no século XVI, avançou por ciclos sucessivos, acelerando-se, demográfica e espacialmente, em particular nas duas últimas décadas.

No entanto, essas civilizações apenas podem ser compreendidas nos diversos planos das situações diferenciadas em que os fatos as foram moldando ou configurando nos últimos séculos. Essas duas abstrações explicativas sobre a condição humana genérica na Amazônia oferecem cores básicas de compreensão, mas não permitem dar conta dos tons, das misturas, dos movimentos e das situações intermediárias e, por isso, podem embaçar o conjunto. Eis por que se deve ir além da divisão clássica de Meggers, pois o todo apenas é apreensível pela diversidade que o compõe.

Os conflitos socioambientais revelam, além das contradições estruturais comuns à condição brasileira, a diferença e o choque entre estes dois tipos de uso sintetizados por Meggers – o dos povos tribais de floresta e o introduzido pelo colonialismo –, revelando dois modos diferentes de organizar-se em sociedade, de valorizar e apropriar-se dos recursos naturais, sendo o segundo, o surto colonial, marcadamente orientado por uma cultura exterior. Meggers definiu-os como civilizações, a segunda delas mais exterior ao ambiente do que a primeira, uma ali adaptada e desenvolvida, outra introduzindo-se dominantemente pelo endocolonialismo.

O tipo colonial de utilização dos recursos naturais expandiu-se por fluxos, que podem ser separados em três períodos: o do século xvi ao xix, caracterizado pela conquista, litígios de fronteiras, missões, e explorações esporádicas, como a do ouro; o do século xix à metade do século xx, o ciclo da borracha, do extrativismo de exportação; e, finalmente, o atual avanço da fronteira econômica, com a penetração massiva de múltiplas frentes de expansão, impulsionado por políticas públicas, nas últimas décadas, objeto deste trabalho.

Comparativamente ao que se lhe seguiu, o período extrativista, da borracha e outros produtos, ainda conservou um uso mais adequado dos recursos naturais, graças à primazia dada ao transporte fluvial e, sobretudo, devido ao aprendizado do uso da floresta feito pelo produtor primário, o seringueiro/beiradeiro, único a efetivamente penetrar no interior, conduzido pela mão do índio. Este foi um guia privilegiado, pela cultura de autossobrevivência tradicional que transmitiu. A violência entre seringais e aldeias, em prejuízo das segundas, frequentemente submetidas e integradas, foi a regra. Moran estima que os índios já eram minoria na região no ciclo da borracha (Moran, 1990, p. 25).

A maior parte dos colonos das primeiras levas concentrou-se nas vilas e cidades tradicionais, algumas delas transformando--se em centros metropolitanos como Manaus e Belém. As levas atuais criam novas cidades de empreendimentos, como garimpos, hidrelétricas, minerações, verdadeiros acampamentos. No interior, a sociabilidade diferenciou-se relativamente às cidades.

O seringueiro, mesmo na mata, trouxe consigo dependências de fora, de tecnologias e manufaturados: munição, facas, óleo, roupas, açúcar, sal, hábitos de consumo, que foi introduzindo aos índios nos seringais. Incorporou, em contrapartida, coleta, caça e pesca à sua dieta, e a palha nas suas colocações. A importância do peixe na base de proteínas da dieta ribeirinha é uma dessas heranças. Seu diálogo com os índios foi maior do que o das levas subsequentes. Vitorioso e superior na conquista, chegou a aprender do outro, mesmo o depreciando, assimilou algo, ou até muito, de seu modo de ser, ao comer do mato, quando abandonado pelo "barracão", ou frequentemente se amancebando.

No entanto, os seringueiros e beiradeiros não se tornaram índios, nem foram integrados às sociedades tribais, embora recebendo influências delas. Menos ainda constituíram-se em povos ou sociedades diferenciadas daquelas do seringalista ou dos atacadistas exportadores de Manaus ou Belém. Tampouco chegaram a incorporar os ingredientes culturais reguladores, como os relativos à preservação e harmonia com o meio. Os seringueiros e ribeirinhos, por exemplo, não temem Orá, entidade dos Karitiana, que transforma em macaco os que cortam uma árvore sem uso destinado, censurando assim os que destroem por destruir. Também não consideram covardes os que comem ovos das aves na mata, e os que matam filhotes ou fêmeas prenhes, como os Icolei, perdoando a transgressão dessas normas apenas aos idosos, pelas dificuldades em abastecer-se da caça.

Apesar da circunstância de apologética dos "povos da floresta", o tema deve ser tomado com rigor: os seringueiros não se confundem com sociedades e culturas tribais de florestas e integram essa outra civilização adventícia, instalando-se por surtos desde o século XVI, até tornar-se dominante. A expressão "povos da floresta" é de evidente apelo generoso, mas deve revelar e não esconder essas diferenças. Muitos sobreviventes indígenas também não são propriamente as sociedades anteriores ao contato, embora alguns *revivals* surpreendam, ao revelarem a permanência de fortes laços tradicionais menos aparentes. Esses povos e comunidades são, de fato, todos semelhantes como detentores de direitos óbvios e comuns, em primeiro lugar à terra e ao respeito a seu modo de ser. Por outro lado, pode-se ir além da ênfase em torno aos seringueiros e índios, frente a uma diversidade mais ampla de atores e configurações sociais. As comunidades ribeirinhas, de pescadores, as comunidades negras, extrativistas, de castanheiros, palmiteiros e outros coletores, inclusive periurbanas, necessitam ser melhor integradas à compreensão. A expressão "povos da floresta", com sua utilidade político-pragmática, deve completar-se na revelação dessas diferenças socioculturais, inclusive as da recente urbanização em escala. Os índios e os seringueiros, em algumas regiões da Amazônia, como no Acre, encontram-se mais identificados na atividade extrativista dos seringais e castanhais e em dramas comuns, além de uma história partilhada contra o Bolivian Sindicate, que culminou com a integração do Acre ao Brasil. Nem por isso são todos povos, nem são todos iguais no interior, embora troquem influências mútuas.

O interesse em defender aspectos dos modos de vida mais harmônicos com o meio não necessita, assim, do encobertamento das diferenças; ao contrário, amplia-se com sua reafirmação pela diversidade. Nada permite relevar que as sociedades indígenas de floresta não se confundem culturalmente com as comunidades extrativistas, nem no idioma, nem no conjunto do universo cultural, embora atividades econômicas e numerosos casamentos mistos os aproximem em casos frequentes. O fato de encontrarem-se no interior, em relativo isolamento dos núcleos urbanos, e de terem sido submetidos aos mesmos seringalistas até um passado recente, não chega para dissolver tais diferenças. A identidade encontrada, como segmentos sociais variavelmente em maior harmonia potencial com o meio, credores comuns de enorme dívida social, não necessita recorrer ao nivelamento para se fazer valer. A defesa dos "povos da floresta", ao contrário, aumenta em eficácia ao evitar a diluição da diferença. As identidades, relevantes na circunstância, podem vir a reafirmar-se, com igual ou maior sucesso, na diferença. A primeira questão é a da representação desses diferentes, cuja legitimidade deve ser buscada diretamente nas comunidades, além dos núcleos representativos de pioneiros-ativistas.

Os indígenas de hoje já não são numerosos em comparação aos seus antepassados, nem correspondem mais, em sua maior parte, às etnologias clássicas; são diferenciados e cambiantes. As sociedades também mudam, por causa das influências do contato, pelo desespero, pela submissão, pelos novos interesses criados e pelas novas relações que vão tecendo. Uma parcela pioneira de especialistas, já com numerosas pesquisas, pretende aprender com eles, além de procurar garantir-lhes solidariamente seus direitos. É bem verdade que estamos bem distantes da relevância e amplitude que esse diálogo pode representar. Trata-se de um diálogo encetado *in extremis*, por um pequeno, voluntário e normalmente disperso grupo de pesquisadores. Diálogo tardio, numa altura em que os índios contam com reduzido número de sobreviventes. Embora testemunhando traços societários distintivos, como os 170 idiomas, representam menos de 1% dos brasileiros, ainda que constituam maioria local, no interior de alguns municípios da Amazônia. E encontram-se em plena mudança a ser compreendida.

Os padrões, inclusive de uso dos recursos naturais, modificam-se nas comunidades tradicionais à semelhança do final do século XIX europeu, com a revolução industrial. Os sobreviventes indígenas vão tomando de empréstimo novas referências simbólicas, inclusive a do dinheiro e do consumo. Pode-se considerar separadamente cada uma das situações diferenciadas que este processo vai criando, ao mesmo tempo que se apreende seu todo, levando em consideração a diversidade em que se manifesta. Relativamente ao que foi, aos laços comunitários, aos graus de resistência diferenciados em tipos de resposta, não se confundem tais desgraças particulares, mesmo quando identificáveis numa desgraça e numa dívida social comum.

A RELEVÂNCIA DO ESTUDO DO USO SOCIAL DOS RIOS E DA PESCA PARA A COMPREENSÃO DAS CORRELAÇÕES SOCIOAMBIENTAIS AMAZÔNICAS

Na região amazônica, os especialistas debruçaram-se com maior ênfase sobre o desmatamento. E este é o viés mais propalado também pela mídia. Para este trabalho, buscou-se ampliar a compreensão do uso dos recursos hídricos, do peixe e da disputa crescente pelo seu controle. O foco na água permite ampliar o estudo das correlações socioambientais. Afinal, trata-se de um elemento fundamental da vida biológica na região. As sociedades ali – e em outras partes – se estabelecem com frequência em torno da água, fator decisivo de escolha do espaço de concentração dos seres humanos. Harald Sioli aconselha, para a especificidade da Amazônia, que o estudo ecológico especializado também comece pela água, por fornecer pontos de apoio que possibilitam inferir o fundamental do ambiente terrestre da região. Por outro lado, o comprometimento da água traz consequências ao conjunto ecossistêmico do qual é componente vital (Sioli, 1990, p. 12).

A água é essencial à vida e o peixe está entre as fontes fundamentais de proteína que permitem a vida humana na Amazônia. A abundância da água e do peixe aliada à facilidade de seu aproveitamento contribuíram decisivamente para viabilizar milênios de ocupação, orientando os aldeamentos à beira dos rios e locais piscosos. As primeiras levas de colonização extrativista dos dois últimos séculos contaram também prioritariamente com fartura desses recursos para a sobrevivência. A recente expansão da fronteira econômica trouxe outros hábitos alimentares, com os migrantes, reduzindo relativamente a importância do pescado em favor da carne bovina e de aves. A pesca, comparativamente, exige menor investimento, tratando-se de um recurso renovável ainda relativamente disponível e fundamental às camadas tradicionais e mais desprovidas da população do interior e das periferias urbanas da região.

Em particular nas últimas décadas, o caráter universalizador do modo de ser da sociedade industrial vem introduzindo uma competição desigual com as populações desfavorecidas em torno ao aproveitamento da água e do peixe. A frente econômica compromete a renovabilidade dos recursos vitais ao escolher a rentabilidade imediata, priorizando os não renováveis. Sua mentalidade é a do não residente, pesada herança endocolonial de uma economia voltada para fora. Assim mesmo, a pesca artesanal regional representa mais da metade da realizada no país, com uma produção estimada em cerca de US$ 200 milhões.

Das atividades introduzidas em escala, a que mais deixa a degradação atrás de si é o garimpo. Isso se deve à extensão e ao descontrole social de seu ressurgimento, em proporções bastante superiores ao dos garimpos coloniais. Seu impacto é diversificado: através do revolvimento dos sedimentos do fundo e das margens dos rios, lagos e estuário; do uso inadequado do mercúrio em ampla escala, com riscos à saúde dos habitantes e consumidores do pescado, a curto e longo prazo; além de outras consequências, como o óleo, o ruído, a luz, o uso de detergentes, que comprometem diretamente a pesca, como nos exemplos terminais dos rios Teles Pires, Tapajós, Madeira e, mais recentemente, de Roraima. O garimpo estimula também o abandono da pesca pelos ribeirinhos e pescadores, desestrutura as comunidades indígenas e as extrativistas tradicionais, atraindo-os à rentabilidade imediatista do ouro. Outras atividades de extração mineral também comprometem os rios, como a da cassiterita, no rio Pitinga, a da bauxita, no Lago Batata, a do ferro e outras realizadas sem adequadas medidas preventivas, desperenizando os rios ou neles lançando rejeitos.

Os instrumentos de penetração são as estradas, tanto as oficiais quanto as irregulares, secundárias ou de acesso, interrompendo, sem estudos prévios, os cursos d'água e facilitando a introdução de numerosas atividades econômicas, também descontroladas, como a ação de madeireiras, a colonização e a agropecuária. A agropecuária promove o desmatamento das nascentes, várzeas, margens de rios, dos igarapés e dos lagos, criando barragens e aterros de acesso, atingindo o *habitat*, perturbando o ciclo reprodutivo da ictiofauna e sua nutrição, dependente da floresta inundada e das várzeas. Nem todas as atividades extrativistas são inócuas, como mostra em particular o corte do palmito, lançando rejeitos aos rios e desmatando as margens.

Trata-se de um modelo que privilegia a urbanização e a industrialização não planejada, sem as condições mínimas de saneamento básico ou de controle de efluentes lançados aos cursos d'água sem qualquer tratamento, pondo em risco a saúde, inclusive através do peixe, como se vê atualmente com o risco da epidemia do cólera e da intoxicação mercurial. Esse modelo é criador de necessidades energéticas em grande escala, estimulando a construção de barragens hidrelétricas, comprometendo a qualidade da água e a migração dos peixes, além de provocar distúrbios e remoção forçada de índios, beiradeiros e colonos.

A pesca na Amazônia brasileira vive uma situação contraditória: por um lado, *sobrepesca* de algumas poucas espécies migratórias e, por outro, subaproveitamento de numerosas outras, desvalorizadas pelo consumidor regional ou pela exportação. A atividade pesqueira não conta com uma análise consolidada das condicionantes socioambientais para o desenvolvimento sustentável e para o gerenciamento ambiental das águas interiores e estuarinas da Amazônia brasileira que tenha como ponto de partida a bio e a sociodiversidade.

A importante atividade pesqueira é bastante diversificada, ou seja, há várias pescas: a. uma pesca de sobrevivência, ribeirinha, com excedentes fornecidos aos mercados locais diretamente, ou para pontos mais distantes via intermediários, representando 60% da produção; b. uma pesca comercial destinada aos grandes centros e desenvolvida por pescadores artesanais semiprofissionalizados; c. uma pesca estuarina e litorânea, convivendo nela tanto a artesanal, para mercados locais, quanto a industrial, para exportação; d. uma pesca artesanal especializada em peixes ornamentais para empresas de exportação; e. mais recentemente desenvolve-se a pesca em reservatórios, como a do lago da hidrelétrica de Tucuruí (Petrere, 1990, p. 3).

O conjunto compõe um quadro caótico relativamente à infraestrutura de desembarque, tecnologias de pesca, congelamento e comercialização, somados a graves conflitos sociais entre os diferentes atores, ribeirinhos e profissionais, intermediários e/ou aviadores, comerciantes e industriais. O setor não conta também com uma política pública adequada, nem com instituições capazes de monitorar os estoques e o uso adequado do recurso a longo prazo.

A prosseguir como está, o abuso do recurso peixe, com uma sobre-exploração não monitorada e concentrada em algumas poucas espécies, será agravado pelo descontrole de outros fatores de degradação do ambiente, em particular a urbanização e o garimpo, chegando até ao comprometimento dos rios. Esse quadro tende a ameaçar a própria renovabilidade do pescado, em particular das espécies migratórias escamosas, as mais cobiçadas pelo consumidor regional, e dos grandes bagres, exportados para outros pontos do país e do exterior. A pesca dá-se seletivamente sobre uma dezena de espécies, diante das cerca de 2 mil identificadas pela pesquisa, das quais cerca de 1,4 mil foram classificadas, podendo chegar a 5 mil espécies (Petrere, 1990, p. 2). Sua proteção, embora difícil, traria imensos ganhos sociais, econômicos e ambientais. Contribuiria, no mínimo, para moderar a tendência da colonização recente à importação e, portanto, à dependência onerosa de alimentos produzidos em outras regiões e inassimiláveis para produção regional. O gerenciamento da pesca deve tender a desestimular a introdução em escala de alternativas não apropriadas ao meio, como é o caso da pecuária, além de moderar o desastroso impacto ambiental da extração de recursos não renováveis, como é particular exemplo o garimpo. Deve contribuir também para garantir simultaneamente sobrevida à água, recurso indispensável também abundante na Amazônia, que em algumas regiões vem se tornando imprópria ao consumo humano.

A sobrepesca de algumas espécies é um fenômeno das últimas décadas, consequência da introdução de equipamentos industrializados, como o fio sintético para a fabricação das redes, barcos motorizados, fábricas de gelo e frigoríficos. Por outro lado, essas novidades técnicas foram estimuladas pelo aumento da demanda, pelo crescimento populacional, pelas estradas e urbanização, além de maiores facilidades de transporte à exportação e comércio intrarregional. Verifica-se a diminuição dos cardumes e do peso do pescado, em particular das espécies migratórias, escamosas, favoritas no mercado local, e também dos grandes bagres, para outros mercados distantes. Essas espécies mais cobiçadas são encontradas cada vez mais longe dos centros urbanos, encarecendo a captura.

O recurso pesqueiro não está ameaçado apenas pela sobrepesca seletiva, voltada a algumas poucas espécies, mas pela quase ausência, ou ineficácia, do atual gerenciamento. Durante o período da safra, há enormes quantidades desperdiçadas de pescado, estimadas por técnicos do Ibama em 30% da produção das águas interiores da Amazônia, cerca de sessenta mil toneladas. Tais perdas estão relacionadas com a limitada capacidade de estocagem, com o baixo preço durante o excesso de oferta sazonal da safra. A sobrepesca ameaça, mas há várias atividades econômicas combinadas, e em expansão, que podem, a curto e a longo prazo, comprometer um recurso que parecia, até recentemente, inesgotável, caso suas consequências ambientais não venham a ser monitoradas por adequado gerenciamento, cuja base é a formulação, com o apoio das ciências sociais, de uma base consensual entre os diferentes atores e grupos de interesses em direção ao desenvolvimento sustentável. Como recurso de autossobrevivência, em particular das camadas mais pobres, ou como excedente comercializável, a pesca é uma das âncoras da população ribeirinha do interior, estimada em quatro milhões e meio de habitantes, beiradeiros e sobreviventes indígenas, que testemunham a mais antiga ocupação. Se empurrada às cidades novas, ou às novas periferias das antigas metrópoles, essa população engrossará os bolsões de miséria e marginalidade, quando representa a principal fornecedora regional de alimentos às cidades, em particular às camadas empobrecidas, as mais dependentes do peixe e de outros componentes da dieta regional. Tanto o comprometimento do pescado quanto o alto custo das alternativas de animais e aves de criação tendem a limitar o acesso das camadas desfavorecidas às proteínas, ainda disponíveis no peixe. A migração dessas populações interioranas às cidades colocará em disponibilidade mais terrenos à pecuária extensiva, agricultura e às madeireiras, sem qualquer vantagem comparativa a médio prazo, nem social, nem econômica, em prejuízo do próprio abastecimento urbano, intrarregional e de exportação, agravando um quadro de tensão já extremo.

2. O Uso Social dos Rios e a Competição na Pesca Interior

O PESCADOR BEIRADEIRO OU RIBEIRINHO

A pesca na Amazônia desdobra-se em uma ampla diversidade de situações socioeconômicas entreveradas. São a diversificação da produção, a combinação da pesca com o extrativismo e a agricultura, e a cultura de autoconsumo e autossobrevivência que caracterizam o ribeirinho e o diferenciam do pescador artesanal semiprofissional, que tem na pesca sua atividade principal. Tanto o pescador especializado, semiprofissionalizado, quanto o ribeirinho praticam uma pesca artesanal. O pescador artesanal especializado vive na periferia das grandes cidades, operando como um pequeno produtor autônomo, embora a sazonalidade da pesca também o obrigue a outras atividades em certas épocas do ano ou à inatividade de espera. Pescadores profissionalizados, assalariados, encontram-se apenas entre os contratados pela indústria de exportação estuarina.

O beiradeiro ou ribeirinho é rural, sua moradia são as vilas e colocações nas margens dos rios, seu acesso à renda monetária e ao mercado é menor do que o do pescador especializado. O ser ribeirinho é um modo de vida interior amazônico. O grau de dependência da produção para o autoconsumo ou para o mercado, a diversidade de alternativas combinadas, as condições de ligação ao tradicional ou ao urbano são as esferas que separam e diferenciam o ribeirinho do especializado. Ambos estão sujeitos, na atividade pesqueira, a uma forte espiral de intermediações ou de financiamentos informais, dominando o aviamento, colocando-os em pesada condição de dependência.

A pesca não é uma profissão para a maior parte dos ribeirinhos (Junk, 1984, p. 450). Porém, é uma atividade de interesse vital às populações do interior da Amazônia, é a base da proteína presente em suas atividades produtivas combinadas à autossobrevivência, além de ser item importante de seu acesso ao mercado. O ribeirinho ainda é quantitativamente o maior produtor da pesca artesanal. A maior parte dos homens iniciam-se nessa atividade desde pequenos, na faina do peixe diário.

A pesca não é ali um trabalho tradicionalmente feminino, embora as mulheres a pratiquem de modo esporádico e colaborem às vezes com a manutenção do equipamento, confecção de artefatos, na limpeza, evisceração e salgamento do pescado. No litoral, elas participam da coleta de mariscos e caranguejos. As mulheres chegaram a ser proibidas de pescar, de 1965 até abril de 1988, pela orientação autoritária que se imprimiu ao setor nos governos militares (Leitão, 1990, p. 129). Embora seja uma atividade prioritariamente masculina, é indispensável envolver as mulheres no gerenciamento, devido à sua participação em diversos momentos do processo e de sua força nas comunidades. Na indústria de exportação da pesca estuarina e litorânea, as mulheres são maioria entre os assalariados, nas unidades de seleção, de congelamento e empacotamento.

As comunidades ribeirinhas terminam acumulando um conhecimento incomparável do comportamento dos peixes, onde encontrá-los, quais espécies, em todas as estações e locais. Não há como ensiná-los, é mais comum os pesquisadores aprenderem com eles (Junk, 1984; Salles, 1990, p. 13). Chamados caboclos, mantêm cumulativamente o saber milenar da tradição indígena, que os introduziu no meio, como guia e pelo casamento.

Poucos são os ribeirinhos que se dedicam exclusivamente à pesca. Parte deles é levada à especialização por solicitação de um mercado local em expansão, mas a maioria pratica a agricultura e o extrativismo, combinados com os períodos de baixa captura.

O aumento da procura pelo peixe leva ao aumento das distâncias de captura, valorizando a pesca nas comunidades com acesso a mercados locais ou regionais, quando há intermediários. A concentração urbana foi inicialmente a promotora da especialização, quando muitos ribeirinhos mudaram para as cidades. Os preços degradados do extrativismo e da agricultura podem levar os ribeirinhos a dedicar mais tempo e importância à pesca, desde que a degradação ambiental não leve ao seu comprometimento.

Petrere, considerando os estudos das antropólogas Lourdes Furtado e Berta Ribeiro, identifica dois tipos de pescadores ribeirinhos, praticando o que chama de pescas difusas, responsáveis por 61% da produção. Um seria o pescador-lavrador, dispondo de maior potencialidade para a agricultura no rio Amazonas, por contar com os solos ricos de uma vazante mais longa do que a cheia. Sua atividade pesqueira é eventual, pescando prioritariamente para a sobrevivência ou para um excedente armazenado, defumado ou salgado. O segundo seria um pescador-morador, cooperando com a pesca profissional e mais próximo e dependente dela (Petrere, 1990, p. 7; Furtado, 1989). Há diferenças e conflitos entre os ribeirinhos temporários e os artesanais especializados, mais profissionalizados e urbanizados. Os ribeirinhos podem diminuir a captura, ou abaixar o preço nos períodos de safra, quando há muita disponibilidade de pescado. Os ribeirinhos são menos reconhecidos pelas autoridades como pescadores em comparação aos que pescam sazonalmente em tempo integral. Os pescadores urbanizados têm acesso à documentação para o exercício da atividade, legalizando-a. A profissão exige ainda uma melhor regulamentação, o que é esperado no quadro da legislação ordinária pós-Constituição.

A população beiradeira, ribeirinha e extrativista na Amazônia foi calculada em 4,5 milhões de habitantes do interior (Ab' Saber, 1992, p. 57). Esses beiradeiros são os produtores da mais importante das pescas da região, a difusa e artesanal, que abastece as comunidades para a subsistência e os pequenos mercados locais. A maioria da população rural e das pequenas vilas vive em "ilhas" de terra firme, ribeiradas ao longo das várzeas, dos lagos, nos rios mais importantes. A maioria pesca sazonalmente, mas sua produção não aparece nas estatísticas governamentais. Há algumas pescas mais profissionalizadas, comercializadas e concentradas em certas espécies, a maioria delas também com técnicas artesanais.

O ribeirinho necessita estar no centro de uma política de promoção do desenvolvimento sustentável da pesca na Amazônia e de seu gerenciamento ambiental. As soluções a serem buscadas vão desde o reconhecimento de sua condição de pescador eventual até o conjunto de sua difícil condição de sobrevivência. Frequentemente são menos organizados do que os dedicados em tempo integral à pesca comercial. As estradas, a colonização, a pecuária tendem a valorizar suas terras, empurrando-os a biscates na periferia das cidades, perdendo em qualidade de vida. No interior, sua situação de baixa renda é agravada pelo analfabetismo dominante, pelo quadro de carências de atendimento à educação, saúde e comercialização, embora sua nutrição seja melhor assegurada do que nas periferias carentes dos grandes centros.

PESCADORES ARTESANAIS ESPECIALIZADOS NO ABASTECIMENTO DAS CIDADES

Apesar de comumente a simpatia social voltar-se ao ribeirinho, opondo-o ao pescador artesanal especializado, considerado um privilegiado, é difícil admitir que este último esteja realmente profissionalizado na pesca interior na Amazônia ou tão bem de vida como se acredita. Devido ao período do defeso, da proibição da pesca na desova, somado à entressafra, são atividades sazonais, com intervalos de baixa pesca, que podem ir de três a seis ou até nove meses, sendo retomada pelo interesse do armador em financiar. Se contam com recursos, podem empreender viagens mais distantes ou tentar burlar a vigilância durante a proibição. Os especializados, comparativamente, contam com maior renda monetária do que os ribeirinhos, mas não chegam a ser propriamente privilegiados, embora se encontrem situações diversas. O pescador especializado raramente dispõe da garantia complementar de plantações de autossobrevivência.

Muitos ribeirinhos são igualmente semiprofissionalizados, quando localizados não muito distantes de centros consumidores médios e grandes. Nem sempre os conflitos ocorrem entre ribeirinhos e especializados, mas sim entre os temporariamente profissionalizados, abastecendo mercados diferentes, opondo os que vêm de mais longe aos habituados a uma determinada região. A produção é entregue a intermediários diferentes e concorrentes. Os profissionais em geral o fazem diretamente na cidade. Deve-se considerar que entre os especializados há uma variada gama. No Amapá, por exemplo, eram:

armadores – patrões	4,90%
pequenos armadores – autônomos	10,30%
encarregados	20,10%
camaradas	64,70%

Quem mais ganha é o encarregado, mas a maioria, sem equipamentos, recebe uma miséria na partilha que determina a remuneração. Salvo alguns proprietários e intermediários, todos terminavam devendo ao armazém do armador, onde o saldo era sempre negativo (Pescart, 1977, p. 1). A regra é o sistema de aviamento, também utilizado nos seringais, sobrevivência de relações coloniais de produção. Aí, quase nunca veem o dinheiro, mas os gêneros, repassados e descontados pelo aviador. Os lucros são distribuídos entre os membros da tripulação, segundo as funções. É o caso nas pescas de rede. Entretanto, o pagamento pode depender do tamanho do peixe, como no uso da malhadeira, sobretudo para os cobiçados tambaqui e pirarucu. Os maiores lucros são para os donos de barcos e equipamentos. Há também hierarquia, inclusive nas proporções da partilha, e especializações entre os pescadores; uma rígida divisão de trabalho. Petrere refere-se a um barco típico: o mestre, com 50% do resultado, geralmente é o mais idoso e hábil; o gelador, que acomoda as camadas na caixa de gelo; os lançadores (redes) ou armadores (malhadeira); e, finalmente, o cozinheiro, que têm parcelas menores.

A grita dos pescadores é grande e generalizada. O peixe custa gelo, óleo, material, rede, e uma viagem representa regionalmente um importante investimento. Eles argumentam, dizendo-se ciclicamente descapitalizados e assustados pelos fiscais. Sua reivindicação principal é a renovação da frota, motor, equipamentos e crédito para liberar-se dos financiadores, do aviamento. Os pescadores autônomos estimavam, em Porto Velho, US$ 1.250 para armar um barco de 5 t, numa viagem de trinta dias, em agosto de 1990. De março a agosto, o pescador vira comprador de gêneros;

não vende e só gasta. Nos seis meses de baixa, o pescador procura qualquer trabalho. Pescadores de Porto Velho contam que, de 15 de novembro de 1989 a agosto de 1990, ficaram sem o ganho da pesca. Os autônomos que têm barco procuram fretes, como o transporte de banana. O meeiro ou parceleiro da equipagem vira descarregador, e todos ganham menos nessas atividades. Quando voltam a viajar, recorrem ao armador ou despachante para refinanciá-los. Esse pescador autônomo, semiprofissional, é o que foi sendo urbanizado. Perdeu suas raízes com o peixe entregue para consumo dos grandes centros. Alguns são também vendedores de peixes nas feiras, ou através de parentes, outros são armadores de outros barcos. Os pescadores autônomos constituem uma categoria diferente do pescador-ribeirinho e do armador, por exemplo. Eles são proprietários de barco. Trata-se de um pequeno produtor artesanal, que permanece trabalhador temporário, com semiprofissionalização relativa e sazonal, numa gama de situações diferenciadas. O abastecimento das cidades estimula sua presença, a demanda cresce. Essa pesca semiprofissional continuará indispensável ao abastecimento dos grandes centros. O que o diferencia do ribeirinho é dispor – mas nem todos – de um barco a motor de maior porte. A maior diferença é sua condição de morador da periferia de um centro urbano médio ou grande, e não contar com outra alternativa senão trabalhos eventuais como diaristas nas cidades. Abandonaram a prática da combinação de atividades extrativistas ou agrícolas e, ao contrário do ribeirinho, já não contam com atividades de sobrevivência. Referem-se à possibilidade de reinserirem-se no meio ribeirinho mas, como um sonho distante, vivem mesmo é nas cidades, alguns nelas já nascidos, frequentemente nas palafitas das periferias miseráveis. Lamentam passar necessidades nos meses piores para a pesca, quando fazem biscates, pelo fato de que na cidade não têm cultivo alternativo de autossustento.

Embora especializados, não chegam a uma profissionalização efetiva ou estável. Sentem-se desestimulados, muitos aceitam a sedução, por exemplo, do garimpo. Os que não contam com barcos, são ainda mais eventuais, dependem de um engajamento, geralmente por viagem, em funções diversas, que determinam as remunerações. A situação dos subcontratados é a pior, os que pescam a meias ou outras porcentagens de parceria. Estes são os que menos recebem. Muitos pescadores são apenas intermediários, ou substitutos, dos armadores de pesca a bordo. Mesmo os que têm barco, na maioria dos casos, dependem dos financiadores, por falta de capital de giro. Os demais estão submetidos a relações temporárias, trabalhando por porcentagem. O assalariado aparece apenas na pesca litorânea ou estuarina.

Os que não têm barco e motor ambicionam equipar-se, mas terminam sempre financiados por viagem, pela reduzida capacidade de formação de capital de investimento. Os pescadores especializados têm grandes conflitos com os armadores ou despachantes de pesca, os financiadores, que também fazem a intermediação comercial final no porto. Temem e protestam contra os frigoríficos, os quais, na safra, esperam até acabar o gelo dos barcos para comprar a baixo preço, quando o peixe começa a estragar-se. Mesmo com bom preço, os pescadores ganham pouco, por causa dos intermediários (Junk, 1984, p. 451). Muitos intermediários iniciaram-se como pescadores. Não há como confundi-los, embora ocorra com frequência classificarem-se todos como pescadores.

O ASSOCIATIVISMO PATERNALISTA

Os pescadores artesanais semiprofissionalizados organizam-se prioritariamente nas *colônias*, salvo no Pará, onde se misturam tradicionalmente aos ribeirinhos. As associações constituem uma opção mais independente do Estado, em geral voltadas aos ribeirinhos, mas menos estruturadas. As colônias foram orientadas na origem pelo paternalismo da Marinha e da ex-Sudepe. Há algumas experiências de cooperativas. No Amazonas, os ribeirinhos estão nas associações e os pescadores profissionais na federação e nas colônias, havendo conflitos entre os dois segmentos. Os intermediários e empresários confundem-se geralmente com os pescadores nas colônias e federações, organizando-se à parte em alguns casos, como no Amazonas.

O presidente da federação do Pará, a Fepa, considera três dificuldades-chaves para os pescadores: falta de representatividade política, o monopólio do atravessador e a ausência de uma ação pública adequada nas águas interiores. Embora muitos estivessem precariamente documentados pela ex-Sudepe/Ibama, a profissão não está totalmente regulamentada. Os que não dispõem de barcos são obrigados a aceitar acordos por viagem, nem sempre vantajosos.

A documentação do pescador dá-se pelas colônias, criadas nas primeiras décadas do século XX pela Marinha, com a função de cooperarem no patrulhamento de fronteiras e da costa. Sua institucionalização foi estimulada por um oficial da Marinha, o comandante Frederico Vilar, no quadro de um "Programa de Nacionalização da Pesca" e "Saneamento do Litoral", em todo o país, de 1919 a 1923. Um cruzador, o José Bonifácio, percorreu os rios fundando colônias (Leitão, 1990, p. 116; Junk, 1983, p. 70).

A obrigação de pertencer às colônias, seu caráter oficialista, as fez perder autonomia. Em 1988, com a Constituição, foi retirada a tutela formal do Estado. A tradição de tutela começa a ser interrompida. Um exemplo nessa direção é a Fepa, que foi conduzida durante vinte anos por um tenente da Marinha. Finalmente, em 1990, o jovem filho de um pescador tornou-se presidente e mudou a sede do prédio da ex-Sudepe para uma sala independente.

A colônia organiza prioritariamente os pescadores que já dispõem de algum equipamento. Sua história é marcada pelo paternalismo, pelo intervencionismo manipulador de militares e funcionários do governo no associativismo. Em 1968, foram reativadas as colônias, comenta Junk (1983, p. 70). Nos centros maiores, como Manaus, Itacoatiara, Tefé, Manacapuru, Parintins e Maués, estiveram sempre em atividade, com altos e baixos, como também em outros estados. Além da Marinha, as colônias estiveram próximas da ex-Sudepe e do Ministério da Agricultura, através do Pescart, em 1976, que tornou obrigatória a inscrição dos profissionais para acesso ao crédito. Muitos não se registraram, para economizar uma mensalidade de US$ 0,75 por mês, que prometia uma pensão de US$ 30 mensais e assistência à saúde. A pouca influência das colônias manipuladas cooperou para o insucesso do programa.

Pretendem os pescadores uma representação direta no Ministério do Trabalho, mas no Brasil há generalizada dificuldade de regularização de autônomos. As categorias conhecidas pela legislação são apenas empregados e empregadores. Os pescadores dispõem todos de competência profissional, mas de baixo nível educacional, sendo cerca da metade analfabetos. Seu modo de vida instável e precário, com longas viagens, não ajuda para sua afirmação social. Essa situação, socialmente degradada, não corresponde à sua decisiva posição produtiva na sociedade amazônica, vital à alimentação das populações de baixa renda.

Um programa do Pnud (87/021) estimou os pescadores em 125 mil na Amazônia, predominando a pesca artesanal no interior. Em sua maioria, a pesca industrial já está voltada para cinco milhas da costa. São os que chegam a ter empregados assalariados, cerca de 3,3 mil no Pará. Há estimativas das colônias, e pescadores inscritos e não inscritos, para alguns estados, segundo a CNP, em 1986:

	OS PESCADORES E AS COLÔNIAS				
	Colônias	Inscritos	%	Não Inscritos	%
Amazonas	6	6.136	6,0	16.680	16,1
Amapá	4	3.408	3,3	1.825	1,7
Pará	44	45.987	44,3	29.673	28,6
Total	54	55.558	53,6	48.178	46,4

Leitão, 1990, p. 124

A Federação do Amapá estima que, em 1990, havia 3,8 mil matriculados em sete colônias, mas que podem chegar a 6 mil. Em 1977, eram 1.110 pescadores, concentrados em treze vilas ou cidades: Macapá/ Santana, Arquipélago do Bailique, Rio Garrote, Amapá, Pracuúba (Aporema, Lago Novo), Sucuriju, Calçoene, Praia do Cocai, Vila Tomázia, Cururu, Taparabu, Oiapoque e Taperebá[1]. Há uma associação no Amapá, mas definhava em 1990, em meio a dificuldades financeiras.

Os subcontratados nos barcos, a meias ou porcentagem, frequentemente não são sócios e não têm organização própria, por exemplo, em Porto Velho e Manaus. O sócio da colônia, pescador autônomo com parceiros, paga US$ 2,5 em média mensal à

1   No Amapá, a federação congrega sete colônias: z-21, em Macapá; z-22, Ilha de Marajó, Lago Grande; z-23, Oiapoque, rio Uiapo; z-24, Sucuriju, Rio Sucuriju, Lago Piratuba; z-25, Bailinque, Arquipélago, 23 comunidades; z-26, Santana, Rio Matapi e z-27, Afoá, Marajó.

colônia, mais 5% do desembarcado. A colônia de Porto Velho tinha antes do garimpo quatrocentos sócios, caiu para duzentos, muitos foram para o garimpo ou para outras atividades. Em 1989, por exemplo, perderam 99 sócios. Em 1991, estavam retornando: com o fracasso do garimpo, os sócios voltaram a quase quinhentos. A Federação dos Pescadores de Rondônia é menos estruturada do que as similares do Amazonas e Pará, e isso deve--se à menor expressão do peixe no mercado local, reduzindo o número de pescadores. Há quatro colônias, sendo a mais bem organizada a de Porto Velho, a chamada Z-1, a Guajará-Mirim, Z-2, a Pimenteiras, Z-3 e a Costa Marques, Z-4. Um exemplo de desvio de função de uma colônia de pescadores é o caso do sr. Valeriano, empresário de pesca em Guajará-Mirim, um exemplo de como as colônias podem degradar-se. O empresário usa seu frigorífico particular e não o da colônia, que abandonou à corrosão. Com um concorrente menor, o sr. Valmor, controla a colônia. Tal situação se deve à grande presença de pescadores bolivianos não documentados, controlados pelos empresários. O estatuto não proíbe o armador de ser sócio ou diretor; os empresários entram na categoria de sócio cooperador, que não tem limite de funções, podendo chegar à direção da colônia. Os pescadores pretendem que a organização dos empresários do setor seja separada dos pescadores. Esse empresário, por exemplo, é proprietário de frigorífico, fábrica de gelo, caminhões frigoríficos e outros equipamentos.

No Amazonas, além das seis colônias que estão na federação, havia, em 1991, cerca de 23 *associações* de pescadores ribeirinhos de centros menores e cerca de 6 mil a 7 mil pescadores registrados em colônias. A situação é diferente do Pará, pois no Amazonas o ribeirinho não conta para as colônias, é um concorrente, quando não um adversário. A federação discutia em Manaus, em 1991, uma maior interação, para atenuar os conflitos. A federação congrega realmente sete colônias: Manaus-Rio Negro; Manacapuru-Solimões; Tefé; Parintins-baixo Amazonas; Maués; Presidente Figueiredo-rio Uatumã; Itacoatiara-baixo Amazonas. Em 1968, havia cerca de 23.699 pescadores no Amazonas, com 25.699 barcos a remo, e apenas 159 a motor (Goodland; Irwin, 1975, p. 103). A pesca comercial aumentou ponderavelmente, através de barcos maiores e motorizados, cerca de setecentos, e separou ribeirinhos e profissionais.

Há uma grande indefinição na organização das diferentes categorias. Em Manaus, há uma associação de despachantes ou armadores de pesca, distinta da federação dos pescadores. Mas há ainda indefinição associativa entre o pescador artesanal autônomo, o meeiro ou subcontratado por tarefa no barco, o ribeirinho pescador eventual e o assalariado da pesca industrial. Os despachantes de Manaus interferem manipulando na organização dos pescadores.

No Pará, a existência de uma pesca industrial de exportação em escala mantém ribeirinhos eventuais e pescadores especializados na mesma federação – apesar dos conflitos, estão unidos contra a indústria estuarina e litorânea. Nesse estado, encontra-se a frota mais numerosa e o maior contingente de pescadores, sendo estimados em 40 mil ou 50 mil os pescadores artesanais semiprofissionalizados. Poderiam chegar a 80 mil, incluindo os ribeirinhos eventuais, segundo a Fepa. As embarcações de pesca artesanal são estimadas em 15 mil. Os pescadores artesanais voltam-se mais para as águas interiores, secundariamente para as estuarinas e litorâneas. Algumas colônias praticam as duas, como no Pará e Amapá.

Hartmann estimou, em 1988, os pescadores do Pará em 78 mil, a partir de dados recolhidos nas colônias, sustentando um contingente de familiares de 780 mil pessoas, distribuídas em 214 localidades, sendo as mais importantes concentrações na região do Salgado, com 22,5 mil pescadores, a região do médio Amazonas paraense, com 19,4 mil, e o baixo Tocantins, Marabá e Araguaia, com 8,5 mil. Cerca de 15% da população total do estado e 34% da rural dependem da pesca. A concentração fundiária tem aumentado o número dos que se concentram exclusivamente na atividade pesqueira, ganhando menos de três salários mínimos. Hartmann considera que, de 1984 a 1987, o grau de organização aumentou, passando o número de filiados a colônias de 44% a 62%. De 70% a 90% são semialfabetizados e menos da metade das crianças estão nas escolas na idade prevista pela lei. Contam com um médico para cada 34 mil pessoas (Hartmann, 1988, p. 4). No Pará, os ribeirinhos estão mais presentes nas colônias.

No Pará, tem-se 49 colônias e duas associações, estas em Altamira e Vila Vitória. Trata-se da federação mais bem organizada da Amazônia. As colônias de Soure, Salva-Terra e Galhoão seriam as mais voltadas à pesca estuariana, em Marajó e região. A do Galhoão concentra-se na pesca litorânea[2]. Outra forma de associativismo a ser mais bem estudada são as cooperativas. Em Santarém há uma em funcionamento, em Vigia há uma fundação da prefeitura, com cerca de dez anos. Em 1983, quando a ex-Sudepe dispunha de recursos, algumas chegaram a funcionar adequadamente. Diferentes instituições competem pelo controle dessas cooperativas, por exemplo, os órgãos estaduais e federais, como a Emater e a ex-Sudepe/Ibama, além da concorrência da ação privada da Igreja Católica. Haveria cerca de sessenta cooperativas funcionando no litoral do Pará contra apenas uma no interior, estimulada por progressistas católicos da Fase/Pastoral da Pesca.

Os pescadores estão progressivamente mais preocupados com a diminuição do tamanho e da frequência dos cardumes de certas espécies, como o tambaqui, no Amazonas, e o mapará, no Pará. No Pará, por exemplo, em 26 e 27 de janeiro de 1989, deu-se o I Encontro de Pescadores Artesanais. O lema foi: "peixe tem muito, cuidando tem sempre". O encontro reivindicou a proibição, no nível estadual e municipal, da operação de empresas industriais no interior e a criação de uma secretaria de pesca no Pará, capaz de legislar adequadamente, inclusive sobre a piracema. Essa secretaria cobraria impostos específicos para investir na pesca artesanal, transferindo 5% do arrecadado para as colônias. O imposto permitiria a fiscalização, punindo a pesca e os petrechos predatórios.

2   As colônias do Pará, pela sua distribuição geográfica, com os números atribuídos quando de seu registro, segundo a Fepa, eram as seguintes em 1990: em Marajó: 21-Soure, 22-Salvaterra; 222-Galhoa, litoral/Chaves; 224-Ponta de Pedras; 225-Santa Cruz do Arari; 226-Cachoeira do Arari. Na baía de Marajó: 240-Aranai. No litoral: 23-Vigia, 24-S. Caetano de Odivelas, 25-Curuçá, 26-Marapanin, 27-Maracanã, 28-São João de Pirabas, 29-Mosqueiro; 223-Colares; 217-Bragança, 218-Augusto Correia; 229-Salinópolis; 221 –Viseu; 248-Boa Vista (interior também). No rio Xingu: 210-Icoaraci, Belém/Amazonas; 211-Monte Alegre; 212-Altamira/Vila Vitória. No rio Tocantins: 213-Barcarena, 214-Abaetetuba, 215-Igarapé-Mirim, 216-Cametá, 230-Marabá/Tucurui; 232-Tucurui; 234-Baião. No baixo Tocantins: 238-Mocajuba. No alto Tocantins: 243-Jacundá; 244-Itupiranga. No rio Amazonas: 219-óbidos; 228-Alenquer; 231-Prainha; 233- Almerin; 242-Jaruti. No rio Tapajós: 220-Santarém. No rio Tauá: 227-Espírito Santo do Tauá. No rio Pará: 235-Bagre; 236-São Sebastião da Boa Vista; 237-Curralinho; 246-Limoeiro do Ajuru; 247-Portel; 249- Gurupá. No rio Araguaia: 239-Conceição do Araguaia; 245-Apinagés. No rio Trombetas: 241-Oriximiná.

A questão-chave das cooperativas e associações na pesca interior da Amazônia é o apoio técnico e administrativo, dada a pouca experiência de gestão associativa e o analfabetismo de grande parte dos pescadores e ribeirinhos. Por outro lado, não se desenvolveram mecanismos preventivos para que a assessoria técnica não se transforme em interferência manipulatória, assegurando a autonomia dos cooperados. As funções de comercialização na colônia também foram sempre o grande obstáculo, carecendo os pescadores de capacitação administrativa. Os agentes externos, cedidos com frequência pelo governo, terminam representando uma ingerência, excessivamente controladores ou totalmente estranhos ao meio, sejam técnicos ou gerentes. Uma assessoria desse tipo necessita de orientação e controle democrático para um apoio técnico não interferente, que se limite à prestação de serviços.

INTERMEDIAÇÃO E AVIAMENTO NA PESCA ARTESANAL

Uma comissão de parlamentares que se debruçou sobre a pesca constatou que "o pescado adquirido por um intermediário nas imediações do mercado de Manaus estava sendo vendido em uma das feiras, em precárias condições sanitárias e de conservação, com um acréscimo que chegava a 350% do preço originalmente pago ao pescador" (Congresso Nacional, 1985, p. 19). A base da perversidade do sistema é o aviamento.

Entre o pescador e o consumidor há sistematicamente um despachante, com várias denominações, em toda a Amazônia. A mais complexa cadeia de intermediários é a do Pará. Há raros pescadores que entregam seu produto diretamente a peixeiros/ comerciantes ou mantêm bancas com suas famílias. A maior parte dos pescadores, profissionais ou eventuais ribeirinhos, está relacionada com uma cadeia, composta pelo consignatário, passando ao geleiro, ao balanceiro ou peixeiro, ao comerciante, depois ao consumidor. Alguns podem escapar dessa cadeia ou contornar parte dela. Em particular os autônomos, porque têm apenas o despachante entre eles e o peixeiro/comerciante. Mas, quando não dispõem de capital para equipar o barco, são obrigados a comercializar através do armador. Em Manaus o despachante cobra de 5% a 25% pela comercialização, mas desconta, antes da partilha, as despesas adiantadas em mercadorias, com uma descontrolada correção monetária, cujo cálculo o pescador nem sempre acompanha. O despachante de Manaus é um verdadeiro ator, ou principal de um ritual de leilão, discutindo alto com o comerciante em frente dos pescadores, no desembarque, ocasião em que, pela simulação ou pela barganha, mostra sua boa-fé e sua utilidade como intermediário indispensável.

O sistema é o de parceria, por porcentagem, uma forma de aviamento. O intermediário atua através do encarregado. Cabe a ele pagar taxas para liberar lagos junto aos "proprietários", e abastecer a equipagem, ou manter armazéns e a comercialização no desembarque, despesas descontadas da partilha. Os pescadores com contrato de uma viagem não são registrados, não dispõem de barco e recebem menos. Há denúncias de acordos eventuais ainda mais desfavoráveis ao pescador, em prévia conivência entre o despachante e o comerciante. As cadeias de intermediação mais comuns são:

a. pescador > despachante > peixeiro > consumidor;
b. pescador > consignatário > despachante > peixeiro > consumidor;
c. pescador > consignatário > geleiro > balanceiro > peixeiro ou atacadista > consumidor;
d. pescador > consignatário > geleiro > balanceiro > caminhão > peixeiro > consumidor.

Os ribeirinhos são geralmente submetidos às cadeias mais longas, com mais difícil acesso ao mercado. Encontram saídas, por exemplo, ao utilizar barcos de recreio para levar pessoalmente o peixe a um melhor preço. Os profissionais consideram essas alternativas concorrência desleal e uso indevido de embarcação, devido às condições precárias de higiene e de conservação desse transporte irregular. Na verdade, grande parte dos pescadores também compram dos ribeirinhos, intermediando para seu financiador e impondo o preço. Há sempre, no mínimo, dois ou três intermediários.

As intermediações variam conforme o tipo de pescado desembarcado ou o tratamento que recebeu. No Pará, por exemplo, nos mercados locais tem-se: a. peixe fresco – entregue inteiro ao consumidor, pelos intermediários e comerciante, nos mercados regionais; b. o resfriado-eviscerado e o congelado, tendendo aos mercados do centro e sul do país; c. o salgado, tendendo ao comércio interestadual, para o nordeste em particular, passando pelo geleiro, pelo atacadista e ou pelo transportador. Os pescadores ambicionam o comércio direto ao consumidor, pretendendo chegar ao sistema que consideram ideal:

Colônia → Terminal → Comércio → Consumidor

Não seria fácil a incorporação do pescador ribeirinho eventual a um sistema direto, além dos obstáculos administrativos. As cadeias de frio, a organização da comercialização teriam que chegar a pontos longínquos no interior, caso contrário apenas os profissionais especializados teriam o controle, e os intermediários, através deles. Muitos pescadores autônomos terminam como transportadores ou sub-intermediários, em certas épocas, quando não conseguem autofinanciar a viagem de captura.

Há uma modalidade de aviamento similar às relações de tipo colonial dos seringais. Os intermediários, despachantes, armadores de pesca, por exemplo em Rondônia, não pescam. Por outro lado, fornecem gelo, mantimentos, combustível, alimentação, equipamentos e consertam motores. Em troca, quem comercializa é o intermediário, também chamado retalista no Pará. Alguns são médios e grandes proprietários de barcos. Não chegam a ser empresarialmente bem organizados: a base é um sistema pseudoprotecionista, em seu viés paternalista manipulador. Geralmente dispõem de um a três barcos, acima de 10 t, sendo exceção apenas as empresas que podem chegar a trinta barcos na pesca estuarina.

Os intermediários são mais presentes em alguns lagos e rios, e menos em outros. Seriam menos frequentes, por exemplo, no reservatório de Tucuruí e no rio Araguaia, dizem os pescadores, porque os autônomos conseguem aviar-se, mais profissionalizados e muitos vindos de fora da região. No lago Arari entram os armadores para comprar e pescar, como no baixo e médio Amazonas.

Os intermediários/financiadores têm diferentes denominações regionais. Sua relação com a pesca é diversificada; são ex-pescadores, aviadores, comerciantes ou combinam diferentes posições. No Pará, há o geleiro, uma espécie de aviador do ribeirinho, que vai buscar o peixe onde o pescador a remo mora. Em Manaus, a denominação é despachante, que são demarcados dos pescadores e limitam-se a aviar os barcos de autônomos, ou são proprietários de barcos pilotados a parceria. Sempre esperam no porto, comandam a venda e controlam o desembarque, numa função financeira e comercial.

No Tocantins, na região de Imperatriz, os barcos "geleira" recolhem as capturas feitas pelos "pesqueiros". Quando o marreteiro fornece gelo ao pescador, exige em troca o compromisso de lhe vender o peixe, que revenderá com preço acrescido de 100 a 300%, às vezes a outro marreteiro, mais próximo das cidades. Apenas os pescadores mais capitalizados conseguem abastecer-se autonomamente de gelo. Para fugir do intermediário e da carência de gelo, alguns moradores tentam vendas diretas na cidade, a pé, a remo ou com rabeta.

Há outros atravessadores que apenas atuam no porto. Esperam o pescador, cansado da viagem, sentindo-se inapto para a venda, que geralmente aceita o intermediário. O atravessador ganha de 40 a 50%. O comerciante ganha cerca de 30%. No Pará, há o balanceiro, mais ou menos a mesma função intermediária. Em Marajó, chama-se consignatário. A relação é geralmente a meias, 50% para cada um entre o armador e o pescador, geralmente o dono do barco, através de contratos informais por viagem ou safra. Há despachantes que são armadores, armador que é pescador e vice-versa. Atuando com os ribeirinhos estão os chamados regatões ou marreteiros, geralmente intermediários para a venda de um pouco de tudo, mascates ou mercadores à antiga, que voltam eventualmente com o peixe à cidade, mas são especializados em captar a pouca renda monetária local, levando produtos industriais ao interior.

Os pescadores denunciam sempre os intermediários, à boca pequena. Estes contra-argumentam que, nas últimas décadas, foram eles que financiaram as viagens. Não há estudos sobre suas margens de lucro, e argumentam que não são tão ricos, nem poderosos, e estariam sujeitos a um alto risco. Petrere explica que o despachante em Manaus é um contratado do armador, o proprietário dos grandes barcos, com outros interesses além da pesca (Petrere, 1978, p. 10).

Como as associações poderiam chegar a organizar um financiamento rápido e adequado, cobrindo inclusive os riscos?

Precisariam de gelo, de terminal e do controle do entreposto. Alguma melhoria é necessária na intermediação, mas não é de fácil equação. Há o problema subjacente de que o *status* do pescador é reconhecido aos profissionais especializados, e não há qualquer cadastro, registro ou licença para os eventuais ribeirinhos.

Há um exemplo na Ilha de Marajó onde, com financiamento de entidades italianas, com o apoio da CPP, criou-se a Associação dos Pescadores de Urubuquara, um projeto que providenciou a aquisição de dois barcos geleiras destinados à comercialização direta do pescado, comercialização que se concretiza por meio de uma Associação Popular de Produção e Comercialização – APC, procurando exatamente eliminar atravessadores (Leitão, 1990, p. 162).

No final da safra, grande quantidade de peixe é jogada fora, e assim se acentua o desequilíbrio entre oferta e demanda. Esse é também o momento em que atacadistas dos frigoríficos armazenam com os preços em baixa. O gelo derrete nos barcos abarrotados e ninguém compra. Os pescadores chegam a preferir jogar o pescado no rio a entregar ao preço ofensivo que lhes é proposto. O mercado, nessa hora, já está saturado, e o produtor primário não consegue acesso ao congelamento.

Hartman estima em 50% a parte do pescador. Lembra que o intermediário desempenha outras atividades econômicas como comprador, financiador e fornecedor. Considera difícil diminuir as margens de lucro da comercialização, devido aos fretes e impostos, mas propõe uma maior transparência e fornecimento de insumos básicos ao pescador, como forma de reduzir o poder de barganha dos intermediários (Hartmann, 1988, p. 55).

3. A Diversidade das Pescas Amazônicas

A PESCA ARTESANAL E EMPRESARIAL ESTUARINA
DE EXPORTAÇÃO

A pesca estuarina e litorânea de exportação é exemplo da distorção do financiamento, privilegiando as empresas com dinheiro público em detrimento da pesca artesanal. Belém é ponto de partida para a pesca no *habitat* das águas salobras, no encontro das águas salgadas da região estuarina do rio Amazonas. A cidade, para consumo local, chega a importar do vizinho estado do Amazonas, devido aos hábitos e tabus que criam resistências à piramutaba (*catfish*), que se destina à exportação, iniciada nos anos de 1960 (Goulding, 1983, p. 193).

A pesca estuarina é empresarialmente a mais bem organizada da Amazônia, combinada com a pesca na costa litorânea (AP/PA/MA), com 1.800 km de extensão, vegetação litorânea de 33.812 km^2 (Leitão, 1990, p. 112). A pesca de exportação estuarina/litorânea foi a que mais se industrializou, particularmente em Belém, a partir de 1971, com incentivos de toda ordem do governo. A pesca da piramutaba alcança até 28.000 t/ano, e parece estar próxima do rendimento máximo sustentável (Petrere, 1990, p. 4). Uma das questões discutidas nessa caso em particular é a de manter a atual correlação entre as piramutabas jovens e adultas, através do tamanho da malha. Os pescadores temem que o revolvimento do fundo pelas redes dos grandes barcos prejudique outras espécies de interesse da pesca artesanal diversificada. As duas pescas se alternam, orientadas pelo mercado de exportação e pela estação apropriada. Em 1990, por exemplo, pescou-se mais a piramutaba e logo depois o camarão, difícil de ser encontrado, por razões cíclicas, dizem os empresários. A cada quatro anos, o camarão diminui e depois volta a aparecer. A pesca estuarina, com finalidade de exportação, dá-se sobre poucas espécies:

PRINCIPAIS ESPÉCIES DA PESCA ESTUARINA

nome comum	nome científico
gurijuba	*Arius parkeri*
bagres	*Ariidae spp.*
pescada	*Plagioscion spp.*; *Cynoscion spp.*
dourada	*Brachyplatystoma flavicans*
piramutaba	*Brachyplatystoma vaillantii*

A pesca da piramutaba vem sendo mais bem estudada, tendo merecido até uma pesquisa com duração de dezesseis anos, embora ainda esteja por esclarecer onde desova. Outras empresas, numa tendência mais recente, em Belém e no Amapá, concentram-se na dourada, pescando um pouco mais longe da margem e sazonalmente no rio. A piramutaba já chegou a representar cerca de 90% do pescado da frota de Belém, embora não conte com preço competitivo no mercado interno (Goulding, 1983, p. 192).

A piramutaba, na grande pesca comercial, é capturada por barcos de ferro de 108 t, aos pares, com redes em forma de saco ou de uma meia, numa profundidade de sete a doze metros, chegando ao extremo Cabo Norte. Embora menor em quantidade, quando comparada ao mercado local de subsistência do Pará, é importante para a exportação, a maioria para EUA e Europa, e o camarão, para o Japão. Apesar de seu interesse principal ser a exportação, mais rentável, os empresários começam a utilizar sua capacidade ociosa para o mercado interno, inquietando os artesanais.

A pesca comercial é das que mais desperdiçam, rejeitando os peixes menores de 4 kg porque inadequados para filetar. A taxa de descarte chega a 56%. A pesca artesanal da piramutaba somou 14% da pesca comercial de 1984. Alguns consideram que possa estar próxima do rendimento máximo sustentável (Bayley; Petrere, 1989, p. 392; 1990, p. 5). Os artesanais utilizam barcos que variam da canoa a pequenas embarcações de 20 t, numa pesca estuarina variada, mas dominada pela piramutaba. Na estação das águas altas, de janeiro a maio, o esforço é concentrado nos grandes bagres e na pescada. Na vazante, de julho a novembro, voltam-se aos peixes do mar. Outros pescadores vão rio acima, seguindo a migração das cheias da dourada e da piramutaba. A pesca artesanal marítima contribui para manter os mercados locais de Belém e região (Bayley; Petrere, 1989, p. 393).

Há conflito entre a pesca empresarial e a artesanal no estuário, segundo a Fepa. Os barcos grandes passando em velocidade arrebentam as redes de pescadores, perdendo estes o que pescaram, para obrigá-los a mudar de local. Os pilotos de barcos empresariais são em grande parte coreanos especializados. A federação discutia em 1991 com o sindicato dos empresários dois destes incidentes, com a Belém Pesca e Ciapesca, exigindo indenização. Os artesanais reclamam da diminuição da captura e do peso, que atribuem à pesca empresarial. Lembram que, no início, as indústrias compravam da pesca artesanal, mas, com a sua frota própria especializada, desinteressaram-se.

As empresas da pesca estuarina vivem crises cíclicas. No final de 1990, por exemplo, argumentavam estar com dificuldades de mercado, devido à concorrência asiática. Algumas empresas, como a Ipcea, a Primar-pescado e várias outras, declararam-se falimentares, tentando recuperar-se com a exportação do congelado de luxo. Os empresários, segundo o secretário-geral do Sindipesca, acreditam que se poderia estudar melhor o aproveitamento de outras espécies, mas especializam-se na piramutaba e no camarão. Em 1990 começaria o ciclo dos quatro anos melhores para o camarão. O Japão seria o grande importador, através da Nisherei Corporation. Há 250 barcos, prioritariamente no camarão, de 22 empresas voltadas ao litoral, com nove postos de desembarque, dos quais quatro em atividade. Há tentativas empresariais de criar camarão, para enfrentar a concorrência da Malásia. Há também mercado interno, para o Ceará e até para São Paulo, caminhões transportando metade peixe, metade camarão, para outras regiões do país.

Outra pesca estuarina é a da gurijuba para exportação da sua bexiga natatória, utilizada pela indústria de cola. O grande empresário do setor é David Serruia, o que mais explora o chamado "grude". O peixe pode às vezes ser salgado e vendido, mas o importante nessa atividade tem sido a parte exportável. Pode-se implementar um melhor aproveitamento do peixe, através do produtor primário, que fica com apenas 1/3 do valor conseguido na exportação.

O camarão rende mais: em cada 45 dias ao mar, retornam com um total de 300 a 400 t. Quanto à piramutaba, atuando por parelhas, rende 70 t cada, numa média de três viagens em dois meses. Há 24 parelhas para a piramutaba, 48 barcos no total, e 250 para o camarão, todos de grande porte, quando comparados com os regionais.

Pouco é conhecido sobre a biologia do estuário, aparentemente rico, pois, se os barcos são ali numerosos, deve-se a uma produção primária alta. Os bagres também migram em cardumes contra a corrente, supõe-se que para desova, embora os locais ainda não estejam localizados com precisão (Goulding, 1983, p. 201).

A Fepa propõe que o Ibama instale um posto na Ilha do Machadinho, em Maracá, onde há visibilidade sobre o estuário para vigiar o *desperdício da fauna acompanhante* e o conflito entre os artesanais e os empresariais. A perda da fauna acompanhante foi estimada em 8.700 t em 1987, além do não aproveitamento dos exemplares jovens (Hartmann, 1988). Os pescadores argumentam que a pesca de indivíduos jovens é maior na pesca empresarial do que na artesanal, considerando que a pesca empresarial mecanizada não seleciona na captura; enquanto a artesanal pode buscar uma espécie, a empresarial passa com velocidade, utilizando malha fina, e não aproveita o que recolhe. A putrefação dos não aproveitados estaria poluindo o estuário. Os empresários do setor dizem que não têm capacidade nos barcos para aproveitar as outras espécies de menor valor comercial. Uma solução seria uma indústria de aproveitamento para farinha, mas os empresários não acreditam na rentabilidade do investimento, embora concordem que há necessidade de encontrar saídas econômicas para essa pesca casual. O porão médio tem de 17 a 20 t e não se pode perder espaço. Quanto mais perto da costa, maior a fauna acompanhante desperdiçada.

Uma primeira guerra comercial/ambiental foi aberta com os EUA, que importam anualmente do Brasil US$ 35,5 milhões de camarão, 2% de suas necessidades. Ameaçam suspender as importações se não forem adotadas aberturas nas redes para a fuga de tartarugas marinhas ameaçadas de extinção. As aberturas custam US$ 500 cada. Os barcos do norte e nordeste já dispõem desse equipamento, mas os do sul do país, que fornecem mais ao mercado interno e dependem menos dos EUA, retardam a adoção do equipamento (OESP, 30/1/1994, p. A2).

O PIABEIRO E A PESCA ORNAMENTAL

O piabeiro é uma categoria particular dentre os pescadores artesanais: é o especializado na pesca de peixes ornamentais no rio Negro, na região de Barcelos, no estado do Amazonas. Há também pesca semelhante nos rios Solimões e Tapajós. A Associação dos Pescadores Profissionais de Peixes Ornamentais fundou-se na sede da Federação dos Pescadores do Amazonas em agosto de 1990. Reclamam de pouca participação na alta lucratividade das empresas de exportação do ramo. Esses pescadores, atuando sobretudo na seca, constituem um contingente de ribeirinhos da região, sazonalmente ocupados na pesca e semiprofissionalizados. A associação foi fundada por quarenta dos cerca de 320 piabeiros da região de Barcelos, uma "fonte de peixes vivos", dizem.

Sua situação é típica do regime de exploração colonial em que ainda vivem populações extrativistas do interior do Amazonas. Têm dificuldade de acesso a produtos industrializados e terminam dependentes dos regatões que os abastecem. O piabeiro se considera duplamente lesado. Quando compra, pelo regatão, quando vende o peixe ornamental, pelas empresas e comerciantes do ramo, que, além do baixo preço, promovem uma contagem do pescado feita por estimativa, obviamente desfavorável ao produtor. A estimativa é feita a partir do número de "caçapas", como são chamadas as unidades de transporte, lançadas à "piscina" das empresas, descontadas possíveis perdas de trajeto, arbitrariamente calculadas.

O problema ambiental-chave da pesca ornamental é o transporte. A mortalidade na transferência aos aquários é de 30%. A água esquenta e perde em oxigênio. Os piabeiros trocam a água de 12 em 12 horas, mas assim mesmo morrem muitos. Acusam a demora das empresas ao desembarcar em Manaus como a maior causa de mortandade. Não há uma tecnologia particular de conservação no transporte. Partindo de Barcelos, após sessenta horas de motor 25 HP, no rio Negro, já encontram os alevinos na água, de fácil captura. De maio a julho são os melhores meses, afirmam. Os próprios piabeiros admitem sobrepesca de algumas espécies, embora digam que ainda as encontram em quantidade, viajando cada vez mais longe. Embora os piabeiros amenizem o risco de sobrepesca, alguns pesquisadores já afirmam o contrário. Falam, por exemplo, de sobrepesca do curuaçu, do filhote, do pirarucu, do acaradiço, do chilodo, do beoporino e do onóstimo. Há referências a sobrepesca no rio Uanini e no baixo Tocantins. O Ibama tem proibido a pesca de algumas espécies no Amazonas, como as três últimas citadas, além da arraia e aruanã, por serem comestíveis.

O de maior valor comercial, o mais caro e mais raro, segundo os piabeiros, é o disco (*Symphysodon spp.*), vendido por unidade. Vários são negociados ao milheiro, como o cardinal. Entre as espécies submetidas a um maior esforço de pesca estão o cardinal, com 80% do total exportado em 1979. Pescam ainda o borboleta, lápis, pistograma, xadrez, trifaciado, marginado, como os denominam. O cardinal (*Cheirodon axelmdi*) seria o mais capturado na região de Manaus, representando 81,6%, o rodostomus 5,6%, o corydoras 4,2%, o disco 0,7%, e 7,9% os demais, em 1980 (Junk, 1984, p. 471). Os piabeiros pretendem que se estudem medidas para aumentar a taxa de sobrevivência, tamanho, temperatura e tecnologia de transporte.

Segundo Berta Ribeiro, cresce anualmente a exportação de peixes ornamentais para a Europa e Estados Unidos, "entretanto, a captura, transporte e estocagem sacrifica uma proporção alarmante – cerca de 80% – entre o coletor e o comprador. O desmatamento, a poluição e a mudança do regime hidrológico também afetam drasticamente inúmeras espécies ameaçadas de extinção" (Ribeiro, 1990, p. 41).

A pesca dos peixes ornamentais é muito localizada e seu impacto é ainda pouco conhecido. Goulding, que pesquisou na região do rio Negro, informou que duas espécies teriam sido ali comercialmente extintas: o disco, no baixo rio, e o cardinal

(*Paracheirodon axelrodi*), no médio rio Negro (Bayley; Petrere, 1989, p. 386). A criação em países asiáticos de algumas das espécies mais disputadas pelo mercado é uma ameaça à exportação artesanal, que, no Brasil, é particularmente amazônica. Segundo Junk, apenas 3,3% vem do sudeste do país, contra 87,6% de Manaus e 18,1% de Belém (Junk, 1984, p. 469).

PESCA ORNAMENTAL – EMBARQUE POR AEROPORTOS

Manaus	78,6%
Belém	18,1%
Rio de Janeiro	2,3%
São Paulo	10,0%

A exportação dá-se para 25 países, sendo o mais importante os EUA, com 50% das exportações brasileiras, e ainda a Alemanha e Holanda, entre outros. Há uma centena de espécies sendo exportadas como ornamentais. Em 1984, o Brasil arrecadou US$ 1 milhão com estas exportações. O Ibama promoveu algumas reuniões em Brasília e Manaus sobre a exportação do peixe ornamental e planejou uma pesquisa, articulada com o Inpa e Embrapa, que objetiva estudar modificações no manejo, técnicas de captura e estocagem. Pretendem aumentar a quantidade exportada em 100% e diminuir o esforço de pesca em 50% (Ibama/Embrapa/Inpa, 1990, p. 6). A meta é conhecer a correlação entre a quantidade pescada e a mortalidade, introduzindo a educação ambiental dos piabeiros, fomento da organização, tecnologia de transporte, avaliação do custo de captura, dentre outras medidas.

A DIVERSIDADE E SAZONALIDADE DA PESCA, DOS RIOS E DAS ESPÉCIES

O rio Amazonas representa 15% da água doce do planeta, 175 milhões de litros por segundo lançados ao mar, representando um total de 202 mil m³ por segundo. Seus principais contribuintes participam na seguinte proporção, em m³ por segundo: 42 mil do rio Negro, 26,5 mil do rio Madeira, 13.270 do Tapajós e 9.288 do Xingu. Com 6.577 km de extensão, integra seis países (Brasil,

Bolívia, Colômbia, Equador, Peru e Venezuela), recebendo mais de mil tributários de origens diversas, com diferentes qualidades de água, distribuídos numa área de 6 milhões de km², mais da metade no Brasil. O estado do Pará tem em seu território 40% das águas interiores do Brasil (Hartmann, 1988, p. 2).

A classificação dos cursos d'água da Amazônia, geralmente admitida a partir de sua composição físico-química e das condições de reprodução da ictiofauna, identifica três tipos diferenciados, elencados a seguir.

Os rios de águas pretas – transparentes, amarronzadas ou avermelhadas, têm como exemplos os rios Cururu, Negro e afluentes: Uaupés, Papuri, Tiquié e outros. Suas nascentes dão--se em regiões quase planas, relevo pouco movimentado, pouco material em suspensão, com uma porcentagem maior de sódio e potássio do que cálcio e magnésio, ou seja, poucos nutrientes e maior acidez, ph 4, ou variando de 3,7 a 5,4, considerados improdutivos, sendo que os peixes alimentam-se do que cai da floresta ou das áreas alagadas.

Os rios de águas claras – transparentes: têm como exemplo os rios Tapajós, Xingu, Trombetas, Tocantins, Xingu, Araguaia e outros, com águas ácidas, pobres em sais minerais, cálcio e magnésio, heterogêneas do ponto de vista químico. Esses rios nascem no Brasil central e nas Guianas, com nascentes no cerrado. Embora os estudos sobre eles sejam considerados insuficientes, são classificados como de capacidade intermediária, ou relativamente improdutivos, com ph entre 6,4 e 6,6, pobres em nutrientes.

Os rios de águas brancas – barrentas ou turvas: têm como exemplo os rios Amazonas, Solimões, Juruá, Purus e Madeira. Contam com sedimentos de nascentes andinas e colhidos dos barrancos, com maiores áreas inundáveis, composição química quase neutra, ricos em sais minerais, cálcio e magnésio em alta porcentagem e pouco ácidas, com ph 7 na média e variações de 6,5 a 8,8. Seriam os rios mais abundantes em peixes, por serem os que dispõem de maior extensão de várzeas. São rios piscosos, podem produzir permanentemente, desde que se garanta "as matérias orgânicas e nutrientes trazidas das florestas pelas enchentes"(Sioli, 1990, p. 35; Goodland; Irwin, 1975, p. 105; Junk, 1984, p. 445; Fink; Fink, 1978, p. 23).

A produtividade dos rios está, entre outros fatores, associada a esta combinação entre iluminação e nutrientes, trazidos pelos cursos d'água ou caídos da floresta, ou postos à disposição dos peixes nas margens inundáveis (Goodland; Irwin, 1975, p. 102). Essa classificação dos rios pela qualidade d'água deve-se fundamentalmente às pesquisas de Harald Sioli. Embora as pesquisas sobre grande parte dos afluentes sejam consideradas insuficientes pelos especialistas, há unanimidade sobre o fato de a produção ser seguramente maior nos rios de água branca e barrenta, em particular nas várzeas, e menor nos rios de água transparente e preta, como o rio Negro, que contribui com 5% para a produção de Manaus, quando o rio Purus, por exemplo, chega a 30%, apesar de ser mais distante (Junk, 1984, p. 457).

Há cerca de 2 mil a 5 mil espécies de peixes na Amazônia, estando descritas apenas 1,4 mil significando 10% da ictiofauna do planeta (Petrere, 1990, p. 2). Outros estudos consideram que cerca de 2 mil estão classificadas (Ledec; Goodland, 1988, p. 51). Alguns gêneros contam com mais de cem espécies, além de distinguirem-se por suas atividades noturnas ou diurnas, sua história de vida e adaptação à baixa oxigenação (Fink, 1978, p. 27). A diversidade é explicada pelo fato de o sistema existir há muito tempo (Val; Val, 1990, p. 63).

A pesca atual é voltada aos peixes grandes. As três espécies mais importantes representam 73,4% da pesca, e as dez espécies mais importantes, 92,7%. Os bagres (silurídeos) representam 44% e os peixes com escama (caracídeos), 42%, constituindo a grande maioria (Junk, 1983, p. 64). Algumas estimativas referem-se a 1,3 mil espécies descritas, faltando 30% a completar, e classificam 85% das espécies como dotadas de esqueletos ósseos (*Ostariophysi*), sendo 43% escamosas e 39% de bagres, chamados de peixes de couro (Bayley; Petrere, 1989, p. 386).

Os períodos da pesca correspondem aos altos e baixos das águas, à alternância da cheia e vazante, chegando a diferenças de dez a quinze metros em Manaus. Durante a enchente, os peixes espalham-se. Na época baixa, na seca, estão circunscritos aos rios principais e aos lagos de várzea. Grande parte das espécies é capturada durante as migrações, de desova ou alimentação, nos cardumes. O jaraqui, por exemplo, teria uma pesca alta na desova, e outra na migração alimentar. As enchentes variam, a pesca também. O tambaqui representa 36,2% do pescado para Manaus, e o jaraqui, 26,4% (Junk, 1984, p. 456).

A pesca de longas distâncias, em particular da frota de Manaus, tende a ocorrer mais nas cheias, ao passo que os pescadores ribeirinhos atuam na vazante, quando a pesca é mais econômica nas proximidades. A vegetação e a morfologia dos lagos têm decisiva importância na estratégia de pesca, particularmente para os grandes tambaquis, pirapitingas, pacus e piranhas, as espécies que se nutrem de frutas e sementes. Nos lagos dos rios de água preta, considerados menos nutritivos, a pesca é bem-sucedida nas florestas inundadas e no período das cheias. Adultos e sub-adultos jaraqui se alimentam nas margens das águas pretas e permitem a importante pesca do baixo rio Negro (Bayley; Petrere, 1989, p. 392),

O montante global dos estoques é difícil de ser avaliado, devido às carências de pesquisas sobre a dinâmica das populações dos peixes e da cadeia trófica. O sistema também é de difícil compreensão, pela variedade dos hábitos de vida, pelas interações e vulnerabilidade das espécies, pela diversidade das modalidades da pesca, dos equipamentos e, portanto, da dificuldade dos especialistas em distinguir estoques, limitando-se por enquanto a produzir estimativas (Bayley; Petrere, 1989, p. 393).

Devido à capacidade variável de produção dos diferentes cursos d'água, é arriscado extrapolar cálculos feitos em uma região para outra. As estatísticas não distinguem adequadamente as espécies similares ou as subespécies. As inumeráveis formas dos cursos d'água, com diversificada sedimentação, como os rios, lagos, furos, igapós, igarapés, floresta inundada, várzeas, raros lagos fechados, dificultam estimativas globais. Os grandes rios formam numerosas várzeas alagadas, com grandes flutuações do nível da água, entre cinco a vinte metros por ano. Quando isolados dos rios pela estiagem, chegam a secar completamente. Outros lagos são formados pelo alargamento do vale do próprio rio; trata-se dos chamados lagos de terra firme, ou ria (Junk, 1984, p. 440).

A PESCA PRINCIPAL DOS MIGRADORES ESCAMOSOS E DOS BAGRES

Um dos principais especialistas no assunto dividiu a pesca na Amazônia em quatro categorias: 1. a dos peixes migradores

A DIVERSIDADE DAS PESCAS AMAZÔNICAS 103

escamosos; 2. a dos bagres (*catfish*), nos canais; 3. das várzeas; e 4. as estuarinas (Goulding, 1983, p. 193). Há duas especificidades diante das espécies similares de outras regiões tropicais de várzeas: a abundância das que se alimentam de detritos da floresta, como o curimatã, ou de frutos de árvores, como o jaraqui (Bayley; Petrere, 1989, p. 387). Para as espécies migradoras escamosas (1), dentre trinta, os especialistas selecionam uma dezena de mais procuradas, das que formam cardumes e migram na mesma época do ano (Goulding, 1983, p. 193; Bayley; Petrere, 1989, p. 387):

MIGRADORES ESCAMOSOS/*CHARACOIDEI* (CARACÍDEOS):

Família	Nome comum	Espécie ou gênero
Serrasalmidae:	tambaqui	*Colossoma macropomum*
	pirapitinga	*Piaractus brachypomus*
	pacu	*Mylossoma, Metynnis, Myleus*
	piranha	*Serrasalmus, Pygocentrus*
Prochilodontidae:	jaraqui	*Semaprochilodus taeniataus, S. Insignis*
	curimatã	*Prochilodus nigricans*
Curimatidae:	branquinha	*Potamorphina, Curimatã*
Hemiodontidae:	cubiú	*Anodus melanopogon*
	urana	*Hemiodus, Anodus*
Anostomidae:	aracu	*Schizodon fasciatum, Leporinus, Rhytiodus*
Characidae:	matrinxã	*Brycon cf. melanopterus*
	jatuarana	*Brycon sp.*
	sardinha	*Thriportheus*
Erythrinidae:	traíra	*Hoplias malabaricus*

A eficácia da pesca dos migradores escamosos deve-se ao conhecimento dos pescadores e ribeirinhos da complexa inter-relação entre os diferentes tipos de rios, sua correspondência com a migração e a mobilidade espacial dos peixes, movimentos provocados pela disponibilidade de alimentos nas áreas alagadas, ou ligados à desova e à alimentação dos mais jovens. O presidente da colônia de Porto Velho explica que, na vazante, buscam prioritariamente o peixe de escama, sendo o Madeira uma via migratória. Indica os igapós do Guaporé como um importante local de alimentação dos peixes. Há ataques de carnívoros no encontro das águas, como na boca do rio Machado e na Cachoeira de Teotônio, no Madeira. Chamam os cardumes de peixes de arribação, os que vão para as nascentes na piracema. Os cardumes de tambaquis são os mais cobiçados, desovam com a enchente, mais cedo que os outros. Atualmente os pescadores notam que o tambaqui fica mais tempo nos lagos. Antigamente, saíam por volta de 15 de junho em arribada, procurando "pousadas", locais de alimentação, lagos e igarapés, semifechados pela própria natureza. Consideram que os capinzais onde o tambaqui se escondia diminuíram.

Distinguem os peixes de arribação – os que vivem viajando, não chocam – diferentes daqueles dos lagos, sedentários. Os peixes de arribação vêm subindo, contra a correnteza, procurando rios e igarapés de água limpa, durante a enchente, quando desovam, no encontro das águas "limpas" com as "sujas". Depois vem o "repiquete", o peixe vem descendo a favor da corrente, procurando de novo água limpa. Há diferenças de desova entre os peixes lisos e de couro, mas os pescadores não sabem explicar as razões. O destino do peixe é subir. Consideram que no sul do Pará, no médio Amazonas, encontra-se o local principal da entrada e saída do peixe.

O alagamento é a base do sistema sazonal, através das grandes flutuações nos níveis das águas, das mudanças periódicas, em grande escala, entre as fases terrestre e aquática. Essas mudanças, anuais e repetidas, influem nos estoques de nutrientes, na cadeia alimentar, criam ciclos alternados de energia, nas planícies tropicais e nos rios e lagos interligados. Durante as cheias, os rios transferem nutrientes inorgânicos para os alagados, que voltam ao rio, transformados em matéria orgânica, numa estreita inter-relação entre o aquático e o terrestre, com ciclos curtos mas de alta produtividade.

Essa alternância do nível da água regula as migrações, geralmente de três tipos. Podem ser realocações, movendo a maior parte das espécies dos alagados, provocadas por mudanças na produção de oxigênio e pela diminuição na oferta de alimentos, dirigindo-se ao canal principal. Permanecem nas várzeas e nos alagados poucas espécies (Junk, 1984, p. 445). Há também migrações de desova, como dos escamosos e de alguns bagres, indo contra a corrente, em direção às cabeceiras, ou a favor da corrente, em alguns casos procurando lagos de várzea, ou descendo dos rios pretos e claros para os brancos, muitas centenas de quilômetros. Muitas das espécies importantes para a pesca migram nos rios, como os grandes bagres, tambaqui, sardinha, pacu, piranhas, curimatã, aracu, cubiú, uranã e outros. As migrações alimentares dão-se quando as mesmas espécies migram em direção às cabeceiras, como os grandes bagres, a piramutaba, dourada e piraíba (Junk, 1984, p. 447). As migrações foram pouco estudadas na bacia. As tentativas de recuperar peixes marcados não obtiveram resultados satisfatórios, raros espécimes foram recuperados, geralmente encontrados nas proximidades dos locais onde foram lançados.

Apesar da possibilidade de os peixes enfrentarem a seca com a migração, a mortalidade é relativamente alta durante a vazante, aumentando mais com a seca pronunciada. Estimativas feitas na África identificam uma perda de 40% dos ictiomas entre a seca e a cheia. Devem ser igualmente altas na Amazônia; seriam, por exemplo, da ordem de quarenta mil, perdidas na transição para a seca no sistema do rio Paraná, quatro vezes maior do que os registros de captura. Importantes contingentes de recém-nascidos podem não conseguir sair de um lago, quando este seca muito rápido.

A disponibilidade de alimentos é variável, está sujeita às grandes mudanças sazonais, dependendo do *habitat* e da época. Muitas espécies, quase todas, adaptaram-se a bruscas mudanças de dieta, a estratégia básica para os períodos piores. A quantidade e diversidade de alimentos pode ser ainda maior do que se admite. Encontrando-se em situações hidrológicas diferenciadas, comem o que podem, onde se encontram, buscando uma melhor situação. Há uma gama diversificada de alimentos e hábitos alimentares. O plâncton parece não ter a importância verificada em outros ecossistemas, por exemplo, para os jovens tambaqui ou a sardinha, a não ser nos primeiros estágios de crescimento. Os tambaquis alimentam-se sobretudo de frutas e sementes. As macrófitas aquáticas são muito comuns durante as cheias e algumas espécies se especializam nelas, como o bacu-pedra, aracu, piranha e sardinha (Junk, 1984, p. 448).

Outra importante fonte de alimentos são os insetos caídos das copas das árvores sobre as macrófitas, durante a enchente, como as formigas e os gafanhotos, comidos pelo pirarucu, e as frutas e sementes, importantes para os tambaquis. Grande quantidade de espécies se alimentam de detritos, outras são carnívoras, como a maioria dos grandes bagres. Acumulam gordura no fígado e músculos na cavidade abdominal. Na cheia acumulam, na seca consomem. Os bagres esperam os peixes menores nas bocas dos afluentes. O oxigênio tem influência no padrão de distribuição da fauna. Os grandes bagres preferem as condições ribeirinhas, como o filhote. Algumas espécies preferem ocupar *habitats* com pouco oxigênio, para proteger-se em locais de menor competição (Junk, 1984, p. 446).

O desenvolvimento gonadal ocorre, para muitas espécies, durante as águas baixas, e a desova coincide com a subida do nível da água, quando as várzeas ficam disponíveis para os alevinos. Os ciclos de vida são curtos, e as grandes reproduções são adaptadas a essas condições particulares. O pirarucu e o tucunaré têm um maior cuidado com os ovos e filhotes, outras espécies lhes dedicam menor atenção. Os detritos, folhas, a produção diversificada, a decomposição retiram oxigênio da água, às vezes por muitos meses. Por fatores como disponibilidade de alimentos, abrigo e outros, a camada do fundo tem muita influência na fauna. As inter-relações entre as várzeas e os rios são complexas, o que torna o gerenciamento difícil (Junk, 1984, p. 449).

Há correlação também entre a ecofisiologia e a produção biológica, provocando a passagem dos peixes da água preta para os rios de águas brancas, em grande número. A produção própria das águas pretas é baixa, por falta de nutrientes e de luz, assim como nos igarapés de águas transparentes, encobertos pelas florestas. O que cai das árvores cria uma teia de alimentos, permitindo o desenvolvimento dos peixes nas águas pretas e transparentes. As águas brancas têm melhores condições para a produção primária de nutrientes. Os rios de águas transparentes são considerados como de potencial intermediário para a produção primária. O jaraqui, após três meses de enchente, acumulando proteínas e carboidrato, torna-se o maior contribuidor da pesca na Amazônia central, conhecida como a pesca do "peixe gordo" (Goulding, 1989, p. 51).

Nos igarapés e nos rios de águas pretas a densidade da vegetação não permite a entrada da luz, desenvolvendo-se poucas plantas aquáticas superiores e algas. A ictiofauna se alimenta de material proveniente ou caído da vegetação ribeirinha: insetos, frutos, sementes, pólens, bactérias, fungos das folhas, dentre outros. Eis por que o desmatamento das margens incide diretamente sobre a ictiofauna.

A pesca dos *grandes bagres* (*catfish*), em sua maioria predadores, nos canais principais, segundo Goulding (1983, p. 197), dá-se principalmente sobre cerca de onze espécies:

GRANDES BAGRES/SILURIFORMES

Família	Espécie ou gênero
Nome comum	
Pimelodidae,	
piraíba	*Brachyplatystoma filamentosum*
piramutaba	*Brachyplatystoma vaillantii*
dourada	*Brachyplatystoma flavicans*
filhote	*Brachyplatystoma sp.*
Surubim	*Pseudoplatystoma fasciatum*
caparari	*Pseudoplatystoma tigrinum*
pirarara	*Phractocephalus hemioliopterus*
Dorididae,	
bacu	*Megalodoras, Ptedoras, Lithdoras*
cuiú-cuiú	*Oxydoras niger*
Hypophthalmidae,	
mapará	*Hypophtalmus*
Loricariidae,	
acari, bodó	*Pterygoplichthys, Plecostumus*

Bayley; Petrere, 1989, p. 387.

Os piscívoros constituem a quase totalidade da pesca dos grandes bagres no alto Madeira e no alto Amazonas, mas apenas 4% do consumo em Manaus, e 12% em Itacoatiara (Bayley; Petrere, 1989, p. 387). O consumidor regional os despreza. Essas pescas necessitam de redes de água profunda, as malhadeiras, como para a dourada nas águas brancas no estado do Amazonas, e são destinadas aos mercados da Colômbia e sul do Brasil, alcançando 9 mil t em 1977, sobretudo a piraíba, a dourada, o surubim e a pirarara (Bayley; Petrere, 1989, p. 393).

Esses peixes são considerados reimosos pelos regionais, que recusam os peixes de couro, sem escamas. Acredita-se que agravam inflamações, provocam abortos, incham hemorroidas, descolorem a pele e agravam um grande número de outras doenças. As origens dos tabus contra os bagres não estão claras.

A mais específica pesca ao grande bagre verifica-se na Cachoeira do Teotônio, no alto Madeira, acima de Porto Velho, e destina-se à captura da dourada, quando migra corrente acima, tanto durante a vazante, quanto no começo da enchente. Os bagres vacilam ao enfrentar-se com as cachoeiras, quando os pescadores conseguem arpoá-los. Goulding diz que 190 t/ano podiam ser apanhadas neste local, com diferentes redes e armadilhas, nos anos 1970.

OS INSTRUMENTOS E TÉCNICAS DE PESCA E SEUS IMPACTOS

A grande variedade de espécies e dos locais de captura originou uma equivalente diversidade de instrumentos de pesca. Os petrechos e técnicas de captura na Amazônia foram desenvolvidos pelos índios, herdados e incrementados pelos caboclos e, mais tarde, pelos imigrantes, sobretudo no século xx, a partir dos anos 1970, com a introdução da pesca comercial em grande escala, resultante do avanço da fronteira econômica aberto pelas estradas, o gelo e o motor dos barcos. Goulding lembra que, apesar de reputados como os mais humanos, comparativamente, por exemplo, com os tidos como sangrentos, como o arpão, as diferentes redes são mais predatórias (1983, p. 205). No conflito entre ribeirinhos e pescadores, são as grandes redes que estão em causa.

Há, portanto, uma combinação de métodos modernos e tradicionais (Junk, 1984, p. 452). Os tradicionais são os introduzidos pelos índios, com adaptações: arco e flecha, lança, linha de mão, espinhel, tarrafa, armadilhas, pequenas redes de fibras naturais, represamento e tapagem. Outros petrechos foram aprimorados pela população regional, pelos caboclos amazônidas, à medida que a pesca se intensificou. Quanto aos modernos, a mais importante novidade é a malhadeira, e outros tipos de redes, decorrentes da introdução do fio de náilon, como as grandes redes de praia, ou de arrastão, numa gama variada de usos de fibras sintéticas. Recentes também são a adaptação do espinhel para os bagres, antes poupados, e o uso de explosivos. Em geral os petrechos tradicionais afetam menos os estoques. Petrere verificou o emprego de treze diferentes artes de pesca pela frota pesqueira de Manaus (Petrere, 1978, p. 10-20).

Os ribeirinhos contam com grande diversidade de técnicas e instrumentos adaptados à estação e às dimensões das espécies, dispondo inclusive de pequenos anzóis para peixes menores. Conhecem uma diversificada gama de iscas diferentes, até detalhes curiosos, como o uso do brilho de metal ou do colorido para atrair o tucunaré. As sementes de seringueiras e palmeiras são reservadas ao tambaqui, nas várzeas. Os especialistas surpreendem-se com a diversidade dos instrumentos, das espécies e das condições dos locais de captura tão diferentes entre si, com exigências próprias, como os canais dos rios e os alagados.

As *redes* de fibras naturais tradicionais eram menores, trabalhosas para a confecção e manutenção artesanais, apodreciam com a umidade, daí sua substituição pelas sintéticas e a rápida aceitação destas. Os ribeirinhos continuam combinando diferentes instrumentos, sendo a pesca comercial mais especializada nas redes. Os imigrantes portugueses tomaram a liderança da pesca sobre os nativos, por terem sido os primeiros a introduzir a rede para a pesca em escala comercial, destinadas aos cardumes de peixes migradores (Goulding, 1983, p. 191; Ribeiro, 1990, p. 37). A fibra sintética, o náilon, foi introduzida em ampla escala por técnicos da FAO, nos anos 1950, para aumentar a produtividade, na altura sem outras preocupações de ordem ambiental. Pescadores de São Paulo teriam contribuído para sua introdução na região do Madeira, outro ponto de difusão. Em algumas décadas comprometeram-se algumas espécies.

A tendência ao controle do tamanho das malhas das redes de náilon constitui um dos mais importantes sistemas de gerenciamento introduzidos. Uma vez localizados os cardumes que migram, as redes são usadas nas áreas alagadas ou nos canais, mas os pescadores praticam também lances às cegas, com uma produtividade bem menor. Os pescadores têm problemas com alguns peixes, como a piranha e o candiru, que estragam as redes. No Madeira, na boca do rio Ji-Paraná ou Machado, as redes são usadas há muitos anos, com 16 cm e até 24 cm de abertura nas malhas, na região de Calama, sobretudo para o tambaqui, praticamente esgotando-o (Goulding, 1979, p. 23). A colônia de pescadores de Porto Velho admitia, em 1991, que as redes espantam demais os peixes, em particular a malhadeira, utilizada para a dourada e o tambaqui, variando de 5 cm a 25 cm de abertura da malha, tanto na de espera, quanto na de arrasto, usadas em todos os lagos de Rondônia.

Na pesca comercial destinada a Manaus usa-se também a rede de cerco para o peixe gordo, como a matrinxã, curimatã, jaraqui, pescada, pacu, aracu, sardinha e outros. Generalizaram-se as redes de lanço, com isopor e chumbo, transportadas em pequenas canoas abertas. Antigamente eram menos numerosas, em Humaitá havia apenas oito pequenas redes, em Manicoré, treze (Goulding, 1979, p. 23). Em 1991, três barcos de Humaitá estavam pescando no Lago Assunção, no Madeira, com mais de vinte redes, dispostas nos pontos de passagem. Salvo em raras comunidades isoladas e indígenas, já não se faz a tradicional rede de algodão.

A arrastadeira, ou arrastão de praia, é um aparelho de grandes dimensões, chegando a 500 m de comprimento por 13 m de altura, com um saco de fundo opcional, geralmente utilizado nas margens dos grandes rios, chamados "lanços", como são conhecidos os locais mais piscosos durante a enchente. O uso do instrumento é limitado nos alagados, devido aos obstáculos de troncos e galhos, obrigando à prévia limpeza. Aumenta sua eficácia nas águas baixas, nas praias mais permanentes do rio, na eventualidade de um cardume. Petrere descreve um "vigia" e um comboiador conduzindo os pescadores atrás de um cardume de jaraquis previamente identificado. Contou quatorze tipos diferentes de pescado apanhados pela arrastadeira, responsável por 5,4% das pescarias e por 9,3% da produção comercial de Manaus.

A malhadeira, caçoeira ou rede de espera, é mais utilizada nos lagos ou remanso dos rios, com malha fina, de 10 a 300 mm, com uma altura de dois a cinco metros. É considerada predatória por encurralar peixes de qualquer tamanho nas matas inundáveis (Ribeiro, 1990, p. 38). Seu uso habitual exige menos homens do que as grandes redes, é mais individualizado e noturno, com várias retiradas, de três em três horas, capturando 24 tipos de peixes, sendo em maior quantidade o tambaqui, que representa 94,8% do total. A malhadeira é responsável por 25,3% das pescarias e por 34% da produção de Manaus (Petrere, 1978, p. 14). E o instrumento mais controlado, pelo tamanho da malha, desde 1975, pela portaria n. 47 da ex-Sudepe, que previa 25 cm para o tucunaré, 55 cm para o tambaqui e 150 cm para o pirarucu. No entanto, os jovens pirarucus terminam capturados com os tambaqui, daí a dificuldade desse controle.

O uso das malhadeiras, segundo Goulding, foi introduzido na região do Madeira em 1969 e generalizou-se por ser barata e menos trabalhosa à manutenção, devido ao uso de um só fio nas malhas. Passou a dominar a pesca de várzea, em particular na captura do tambaqui. No início, as aberturas das malhas eram maiores, porque os peixes grandes estavam ainda disponíveis e tinham bom preço, além de não prenderem as piranhas, que estragam as redes. Atualmente diminuiu o tamanho das redes, com a diminuição dos grandes tambaqui. Malhas pequenas são usadas nas várzeas do médio rio Amazonas e Solimões.

A malhadeira é responsável também pela maior parte da captura dos bagres nos canais dos rios no interior da Amazônia. Enquanto pesos de chumbo as mantêm esticadas e boias asseguram sua posição vertical, os pescadores, em duas canoas, manipulam a rede flutuando corrente abaixo. Quando os grandes bagres se enredam, são removidos. Há também uma rede de arrastão, utilizada em água aberta, em rios e lagos, menor de comprimento do que a arrastadeira, mantida por seis pescadores em duas canoas, cercando o cardume. Petrere atribui 33,6% das pescarias e 48,6% da produção a esse instrumento (1978, p. 15). A tarrafa é utilizada para os peixes menores, em águas turbulenta. Destinada em particular ao acaribodó ou acari (levado vivo a Manaus), é responsável por apenas 1,6% das pescarias e por 0,6% da produção.

A *linha e o anzol* também se apresentam em uma grande variedade de formas, de acordo com a espécie e o local de captura. A linha de mão é usada para a pescada e outros, e representa 3,9% das pescarias e 0,5% da produção de Manaus, usada para o cobiçado tambaqui, e em Calama para o pacu. O caniço, utilizado para o tambaqui e o tucunaré, é responsável por 8,5% das pescarias e por 1,1% da produção de Manaus, no estudo de Petrere (Petrere, 1978, p. 19). O currico consiste de linha, anzol e uma colher, para atrair o tucunaré e a aruanã pelo brilho.

A pesca com anzol tem variações como a pinauaca, que consiste na introdução de um tecido vermelho ou pena de arara no anzol, também para atrair o tucunaré; o curumim, uma linha amarrada num arbusto, para o pirarucu; a gloseira, com 200 m de linha com dois anzóis; a estiradeira, com quatro anzóis, para o tambaqui, responsável por 2,5% das pescarias e 2,3% da produção, no estudo de Petrere; o espinhel, uma linha de espera, com vários anzóis, para diversas espécies, estaria em desuso, mas ainda muito utilizado para o tambaqui, com sementes, e para a dourada, no Amazonas. Também se utiliza o espinhel amarrado nas margens, atravessando os canais dos rios, podendo ter até 25 anzóis suspensos em linhas curtas, com peixes menores como iscas, destinados aos grandes bagres, embora essa técnica não represente grande parcela da produção.

O *arco e a flecha*, assim como os diferentes tipos de arpões e lanças, são mais utilizados na água rasa, nos lagos e alagados. O arpão, destinado mais ao pirarucu e ao peixe-boi, com ponta de ferro e uma corda para puxar o peixe, é responsável por 4,5% das pescarias e por 0,3% da produção. Para o tucunaré e outras espécies das várzeas, essas ferramentas estão representadas na forma da zagaia, por identificar melhor seus movimentos. Frequentemente são utilizadas à noite. Alguns pescadores têm reservas em relação a esses instrumentos, tanto por serem utilizados para o pirarucu, um dos peixes mais ameaçados, quanto pelo seu aspecto sangrento. Alguns dizem que deveriam ser proibidos, geralmente os que não os utilizam; estes são os mais críticos, devido à competição. Trata--se de instrumentos de origem indígena, nos quais se introduziu a ponta de ferro, também utilizada para a dourada nas corredeiras do Teotônio, no Madeira. Quando o grande peixe sai para respirar, aparecendo na superfície a intervalos regulares, o arpão é lançado, procurando em particular os grandes exemplares.

A zagaia é mais voltada para o tucunaré, uma das preferências regionais, utilizada na pesca noturna com lanterna, responsável por 14,3% das pescarias e por 3,4% da produção, nos estudos de Petrere. São lanças dentadas, que servem para espetar os peixes das várzeas que ficam perto da superfície à noite. Quando um peixe é iluminado, mantém-se o facho de luz nos olhos enquanto o pescador lança.

Os *explosivos* sequer podem ser considerados propriamente instrumentos de pesca. Nas décadas de 1920 e 1930, introduziram-se bombas de dinamite e nitroglicerina como o principal método utilizado durante anos pela frota de Manaus, chegando-se a ouvir na cidade as explosões, em particular utilizadas para a pesca de peixes migradores nos canais dos rios (Goulding, 1983, p. 191). Encontram-se bombas de fabricação caseira, por exemplo, no lago Mapiri/PA. Os pescadores dos rios Guaporé e Cautário (RO) reclamam de seu uso por colonos recém-chegados e por profissionais de Guajará-Mirim e bolivianos.

Quanto aos *venenos* de plantas (timbó), não há estudos conclusivos sobre os efeitos do seu uso na pesca; são geralmente extraídos de cipós, conhecidos pela etnologia como antiga prática indígena, tema retomado mais adiante neste trabalho. É possível que essa técnica possa ter-se degenerado, tornando-se predatória em alguns casos, com a desagregação do modo de vida das sociedades de floresta, posterior ao contato com a sociedade majoritária. A passagem dessa técnica ao universo caboclo generalizou o seu uso, sem os mecanismos reguladores de sua tradição cultural indígena. As *armadilhas* e tapagens são técnicas de pesca também de origem indígena, utilizadas agora descontroladamente. As armadilhas para uma só espécie são menos problemáticas do que as tapagens, que fecham qualquer espécie, inclusive as que não serão aproveitadas. As grandes tapagens são eficazes quando fecham os canais intercomunicantes entre os lagos e os rios, interrompendo a migração dos peixes. Sua construção é trabalhosa, com milhares de paus de madeira fincados como estacas, renovados a cada dois anos. As armadilhas e tapagens são utilizadas nas águas turbulentas de leito rochoso.

4. Os Conflitos e as Políticas Públicas da Pesca

A PISCICULTURA EMPRESARIAL DE ESPÉCIES
E TÉCNICAS FORÂNEAS

Pouca coisa se fez em matéria de piscicultura na Amazônia, embora esta apareça com frequência entre as prioridades nos programas governamentais, como no FNO, e nos incentivos fiscais do passado, revelando a ignorância, a corrupção e o desprezo pelo produtor primário que caracteriza a política pública para a pesca. O único projeto de piscicultura do Fiset na região, entre 1975 a 1984, falhou, apesar de essa atividade estar prevista na primeira linha da programação dos incentivos fiscais. Nos lagos de barragens hidrelétricas, a piscicultura é também privilegiada, como vitrina demonstrativa de ação ambiental. Há, segundo especialistas, riscos de introdução de espécies novas, a tilápia por exemplo, as quais poderiam escapar do cativeiro e colonizar as águas, comprometendo as espécies nativas. Não há ainda tecnologia para a difusão de atividades de piscicultura em ampla escala.

Além do risco na introdução de espécies forâneas, há idêntico risco com os híbridos, por exemplo o chamado tambacu, o cruzamento do tambaqui e do pacu, destinado à piscicultura, que cresce mais rápido que o pacu em tanques e é resistente. Alguns pesquisadores temem que descuidos levem à disseminação do híbrido, "e que recombinações genéticas levem à degeneração", segundo Newton Castagnolli, do Centro de Aquicultura da Unesp (FSP, 29/3/1991). Estudos da FAO advertiram também quanto aos riscos de introdução da carpa (*Cyprinus carpió*) como nociva às espécies nativas (Ledec; Goodland, 1988, p. 51).

"Experiências foram feitas com o tambaqui, a pirapitinga e o matrinxã, utilizando-se alimentação natural – frutos de palmeiras e seringueiras –, e preparada – farinha de milho ou ração de farinha de mureru (*Eichhornia crassies*)", conta Berta Ribeiro. Destaca ainda que os nativos "mantinham peixes, peixes-boi e tartarugas em grandes currais para consumo periódico. Mas não desenvolveram técnicas de reprodução em cativeiro" (Ribeiro, 1990, p. 41). Em Calama, na seca, pequenos bagres loricariídeos (*Plecostomus* e *Pterygoplichthys*) eram estocados vivos em canoas cheias de água, e a vila vivia desses pequenos bagres, relata Goulding (1979, p. 23).

A pesquisa da piscicultura não parte das experiências e da sabedoria regional, mas do que se faz em outras partes do país. Essas tentativas de produção em escala por criatórios não envolvem a população beiradeira e dilapidam recursos governamentais que deveriam estimular o uso adequado do peixe disponível.

A piscicultura, após o desenvolvimento de tecnologias eficazes, poderia ser uma das alternativas para os pescadores nos períodos em que estão paralisados. Pesquisas podem ser desenvolvidas também a partir das práticas tradicionais indígenas ou caboclas da região. No entanto, qualquer iniciativa de criação de peixes dever-se-ia voltar aos pequenos produtores e ribeirinhos, no sentido de fortalecer sua tradicional combinação de atividades.

Os estudos brasileiros são antigos, mas o sucesso é ainda limitado ao nordeste, nos açudes, e no sul, para aplicação em reservatórios de hidrelétricas. O Inpa tem feito algumas experiências com sucesso (Petrere, 1990, p. 9). Mas a maior parte das pesquisas, mesmo com espécies amazônicas, dá-se fora da região. Há experiências também da FCAP com o pirarucu e a tilápia. O Ibama de Manaus acompanha alguns empreendimentos privados, em dois açudes no Ramal da Esperança da BR-174, com tambaqui e matrinxã, além de outras tentativas em Tabatinga e Manacapuru. Houve uma experiência de criação de pirarucu no Projeto Jari, com a participação da Embrapa. Camilo Viana, da Sopren, chama a atenção para os pseudocriadores de peixes atrás de recursos públicos, e considera que nada foi feito nesse tema substantivamente na Amazônia.

Um fiscal de pesca em Rondônia enfatizou a necessidade de planejar criatórios, mesmo na Amazônia, para as espécies mais ameaçadas. Referiu-se à possibilidade de aproveitamento de lagos temporários, envolvendo os pescadores e ribeirinhos na atividade, explorando seu próprio empreendimento e aumentando suas alternativas de autoconsumo e renda. Seu argumento é que os criatórios do Nordeste tornam-se mais rentáveis e competitivos que a captura das mesmas espécies na Amazônia. Este ponto de vista é controverso. Outros especialistas acham que a prioridade deva ser dada ao aproveitamento dos recursos existentes e ao aprimoramento de seu manejo. Petrere propõe que o sistema de criatórios seja feito por tanques na terra firme, com as populações do interior.

Há uma experiência em curso de reprodução de quelônios no rio Guaporé, já com vários anos de duração. Não se fez ainda uma avaliação apropriada dess iniciativa, e não é fácil, pois os recursos não foram contínuos, portanto as atividades perderam em sistemática. A atividade consiste em criar filhotes e redistribuí-los aleatoriamente nos rios. Aparentemente seria uma experiência mais exemplar se envolvesse comunidades regionais.

Goulding considera que a aquicultura tem sido o ópio dos produtores que aspiram produzir proteína animal nos trópicos úmidos. Lembra que Sioli, em 1947, sugeriu que a região poderia, apesar de seu estoque natural, desenvolver cultura de peixes para responder eventualmente a um novo equilíbrio entre produção e consumo, com o aumento da população. Muitos estudos foram feitos e o Brasil tem sido dos mais ativos nos trópicos sobre esse tema, mas ainda não há provas de que possam fornecer proteínas em quantidade, pois há dificuldades tecnológicas, incertezas biológicas – como ocorreu com outros animais aquáticos, tartarugas e peixe-boi –, dificuldades de reprodução em cativeiro e baixas taxas de crescimento (Goulding, 1983, p. 203).

No Pará há 48 experiências de produção aquícola, com 36 ha, sendo 80% voltada ao consumo familiar, a maioria absoluta destinada à tilápia e ao camarão. A Emater envolveu 144 comunidades, pretendendo ocupar 76,4 ha, com uma produção média/ha de 300 kg. Os projetos são conduzidos pela FCAP, Embrapa/Cpatu,

Seagri, Sudam e Emater. Voltam-se ao agricultor, não ao pescador (Hartmann,1988). As pesquisas sobre piscicultura devem integrar, além do Inpa e do MPEG, instituições de outras partes do país com experiência acumulada, como o Dnocs, Codevasf, Instituto de Pesca de São Paulo, e os *campi* da Unesp em Jaboticabal e da USP em Pirassununga, dentre outros (Petrere, 1990, p. 10).

Alguns especialistas defendem a piscicultura em tanques das espécies mais ameaçadas, como uma alternativa de abastecimento aos períodos de entressafra, mas é um componente que deve privilegiar o produtor primário, não se sobrepondo ao indispensável gerenciamento global do quadro atual da produção pesqueira.

A POLÍTICA GOVERNAMENTAL PARA A PESCA NA AMAZÔNIA

A pesca não representa setor prioritário, sequer importante, nas políticas dos últimos governos brasileiros, e menos ainda na Amazônia, como mostram os investimentos e incentivos fiscais e creditícios e as instituições especializadas. Houve apenas um período em que os investimentos públicos na pesca intensificaram-se, em 1966, através do ex-BNDE. Destinavam-se prioritariamente à indústria de exportação, impulsionando a distorção de uma pesca subsidiada, concentrada em poucas espécies, com instalações superdimensionadas, à disposição do congelamento do camarão e inacessíveis ou inexistentes para o ribeirinho. Um indicador é a análise dos Fiset: de 1975 a 1984, a participação da pesca nos recursos dos incentivos fiscais foi a menor participação setorial, e decrescente: de 1,03% para 0,37% (Ipea, 1986, p. 112). Para a pesca na Amazônia destinaram-se 5,71% desse modesto total contra 53,01% destinados ao setor pesqueiro no sudeste do país. Os incentivos particularmente destinados à Amazônia foram endereçados unilateralmente à pecuária.

Esse abandono do setor pesqueiro artesanal foi constatado por uma comissão de parlamentares em 1984, lembrando que, embora o setor pesqueiro represente cerca de 20% do total da proteína animal produzida no país, vindo logo após a carne bovina, "não recebe do governo brasileiro um grau de prioridade equivalente à sua participação na produção de alimentos". Os parlamentares estimaram que a pesca ficou em média com 2% do crédito rural, abaixo da suinocultura e da avicultura, apesar de menos importantes no país do que a pesca (Congresso Nacional, 1985, p. 11). Prevê-se aplicações do FNO na pesca da Amazônia (Lei 2.827-27/ 9/89). Os montantes novamente são inexpressivos e destinam-se apenas à compra de motores e barcos. Mantém-se a mesma tendência do passado: uma prioridade absoluta para "aquicultura". No balanço do Ipea, o único incentivo destinado a essa atividade fracassou. Como não há uma orientação técnica adequada, tendem a não funcionar e a terem seus recursos desviados de sua finalidade. Quando os incentivos são destinados à pesca, vão geralmente para industrialização, transporte e comercialização, para as grandes empresas, raramente para o produtor primário. As federações de pescadores desconheciam em 1991 a possibilidade de recorrer aos créditos do FNO, salvo a do Pará, que esperava apoio da Emater para os pedidos de crédito aos seus sócios. Em alguns estados, o FNO não previa sequer a pesca entre seus objetivos.

O próprio Ipea constatou a ausência de política de desenvolvimento setorial, o caráter desordenado e a defasagem entre os projetos propostos "e as reais potencialidades dos recursos naturais disponíveis", a exploração unilateral de estoques, "empirismo na captura" e "falta de pesquisas que dessem suporte à exploração de novos recursos pesqueiros" (Ipea, 1986, p. 112). Esse quadro é agravado pelo uso político e desvio dos recursos, capacidade instalada superestimada, taxas de intermediação para os favores governamentais, grande número de concordatas e, culminando, ausência de controle da ex-Sudepe sobre essas irregularidades. O descrédito teria prejudicado novos incentivos à indústria pesqueira (Congresso Nacional, 1985, p. 35).

São raros os programas de desenvolvimento destinados ao produtor primário e local. Grande parte dos incentivos foram aproveitados por empresas do nordeste e do sul que se instalaram em Belém para explorar a pesca de exportação. A maior parte dos programas para os ribeirinhos não o considera como um pescador, mas como um morador. Os recursos voltam-se mais para a urbanização de localidades, frequentemente com acessórios inúteis ou sem assistência técnica adequada, como geradores elétricos sem manutenção nem combustível assegurado, ou equipamentos destinados ao maior conforto dos funcionários das repartições ali representadas. Essa orientação de modernização dos povoados, onde o pescador é um morador e não um produtor, domina também as recentes dotações dos projetos da estratégia militar destinados às regiões fronteiriças. Os pescadores artesanais profissionais lembram-se de poucos programas que ofereciam crédito, e que efetivamente tenham contribuído para o reequipamento da frota, ou outra das habituais reivindicações dos pescadores e ribeirinhos na Amazônia.

Referem-se os pescadores a um programa do BNCC/Incra o Pescart, de 1967, que forneceu créditos ao pescador artesanal, com correção monetária tolerante, chegando alguns a ampliarem a capacidade de seus barcos. Os pescadores temem o crédito, pois a garantia que podem oferecer ao empréstimo é o único e decisivo bem de que dispõem: seu barco e equipamentos. Segundo o economista Nelson Ribeiro, houve pouca inadimplência dos pequenos pescadores autônomos nos programas Pescart/Polamazônia, iniciados em 1974, pela ex-Sudepe. O BID financiou, em 1980, um programa denominado Própesca, destinado ao saneamento financeiro de empresas, à renovação de embarcações e equipamentos e de terminais pesqueiros. O subprograma "linha total de crédito" recebeu US$ 101,3 milhões; 77% do total foi utilizado pelas empresas. O setor artesanal não pode usar esse crédito, encontrando-se já endividado e também por causa de normas do governo que retiraram os juros acessíveis. Resultado: 20% dos recursos deixaram de ser utilizados. Essa situação foi agravada pelo fato de o BNCC não dispor de agências nas proximidades das comunidades de pescadores.

A maior parte do crédito foi concentrada "em determinados segmentos de atividade, como por exemplo projetos de cultivo de camarão e embarcações camaroneiras" (Congresso Nacional, 1985, p. 34). A documentação sobre esses programas não se encontra disponível no Ibama. Seguiram-se depois três Planos Nacionais de Desenvolvimento Pesqueiro da ex-Sudepe (1969, 1974 e 1980), todos voltados a duplicar a produção nacional, que afinal não ultrapassou o 1.000.000 t/ano. A Sudepe e o Pescart apenas aumentaram a tutela do estado sobre as organizações de pescadores (Semam, 1991, p. 190).

Pescadores e especialistas são unânimes em constatar que foram raros e inadequados os planos destinados ao pescador artesanal, e praticamente inexistentes para o ribeirinho, enquanto produtor-pescador. Há referências ao Componente 14 do Convênio Bird/Embrater que via ex-Sudepe teria financiado obras de infraestrutura física de apoio ao processo de comercialização das colônias (Congresso Nacional, 1985, p. 28). Em 1988, o Banco do Estado do Amazonas fez custeios através da carteira de crédito rural. Os pescadores têm obtido um ou outro estímulo governamental, mas como agricultores. Os projetos destinados efetivamente à pesca limitavam-se à renovação da frota, de fato um dos reclamos diários dos pescadores artesanais, mas não o único.

Acreditam os pescadores que os empresários do setor terminam sempre favorecidos, sobretudo a indústria ligada à exportação, mais bem organizada para aproveitar-se de vantagens que exigem burocracia. Enfatizam que, apesar dos incentivos serem destinados aos grandes, a pesca artesanal é mais importante que a industrial. Grandes empresas estão mais bem preparadas para instalar-se através do uso da isenção de impostos na venda e para aproveitar-se de licenças excepcionais de importação para material de captura e projetos de dedução de imposto de renda referente à aquisição de equipamentos relacionados a processamento e comercialização. Contando com toda a facilidade financeira e fiscal, a ponta de lança da indústria pesqueira na Amazônia, instalada em Belém para exportação, representando, em 1987, 20% da produção pesqueira do Pará, dispõe de capacidade ociosa, e captou recursos e incentivos superestimando estoques e possibilidades de captura (Leitão, 1990, p. 120). Durante alguns anos contou com redução de 30% no preço do combustível, quando a pesca era direcionada à exportação (Congresso Nacional, 1985, p. 34).

Embora os funcionários federais mais experientes queixem-se de que a questão-chave do atendimento governamental à pesca seja a falta de recursos, tudo indica que haja também ausência de uma orientação ampla e a longo prazo. A própria definição institucional e de competências continua mal resolvida. Por exemplo, a Emater do Pará conta com 83 escritórios em 105 municípios, cobrindo potencialmente todo o estado, mas não há uma eficaz coordenação e distribuição entre a ação das esferas federal, estadual e municipal. Em princípio, caberia ao Ibama coordenar, normatizar, e às autoridades e funcionários estaduais e municipais a concretização regional de uma política setorial. O resultado atual é que os pescadores pretendem a criação de instituições locais e estaduais fortes voltadas à pesca, e desacreditam das iniciativas federais, que apenas promovem proibições.

Não há chances de obter-se um gerenciamento adequado do recurso pesqueiro na Amazônia sem um departamento especializado, voltado à atividade e à região, dentro do Ibama, estreitamente articulado com as estruturas estaduais, locais, com a pesquisa científica, as instituições da sociedade civil e os representantes dos vários segmentos do setor. A pesca mudou várias vezes de ministério, sem que isso contribuísse para um melhor desempenho. De 1912 a 1932 foi responsabilidade de uma Inspetoria da Marinha, quando se estimulou a criação de colônias de pescadores. De 1933 a 1961, passou à divisão de caça e pesca do Ministério da Agricultura, período em que foi introduzida a rede de náilon, que chegaria mais tarde à Amazônia (Semam, 1991, p. 188).

A integração da ex-Sudepe, criada em 1962, e de seu campo de competência, ao Ibama, pela Lei 7735/1989, foi teoricamente um passo positivo, pois permitiria combinar o desenvolvimento e o gerenciamento ambiental da pesca. No entanto, a forma atropelada como foi consumada destruiu o pouco que havia, sem ainda praticamente pôr nada no lugar. Nos últimos anos, a ex-Sudepe, mal assimilada, vem mudando de local e de repartições, mas não conta com objetivos claros, nem planejamento. Os funcionários estão desorientados e inaproveitados. Perdeu-se qualquer horizonte de acompanhamento de dados globais sobre pesca. O órgão extinto necessitava de reestruturação, mas foi desmontado sem previsão de continuidade. O MMAAL e Ibama não contam com um plano consistente para a remontagem de um acompanhamento. Em situação semelhante encontram-se os segmentos dos outros órgãos incorporados ao Ibama, como ex-IBDF, ex-Sema e ex-Sudhevea, dissolvidos em uma nova departamentalização.

Os departamentos continuam corroídos pela administração descontínua, pelo quadro despreparado de funcionários, pela carência de orientação e dotação orçamentária específica. Permanece não resolvida uma das mais importantes recomendações feitas pela subcomissão de pesca da Câmara dos Deputados para a reestruturação institucional: "que, na estrutura da Sudepe, sejam diferenciadas as atividades de pesca de águas do litoral e águas do interior, já que requerem medidas e atitudes estanques, difíceis de serem coordenadas sem uma visão mais localizada de ambos os aspectos da atividade pesqueira brasileira" (1985, p. 53). A especificidade e a diversidade das situações de pesca na Amazônia requerem um atendimento particularizado, inclusive separando a atividade empresarial de exportação da pesca artesanal, especializada ou ribeirinha. Não há na mentalidade administrativa atual o conceito do planejamento e da ação global. A prioridade é a fiscalização punitiva, as ações educativas são desconsideradas. Deram-se os primeiros passos, entre os departamentos de pesquisa e de recursos naturais, para um "Programa de ordenamento pesqueiro por bacias hidrográficas" (Fischer, 1990, p. 1-17). Não se trata propriamente de um plano pronto, e menos ainda em execução, sendo a equipe pequena e solicitada para uma variedade de outras tarefas, sem o apoio interdisciplinar de que necessita. Atualmente os assuntos de pesca não têm centralização. Os temas estão mal distribuídos entre os departamentos de fiscalização, registros e licença e recursos naturais. O departamento especializado de pesca e aquicultura ocupa-se da legislação e inicia trabalhos para ordenamento, inclusive na Amazônia. Há também uma articulação iniciada com o departamento de pesquisa, limitando-se a responder a solicitações. Um dos funcionários relata "tentativas esparsas" para um ordenamento, como a criação de dois grupos de trabalho e treinamento, em 1974 e 1981, e um grupo permanente de águas interiores, de 1988, tentativas que localizam seu fracasso na escassez de informações técnico-científicas e recomendam pesquisas sobre ecologia e biologia das espécies economicamente mais importantes (Fischer, 1990, p. 5). Na verdade, carecem sobretudo de apoio das ciências sociais e de uma relação mais direta com os ribeirinhos e pescadores.

A ênfase atual está dispersamente voltada para a fiscalização dos instrumentos de pesca, do período do defeso – proteção da desova ou piracema – e controle estatístico da quantidade pescada. Nenhuma dessas ações torna-se efetiva, e não são integradas. Todas são mal cumpridas, parcial e ou descoordenadamente. Os cadastros de pescadores profissionais e de embarcações estão desatualizados em todo o país. Os pescadores amadores chegaram a pagar uma taxa para licenças de pesca que nunca receberam (JT, 7/3/1991, p. 2).

Há, segundo funcionários superiores, cerca de 127 fiscais para a Amazônia, dentre os 570 que o Ibama conta para o Brasil. Desses, oficialmente, 88 estão parcialmente voltados para a pesca, e teriam algum treinamento, na maioria ex-Sudepe. Apenas 10% dos funcionários da Amazônia estariam precariamente preparados para o gerenciamento pesqueiro, admite-se, mas há corrupção, segundo os superiores, em vários graus e modalidades. Outros funcionários atuam como fiscais na prática, mas não estão sequer catalogados, e o Ibama não tem nem controle, nem seu roteiro de atividades. Esses fiscais práticos seriam contratados em outras categorias. Por razões burocráticas internas, ou por impedimentos legais quanto ao aumento do número de quadros, não se conhece o número desses fiscais eventuais. Há fiscais estaduais que atuariam junto ao Ibama, mas não há uma organização ou informação sistemática sobre essa articulação. Não há treinamento específico para a função de fiscal de pesca. Alguns funcionários vêm da ex-Sudepe e, nessa qualidade, são considerados os mais experientes e conduzem as operações. Não há tampouco reciclagem dos antigos, nem sequer atualização de informações, nem instruções, por exemplo, sobre a legislação, nem orientação adequada e regular.

Uma das operações, com alguma frequência, da fiscalização do Ibama refere-se às barreiras de estrada para controle de madeira. Infelizmente tais operações não podem ser utilizadas para a pesca, porque os caminhões frigoríficos vêm lacrados no porto de desembarque pelo serviço de vigilância sanitária. Pode-se promover um convênio com o Ministério da Saúde, ou atuar no embarque dos caminhões, ou treinar os próprios fiscais sanitários, mas nenhuma providência foi tomada. Os fiscais se queixam de problemas de diárias para remuneração de despesas de campo e dos equipamentos, em particular barco e motor, sempre quebrados, e combustível, sempre em falta. Alguns funcionários tentam por sua iniciativa aprimorar a ação, mas são desestimulados ou transferidos. Os portos particulares das grandes empresas não são fiscalizados.

Não há também um treinamento específico para os fiscais no tratamento diferenciado às populações. Com os índios, por exemplo, houve problemas no Parque do Araguaia. Os Canela foram apreendidos com 2,5 t de pirarucu seco. Devido à especificidade da legislação indígena, os fiscais deveriam atuar junto aos brancos que promovem a transação – seria o mais adequado, bem como treinamento específico também no tratamento a comunidades ribeirinhas. No Trombetas, por exemplo, uma comunidade negra afirma ter sido violentamente maltratada por fiscais, enquanto os grandes intermediários do comércio ilegal de tartarugas eram poupados.

Para agilizar a fiscalização haveria que imprimir uma versão atualizada e aplicável da legislação, além de manuais para orientação dos fiscais. Há confusão entre portarias, desorientando os funcionários e os envolvidos com o setor da pesca. As multas são baixas, raramente recolhidas. Há uma multa maior, equivalente a 6.170 Btns por dia de continuidade da ação predatória, mas raramente é aplicada, e quando o é, não se paga.

A fiscalização do Ibama não contava, em 1990, com um engenheiro de pesca. O Ibama estaria mais preparado para fiscalizar o litoral do que as águas interiores. As estruturas do ex-IBDF e ex-Sudepe já eram bastante enfraquecidas. Os fiscais da ex-Sudepe não usavam armas e consultavam o coordenador a cada multa, utilizavam fotocópias semilegíveis improvisadas, e não guias impressas. A ênfase atual da fiscalização do Ibama está voltada para o mercúrio e o desmatamento, controle de motosserras, também feitas com pouca eficácia. A pesca não está entre as prioridades.

Quando se considera a situação por regiões, há um quadro de desorientação. O Ibama, em 1990, contava em Rondônia com um funcionário, fiscal, voltado à questão da pesca, vindo da ex-Sudepe. Esse único funcionário, no entanto, recebia outras atribuições. Um engenheiro de pesca, vindo de Manaus e transferido para Porto Velho, também recebeu outras funções de fiscalização. O Ibama local podia mobilizar o seu total de oito fiscais para atuação eventual na pesca no período do defeso. Embora experientes, oito deles tinham como prioridade o controle da exploração madeireira, situados em Guajará-Mirim, São Carlos do Jamari, Cuniã, Costa Marques, Vilhena, Calama, Ji-Paraná e Porto Velho. Podiam eventualmente ser apoiados por dois técnicos ex-Sudepe que estão na Sedam e um terceiro polivalente. Não há um esquema de controle permanente em Rondônia, como em toda a Amazônia: há ação eventual, respondendo a denúncias. A fiscalização dá-se pontualmente nos locais de desembarque, nas colônias, como ação repressiva. Em Rondônia, a Sedam contava com dois dos ex-fiscais da ex-Sudepe com experiência em pesca. Há também dois engenheiros de pesca na Secretaria da Agricultura voltados a questões ligadas a criatórios de peixe, mas a articulação é precária.

Comparativamente, o controle da pesca no estado do Amazonas foi mais bem estruturado no passado. O citado funcionário, que trabalhou nos dois lugares, em Rondônia e no Amazonas, concluiu que 70% da ação do Ibama do Amazonas voltou-se à pesca, e apenas 10% em Porto Velho, com pouco pessoal especializado. Em Manaus, havia nove fiscais especializados. O Ibama de Manaus tinha 84 funcionários, quase todos entendiam um pouco de pesca, cerca de vinte eram fiscais, muitos ex-Sudepe. Reclamavam que não saíam da sede por falta de infraestrutura, motor de popa sempre quebrado, faltavam equipamentos, embora contassem com seis barcos, com capacidade média de oito pessoas, além de um barco grande inaproveitado, por erros técnicos de adaptação. Houve planos de treinamento dos fiscais com apoio dos pesquisadores em ictiofauna do Inpa.

No Pará houve uma região de 8.000 km² com um só fiscal. Para oito municípios, o Ibama tinha um só fiscal em Cametá. Houve um grupo de pesca em Belém, com três engenheiros de pesca, um ajudante de pesquisas e quatro fiscais ex-Sudepe, mas não chega. Estão comprimidos numa saleta, e perderam a importância institucional que já tiveram no passado. O Ibama no Pará estava reduzido a dezoito funcionários, oito fiscais incluindo os de pesca. Antigamente, apenas na ex-Sudepe do Pará, havia 54 pessoas. No Pará, ocorreram tentativas de diálogo com as colônias sobre a época do defeso. Há várias fiscalizações diferentes a serem organizadas, uma para a pesca industrial, estuarina e litorânea, outra para a pesca artesanal, outra para os grandes frigoríficos, para os caminhões e o mercado.

Enfim, em 1991, havia uma situação caótica, cujo centro é a falta de uma orientação global; uma mais clara definição de competências e uma melhor articulação institucional, em particular entre a esfera estadual e federal, para que o Ibama não necessite inchar ainda mais uma estrutura já gigantesca e inoperante. As federações de pescadores insistem na criação de institutos de pesca em nível estadual, permitindo uma maior proximidade com as questões locais, combinada a uma competente normatização, cuja supervisão a lei atribui ao Ibama. Alguns estados contam com funcionários estaduais voltados ao meio ambiente, o que se deveu, em grande parte, a compromissos internacionais, por exemplo, com o Banco Mundial, no caso do Polonoroeste em sua fase corretiva, quando Rondônia criou suas instituições ambientais com 55 funcionários e o Mato Grosso do Sul, a região do Pantanal, com 313. Enquanto isso, no Pará tinha-se, em 1990, dezessete, no Mato Grosso sete, não havendo instituições ambientais minimamente especializadas nos demais estados da Amazônia.

É preciso somar a esta tônica fiscalizadora que domina a política pública uma visão de apoio técnico ao produtor, de gerenciamento do uso múltiplo dos rios e da proteção dos locais de reprodução e nutrição do pescado.

A IMPORTÂNCIA DAS VÁRZEAS

O aproveitamento das várzeas, sempre uma prioridade no planejamento público para a Amazônia, não foi considerado comparativamente às vantagens da pesca e de outros usos diferenciados. Os estímulos aos arrozais e pastagens têm conduzido a um aumento da poluição, herbicidas, inseticidas e do desmatamento. Os especialistas têm dificuldade em precisar o que mais contribuiu para a troca de espécies na pesca comercial – no caso da diminuição dos peixes que se alimentam de frutos e sementes –, se foi a sobrepesca ou a competição pelas várzeas e o desmatamento das margens (Goulding, 1983, p. 206). Apenas 56% das florestas de várzea sobreviveram, prejudicando a reprodução dos onívoros e frugívoros (Ribeiro; Petrere, 1990, p. 211). Estima-se que 75% da produção pesqueira de Manaus e de outros centros menores seja proveniente das várzeas (Chapman, 1989, p. 331).

A importância dos lagos e lagoas está claramente definida. Durante a estação baixa tornam-se rasos e os peixes os povoam densamente. Esses locais são chave na alimentação dos jovens peixes migradores e dos mais sedentários nas várzeas, como os escamosos e os ciclídeos, sendo o tucunaré um dos peixes para a pesca comercial. Quanto à outra pesca de importância comercial, os grandes bagres, ainda não há etudos satisfatórios a respeito do seu local de reprodução e outros hábitos.

A ocasião de maior aproveitamento agrícola das várzeas, a vazante, coincide ser o período-chave ao desenvolvimento dos peixes mais jovens. Com a chegada dos inseticidas e herbicidas drenados para esses lagos, além de outros fatores como o lançamento de detritos, conduzindo à diminuição do oxigênio e da disponibilidade de alimentos, compromete-se a reprodução. Apesar de serem capturados nos canais principais, é nas várzeas que se reproduzem, em particular nos rios de água preta, mais pobres em nutrientes, onde as florestas alagadas são insubstituíveis como fonte de alimentos. Comprometem-se assim a pesca e a biodiversidade.

Nos cursos d'água temporários e terrenos sazonalmente alagados, como várzeas e igapós, há formações fitogeográficas particulares. A temperatura elevada, a ação de bactérias e fungos, a deposição de sedimentos das margens aceleram a decomposição da matéria orgânica submersa, contribuindo para a fertilização. A seringueira, a samaúma e os capins aquáticos, as macrófitas, fornecem sementes, como as das palmeiras, e outros ricos alimentos. Nos igapós, que margeiam os rios de água preta, inundáveis na enchente, há baixa fertilidade, menor incidência de insetos, pouca produtividade de fauna aquática, apesar da grande variedade de espécies, que se deve aos frugívoros, como o tambaqui (Junk, 1983, p. 50; Goulding, 1983, p. 195).

Os nichos de quase todas as espécies, salvo os predadores, estão ligados ao alagamento – águas abertas dos rios, lagos, braços e canais –, à vegetação flutuante – árvores e gramíneas –, às praias lamacentas e arenosas e locais cobertos de detritos da floresta. As espécies presentes nos alagados diferenciam-se pela sua adaptação à baixa oxigenação. As várzeas alcançam larguras em média de 48 km, podendo chegar a 100 km (Fink; Fink, 1978, p. 24).

Os igapós, florestas inundadas, lagos e várzeas devem estar no centro do gerenciamento, por serem os locais privilegiados de nutrição dos peixes. "A morfologia do rio, o conteúdo dos nutrientes e a luz ambiental (igual à transparência da água) são os três fatores mais importantes que determinam a produtividade primária total nos ecossistemas fluviais da Amazônia", explica Goulding, exemplificando com o sistema de lagos no eixo fluvial Solimões-Amazonas, rico em nutrientes, que, quando o rio baixa, conta com melhor iluminação, favorecendo o desenvolvimento do fitoplâncton. Essas áreas de lagos são decisivas, por isso o Madeira é menos produtivo, por contar com menor vegetação de fundo. No Madeira, o importante são as florestas inundadas, os alimentos caídos das árvores. Daí a abundância de peixe nos alagados, como nos igapós da sua margem direita e na várzea da Cuniã, com doze lagos e florestas inundadas (Goulding, 1979, p. 29). As pescas de várzea contribuem com 66% para o aumento da produção comparativa, entre um rio e outro. Estima-se que a Amazônia conte com 3% a 5% de sua extensão ocupada por várzeas, produzindo algas, plantas aquáticas, inundando vegetação e florestas das margens, onde se encontram três vezes mais peixes do que em outros pontos da bacia (Junk, 1989, p. 317). Trata-se do ambiente aquático de maior produtividade, com a influência dos rios de águas brancas, turvas ou barrentas, incluindo o Amazonas. Esses peixes têm em comum, com outros de várzeas tropicais, o fato de serem em sua maioria piscívoros, representando 35% da pesca de malhadeira nas várzeas e lagos de terra firme, consumindo 75% dos peixes pequenos com menos de 24 cm. As várzeas contam com um número menor de peixes que se alimentam de espécies vegetais, além das numerosas espécies adaptadas à baixa oxigenação, provavelmente para proteger-se (Bayley; Petrere, 1989, p. 387).

PRINCIPAIS ESPÉCIES DA PESCA DE VÁRZEA

Família	Ordem	Espécie ou gênero
Nome comum		
Sciaenidae, pescada	Perciformes	Plagioscion spp.
Cichilidae, tucunaré acara-acú acará	Perciformes	Cichla sp. Astronolus ocellatus Cichlasoma, Chaetobranchus
Chapeidae, apapá	Clupeiformes	Uaru, Geophagus
Osteoglossidae, aruanã	Osteoglossiformes	Osteoglossum bicirrhosum

A várzea é, portanto, o centro da reprodução dos peixes. Para algumas espécies é o local de desova, mas para todas é onde se criam as larvas e alevinos (Petrere, 1990, p. 2).

As várzeas podem ser identificadas pelas imagens do satélite Landsat, ou por radar, que indicam as características topográficas e geomorfológicas, como fez o Radam Brasil para interpretação das cheias (Bayley; Petrere, 1989, p. 393). Petrere demonstrou que as várzeas de planície atraem o maior esforço de pesca, mas que a captura por unidade na várzea está positivamente relacionada à intensidade da pesca.

Nos lagos de várzea encontram-se os peixes considerados sedentários, como o tucunaré e outros peixes menores, numa grande diversidade de espécies. Viveriam nos lagos, segundo os pescadores de Porto Velho, os que não sobem, chocam e defendem os filhotes, como as seguintes espécies: tucunaré, pirarucu, paruassu, cará, traíra, aruanã, bodo, acari, cascudo, tamoatá, jiju e a pescada. Esses peixes incluem os que suportam menor oxigenação, os que dispensam maior cuidado aos filhotes, com períodos de desova menos definidos, raramente encontrados nas águas brancas. Seus movimentos circunscrevem-se aos *habitats* de enchente, especialmente lagos de várzea mais permanentes, os lagos de terra firme, os canais e as porções de floresta inundada (Bayley; Petrere, 1989, p. 388). Devido à maior oferta de alimentos, com abundância de fitoplâncton, de campos flutuantes de macrófitas, apenas as várzeas, associadas aos rios de águas brancas, têm suficiente biomassa de peixe para suportar pescas anuais em larga escala, em áreas pequenas. As pescas de várzea de maior produção são as do baixo Solimões e da boca do Madeira. Essa grande área de várzea é explorada intensivamente por causa da proximidade com Manaus e Itacoatiara.

A fauna aquática da várzea migra acompanhando o regime das águas. Nas enchentes vão para as margens dos rios e na vazante voltam ao leito do rio. É o caso também do peixe-boi e da tartaruga do Amazonas (*Podocnemis expansa*), acompanhados de outros animais superiores, como pássaros aquáticos, jacarés, lontras e outros (Ribeiro, 1990, p. 330).

Petrere monitorou as pescas de 1976 do Lago de Janauacá, uma área de várzea extensa do Solimões, a mais ou menos 40 km de Manaus, produzindo 1.275 t/ano, e o Lago do Rei, nas proximidades do Careiro, no rio Amazonas, perto do rio Negro, com 700 t. Smith relata que cerca de 2.000 t de peixe foram produzidas, em 1977, num raio de 60 km de Itacoatiara, sendo a maior parte da produção originária das várzeas do rio Amazonas, em contraste com o Madeira, onde apenas 40 t são apanhadas anualmente, no estirão de 700 km das várzeas acima do rio Aripuanã, observadas por Goulding em 1979. No Madeira, apenas 10% das capturas vêm diretamente das várzeas, no Solimões e no Amazonas, alcança cerca de 15% a 25% da captura total. Embora se alimentem nas várzeas, a captura é mais fácil quando migram em cardumes para os rios, salvo os sedentários, como o tucunaré, que não migram para os rios. O conflito entre os ribeirinhos e profissionais dá-se pela chegada dos peixes aos lagos, como nos tributários da margem direita do Madeira, e às águas pretas, como no rio Negro.

Nos lagos do Amapá, os pescadores dizem encontrar com abundância o tucunaré, piranha, branquinha, manduba, traíra, aracupiau, aracu-simples, pirapema, pirarucu e traíra-açu. No Pará, no rio Araguaia, pesca-se tucunaré, curimatã, mapará, pescadinha e piau. O tamuatá e a traíra são desvalorizados, salvo nos meses do inverno, quando diminuem os grandes e procuram-se os outros peixes, chamados do "mato". Quando os lagos secam, é a melhor captura, relatam os pescadores.

A maior parte dos corpos d'água pobres em nutrientes só podem ser pescados uma vez, no máximo duas por ano, uma vez que a produtividade é baixa, e as capturas são restritas aos que ficam bloqueados depois das enchentes. As capturas que provêm desses lagos representam apenas uma pequena porcentagem total das capturas entregues nos mercados de Manaus e Porto Velho. O período mais produtivo na várzea dá-se durante a estação baixa, quando os peixes ficam em concentrações menores de água. Durante as enchentes, os peixes se esparramam, atrás dos alimentos encontráveis na floresta inundada.

Sioli mostrou a importância das várzeas, devido ao fitoplâncton e ao que chamou de "prados flutuantes", classificando-as como zona anfíbia especial, onde se encontram "os biótopos de maior produção primária da Amazônia" (Sioli, 1990, p. 58).

O pirarucu (*Arapaima gigas*) foi uma das primeiras espécies exploradas em maior escala na Amazônia, tendo se tornado raro, esgotado pela sobrepesca para a indústria de salgamento, mais tarde substituído pelo peixe-boi, também dizimado. Um milhão de quilos foram exportados de Manaus a Belém, em 1982 (Goulding, 1983, p. 190; Bayley e Pretere, 1989, p. 385).

Petrere concluiu que a predação pode ser maior nos rios de água preta devido à sua maior transparência, sendo que, no rio

Negro, quanto mais se avança, mais diminui a captura, notando variação na captura em diferentes rios de água preta. Estimou que as áreas de várzeas exploradas pela pesca de Manaus equivalem a 6,5% do estado do Amazonas (Petrere, 1978, p. 1996).

O CONFLITO PELAS VÁRZEAS, LAGOS E OUTROS LOCAIS PISCOSOS

O zoneamento dos locais piscosos, em particular os lagos de várzea, mas também cachoeiras e bocas de afluentes, é uma das bases para o gerenciamento adequado. Exige pesquisa interdisciplinar e dupla orientação, pensando no abastecimento da cidade e na viabilização da manutenção das populações no interior. Uma de suas bases é a negociação entre pescador e ribeirinho a fim de atenuar conflitos através de mecanismos reguladores. O papel da pesquisa é fundamentar uma clara identificação dos interesses e o conhecimento dos estoques.

Petrere descreve uma pesca de onze mil tambaquis, numa viagem de quarenta dias, passando por 103 lagos diferentes. Relata também a complexa relação entre o barco itinerante e o pescador morador. O barco, saído de um centro urbano, procura criar laços com o beiradeiro, fornecendo-lhe petrechos, trazendo alimentos para ajudá-lo a escapar do regatão. Termina por envolvê-lo na pescaria, facilitando assim a obtenção do acesso ao lago através de moradores, salvo em atividades especializadas, como a manipulação das grandes redes. Na viagem, Petrere contou 82 locais piscosos no rio Solimões, 52 no Purus, 13 no Juruá, 35 no Amazonas, 3 no Jutaí, 16 no Madeira, visitados pela frota de Manaus, em sua maioria bocas ou lagos piscosos (Petrere, 1978, p. 7).

O mais importante dos fatores de conflito decorre de que a pesca está migrando cada vez mais para locais distantes, atrás dos cardumes, rarefeitos nas proximidades dos grandes centros regionais de consumo. A ampliação das distâncias para a captura, pelos pescadores artesanais, provoca forte reação dos ribeirinhos. Essa reação é apresentada comumente como atribuível à dependência da pesca para a sobrevivência dessas comunidades. Em muitas localidades, na verdade, o conflito por trás de si os intermediários geleiros que conseguem, com o ribeirinho, sazonalmente, um peixe a menor preço, desde que se aproxime com gelo do seu local de pesca.

Berta Ribeiro considera que:

o manejo do peixe para autoconsumo é efetuado pelos moradores das margens dos lagos, cujos interesses preservacionistas conflitam com os dos pescadores profissionais. Os ribeirinhos combinam atividades agrícolas de sobrevivência, o plantio da juta, o aproveitamento de madeira e outras atividades extrativistas em complementação à pesca. Os pescadores profissionais desperdiçam peixe de pequena aceitação no mercado consumidor, devolvendo-o ao rio (Ribeiro, 1990, p. 40).

Os conflitos, e até confrontos, têm sido mais intensos no Amazonas e no Pará, mas também se agravam em Rondônia e no Amapá. No Estado do Amazonas os conflitos da pesca seriam mais importantes até do que os fundiários – aliás, ambos se confundem. Esse é o ponto de vista, por exemplo, da secretária regional da CPT do estado, irmã Alzira Fritzen. Segundo ela, o centro do conflito dá-se pela posse e uso dos lagos e rios da região. De um lado estariam os ribeirinhos, pescando para sobrevivência, e, de outro, os industriais da pesca para exportação. Os conflitos maiores seriam em Parintins e Tefé. Disse ainda a religiosa que os ribeirinhos respeitam mais rigorosamente o período da desova do que as indústrias (FSP, 14/2/1991). No entanto, não se deve, como é frequente, confundir os interesses dos pescadores autônomos artesanais com os interesses comerciais das empresas de congelamento, nem sempre coincidentes.

No Amazonas há sete municípios onde os ribeirinhos reivindicam a proibição da pesca artesanal especializada, em lagos e outros pontos piscosos: Barreirinha (Lago Preto), Itacoatiara (Lagos Pantaleão, Arari, Paraná de Urariá, Rio Urubu, São José do Lago de Aruma), Itapiranga (Rio Uatumã), Parintins (Lagos da Benedita e do Zé-Açu), Silves (Lago de Canaçari), Uruçará (Lago do Comprido) e Urucurituba (Lago do Arrozal) (Hartmann, 1989, p. 107). Os pescadores consideram que os ribeirinhos são mais fortes politicamente, com acesso aos prefeitos e deputados, e teriam conseguido medidas contra os pescadores semiprofissionalizados. Há numerosos protestos de prefeitos do Amazonas enviados ao Ibama, inclusive proibições ilegais de pesca baixadas municipalmente.

Os conflitos ocorrem devido à pesca predatória, uso de tapagem na vazante, batição para empurrar os peixes cercados por malhadeiras e explosivos. No Amazonas, os pescadores autônomos profissionais ficam com as colônias e a federação, próximos da Emater, e estão bem separados das associações de pescadores, apoiadas pela CPT, e menos profissionalizadas. Alguns fiscais do Ibama dizem que os ribeirinhos também representam problemas no gerenciamento ambiental, como no caso da tartaruga, que ainda consomem, e da piracema, que nem sempre respeitam.

No Pará, os conflitos também são comuns, apontados em nove municípios. Há cerca de 180 lagos no estado. Além dos pescadores semiprofissionais, os beiradeiros têm conflito com a agropecuária e o garimpo. As reivindicações são de controle de instrumentos – como tamanho mínimo para malhadeiras, puçá de arrasto ou rede de lance rápido, ou da miqueira –, de respeito ao defeso, limite de quantidade e/ou dos períodos em que as geleiras têm acesso aos lagos ou outros locais usados pelos ribeirinhos. Os exemplos são: em Óbidos (lagos Grande de Franca e Pau Xis), em Santarém (Lago Grande de Franca), em Oriximiná (Lagos Cumina, Erepecuru, Açapu, Quiriri, Catauarí, e Sapucuá), em Porto de Moz (Rio Xingu), em Prainha (comunidade de Camapu), em Santarém (lagos Mapir, Picanha, Pacoval, Aramanaí, Itaim e Santíssimo, e os rios Tapajós, Jari e Arapiuns). Esses conflitos são agravados com os enfrentamentos com fazendeiros e garimpeiros (Hartmann, 1989).

Apenas uma pequena minoria dos ribeirinhos no Pará ainda estaria restrita à pesca totalmente para sobrevivência. A maioria faz pesca comercial eventual. As próprias comunidades pescam com malhadeira, embora seja considerada predatória. Cerca da metade dos ribeirinhos estão hoje envolvidos na pesca comercial.

Um exemplo de conflito dá-se no Lago Grande de Monte Alegre, num clima de violência, com duas mortes em 1990. A mobilização dos ribeirinhos contra os pescadores profissionais é importante, em particular das comunidades de Nazaré e Curiaca, com o apoio das autoridades municipais, do Sindicato de Trabalhadores Rurais, da CPT e Igreja local, e dos ambientalistas do Pará, como o Gedebam, Asprema e Sopren. Calcula-se a população ribeirinha do lago de Monte Alegre em 7,7 mil pessoas, das quais de seiscentas a 1,2 mil pescam mais ou menos regularmente, no Lago Grande e no rio Manicuru. Há épocas em que os pescadores semiprofissionais de fora chegam a cerca de 2,3 mil. Além da competição pelo peixe, a população ribeirinha reclama da degradação de seu modo de vida. A irrupção dos forâneos perturba a pacata vila, com as garças à beira d'água, a maioria vivendo da seringa, combinada com outras atividades extrativistas, a pesca e pequena produção agrícola. A chegada dos pescadores aumenta o conflito, já grande, com os criadores de búfalo e plantações de arroz. O Gedebam estima em sessenta mil os hectares já desmatados nas proximidades do lago.

A solução encontrada pelo Ibama no Lago Grande de Monte Alegre representa uma contribuição a uma linha de gerenciamento e monitoria do uso do recurso pesqueiro e do conflito, já com mais de duas décadas. Os estudos foram feitos em conjunto com o técnico da cooperação alemã Wolf Hartmann, do projeto Iara. Os temas-chave foram o uso da rede de arrasto e o zoneamento do lago. Em 1980, a ex-Sudepe chegou a atender reclamos da Colônia de Pescadores de Monte Alegre, através de uma portaria que protegia barrancos e capinzais, reservando a parte norte para os ribeirinhos, proibindo nesses locais sazonalmente a pesca comercial. A portaria foi revogada em 1983, abandonando-se qualquer medida reguladora. Em 1986 foi criado o Núcleo de Preservação dos Recursos Naturais e Culturais do Lago Grande de Monte Alegre, com 2.131 sócios, numa população que não chega a dez mil. O presidente foi assassinado em 1989. Em 3 de março de 1990, a Sudepe baixou nova portaria voltando a proteger a parte norte do lago para os ribeirinhos.

Em Rondônia, os pescadores comerciais argumentam que a maioria dos ribeirinhos vende para os donos de embarcações--geleiras. Há várias comunidades de ribeirinhos em conflito com pescadores, principalmente nos lagos de São Carlos do Jamari, Nazaré, Assunção, Calama, nos rios Machado e Preto, nos lagos da região da Cuniã, onde a comunidade está dentro de uma reserva ecológica, no Jaci-Paraná, Cachoeira do Teotônio e no rio Mamoré, em locais como Surpresa, Vila Murtinho e no Guaporé, como em Santo Antônio, Pedras Negras, Laranjeiras e Pimenteiras. No médio Madeira, o conflito é antigo; os habitantes de Aripuanã impediam os pescadores de Porto Velho de pescar nessa embocadura, argumentando que estavam destruindo os estoques e que "os residentes locais os enfrentariam à bala" (Goulding, 1979, p. 24).

O aumento das distâncias das viagens de captura foi levando o conflito cada vez mais longe. Um exemplo é o acirramento recente entre ribeirinhos e profissionais de Guajará-Mirim, na região do Guaporé e Mamoré. Um dos centros de atrito é o rio Cautário e seus lagos, onde há ribeirinhos seringueiros e castanheiros. Os habitantes condenam os de fora por usarem rede e malhadeira. Almejam um zoneamento proibindo os profissionais forâneos de chegarem à sua área, do rio Cautário até a Ilha das Flores, no Guaporé. O movimento é contra qualquer pescador não morador. Os ribeirinhos também vendem, querem ter prioridade. Querem fábrica de gelo na colônia de Costa Marques para competir com a de Guajará-Mirim. Há uma empresa privada de gelo, mas lhes cria problemas. Gostariam de orientação para um plano de manejo dos seus recursos garantindo renovabilidade. Dizem que, proibindo a pesca aos forâneos, eles poderiam respeitar o defeso e controlar instrumentos, pois combinam pesca e agricultura. Precisariam de infraestrutura: embarcação-geleira e transporte, fiscalização do Ibama, saúde, educação.

O conflito vem da abertura da BR-429 e dos projetos de colonização aproximando-se do Guaporé, além da expansão substitutiva da pesca em Guajará-Mirim, provocada pelos garimpos que a inviabilizaram no alto rio Madeira. Os desentendimentos dão-se em torno das baías e dos lagos, das águas sazonalmente espraiadas do Guaporé, locais de alimentação e desova dos peixes, em particular as dos rios Cautário, do São Miguel, Baía Rica, rio Preto e outros do Guaporé e afluentes. Além dos pescadores, defendem-se das madeireiras e loteamentos improvisados do Incra. Referem-se a explosivos caseiros, jogados até das pontes. Os bolivianos entram para pescar e caçar jacaré ilegalmente. Das grandes cidades de Rondônia, partem pescadores encomendados por atravessadores de Ji-Paraná e Caçoai, médias cidades novas, quando, justamente no período alto, na safra, a partir de junho até novembro, competem os forâneos com os locais.

Consideram já ameaçadas na região, por diminuição de quantidade e tamanho, o tambaqui, o pacu, a pirapitinga e a matrinxã. Em Costa Marques, há 36 pescadores, dos quais 24 profissionalizados em pequenos barcos de quinhentos quilos. Contam com dois freezer domésticos cedidos pela Seagri. Sua relação com os ribeirinhos é melhor que a dos forâneos vindos de Guajará. Tinham amizade e ofereciam transporte a enfermos, traziam compras, não cobravam, havia uma relação de solidariedade anterior à expansão da pesca, ocasionada pelo garimpo, que, ao inviabilizar o rio Madeira, valorizou o Guaporé.

Os pescadores especializados, por seu lado, incomodam-se com a concorrência dos ribeirinhos, que consideram prejudicial ao fortalecimento da profissão de pescador. Protestam, por exemplo, contra os pescadores ocasionais não profissionais, inclusive colonos, que vendem, sem cadastro, na BR-364. Argumentam que estes, considerados arrivistas, são pescadores de quatro a vinte dias ao ano. O conflito maior dos pescadores de Porto Velho é com a comunidade da Cuniã, que os acusa de expulsar os peixes. O pescador regular compara desfavoravelmente sua labuta, de viagens longas, com a do ribeirinho, que sai em canoa, com três a cinco homens, para viagens curtas. O pescador autônomo-profissional valoriza a distância, sai por quarenta dias, monta seu barco e equipe. O presidente da colônia de Porto Velho considera, no entanto, que entre seus filiados há 50% de ribeirinhos, e afirma que são os mais dedicados à pesca, embora esclareça que muitos deles só pescam para consumo próprio.

Uma proposta interessante foi apresentada pela CPP durante um confronto em Abaetetuba entre ribeirinhos e pescadores. Um dos elementos de negociação previa que os profissionais ensinassem aos ribeirinhos o uso dos petrechos que ainda não dominavam, na região do baixo Tocantins, na região dos furos (Leitão, 1990, p. 162).

Há nesse caso pelo menos três evidências de problemas a serem discutidos: 1. a especialização na pesca expandiu-se em consequência do avanço da fronteira econômica, antes circunscrita aos grandes centros de mais antiga ocupação, como Manaus e Belém, ampliando-se, nas décadas de 1980 e 1990, com a chegada da corrente de migração urbanizadora; 2. a pesca ribeirinha combinada pode chegar a ser extinta, caso não se implementem medidas que levem ao aumento de sua renda monetária, viabilizando o conjunto de seu modo de vida; 3. por outro lado, grande parte dos conflitos escondem ou camuflam uma competição entre intermediários.

OS ÍNDIOS E A PESCA

Os índios ainda são maioria na população rural, por exemplo, do estado do Amazonas. Continuam sendo expressivo contingente populacional no interior, uma vez que o enraizamento dos colonos trazidos pela frente econômica é precário e a recente grande corrente migratória é dominantemente urbanizadora. Em Roraima, fora os garimpeiros, os índios também são maioria da população, assim como em regiões do norte do Pará e Amapá. Mesmo em regiões do estado de Rondônia, onde representam pequeno contingente, como os vales do Guaporé e Mamoré, constituem a maioria da população efetivamente ocupando o interior. Apesar disso, nunca houve um programa de pesca voltado a eles, com atendimento específico. São tratados em conjunto com os demais pescadores, embora a diferença cultural seja flagrante e suficiente para orientar ao atendimento específico.

Seus conhecimentos milenares sobre a ictiofauna e os rios da Amazônia ainda não foram sistematizados, embora possam contribuir à orientação de um manejo adequado. A pesca poderia ser um item importante para o manejo sustentável dos recursos naturais indígenas. Seus conhecimentos são indispensáveis à pesquisa científica, apesar da diferença dos sistemas de classificação. Os índios disputam uma fração significativa do espaço da Amazônia, onde os sobreviventes estão em maior número. Numerosos rios e locais piscosos estão nas terras a eles reservadas. A introdução de um sistema específico voltado à minoria indígena representa, já por si mesma, uma importante e perene contribuição ao desenvolvimento sustentável da Amazônia.

Há pesca conflitiva com os índios em vários pontos da Amazônia. Um dos exemplos é a pesca predatória promovida por bolivianos a partir da colônia liderada por brasileiros em Guajará-Mirim, nas chamadas baías ricas dos rios dos índios do Mamoré e Guaporé, das áreas Pacaas Novos, Rio Negro Ocaia, Sagarana, Guaporé e Rio Branco. Os fiscais do Ibama não estão preparados para tratar a questão da diferença cultural. Houve problemas de pesca com índios, por exemplo, com os índios Canela, apreendidos com 2,5 t de pirarucu fresco. A orientação deveria ser de repressão aos intermediários que estão por trás da operação, além de orientação aos índios sobre o manejo de seus recursos pesqueiros, não apenas numa ação punitiva, mas de apoio técnico-administrativo-comercial, para acesso ao mercado. O controle implica prévio conhecimento da quantidade pescada sem comprometimento da renovabilidade do recurso. Os fiscais atuam punitivamente, sem qualquer orientação.

Segundo o indigenista Porfirio Carvalho, pescariam os Apurinã, no rio Purus, os Mundurucu, no Canumã, os Canamari e Ticuna, no Solimões, todos comercialmente, numa situação semelhante à dos ribeirinhos e relacionados com eles para os intermediários. Os conflitos são frequentes e generalizados, tendendo a aumentar. Um exemplo foi a morte de quatro pescadores pelos Krenakarore do Parque Indígena do Xingu, no rio Matsuiá-Miçu. Quando surpreendidos pelos índios, assustados, os invasores esgotaram a munição e foram mortos a flechadas, em 1991. Estes pescadores avançaram sobre o Parque empurrados pelo garimpo da região de Alta Floresta, que levou-o a viagens de captura cada vez mais longas (OESP, 6/4/1991, p. 11). Pesca predatória vem sendo promovida nas reservas indígenas, como as dos Ticuna do rio Solimões, e dos grupos de língua Pano do alto Purus, segundo Berta Ribeiro, "comprometendo o abastecimento das comunidades nativas e os estoques pesqueiros" (1990, p. 40).

Os índios introduziram vários instrumentos e técnicas de pesca, como o arco e a flecha, armadilhas, tapagens, lanças e outros. O passado de pesca milenar testemunha que seus métodos não levaram à sobrepesca, cujo risco surgiu nas últimas décadas, com as redes de náilon. Quanto aos venenos de plantas (timbó), não há estudos conclusivos sobre os efeitos do seu uso na pesca, geralmente extraídos de cipós, conhecidos pelas descrições etnológicas como antiga prática indígena. É possível que essa técnica possa ter degenerado, tornando-se predatória em alguns casos, com a desagregação do modo de vida das sociedades de floresta, posterior ao contato com a sociedade majoritária. A passagem dessa técnica ao universo caboclo generalizou o seu uso, sem os mecanismos reguladores da tradição cultural das sociedades de floresta.

Goulding observou uso predatório desses peixicidas no alto rio Negro, concluindo que é fortemente possível que os nativos tenham utilizado esse veneno para sobrepesca, contendo "rotenone" e outros componentes tóxicos. Teria sabido, por intermédio de informantes, de sobrepesca indígena em rios baixos e em pequenos cursos d'água, ao ponto de comprometerem os estoques, renovados apenas anos depois (1983, p. 189).

A questão não é simples. Os indígenas podem dominar conceitos de manejo mais complexos do que parecem à primeira vista. O uso do timbó é sazonal, e os igarapés utilizados variam, numa aparente rotatividade seletiva, indicando uma preocupação com a renovabilidade do recurso. É prematuro afirmar que a sobrepesca sempre existiu, sem identificar os mecanismos reguladores tradicionais, como seria arriscado dizer que não há um uso distorcido dessa técnica, uma vez modificado seu universo cultural. Alguns fiscais do Ibama têm a mesma opinião de Goulding. Não há estudos aprofundados em relação ao tema. Berta Ribeiro, por exemplo, grande conhecedora dos índios, acredita que "o veneno vegetal dos gêneros Lonchocarpus, Phyllantus e Thephrosia (que paralisa as guelras do peixe, fazendo-o subir à tona para respirar), não causa grande dano ao estoque pesqueiro" (Ribeiro, 1990, p. 41).

Entre os Karitiana e os Icolei, grupos Tupi de Rondônia, os índios pescavam exatamente o indispensável, sazonalmente e selecionando espécies. Essa pesca, quando utilizada em sua forma tradicional, deveria ser mais bem estudada, pois pode conter valiosas informações para um manejo adequado. Há contradições na literatura, por exemplo, se os venenos matam ou se apenas adormecem. Inclusive a diversidade desses venenos é grande, assim como seus efeitos. Cerca de 140 diferentes plantas foram listadas, com 341 nomes vulgares, dos quais se identificou o uso de pelo menos 38 espécies no Brasil, em regiões geográficas diferentes, a maioria plantada pelos índios e alterada pelo cultivo (Heizer, 1986, p. 95). Petrere observou uma pesca de timbó com os Kayapó, concluindo que apenas os peixes menores morrem e os maiores ficam atordoados, e constatou que todos os peixes atingidos foram aproveitados (Petrere, 1988, p. 6).

As armadilhas e tapagens são técnicas de pesca também de origem indígena, agora utilizadas descontroladamente, inclusive por pescadores comerciais, nas águas turbulentas de leito rochoso. As armadilhas para uma só espécie são menos problemáticas do que as tapagens, que fecham qualquer espécie, inclusive as que não serão aproveitadas. As grandes tapagens são eficazes quando fecham os canais intercomunicantes entre os lagos e os rios, interrompendo a migração dos peixes. Sua construção é trabalhosa, com milhares de paus de madeira fincados como estacas, renovadas a cada dois anos.

5. O Gerenciamento dos Rios e da Pesca

REFERÊNCIAS COMBINADAS PARA O GERENCIAMENTO

O eixo do gerenciamento é a garantia de renovabilidade do recurso comum, cabendo à política pública a ação preventiva reguladora para a manutenção da reprodução das espécies, dos estoques, antecipando-se à ação destrutiva da pesca especializada e à degradação ambiental por outras atividades de exploração predatória. O gerenciamento apenas será eficaz numa estratégia socioambiental múltipla e combinada, embasada em pesquisa multidisciplinar, com ênfase nas ciências sociais. Embora disponha de muitos instrumentais, o gerenciamento tem sua lacuna maior na ausência de pesquisa sobre os seus atores e mecanismos de negociação e consenso.

Os instrumentos são diversos e podem ser utilizados articuladamente, adaptando-se a situações locais, desde a reserva para a preservação das áreas de comunidades tradicionais, o zoneamento dos locais piscosos, a educação ambiental, até as medidas de controle e proteção por espécie ou estação, quotas de pescado, pescador ou barco. Há uma variada gama de possibilidades, algumas já sendo experimentadas ou a serem introduzidas paulatinamente. As medidas regionalmente adaptadas a situações diversificadas devem substituir as medidas abrangentes, ineficazes e inviáveis, como a genérica interdição de determinados instrumentos e/ou períodos, como o da desova, proibindo indiscriminadamente toda a pesca por um período longo.

Há uma revisão a ser feita nos eixos da política pública de gerenciamento, que tem restringido sua ênfase à fiscalização, à proibição genérica da pesca na desova, além de restrições ao uso de determinados instrumentos de pesca, numa orientação dominantemente unilateral, punitiva e *a posteriori*. Devem somar-se a isso o gerenciamento da produção em escala, o controle do desperdício em geral, das perdas de transporte e das espécies não comerciais; o desenvolvimento de tecnologias de congelamento para os ribeirinhos, o estímulo à diversificação, estudos de mercado e tratamento industrial. Torna-se necessária também uma reforma institucional, pela definição interinstitucional de competências e maior clareza legislativa e normativa. As ações gerenciais promovidas orientam-se mais pelo risco de sobrepesca e limitam-se a proteger o período de reprodução, e não o *habitat* e a cadeia trófica, como seria o caso dos lagos de várzea, que constituem os locais mais abundantes e decisivos à reprodução.

A questão se complica com a especificidade da condição migratória da ictiofauna amazônica e sua diversidade. Há uma interiorização crescente da pesca comercial, com o aumento das distâncias para a localização dos cardumes destinados ao abastecimento das cidades grandes e médias. As principais espécies pescadas são migratórias, implicando o gerenciamento dos ecossistemas aquáticos como um conjunto articulado. Pesca-se tanto nas várzeas, nas florestas inundadas e igapós e igarapés, quanto cardumes migradores no canal central. As distâncias cada vez maiores das viagens de captura recomendam ampliar o gerenciamento a pontos distantes do interior.

O gerenciamento do recurso pesqueiro tem à sua disposição uma multiplicidade de alternativas de controle da sobrepesca, como as proibições sazonais, as proibições ou restrições em determinadas áreas, proibições ou limites para alguns instrumentos, proibições ou limites quantitativos para proteção específica de algumas espécies, ou controle de sua quantidade ou tamanho, sistema de quotas regionalizadas aos pescadores e limites de número de pescadores ou de barcos em lagos e outros locais piscosos. Muitas dessas alternativas podem surgir do consenso dos atores.

Bayley e Petrere estudaram quatro alternativas, optando pela combinação de três estratégias: controlar a pesca comercial permanentemente; administrar para conservar e ampliar a atual diversidade; e administrar para um máximo rendimento. Recusaram atitudes de proibição total da pesca comercial porque irrealistas, e a de não fazer nada porque imobilistas (Petrere, 1990, p. 5). De fato, nada recomenda grandes soluções milagrosas, policiais, puramente quantitativas e unilaterais, mas a estudada combinação de várias medidas, sociais e de gerenciamento ambiental.

Alguns especialistas e ambientalistas enfatizam apenas as *áreas reservadas à preservação permanente*. Chamam a atenção também para a importância da extensão dessas áreas de proteção. Ao preservar o conjunto da biota, em grandes extensões, trariam a vantagem de conservar reservas genéticas para o repovoamento, diante da importância da degradação ambiental atual. Goulding, por exemplo, recomendou a preservação de três ou quatro unidades, no sistema dos rios Solimões e Amazonas, com 300 a 400 km de extensão, contendo afluentes, devido às necessidades espaciais dos migradores (Goulding, 1983, p. 206). As dezoito áreas protegidas, por diferentes tipos de reserva, na bacia amazônica brasileira chegam a 10 milhões de hectares, 2% da área, mas a fração de várzeas e de florestas de rios pobres em nutrientes é pequena. Ribeiro e Petrere recomendam a criação de uma área de 300 km, com 3 a 4 milhões de hectares, compreendendo o leito principal do rio, equivalente ao que se desmata anualmente na Amazônia (Ribeiro; Petrere, 1990, p. 212).

Para a criação de reservas ecológicas de grandes dimensões, há uma certa unanimidade, mas omissa quanto às populações residentes. Para uma metodologia de gerenciamento combinado com áreas de populações ribeirinhas, reservas extrativistas, áreas indígenas, a contribuição da pesquisa é ainda pequena. Um dos pressupostos do manejo adequado em *áreas habitadas por populações tradicionais* é o problema fundiário, uma das mais graves questões sociais na Amazônia. As áreas preservadas com atividade humana são indispensáveis ao gerenciamento, inclusive no entorno das reservas propriamente ditas; devem fundamentar-se no universo cultural destas populações. Há uma gama variada de possibilidades gerenciais em áreas de proteção regionalizadas, por épocas alternadas, afluentes selecionados e controle pontual de instrumentos. Petrere observou experiências nessa direção em locais pantanosos, como nas *ciénagas* colombianas, acreditando que poderia dar resultado em comunidades isoladas em biótopos de interesse ecológico particular, inclusive porque a pesca é mais produtiva à medida que se distancia de Manaus, nos locais onde as várzeas são mais amplas (Petrere, 1990, p. 8; idem, 1986, p. 1;1983).

O primeiro passo para a criação de novas reservas, e para a definição de critérios à sua tipologia, deve ser o conhecimento descritivo desses principais pontos piscosos e dos conflitos que se dão em torno deles, como vem ocorrendo na Cuniã e no Lago Grande de Monte Alegre. A pesquisa deve começar por identificar os locais já preservados como parques nacionais, reservas florestais ou biológicas e estações ecológicas, listar e analisar os lagos, estimar qual a quantidade mínima de várzeas a serem preservadas para a manutenção da pesca. As reservas indígenas e extrativistas devem ser parte desse levantamento, não apenas como números, mas com medidas concretas de manejo sustentável.

A questão-chave é o *zoneamento dos pontos piscosos, lagos, bocas de rios* e *cachoeiras*, na origem dos conflitos entre os ribeirinhos e a pesca comercial. A região do Juruá, por exemplo, tem cerca de cem lagos, a de Humaitá, no Madeira, dezenas, como os do Jamari, do Ji-Paraná ou Machado. Na Cuniã e no Lago Grande de Monte Alegre, há tentativas concretas de introdução de medidas reguladoras, de áreas de pesca e uso de instrumentos. Na Cuniã já se proíbem vários instrumentos, como malhadeira, espinhel, tarrafa e redes de lanço. A contribuição da pesquisa pode iniciar-se por listar lagos de importância para a pesca comercial, como os da região de Humaitá, decisivos para Manaus; o Lago Arari, para Belém; os lagos do Jamari, Cuniã, Ji-Paraná, Guaporé, para Porto Velho e Acre. Os próprios pescadores dizem que alguns deveriam ser proibidos à pesca durante cinco anos, como na região de Humaitá. A pesca comercial enfatiza que o controle deve dar-se também sobre os ribeirinhos, pois, na medida em que aumentam seu fornecimento às geleiras, passam a desrespeitar o controle dos instrumentos.

O CONTROLE PELA QUANTIDADE, INSTRUMENTOS, ESPÉCIES E ESTAÇÕES

O ceticismo com relação ao *sistema de quotas* não se justifica, pois tal sistema nunca chegou a ser introduzido. Há de fato vários obstáculos, como carências educacionais de base, o analfabetismo, a corrupção, o clientelismo, que tendem a dificultar sua introdução. As quotas arriscam vir a ser concedidas por critérios eleitorais ou de parentesco, ou revendidas. No entanto, a participação das associações de ribeirinhos e das colônias na organização de um sistema, a negociação e o embasamento das soluções, poderiam chegar a um bom resultado, a médio prazo, a partir de iniciativas experimentais.

Há ceticismo quanto à eficácia da introdução dos sistemas reguladores que impliquem gerenciamento direto das quantidades, devido à ineficácia demonstrada pela burocracia estatal, apesar de melhores resultados apresentados em outros países, como nos sistemas de quotas, limites de *quantidades de pescadores e barcos*. Petrere sugere a possibilidade de limitação do número de barcos ou de pescadores, embora receie a resistência a essa medida porque a densidade aparentemente é insignificante, 0,04 pescador/km² (Petrere, 1990, p. 8). Mas sua proposta poderia ser combinada com o gerenciamento de áreas, dentro da reivindicação ribeirinha. Há pelo menos um bom exemplo de quotas semanais em autogestão, praticado durante a desova pelos pescadores da Colônia z-29 de Imperatriz (PA) (Ribeiro e Petrere, 1989).

Qualquer das opções de gerenciamento implica esforço na *educação ambiental*, numa região interiorana pouco habitada, com uma rede de ensino precária, senão inexistente, e onde a população é dispersa (Bayley; Petrere, 1989, p. 395). Há três tipos de canais eficazes. Um é o rádio, em particular a rádio Nacional, muito ouvida no interior, com programas populares, além da televisão, que chega inclusive às pequenas vilas. O segundo são as associações de ribeirinhos, de pescadores, como as colônias, as igrejas e as comemorações religiosas. Finalmente, a rede de funcionários públicos, em particular as voltadas à educação, saúde e assistência à agricultura, tanto estaduais, quanto municipais. Apesar do otimismo improcedente do governo, que considerou ter o Programa Nossa Natureza introduzido a educação ambiental na região, o que houve foram iniciativas isoladas, como as do Acre, em 1982, dois seminários no Amazonas, preparando professores da rede pública, e outras iniciativas pontuais (Semam, 1991, p. 220).

Algumas alternativas, como a proteção da desova e *proibições por estação*, foram tentadas na Amazônia brasileira, sem a eficácia desejada. Geralmente não concordam os estudiosos com a genérica proibição da pesca durante a desova, o chamado "defeso". Consideram que se trata de uma decisão emprestada de conceitos e práticas europeias, destinadas a proteger espécies de águas de zonas temperadas, como o salmão. Diferentemente das espécies da Amazônia, esses peixes do hemisfério norte migram uma só vez ao ano, no período da desova, quando se movem rio acima. É a época do ano em que são mais sujeitos à sobrepesca, ou seja, para esses peixes e ecossistemas aplica-se apropriadamente o controle da captura na desova, o que não é o caso da Amazônia, devido à diversidade das espécies. Na Amazônia, alguns dos grandes peixes migradores movimentam-se mais de uma vez, para desova em cardumes e para a dispersão, em busca dos locais favoráveis à alimentação, tornando-se vulneráveis duas vezes, ou mais, por ano.

A transposição arbitrária dessa prática de controle não considera a especificidade da ictiofauna da Amazônia e deve ser aperfeiçoada, sem o abandono da pesquisa de métodos de proteção da desova das espécies comerciais mais ameaçadas. Há migrações nos períodos de águas baixas, quando os cardumes são ainda mais capturáveis, encontrando-se em trânsito pelos canais dos rios principais. Podem ser sobre-explorados em períodos fora da desova, eliminando-se assim os procriadores potenciais que se quer proteger, com igual resultado negativo, de comprometimento dos estoques. O ecossistema impõe períodos fechados à pesca, através de mecanismos reguladores naturais, devido à dificuldade de captura dos peixes quando se espalham no período das enchentes, durante quatro ou cinco meses, não podendo ser capturados em grande quantidade, pois as redes se estragam e a localização é difícil. É nesse período que aumenta a importância da pesca ribeirinha, embora, com as malhadeiras, tenha aumentado o acesso da pesca comercial intensiva às várzeas, antes mais poupadas (Junk, 1984, p. 452).

O caráter indiscriminado do período do defeso torna inviável a pesca, a profissão de pescador e a regularidade do abastecimento. Os pescadores dizem que ficam às vezes nove meses parados, descapitalizando-se ou dedicando-se a outras atividades. Eis um estímulo à transgressão generalizada às normas de gerenciamento. Os profissionais afirmam que o melhor seria a proibição e controle da pesca de peixes "ovados" em geral; eles dizem que saberiam identificá-los, pois a desova depende da subida do rio, num calendário variável, a ser definido ano a ano e região por região.

Em Porto Velho, o período de desova não iria coincidir com o da proibição em alguns anos, estando previsto o período de 15 de novembro a 15 de fevereiro, considerado o do início das grandes chuvas, que, além de atrasadas, não foram tão abundantes no início dos anos 1990. Nem todos os pontos da Amazônia estão equipados para acompanhamento pluviométrico. A adaptação a ser estudada exigiria uma maior precisão meteorológica e exame cuidadoso das espécies que efetivamente desovam no período da subida da enchente. Outra reclamação é de que o controle dá-se mais sobre o pescador, e não sobre a comercialização, o que poderia aumentar a eficácia das proibições.

Petrere propõe um controle por estação, ou seja, na seca, por um período flexível, época em que os cardumes estão mais expostos e vulneráveis às redes. Comenta uma experiência eficaz de controle da desova, pela Semago, onde os fiscais acompanham os cardumes durante toda a piracema, para impedir que sejam pescados. Sugere que a medida seja embasada por pesquisa, levantamento de dados e ampliada a outros estados. Propõe também o fechamento por dois anos e a abertura da pesca por um ano, como mecanismo regulador, em certas áreas (Petrere, 1990, p. 8; Ribeiro e Petrere, 1989).

Quanto ao *controle dos instrumentos*, dos métodos e petrechos tradicionais, quando utilizados de modo adequado, além de eficazes para a captura, em geral são menos predatórios. Seu uso tradicional adaptou-os às diferentes estações e a condições naturais diferenciadas. O seu controle ou proibição seria impossível, pois comprometeria a alimentação das camadas mais pobres da população. Muitas proibições não têm sido eficazes, nem apropriadas, por ignorarem a fome e a pouca quantidade pescada pelo ribeirinho.

Alguns estudiosos mostraram que a malhadeira levou a excessos de pesca, por exemplo, no rio Madeira. Mas ainda não se criaram mecanismos adequados de prevenção da sobrepesca através do controle dos instrumentos. A definição do limite de tamanho para a abertura da malha resolve pouco diante da diversidade das espécies nos rios amazônicos. Dos instrumentos, são as grandes redes, a malhadeira em particular, que merecem o maior controle, mas a partir de mecanismos a serem aprimorados. Os especialistas consideram que há dificuldades para definir normas para o tamanho da malha, por causa da diversidade dos tamanhos e das formas dos peixes das espécies comerciais correntes. Com o controle da abertura da malha as autoridades pretendem desviar a pesca dos jovens para os adultos. A eficácia aumentaria, ou se tornaria real, se os adultos de todas as outras espécies fossem do mesmo tamanho e formato, o que não é o caso na região. Ao proteger-se uma espécie, captura-se o jovem da outra, como se dá com a abertura da malha para o tambaqui, que permite a captura do jovem pirarucu. Vários especialistas vêm advertindo que o controle da abertura da malha também não resolve a proteção dos filhotes de pirarucu e do tambaqui, que têm ainda muito jovens o tamanho dos espécimes grandes de outros peixes e são os mais ameaçados. A ausência de dados estatísticos contínuos a respeito das capturas por instrumento prejudica a visibilidade sobre a eficácia de seu controle, argumentam.

Petrere mostra que o controle dos instrumentos, como a rede no caso dos cardumes de jaraqui, pode ser desastroso ao abastecimento das camadas pobres dos grandes centros, como Manaus. Lembra que 85% dos jaraqui apanhados no rio Negro o são com esse instrumento, e representam 40% do desembarque. No caso do controle da abertura da malha, em geral de 18 a 24 mm, apesar de não serem seletivas para as espécies migradoras, os pescadores soltam os pequenos jaraqui. Petrere teme que o aumento do tamanho da malha retenha estes espécimes, aumentando a mortalidade. Os jaraqui apenas podem ser pescados acima de 15 cm. Com a diminuição do tambaqui, aumentou a pesca do jaraqui, e os especialistas começam a constatar a diminuição de quantidade, sendo uma das espécies mais importantes da região, 90% da pesca comercial do rio Negro (Petrere, 1990, p. 8; Ribeiro e Petrere, 1990).

Outra observação corrente dos especialistas é de que a proibição ou *controle por espécie* também não tem mostrado eficácia, embora recomendem como o mais adequado. Em alguns mercados locais, as espécies proibidas são exibidas abertamente, o que mostra os limites do controle e até uma valorização do consumo do proibido, para grandes ocasiões, através de fornecedores clandestinos. Duvidam assim da eficácia da proibição por espécie, com receio de indiretamente estimular seu consumo, mesmo os que temem que muitas espécies possam vir a estar ameaçadas de extinção num futuro próximo. O aprimoramento da pesquisa tende a levar a um aumento da eficácia do controle por espécie, numa estratégia combinada a outros mecanismos reguladores. Também nesse caso o ceticismo não se justifica, pois o esforço de controle por espécie foi insignificante.

Atenção particular deve ser dada à pesca do tambaqui e do pirarucu, da piramutaba no estuário, do mapará, no rio Tocantins, que, segundo especialistas e pescadores, constituem as espécies mais ameaçadas. Embora não tenham desaparecido, diminuem em tamanho e quantidade. A preocupação maior está voltada à sobrepesca do tambaqui e do pirarucu (Bittencourt; Cox-Fernandes, 1990, p. 24). Todos os pescadores referem-se à diminuição do tamanho, do peso e da quantidade nos cardumes, no Amazonas, no Pará e em Rondônia. O tambaqui vem sendo cada vez menos encontrado nos leitos principais, confirmam os pescadores. No mercado de Manaus aparecem cada vez mais "ruelos", o jovem tambaqui proibido por lei. Um engenheiro de pesca de Manaus mostrou-se também preocupado com a sobrepesca da aruanã--branca e da aruanã-preta. Alguns especialistas preocupam-se com o risco da pesca de exemplares jovens de piramutaba e com o desaparecimento de algumas espécies da pesca ornamental, como o disco.

A pesquisa permitirá o conhecimento dos estoques e do ciclo de vida dos mais ameaçados. Nessas espécies concentra-se o desrespeito à lei. Em Manaus, por exemplo, há pesca durante o "defeso", porque o pirarucu e o tambaqui são de mais fácil captura nos meses da reprodução. O peixe com pesca em crescimento no Amazonas é o jaraqui, e ainda não houve alertas definitivos quanto à sua sobrepesca. Goulding é pessimista quanto à extensão e preservação dos estoques e considera que o precário manejo da pesca foi comprovado com a dizimação do pirarucu, tolerada por causa da crença na superabundância: "tem demais", é o que se dizia, e se diz. Considera que há indicadores de diminuição do potencial com o aumento da população e, o que era "um pecado ecológico, tornou-se um sério problema ambiental", ameaçando uma reserva biológica importante na região, podendo provocar escassez de proteínas nas camadas de menor poder aquisitivo, em Manaus e outras cidades do Amazonas, caso não se introduza um manejo adequado, principalmente ao longo do rio Solimões (1983, p. 202). Com os métodos e instrumentos utilizados na atualidade, os especialistas não acreditam que se manterá a produção, por exemplo, do tambaqui, do pirarucu e dos grandes bagres. Algumas espécies mostram sinais de diminuição de estoques, como o tambaqui, com queda do peso médio, mesmo nas viagens longas da pesca comercial. As razões não estão claras, ou seja, não se pode concluir que o fato se deva apenas à sobrepesca, em face dos outros fatores interferindo na reprodução, como a ocupação das várzeas, o desmatamento, o garimpo, a mineração, a urbanização, dentre outros. O controle por espécie pode ser importante, articulado com a garantia da qualidade da água e a preservação das áreas alagadas. Alguns sugerem a possibilidade de introduzir-se proibições por alguns anos para algumas espécies, ou em algumas regiões, mas antecedidas por pesquisas que fundamentem a eficácia da medida e preparem os instrumentos institucionais que garantam sua aplicação.

A organização de uma sistemática de preservação por espécies deve ser combinada à *proteção de espécies não comerciais*, mas vítimas da pesca, como o boto, prisioneiro das redes. Um exemplo da dificuldade do controle por espécie foi a proibição da captura da tartaruga e do peixe-boi, estimulando um comércio ilegal das espécies já ameaçadas há muitas décadas. O peixe-boi foi uma das mais importantes espécies comerciais da Amazônia no período colonial, aproveitando-se seu couro para fins industriais, além da gordura. Em 1971, o peixe-boi já era considerado em extinção (Goodland; Irwin, 1975, p. 95). A proteção das espécies da pesca comercial deve ser combinada com a dos répteis, a das tartarugas, do tracajá, cujo ovo vem sendo predatoriamente coletado como reforço da dieta regional. A captura da tartaruga continua, são encontráveis abertamente expostas nos mercados de Belém e Manaus, como prato da elite em restaurantes ou banquetes. O mesmo ocorre com o jacaré, por exemplo, no Vale do Guaporé, em Rondônia, na fronteira com a Bolívia, para contrabando de couro ao exterior.

O GERENCIAMENTO PELA DIVERSIFICAÇÃO E ALTERNATIVAS DE MERCADO

No caso da grande pesca comercial, como Manaus e Santarém, Bayley e Petrere recomendam o *gerenciamento da produção em escala*. Pode-se estimular o consumo das espécies menores em face da diminuição das maiores, embora com menor valor comercial, o que permitiria ainda um aumento das capturas, como as do curimatã, jaraqui, branquinha, aracu, cubiú, uruanã, sardinha, dentre outras. Observam que os peixes cobiçados, como tambaqui, tucunaré, pescada, chegam a alcançar ou superar o preço da carne de frango, forçando a aceitação pelas camadas de menor poder aquisitivo dos peixes menores. Há regiões com potencial nas proximidades das grandes cidades para os peixes médios. Os dois especialistas declaram-se favoráveis a uma solução combinada, enfatizando o risco de crise de abastecimento no caso de uma proibição generalizada e arbitrária da pesca comercial. A pesca comercial equipada, quando não encontra o peixe em um local, busca outro. Propõem um estímulo regulador para a diversificação na proximidade dos grandes centros, além de várias formas de áreas reservadas aos ribeirinhos, nos locais mais distantes, sempre estatisticamente acompanhadas, para considerar sua eficácia.

Uma outra corrente acredita em um mecanismo regulador pelo acaso, ou pela sorte, ou seja, as espécies que se tornam mais difíceis de capturar tenderiam a ser substituídas por outras, que passariam a ser mais bem aceitas pelo consumidor por falta de alternativa. Tal solução não parece ter salvo o peixe-boi ou a tartaruga, e não promete fazê-lo com o pirarucu e o tambaqui, a piramutaba ou o mapará. O aumento da pesca acompanhando o consumo tende, ao contrário, à sobrepesca das espécies mais cobiçadas, que não deixarão de ser pescadas quando encontradas, mesmo tornando-se mais raras.

Há unanimidade em torno da assertiva de que o mais importante não é a modernização dos equipamentos para aumentar quantidades da pesca seletiva de uma dezena de espécies, mas *buscar a diversificação*, como a única forma de aumentar a produção. O obstáculo é a franca preferência do mercado regional pelos peixes com escama, os mais procurados. O gerenciamento deve, ao mesmo tempo, dar *prioridade ao abastecimento regional*. A diversificação pode ser dirigida às periferias das grandes cidades, onde se encontra o maior consumo potencial de pescado, e aos mercados do sul, fronteiriços, e para os grandes importadores do Primeiro Mundo, para onde se destinam já os grandes bagres, os peixes ditos de couro, que são regionalmente recusados.

Há necessidade de introdução, transferência, pesquisa e *desenvolvimento de tecnologias* de conservação pelo frio que permitam aos pescadores especializados, aos ribeirinhos e aos indígenas disporem de sistemas adaptáveis em seus barcos de pequeno porte, além de unidades frigoríficas dimensionadas para as associações, e de tecnologias de industrialização visando a diversificação das espécies pescadas. Algumas espécies necessitam de *tratamento industrial ou semi-industrial e estudos de mercado* para maior aceitação, por terem muito espinho. Apenas o aproveitamento das espécies menores poderá impulsionar a diversificação. Houve estudos no Inpa sobre sua apresentação na forma de salsicha ou *fishburger*, mas ainda não experimentadas em escala comercial, podendo ser uma saída na exportação. Petrere propôs também o estímulo a pequenas e médias indústrias de enlatado, filetado ou de farinha (Petrere, 1990, p. 10). Há um consumo de elite de surubim defumado, um salmão dos trópicos, a ser incrementado.

O CONTROLE DOS DESPERDÍCIOS E A REFORMA INSTITUCIONAL

Os equipamentos de congelamento para os ribeirinhos tenderiam a aumentar sua capacidade de estoque, como estímulo à diversificação ou à substituição, que poderia ser também temporária ou orientada ao mercado. Pesquisas são necessárias devido às necessidades energéticas, custosas na região, e também para a construção de unidades menores, como frigoríficos e túneis de gelo. As associações carecem de orientação contábil e gerencial. É importante introduzir uma tecnologia adequada para a conservação do gelo de bordo, estabelecendo-se um padrão mínimo de eficácia para *diminuir as perdas no transporte*. O risco é o superdimensionamento e o protecionismo nos incentivos fiscais, como no caso da pesca estuarina e litorânea.

Em razão da contaminação de diferentes origens, além de graves ameaças como o cólera, nos locais de desembarque, há que se intensificar o *controle da qualidade do pescado* distribuído, pois pode vir a condenar a atividade pesqueira, em particular para a exportação. Tal controle pode ser feito em articulação com as autoridades sanitárias, por amostragem a partir das espécies e por local de captura, com ênfase inicial no mercúrio. Há locais de desembarque clandestino em todas as cidades, além dos locais das empresas, não ligados às colônias. O controle deve estender-se aos processos industriais, como alguns dos processos de salgamento artesanais, considerados contrários às regras pelos serviços sanitários no Pará (Hartmann, 1988).

O *controle dos desperdícios*, segundo ribeirinhos, funcionários dos portos e da ex-Sudepe/Ibama, é urgente. Os desperdícios foram estimados na ordem de 30% da produção, cerca de 60.000t, pela indisponibilidade de acessível conservação pelo gelo. Eles ocorrem por causa de dois fatores: os preços baixos oferecidos pelos frigoríficos nas safras e a substituição perdulária de um cardume já pescado por outro, com vistas a aumentar a rentabilidade da viagem de captura. Petrere refere-se às perdas por deficiências de gelo a bordo, e as estima isoladamente em 30% (Petrere, 1990, p. 5). Os preços do óleo e do gelo influenciam a seletividade nas capturas, a troca de uma captura por outra, como a de um cardume de jaraqui por um de tambaqui. Esse desperdício das espécies mais baratas é severamente criticado pelos ribeirinhos contra os pescadores semiprofissionais. Consome-se regionalmente o pescado fresco, ou seja, para os ribeirinhos e especializados, a indisponibilidade de gelo e frigorífico é um grande ponto de estrangulamento à comercialização.

Algumas pescas específicas contam com perdas predatórias que necessitam de melhor aproveitamento, como a fauna acompanhante da pesca estuarina. Não há estudos precisos sobre os desperdícios. Mas "no dia 29 de outubro de 1975, foram desembarcadas 245t de peixe no mercado de Manaus, segundo a Colônia de Pescadores z-2. Se a população (380 mil habitantes) tivesse consumido em média 200g de peixe naquele dia, seriam aproveitadas 76t, o restante está sendo jogado fora por falta de um entreposto que armazene este excedente" (Schubart et al., 1976, p. 508). Até hoje a colônia de Manaus carece de um armazém para estocagem. As autoridades não têm mostrado competência para promover o controle por falta de recursos, de pessoal treinado e, sobretudo, pela carência de formação de uma consciência social generalizada da importância das medidas. Quanto à operacionalidade do gerenciamento dos rios da Amazônia, o primeiro passo é, sem dúvida, a reorganização interna do Ibama. *Uma reforma institucional, pela articulação interinstitucional*, iniciando-se pela criação de uma estrutura centralizada voltada aos recursos hídricos, que unifique o acompanhamento das águas interiores, impulsionando o tratamento de questões como o garimpo, outras interferências e o controle da sobrepesca na Amazônia. Necessita-se de uma melhor distribuição de funções com os órgãos estaduais e municipais e *definição das competências* para legislar e normatizar. A carência do Ibama na *capacidade de fiscalização* apenas pode ser resolvida através de convênios com instituições estaduais e, a médio prazo, com a criação de departamentos de pesca nas secretarias de meio ambiente estaduais. Os pescadores ambicionam secretarias estaduais voltadas especificamente à atividade pesqueira. No entanto, o fortalecimento de um só órgão gerencial ambiental integrado no nível estadual, com departamentos, parece o mais adequado, por permitir o gerenciamento da pesca na sua interface com as outras atividades econômicas que interferem no uso múltiplo dos rios.

O Ibama pode articular-se melhor com as demais instituições de governo, em particular a Eletronorte e Eletrobrás, sobre o plano energético; com o DNPM, para o controle das atividades mineradoras na Amazônia, o garimpo em particular. Para a criação de áreas de manejo de pesca, zoneamento dos lagos, reservas de pesca e extrativistas, o Ibama terá que atuar com a Funai e o Incra, devido à especificidade da condição indígena e a gravidade do caos fundiário que desestabiliza as comunidades ribeirinhas.

Outra articulação indispensável ao Ibama são as instituições de pesquisa, para o embasamento de sua atividade normatizadora, com as organizações não governamentais e representativas da sociedade civil, e com as organizações profissionais de pescadores e associações de ribeirinhos, para que a base do gerenciamento seja efetivamente a negociação entre os atores, embasada pelo conhecimento científico da origem e extensão dos conflitos. Apenas no estado do Pará, em 1990, havia 27 portarias regulamentando a pesca. A confusão normativa é grande, desorienta e aumenta o desprezo pelas normas, inclusive repetitivas e defasadas, além de algumas contraditórias, como as de tamanho mínimo. Esse caos somado a que, por exemplo, no Pará, há um fiscal para cada 11.000 km², com 8,5 mil pescadores artesanais em média, desmoraliza. A revisão e atualização devem envolver os interessados, em particular o produtor primário, e protegê--los contra outros interesses predatórios. A fiscalização necessita envolver os órgãos estaduais (Hartmann, 1988).

Desde 1912, segundo Fischer, aparecem referências à pesca em águas interiores em atos governamentais, mas apenas como uma vaga preocupação, como no Código de Pesca de 1938. Só em 1967 a ex-Sudepe reelaborou o Código de Pesca, através do Decreto-Lei 221/1967, base sobre a proteção e o estímulo à atividade do setor. Pôde assim a ex-Sudepe elaborar normas complementares, como a Lei 7679/1988, que proíbe a pesca em períodos de reprodução de espécies e reafirma a competência da instituição, o Ibama, para definir os períodos selecionados (Fischer, 1990, p. 4-5). A pesca carece de uma *orientação legislativa e normativa clara e concisa*, e de uma descentralização prudente, pois se a municipalização é vantajosa, necessita de suporte técnico para não se tornar manipulável por interesses circunstanciais.

UMA PESQUISA INTERDISCIPLINAR VOLTADA AO GERENCIAMENTO DA PESCA

> *Ictiologicamente, a bacia amazônica é o sistema de águas doces menos conhecido do planeta, em termos de descrição básica de fauna e de dados coletados anualmente sobre as pescarias, a região está pelo menos um século atrás da Europa e da América.*
>
> GOULDING, 1983, p. 202

Essa opinião é unânime entre os especialistas. As ações de gerenciamento, para tornarem-se viáveis, fundamentam-se em aprofundamento da pesquisa sobre os ecossistemas, a ictiofauna em particular, mas orientada não apenas por objetivos acadêmicos, de pesquisa para inventários biológicos básicos taxionômicos e classificatórios, embora indispensáveis a longo prazo, mas pesquisa aplicada ao impacto imediato sobre a renovabilidade do recurso peixe e ao monitoramento da pesca e das atividades de exploração econômica em expansão, que vêm se tornando, como um conjunto, mais ameaçadoras do que a sobrepesca.

Tais pesquisas devem ser articuladas com o controle estatístico do desembarque, do esforço de pesca, e com as pesquisas relativas ao conhecimento dos estoques, ao impacto dos instrumentos de pesca, aos riscos de sobrepesca, às perdas da safra, aos desperdícios por falta de congelamento a bordo ou pelas trocas de cardumes por outros mais rentáveis otimizando as viagens, e espécimes jovens rejeitados no estuário, até à promoção da diversificação das espécies exploradas.

O gerenciamento passa pelo estímulo às pesquisas interdisciplinares, em particular incrementando a participação das ciências humanas, tema em que o conhecimento da pesca encontra sua maior lacuna, porque desarmadas de recursos financeiros, metodológicos, e excluídas por uma certa desconfiança obtusa e insensata quanto à sua importância e operacionalidade. Há grande carência de dados socioeconômicos, de mercado e consumo, da importância do peixe na dieta das camadas empobrecidas, das inter-relações entre a pesca e a qualidade de vida das populações, e o seu papel participativo no gerenciamento.

A pesquisa básica taxionômica é indispensável a longo prazo, mas, frente aos recursos limitados, deve ser compatível com a pesquisa das questões socioambientais já identificadas. Os biólogos enfatizam a importância da pesquisa da sistemática classificatória de espécies e do acompanhamento estatístico do esforço de pesca, das capturas, do desembarque e da comercialização. A maior lacuna, no entanto, no caso da pesca na Amazônia, é a pesquisa social e econômica. A pesquisa deve voltar-se aos atores, ao produtor primário, à sua viabilização na atividade, ao aumento da sua renda monetária, à sua estabilização no local de moradia, à diversificação das espécies capturadas, às tecnologias de conservação pelo gelo e para industrialização e comercialização. A ciência social poderia responder mais diretamente quanto às necessidades do produtor primário, à sua diversidade cultural e ao controle das ameaças à renovabilidade do recurso peixe.

Há pouca, ou nenhuma, interdisciplinaridade na pesquisa acadêmica ou aplicada relativamente à pesca. É considerada um assunto restrito aos biólogos e ecólogos especializados em ictiofauna, com uma pesquisa de dinâmica própria, voltada às exigências do universo acadêmico, e raramente ocupando-se de temas como as populações ou o gerenciamento ambiental. Os estudos classificatórios, os inventários biológicos e ecológicos das espécies menos conhecidas levariam dezenas de anos, o que exige impulsionar pesquisas simultâneas de intervenção reguladora. Nesse período de espera, a pesca continua, assim como a degradação dos rios e dos que deles dependem. Para o gerenciamento, as pesquisas interdisciplinares precisam voltar sua atenção para os grandes peixes migradores submetidos à pesca comercial, para conhecer os riscos reais regionalizados do esgotamento dos estoques.

Há uma grande distância entre a pesquisa e o gerenciamento que se necessita superar. Medidas sem prévia pesquisa tendem à arbitrariedade, à inconsistência e ao fracasso. Os especialistas indicaram algumas das condições para o manejo adequado dos recursos pesqueiros, no que se refere à sobrepesca: concluir os levantamentos dos especialistas em ictiofauna, permitindo uma mais completa classificação taxonômica, e maior conhecimento da distribuição das populações e da ecologia de seus *habitats*; o aprimoramento da base de dados de esforço, de capturas e de desembarque, por espécie; um melhor conhecimento da correlação entre o consumo e a produção potencial da região e a implantação de uma estrutura burocrático-institucional capaz de fazer cumprir a legislação adotada. Goulding, por exemplo, declarou-se pessimista quanto à possibilidade de se alcançar na Amazônia tais objetivos num futuro próximo (Goulding, 1983, p. 203-204; Junk, 1984; Bayley; Petrere, 1989; Petrere, 1990).

Com a extinção da Sudepe, as coletas de dados praticamente desapareceram. Funcionavam antes de modo precário e apenas para os grandes portos de desembarque, baseados nas colônias. Estas são ainda as que contam com os melhores dados. A influência dos pesquisadores do Inpa na organização do sistema no final da década de 1970 foi importante. O sistema de coleta não conseguia sequer atingir os pontos de concentração no interior, ignorando a maior parcela, a pesca difusa ribeirinha que abastece os mercados locais, estimada em 61% da pesca da região. O sistema está desmontado: em alguns estados, como Rondônia e Amazonas, nem mesmo se totalizam os dados das colônias, ou, quando se faz, é com muito atraso. O IBGE limita-se a produzir estimativas a partir dos dados da ex-Sudepe. A coleta também não é adequada, segundo os especialistas, em particular por não produzir dados de esforço. Para o gerenciamento, inclusive dos conflitos, uma base quantitativa é indispensável.

Falta uma orientação básica para as pesquisas de gerenciamento. O Ibama teria setenta convênios de pesquisas, na maioria com o Inpa, mas nem os funcionários encarregados sabem o que dizer acerca de sua eficácia ou propósito. O Ibama não produz pesquisa própria, menos ainda pesquisas de natureza social. Seu mais importante convênio deu-se com a cooperação técnica alemã, no quadro do Projeto Iara, sobre o gerenciamento do Lago Grande de Monte Alegre e outros aspectos da pesca no Pará.

Há uma iniciativa do departamento de pesquisas do Ibama, no sentido de manter um Grupo Permanente de Estudos de Águas Interiores da Bacia Amazônica. Foram levantados 120 estudos feitos no estado do Amazonas, e as principais pesquisas (48 pesquisadores, a maioria do Inpa) com essa finalidade. O Inpa é o principal centro de pesquisas sobre a pesca na Amazônia, embora a carência nas ciências humanas seja a maior lacuna.

No Pará, as ciências sociais têm uma presença maior na pesquisa da pesca, com equipes no MPEG, Idesp e Naea/UNFP, que deram origem também ao I Encontro dos Pescadores do Baixo Amazonas e, em 1984, ao I Seminário da Pesca Artesanal no Pará. A maioria das pesquisas das ciências humanas voltam-se mais à pesca estuarina do que à pesca em águas interiores. O Idesp também estudou a fauna acompanhante e o seu desperdício na pesca estuarina. Em convênio com o CIRM, há uma pesquisa interinstitucional e interdisciplinar sobre áreas costeiras. Tal projeto está ligado ao gerenciamento da costa brasileira, prevendo zoneamento ecológico-econômico e definição de áreas de preservação, inclusive ilhas, zonas costeiras, fluviais e lacustres.

Parte das pesquisas foram fomentadas para a viabilização de obras de grandes barragens hidrelétricas, reorientando as pesquisas correntes das instituições, devido à carência de recursos em que se encontravam. Muitas pesquisas são voltadas ao setor empresarial, poucas aos ribeirinhos. Por outro lado, parte dos pesquisadores são estrangeiros, voltados à produção acadêmica de seus países de origem, deixando experiência, mas faltando continuidade à instituição regional, que funciona como um local de passagem, com honrosas exceções. De trinta pesquisas em curso em 1991, apenas uma envolvia os beiradeiros. Outra corrente importante é fomentada por recursos de instituições de pesquisa do Primeiro Mundo, em particular EUA, Alemanha, França e Inglaterra. A debilidade do esforço de pesquisa é a ausência de agenda própria e programação local, ausência das ciências sociais, falta de perspectiva de formação de equipes locais, ou seja, sua dispersão e descontinuidade. A maior parte da produção destina-se a publicações no estrangeiro, ou a interesses empresariais, e raramente são traduzidas ou divulgadas em português, com exceções que, nesse quadro, tornam-se ainda mais notáveis.

A documentação também se encontra dispersa. Conta-se com as bibliotecas do MPEG e do Inpa. Há também material disponível em diferentes departamentos da USP, onde está o centro para a sistemática de classificação das espécies. Outro centro importante em São Paulo encontra-se na Unesp/Rio Claro, com maior ênfase nas questões ambientais. A situação mais caótica em matéria de documentação, apesar de sua importância, dava-se em Brasília, em 1990, com as três bibliotecas da ex-Sema, ex-IBDF, ex-Sudepe, que constituirão o centro nacional de dados ambientais do Ibama[1].

PESCA: UMA PERSPECTIVA SOCIOAMBIENTAL PARA O GERENCIAMENTO DOS RECURSOS COMUNS

Para a sustentabilidade, o Estado deverá alcançar pela consulta a condição de normatizador e regulador entre os diferentes

---

1 O acervo mais interessante seria o da ex-Sudepe, mas encontrava-se inacessível. Grande parte dos documentos estão em caixas de papelão pelas salas do departamento de pesquisas. Os funcionários levaram para casa os documentos que julgaram mais preciosos, dispersando-os. Os livros estão na ex-sede, não podiam ser consultados porque o acervo está entregue a uma futura biblioteca do Ibama, que ainda não teve tempo de proceder à integração.

interesses em presença, pelo gerenciamento dos recursos comuns. Necessita unificar, pela negociação, por mecanismos geradores de consenso, esses "atores com projetos conflitivos" para um "novo tipo de parceria" (Becker, 1993, p. 138; Sachs, 1993, p. 43). Trata-se de desanuviar a disputa pelos recursos e garantir a prioridade aos renováveis, na oposição entre renováveis e não renováveis. Onde ganham os não renováveis, perde-se qualidade de vida a longo prazo, como no caso do garimpo inviabilizando a pesca fundamental. O estado endocolonial estimula e financia a privatização e a degradação não compensatórias dos recursos comuns através do estímulo indiscriminado, por exemplo, à mineração, ao garimpo, às madeireiras, à sobrepesca comercial, às agropecuárias.

Para garantir a conservação dos recursos hídricos, qualidade de vida aos beiradeiros, renovabilidade ao recurso peixe, a sociedade brasileira, os amazônidas em particular, e a comunidade internacional, terão diante de si uma intervenção urgente, diversificada e de grande alcance, em direção ao gerenciamento socioambiental do conjunto da bacia, tanto no que se refere às grandes obras do estado, quanto à iniciativa privada, além da regulação dos conflitos entre produtores pelos recursos comuns.

Por que a *pesca artesanal interior* ficou subdesenvolvida tanto tempo, com tal potencialidade na Amazônia? Grande parte das respostas remete à não estabilização do produtor; à insuficiência de sua renda monetária; à alta seletividade; à pouca diversificação das espécies no consumo regional e na exportação; à ausência de uma política governamental adequada para a pesca; à onerosa cadeia de aviamento e intermediação, que empobrece o produtor primário; à sazonalidade da produção pesqueira determinada pelo ecossistema; às carências diversas na comercialização, na estocagem pelo congelamento e no crédito, que desanimam o produtor primário. Ao contrário, as pescas empresariais de exportação contam com instalações superdimensionadas, estimuladas inadvertidamente pela arbitrária atribuição do incentivo público, dispondo inclusive de capacidade ociosa. A pesca na Amazônia sofre também de um limite em sua expansão como atividade econômica: a miséria do seu principal consumidor regional, os pobres da periferia das grandes cidades, e também os do interior, competindo com a pesca comercial para sobreviver.

Há dois objetivos aparentemente contraditórios no gerenciamento da produção pesqueira: por um lado, é urgente o estímulo ao aumento de sua produtividade e diversificação, através da infraestrutura de conservação pelo gelo e do crédito ao produtor primário para renovação de equipamentos. Porque a pesca é decisiva ao abastecimento dos grandes centros urbanos, presente e futuro, além de ser o meio de vida de milhares de pescadores e suas famílias. Por outro lado, é indispensável um adequado zoneamento da pesca, implicando reconhecimento da pesca temporária e de sobrevivência, em compatível aproveitamento do excedente comercializável do ribeirinho, acompanhado da proteção dos locais de pesca, garantindo proteínas e renda monetária às populações beiradeiras. Como evitar a migração urbanizadora, estabilizar as populações do interior e, ao mesmo tempo, adequar e garantir o abastecimento dos grandes centros, e até exportação de excedentes, senão integrando-as como produtoras e aumentando sua renda? Como gerenciar a renovabilidade do recurso, sem integrar na linha de frente o produtor primário?

Para prevenir conflitos, aumentar sustentavelmente a produção e orientar o uso adequado dos estoques, o gerenciamento ambiental deverá ser diferenciado, pela diversidade dos ecossistemas e da ocupação humana, e regionalizado, pela condição dos produtores primários. Deverá constituir uma ação em múltiplas frentes, envolvendo várias instituições de governo e da sociedade civil, antecedida por um zoneamento por bacias, devido à importância das distâncias migratórias das principais espécies pescadas. O gerenciamento necessita do apoio de pesquisa aplicada e interdisciplinar, voltada ao desenvolvimento sustentável da pesca, incorporando os conhecimentos produzidos pela pesquisa básica científico-acadêmica.

O estímulo à produção pesqueira tem como ponto de partida o apoio ao produtor primário, tanto ao ribeirinho, pescador eventual, quanto ao pescador especializado semiprofissionalizado. A implementação de uma adequada administração do recurso deve ser anterior ao estímulo à produção. O aumento da produção pesqueira apenas poderá ser buscado pela diversificação das espécies capturadas, pela diminuição das perdas, inclusive pelo aumento da capacidade de armazenamento do pescado congelado, posto à disposição do produtor primário ribeirinho. Deve buscar o aprimoramento de saídas de mercado, ou de tecnologias de industrialização, adaptadas às espécies a serem introduzidas no mercado local, nacional ou de exportação. Simultaneamente deve-se rever, reforçar e tornar efetivas as medidas já introduzidas, tais como a proteção da desova, controle de instrumentos e sobrepesca dos jovens de algumas espécies.

Um esforço de gerenciamento socioambiental deverá representar uma dinâmica integrada do Estado e da sociedade civil, comportando mudanças de orientação e posturas. O primeiro passo é o planejamento por bacias, ou células espaciais, acompanhada de um zoneamento específico da pesca (Ab'Saber, 1989, p. 11). O instrumento básico para a elaboração do gerenciamento está na negociação com a variada gama dos atores: pescadores, ribeirinhos, intermediários, industriais, consumidores, exportadores, sociedade civil, ambientalistas e as instituições de governo. Para que seja eficaz, a pesquisa nas ciências sociais deve identificar claramente os interesses em presença, dentro do conjunto da cadeia econômica envolvida na produção pesqueira, em seu processo produtivo, da captura ao consumidor, passando pelo desembarque, armazenamento, transporte e mercado.

A ação gerencial implica participação e a disseminação de informações, a educação ambiental de todos os atores socioeconômicos dependentes ou produtores do recurso pesqueiro, combinadas com a atenuação dos conflitos, através de mecanismos reguladores. Sua implantação passa pela reforma das instituições do Estado, a criação de uma equipe especificamente voltada à pesca artesanal em águas interiores e uma melhor articulação interinstitucional, com mais adequada distribuição de funções e apoio de pesquisa. A reorientação não se limita a poupar o recurso, mas a promover seu uso adequado, pois tanto as cidades quanto particularmente as populações do interior são dependentes do peixe. Dependência que apenas tende a aumentar diante da indisponibilidade em escala ou da inconveniência de recursos de proteínas substitutivas, como as da caça, as advindas da criação de aves ou da pecuária, quando o interesse social é pela diversificação, sustentabilidade e alternância da oferta de alimentos.

Medidas preventivas reguladoras são necessárias frente aos conflitos latentes, como o atualmente aguçado entre os pescadores artesanais, dedicados à atividade em tempo integral, geralmente vivendo nas cidades, e os beiradeiros, dedicados em tempo parcial, integrados em outras atividades combinadas, extrativistas ou agrícolas de sobrevivência. A participação tem incidência direta no aumento da capacidade de autogerenciamento pelos produtores. Os conflitos entre profissionais e ribeirinhos pescadores sazonais encontram-se agravados por uma cadeia de intermediações complexa e entreverada, que termina por onerar excessivamente o produtor, ou seja, todos os atores e todos os momentos da produção pesqueira devem ser considerados numa reorientação do gerenciamento.

Sem uma perspectiva integrada socioeconômica-ambiental não há soluções puramente técnicas ou quantitativas capazes de fazer frente ao esgotamento, em particular das espécies mais utilizadas. Devido à diversidade dos *habitats*, da nutrição dos peixes, das espécies, dos atores socioeconômicos, das tecnologias de pesca, das especificidades regionalizadas da exploração, apenas uma ação múltipla e articulada poderá orientar um gerenciamento adequado. Os pescadores reclamam também dos preços alcançados junto aos intermediários e dos preços mínimos adotados em alguns momentos e regiões. A queda do preço no alto da safra deve-se ao monopólio dos grandes frigoríficos sobre a estocagem pelo congelamento. A política governamental pode desempenhar um papel importante na regulação desses conflitos de interesses. Esses conflitos sociais interferem diretamente na maior ou menor capacidade das populações em participar da proteção dos recursos naturais, garantindo sua renovabilidade.

A longo prazo, o ribeirinho é o produtor ideal, porque integrado ao ecossistema, estável em seu local de moradia, capaz de encontrar outras alternativas econômicas combinadas nos períodos de entressafra ou de proibições para a preservação, de interiorizar uma consciência orientadora da renovabilidade do recurso, recuperando ou reafirmando inclusive tradições nessa direção. As comunidades instaladas na zona rural, ocupadas na pesca, extrativismo e agricultura, custam menos à sociedade do que os urbanos e a eles fornecem. As políticas de diferentes governos não lhes deram prioridade. No sistema atual, a pesca ribeirinha teria dificuldades em, por si só, abastecer os grandes centros sem o pescador profissional especializado, residente nas cidades e relativamente equipado para longas viagens. Mas a médio prazo, essa tendência pode ser revertida ou equilibrada, aumentando-se a importância do abastecimento pelo ribeirinho, diminuindo a intermediação. Os programas destinados ao desenvolvimento sustentável da pesca devem priorizar o ribeirinho. Ribeirinho ou sobrevivente indígena não significa automaticamente preservacionista, embora o sejam, com frequência, comparativamente. Os mecanismos reguladores culturais tradicionais, autocontroladores, herdados em parte do manejo milenar, tendem a extinguir-se com a necessidade cada vez maior de renda monetária dessas comunidades desprovidas. Com a perda do interesse econômico em outras atividades, como o extrativismo e a agricultura, os ribeirinhos tendem a aumentar sua renda da pesca, e daí o aumento do conflito. Há um crescimento da importância do ribeirinho, não suficientemente estudada, na produção pesqueira destinada aos grandes centros através de intermediários equipados com gelo. O ribeirinho oferece a vantagem de uma interação adequada com a sazonalidade da pesca na Amazônia, condicionada pelas migrações de desova e nutrição do peixe, além de residir em caráter permanente na beira dos lagos de várzea, ou em outros pontos onde se concentra o maior potencial de captura, como as cachoeiras e as bocas dos rios. A ausência de regras na competição pelo recurso de uso comum termina por retirar de todos qualquer responsabilidade pela sua permanência.

Nenhum gerenciamento resultará a não ser orientado pela compreensão das questões sociais que conduzem à ou contribuem para a degradação. O gerenciamento terá, assim, uma perspectiva social e de participação dos produtores. Uma ordem de medidas de gerenciamento é determinada pela influência dos conflitos em torno aos locais piscosos. Significa a introdução de mecanismos reguladores no uso privado do bem público que é o estoque pesqueiro. Como não há criadores de peixe, nem proprietários de cursos d'água, trata-se, de fato, da exploração privada de recursos públicos, da privatização do público de sua apropriação descontrolada.

A pesca comercial de longas viagens tem menos compromisso com a renovabilidade do recurso peixe do que o morador das imediações, que depende do recurso inclusive para sua sobrevivência. Estes mecanismos reguladores, a concessão do direito de pesca, através do zoneamento, da introdução de sistemas de quotas, contribuem para impedir a diminuição dos estoques. Trata-se de orientar as relações entre os diversos interesses privados, o conflito que Petrere chamou de a "guerra do peixe". A mesma questão é posta pela competição pelo uso da várzea, pelo garimpo e pela mineração empresarial. O caos quanto à definição fundiária, em prejuízo dos índios e ribeirinhos, exige a presença de negociação e de decisão política, de apoiar sua permanência na região e na atividade. Os pescadores comerciais, assim como as outras atividades competitivas pelas várzeas, não estão condicionados a regras culturais, ao direito tradicional ou relações de vizinhança que os levem ao compromisso com a conservação do recurso. O peixe contribui com 70% da proteína das populações do interior e com 37% dos pobres das cidades, que consomem cada vez mais as espécies menores, tornando-se as maiores mais caras e raras.

Experiências de manejo de recursos pesqueiros por comunidades locais tiveram sucesso em outras partes e podem ser estimuladas a partir dos mecanismos reguladores existentes na tradição cultural. A várzea é um local privilegiado para todos. A vazante coincide ser simultaneamente o período agrícola e o da pesca na várzea, porque as redes estragam-se durante a enchente, presas na vegetação. A degradação das imediações diminui as possibilidades de alimentação dos peixes, dependentes de frutos, sementes, insetos e outros. "A concentração fundiária, o esgotamento dos recursos tradicionais de proteínas, como o peixe, são fatores do crescimento da urbanização na região", lembra Chapman (1989, p. 331).

Pode-se alcançar o consenso inclusive sobre essa questão decisiva: a proteção das várzeas, dos lagos, das bocas de rios, das cachoeiras, dos igapós e outros locais piscosos. Entre os instrumentos de gerenciamento, dos mais importantes a serem introduzidos, há o da criação de uma nova mentalidade sobre as áreas particularmente preservadas, considerando não apenas áreas de conservação permanente, mas também áreas de exploração monitorada, como os lagos, além da eventualidade de fechamento por período determinado (cerca de três a cinco anos) de alguns rios ou afluentes, para fomentar a reprodução no conjunto da bacia. O zoneamento, que orienta o gerenciamento, deve considerar não apenas as áreas já reservadas à preservação permanente, como áreas destinadas especificamente à preservação ou manejo de pesca, inclusive reservas de pesca ou extrativistas integradas, mas também áreas com realidades específicas como as indígenas e as destinadas às reservas extrativistas aos seringueiros e castanheiros.

Os próprios pescadores reivindicam do Ibama "menos repressão e mais extensão". Há a considerar também a importância da educação ambiental das elites e dos altos funcionários que impulsionam programas danosos à preservação dos recursos pesqueiros com sua ignorância da ecologia da região. "A pesca na Amazônia é mais um problema sociopolítico do que ecológico." (Chapman, 1989, p. 336) O pescado poderá vir a ser comprometido pelo conjunto das atividades da frente econômica nos rios e em suas margens. Um gerenciamento da pesca será integrado ao gerenciamento global dos recursos naturais, dos recursos hídricos em particular, da garantia do uso múltiplo das bacias. Inicia-se pela revisão do plano viário, do plano hidrelétrico, do controle das atividades de mineração e do garimpo, prevendo o controle da competição pelo uso agropecuário das várzeas, com atenção específica aos lagos, definidos pelos especialistas como o ponto central para a reprodução. A migração do pescado obriga à proteção do conjunto dos rios, inclusive dos canais centrais, onde transitam e onde se dá grande parte da pesca comercial. Os fatores de degradação dos rios poderão contribuir mais para o comprometimento da pesca do que a própria sobrepesca (Ledec; Goodland, 1988, p. 21).

Os pescadores reclamam por uma decisão política forçando a recuperação das áreas degradadas, de acordo com o previsto na Constituição. Argumentam que as interferências da sobrepesca, ou pesca predatória, não chegará tão cedo à extensão dos danos causados pelas atividades de mineração, como nos casos da cassiterita ou do garimpo de ouro. O gerenciamento necessita ocupar-se com a mesma decisão, não apenas dos pequenos, mas dos grandes empreendimentos, para que seja socialmente aceitável. No caso extremo do garimpo, sem a regularização da atividade garimpeira, não se sabe nem mesmo a quem cobrar a reposição, e no fundo de alguns rios há um revolvimento irrecuperável. O gerenciamento, por essa razão, apenas pode ser orientado por uma perspectiva preventiva.

O gerenciamento da pesca orienta-se por uma visão integrada do conjunto das diferentes atividades econômicas que ameaçam os rios da região. Para ser consequente, torna-se um item de uma política de gerenciamento ambiental para o uso adequado dos recursos naturais e o desenvolvimento sustentado. Deve ser integrado também ao conjunto do gerenciamento ambiental das cidades, desde o controle dos rejeitos industriais, saneamento básico, prevenção à saúde, higiene e controle sanitário dos mercados e locais de desembarque. O gerenciamento prioriza o abastecimento local e regional. Os projetos de desenvolvimento, governamentais ou privados, devem prever a proteção dos recursos pesqueiros, inclusive os que envolvem ampliação ou construção de portos, navegação ou sistemas de conservação pelo gelo (Ledec; Goodland, 1988, p. 51).

O gerenciamento eficaz terá que ser uma ação articulada com os demais países amazônicos limítrofes, onde se encontram grande parte das nascentes dos rios, devido à migração dos peixes e à expansão de atividades como o garimpo, uma vez que a fronteira econômica não tem limites apenas geopolíticos, mas está condicionada à rentabilidade do recurso explorado. "Como o destino do peixe é subir", os pescadores brasileiros argumentam que a preservação do recurso pesqueiro deve envolver os países vizinhos amazônicos. O exemplo são os peixes que migram pela cachoeira do Teotônio em direção à Bolívia. Perguntam até que ponto vale a pena poupar um recurso que será pescado em um país vizinho. Há contaminação mútua entre os países fronteiriços, em particular no caso do garimpo, expandindo-se a partir do Brasil em direção a quase todos os vizinhos. Convênios de normas comuns, de mútua cooperação, poderiam ser promovidos no quadro do pacto amazônico.

6. Mercados e Equipamentos da Pesca Regional

AS ESTATÍSTICAS PRECÁRIAS DA IMPORTANTE PESCA ARTESANAL AMAZÔNICA

Os números são áridos em geral, e raros quanto à Amazônia, daí a decisão de manter esta seção, para que o tema pesca se conclua por si mesmo com sua dimensão e proporções. Na verdade, esta seção é um informativo ao assunto da pesca, destinado à atenção dos mais envolvidos no tema, mesmo porque a pesca artesanal nas águas interiores da bacia amazônica é a mais importante do país. A Amazônia representa mais da metade da pesca artesanal comercial brasileira. Hartman considera que, incluída a pesca de sobrevivência, e somando-se a pesca de águas interiores com a estuarina e litorânea, apenas a produção do Pará pode alcançar mais de 70% da pesca artesanal brasileira. Quanto à produtividade, trata-se de um número considerado baixo para regiões tropicais, que pode alcançar entre 17 e 60 kg/ha/ano, frente aos 11 kg atuais.

Representa uma produção importante, quando se considera que não conta com subsídios governamentais e alcança US$ 200 milhões anuais. A média do consumo das camadas pobres é das mais altas do mundo, razão pela qual não há subnutrição em proteínas. A grande produção pesqueira comercial e industrial é centralizada, voltada à exportação da produção litorânea ou estuarina (Bayley; Petrere, 1989, p. 390). Os poucos dados estimativos *globais* disponíveis quanto ao mercado, consumo, estoque, potencialidades, espécies, na Amazônia brasileira, devem-se mais aos especialistas que aos números oficiais, embora sejam precários e descontínuos:

A PESCA NA AMAZÔNIA – DADOS DE 1987

pesca interior total brasileira	231.059 t
desembarque anual da bacia amazônica	199.000 t
consumo de mercados locais e ribeirinhos	121.390t,61%
área de capturas da bacia	180.000 ha
área inundável da bacia amazônica	2,6%
produtividade média	11kg/ha/ano
preço médio do quilo de pescado	US$1,00
resultado anual da pesca regional	US$199.000.000 /ano
potencial estimado da bacia	350.000 t a 900.000 t/ano
média de consumo da população pobre regional	172 g/dia
consumo anual *per capita* da Amazônia	20kg
consumo ribeirinho regional	72 kg/ano
consumo interior regional	34 kg/ano
consumo urbano regional	19 kg/ano

Petrere, 1990, p. 3/Junk, 1989, p. 321/Fischer, 1990, p. A

A produção pesqueira aumentou: de 1968 a 1970, era da ordem de 20.000 a 21.000 t para toda a Amazônia brasileira (Goodland; Irwin, 1975, p. 103). Chegou perto das 200.000 t ao final da década de 1980. Este aumento foi de seis vezes nas últimas décadas, considerados os estados do Pará, Amapá, Amazonas, Acre, Rondônia e Roraima:

PRODUÇÃO PESQUEIRA NACIONAL E REGIONAL

Ano	Brasil (t)	Região Norte (t)	%
1960	281.512	26.467	9,4
1965	376.912	47.376	12,6
1970	552.292	53.778	10,2
1975	759.792	128.615	16,9
1980	822.677	142.873	17,4
1985	971.537	149.739	15,4
1988	830.102	155.938	18,8

Leitão, 1990, p. 117

A pesca artesanal continua a ser a mais importante em quantidade de pescado:

AMAZÔNIA: TIPO DE PESCA E RESULTADO

Ano	Artesanal (t)	%	Industrial (t)	%	Total
1980	82.187	79,1	21.786	20,9	103.973
1983	91.250	91,2	23.675	20,6	114.925
1988	99.158	88,6	12.815	11,4	111.973

Leitão, 1990, p. 118/Anuário Estatístico IBGE, 1961 a 1989

As tentativas de produzir um *acompanhamento estatístico* sistemático da pesca mais bem estruturado na Amazônia, para o mercado, o desembarque e o esforço de pesca, além das mais raras, a fim de estimar os estoques potenciais e o consumo, não tiveram continuidade. A definição da abundância do estoque e o controle do esforço da pesca ou captura é indispensável a qualquer programa de gerenciamento da pesca (Goulding, 1979, p. 5). A irregularidade das coletas de dados, provocada pela desestruturação da ex-Sudepe e pela dispersão da equipe de pesquisadores do Inpa, que iniciaram esses trabalhos ao final da década de 1970 terminaram por comprometer o desempenho. O Inpa retomou o trabalho através do Setor de Recursos Pesqueiros. O IBGE faz estimativas a partir dos dados da ex-Sudepe/Ibama, cujo sistema parte das colônias de pescadores, que funcionam com relativa eficiência quando com alguma orientação e acompanhamento. Será sempre difícil produzir uma base de dados completa, os pescadores nem sempre registram, as empresas não são acessíveis, sendo ainda o melhor controle o realizado pelas colônias. A ex-Sudepe fez tentativas de acompanhamento, mas com deficiências, por não confirmar as estimativas dos pescadores, além de desconsiderar a importância da coleta de dados sobre o resultado do pescador/dia.

O mercado continua mal conhecido. Apesar desses trabalhos tentativos, as estimativas não são suficientes como sistemática de acompanhamento (Junk, 1984, p. 444). Há discussões sobre a eficácia dos diferentes métodos de pesquisa de consumo, porta a porta, por esforço, ou desembarque, inclusive por se tratar de pesquisas dispendiosas, que os países em desenvolvimento têm dificuldade em promover (Bayley; Petrere, 1989).

O *potencial pesqueiro* da Amazônia não é inesgotável, mesmo nos rios mais favoráveis, como os de água branca, e vem sendo superestimado. Nas últimas décadas acrescentou-se o peixe de couro, não consumido pela população regional. Com as malhadeiras, a motorização dos barcos e o gelo, a produção pesqueira vem aumentando. Em 1980 avaliou-se o potencial em 150.000 t, sendo o geralmente admitido de até 300.000 t, contando com a diversificação e os espécimes mais jovens. Há várias opções de como proceder para elaborar as estimativas. Uma delas estima a área potencial em 3.165.000 ha, considerando a extensão total da bacia, uma produção de 250 kg/ha/ano, resultando uma pesca potencial de 633.000 t. Bayley, em 1981, considerou que, para aprimorar as estimativas, é preciso considerar a extensão das várzeas. Se a população dobrar ainda poderia contar com peixe, através da diversificação das espécies capturadas (Junk, 1984, p. 461). A variedade seria ainda maior se não fosse a preferência do mercado pelos escamosos.

A PESCA DE MANAUS E A SOBREPESCA SELETIVA

Os principais mercados da Amazônia são os das capitais dos estados, sendo Manaus e Belém bem maiores que os demais. As maiores cidades, Manaus, Belém e Porto Velho, concentram 39% da produção amazônica. *A Pesca de Manaus*, cidade que abriga 50% da população do estado, é das mais conhecidas:

A PESCA EM MANAUS

área de pesca	100.000 km²
parcela da produção total do estado	27% a 30%
parcela da produção total da Amazônia	13%
contribuição do rio Negro ao desembarque em Manaus	5%
1970/1985 consumo *per capita* de Manaus	50 kg/ano
baixa renda, *per capita*	55 kg/ano (Junk); 167 g/dia (Petrere)
classe média, *per capita*	50.9 kg/ano (Junk); 155 g/dia (Petrere)
classe alta, *per capita*	8.4 kg/ano (Junk); 117 g/dia (Petrere)
1977- contribuição do peixe na proteína animal	.80%

Petrere, 1990, p. 3; Petrere, 1989, p. 390; Junk, 1984, p. 443, 454; Fischer, 1990; Bayley; Petrere, 1989; Ribeiro e Petrere, 1989.

De 1970 a 1980, a pesca de Manaus passou de 12.000 t, para 25.000 t por ano. O abastecimento foi suficiente para acompanhar a demanda, tendo a produção dobrado simultaneamente ao crescimento populacional da ordem de 160 a 190%, de 1970 a 1985, segundo Junk. O ano de 1977 foi um dos poucos com mais precisão no controle da quantidade pescada, a partir dos dados dos pesquisadores estrangeiros e brasileiros ligados ao Inpa, que acompanharam e monitoraram as coletas de dados. A pesca estimada no médio e alto Amazonas foi da ordem de 85.000 t, sendo 20% de bagres e pirarucu para exportação, além de cerca de 20.000 a 30.000 t de piramutaba. Em 1980, 7.000 t de piramutaba foram exportadas oficialmente, o que permitiu estimar a produção da Amazônia na ordem de 100.000 a 130.000 t, apesar da falta de dados seguros. O rio Madeira representa 2 a 3% do total, com as mesmas espécies que chegam ao porto de Manaus. O ponto alto da pesca no Madeira foi em 1974, e caiu depois 40 a 50%, não se podendo esperar muito mais, nem do Solimões (Goulding, 1983, p. 193).

O alto custo da pesca comercial e a seletividade do mercado fazem com que *poucas espécies* sejam escolhidas e dominem a produção, conduzindo à sobrepesca seletiva. Quatro espécies representam 70% do desembarque das águas interiores da bacia (Fischer, 1990, p. 3). Em Manaus, a pesca é concentrada em cinco espécies – tambaqui, jaraqui, curimatã, matrinxã e a piramutaba sazonalmente –, totalizando 80% do desembarque, embora cheguem a 33 as espécies aceitas pelos consumidores, como a sardinha e a branquinha em alguns meses do ano. Não há dados sobre as capturas dos bagres para outros mercados, como as realizadas na região de Itacoatiara (Bittencourt; Cox, 1990, p. 21).

Em 1978, as viagens dentro de um raio de 500 km de Manaus somaram 60,8% do total da pesca de Manaus. Dentro desse raio, o tambaqui representou 23,8% do total, superado apenas pelo jaraqui, com 34,7%. Fora desse raio, o tambaqui somou 56,5% do total da pesca, e o jaraqui, 17,7%. Dentro desse raio, a pesca do tambaqui rendeu 3,2 t por viagem, e fora do raio, 9,3 t por viagem (Bayley; Petrere, 1989, p. 390). As viagens mais curtas levam de um a três dias, enquanto as grandes chegam a três meses, mais caras em tempo e em combustível. Nota-se que o tambaqui está sendo procurado cada vez mais longe e que, à distância dos centros urbanos, a pesca torna-se mais eficaz, ou seja, o peixe está cada vez mais longe.

O tucunaré e a pescada alcançam preços maiores que o tambaqui, o mais procurado. O tambaqui e o pirarucu estão seguramente sofrendo sobrepesca na região de Manaus, só se encontrando exemplares pequenos; os grandes têm que ser buscados mais longe, assim como os grandes cardumes (Junk, 1984, p. 455). Os pescadores o admitem, e estão preocupados. Apesar de proibido, há grandes quantidades de tambaqui jovem nos mercados, o "melo", como é chamado. A composição das espécies da pesca comercial é diferente da destinada aos mercados locais e da pesca de subsistência. Pesca comercial e pesca ribeirinha são bem distintas entre si quanto às espécies capturadas. Em Manaus, a composição do pescado é diferente da pesca artesanal interiorana. As espécies mais cobiçadas, como o tambaqui, terminam nos grandes centros, competindo pelo melhor preço através dos intermediários. As mais baratas são consumidas localmente. Além do fato de um rio contar com várzeas, diferenças na qualidade da água, o total de pesca por rio está correlacionado ao número de viagens anuais, ao número de pescadores por ano em cada viagem e à distância que cada rio representa anualmente para a frota pesqueira de Manaus. O tambaqui e o jaraqui são os peixes mais bem estudados quanto ao seu aproveitamento pesqueiro. Confrontando distância e frequência, a única informação disponível permite concluir que não houve aumento da sobrepesca do tambaqui, apesar de que a média individual de peso desembarcado no mercado de Manaus era de 8,4 kg em 1978 e, no final dos anos 1980, era estimada em 6 kg. O tambaqui continua sendo o mais importante pescado desembarcado em Manaus, apesar da diminuição do peso dos capturados (Bayley; Petrere, 1989, p. 392).

A pesca na Amazônia comporta uma diversidade ímpar, comparativamente a situações em outras partes do mundo. Diante da diversidade das opções oferecidas pela ictiofauna da região, concentra-se, no entanto, em um número reduzido de espécies, em particular a pesca comercial. Regionalmente há tabus reguladores do consumo, de herança indígena e cristã. O boto, por exemplo, não é consumido. O consumo de alguns peixes é culturalmente regulado para mulheres, às vezes durante a gravidez e logo após o parto. Só alguns bagres são consumidos, a maioria deles considerados causadores da lepra e outras doenças. Isso fez com que os estoques de bagres se encontrassem intocados, quando começaram a ser capturados para exportação. Há redução da influência desses mecanismos culturais reguladores, prejudicando o efeito protetor em que resultavam para algumas espécies.

Quanto ao total das dez principais espécies de peixe de água doce pescados nos estados do Amazonas, Rondônia, Roraima, Amapá, Acre, Maranhão, Pará e Mato Grosso, tem-se, no ano de 1988, os seguintes números:

PRINCIPAIS ESPÉCIES DE ÁGUA DOCE DA AMAZÔNIA

Maranhão inclusive		Excluindo o Maranhão	
(t)	Espécies	(t)	Espécies
15.032	curimatã	12.132	jaraqui
12.193	jaraqui	10.970	curimatã
10.171	tambaqui	10.157	tambaqui
7.665	branquinha	5.007	tucunaré
6.687	bagre (mandi)	4.256	branquinha
5.713	surubim	4.148	pacu
5.037	tucuraré	3.741	matrinxã
4.384	pacu	3.697	dourado
3.753	matrinxã	3.291	bagre (mandi)
3.697	dourada	2.981	surubim

Tabela elaborada por: Neymar L. Cataldi. Fonte: Brasil Grandes Regiões – Unidades da Federação. Estatística da Pesca, v. 9, n. 1-2, 1988. IBGE

A PESCA INTERIOR DO PARÁ: CONSUMO E MERCADOS

Os números relativos ao Pará trazem problemas, porque, além de limitados, nem sempre separam a pesca estuarina, litorânea e a de águas interiores (Junk, 1984, p. 454). Trata-se da pesca artesanal mais importante do país. Estima-se que poderia dobrar no máximo, passando a incorporar outras espécies. Das 90.000 t do Pará, 45.000 t seriam capturadas em águas interiores. O ex-ministro Nelson Ribeiro acha que, com a pesca estuarina, a produção poderia ir até 700.000 t, sem excessos. Estima-se atualmente, em 101.000 t no Pará para a pesca artesanal, e 19.000 t para a empresarial, dirigida ao camarão e piramutaba.

Hartmann consolidou o mais completo levantamento da pesca do Pará:

A PESCA NO PARÁ

parcela da pesca total do país	10% a 15%
parcela do potencial brasileiro/pesca artesanal/interior	45%
parcela da pesca artesanal-país/interior/estuário/litoral	70%
1987 – total da pesca artesanal	97.000 t
1986 – pesca artesanal em águas interiores	45.000 t
1986 – pesca estuarina e marinha	70.000 t
média anual da produção por pescador	1,2 t
parcela da produção de água doce	45%
parcela da produção de água salgada	55%
parcela da pesca artesanal	80%
produção de autoconsumo	35%
maior produção interior/Médio Amazonas	25%
área de produção do Pará	98.000 km²
águas interiores, rios e lagos naturais	21.012 km²
represas	2.500 km²
igarapés e várzeas	74.780 km²
potencial	900 kg/km²/ano

Hartmann, 1988, p. 26

ÁREA DE PESCA	ESTIMATIVA (T)
Belém	4.146
Salgado	26.540
Bragantina	7.600
Viseu	7.200
Campos de Marajó	10.860
Furos/Xingu	4.680
Méd. Amazonas PA. /Tapajós	23.280
Baixo Tocantins/Marabá/Araguaia Paraense	10.200
TOTAL	94.500

Pesca do Pará. Hartmann, 1988, p. 7

Quanto às espécies, nas águas interiores, Hartmann considerou que apenas 59% de seu total é aproveitado, com os seguintes resultados, em 1986, a partir de estudos do Idesp:

ESPÉCIES PRINCIPAIS ÁGUAS INTERIORES	%
a. peixes	85
mapará	15
curimatã	5
tambaqui	5
tucunaré	3
bagres	3
b. crustáceos	3
camarão/água doce	15

Pesca do Pará. Hartmann, 1988, p. 30

Hartmann considerou, para 1987, um consumo médio de peixe para o estado do Pará de 23 kg/*per capita*/ano, com as seguintes variações:

população não produtora	7,8 kg
população urbana/Belém	6,2 kg
população produtora	32,0 kg
comunidade pesqueira	72,0 kg

De 1979 a 1987, houve uma diminuição do consumo urbano da ordem de 40%, que Hartmann atribuiu ao reduzido poder aquisitivo da população. Há que acrescentar o aumento da população recém-chegada, sem o hábito de consumo de peixe. Os pobres consomem 2,5 vezes mais peixes que os ricos e seis vezes mais peixe do que carne. O pescado dos frigoríficos, 38% da produção artesanal, é destinado ao sul do país, do salgado-seco, 10% é destinado ao interior e ao nordeste (pirarucu e mapará), e o desembarque direto para municípios vizinhos do estado do Amazonas é estimado em 20%. Conclui que a pesca paraense é excessivamente seletiva, com sobrepesca e pesca predatória, além de abastecimento insuficiente nas cidades e no interior (Hartmann, 1988, p. 44-45).

Entre os ribeirinhos interioranos, nos rios de água branca/barrenta, encontra-se o ponto alto do consumo, e os mais baixos verificam-se nos centros de expansão da fronteira econômica, como Rondônia e o sul do Pará. Porto Velho importou 85% de seu abastecimento, gado e frangos do sul e centro-oeste, e peixe, em menor quantidade, do Solimões, Amazonas e afluentes (Goulding, 1979, p. 18). Nos centros de expansão posterior, como Porto Velho, a importância da pesca é menor, com maior dependência da pecuária e aves. Rondônia tem um consumo de pescado menos expressivo, devido às maiores distâncias dos alagados, além da falta de tradição dos colonos migrantes; assim mesmo são consumidas quantidades maiores que a média mundial.

O pescado é decisivo como fonte de proteínas no interior do estado do Pará e do Amazonas, como em Itacoatiara, onde a média de consumo da população rural é de 194 g por dia. Na proximidade das várzeas, o consumo tende a ser mais alto nas áreas interiores e menor nas cidades ribeirinhas. As camadas altas tendem a consumir menos. Nos mercados locais, nas vilas e cidades menores, não há perdas, devido à proximidade da pesca (Bayley; Petrere, 1989, p. 389). Hartman estima que 25% do total de capturas, parte das realizadas por ribeirinhos, em alguns pontos não passa pelos mercados municipais (1986, p. 124). O *mercado* interamazônico está para ser melhor conhecido. Há uma correlação compensatória inter-regional entre o local de pesca e o mercado mais próximo. Em Rondônia, como o consumo é menor, pescava-se para Humaitá, no Amazonas, e para Rio Branco, no Acre. Até 1988, Rondônia exportava também para São Paulo, em particular o pintado e o jaú. Antigamente esse mercado, a partir de Rondônia, consumia grande parte da pesca artesanal e quase toda a empresarial. Nos anos 1980-1990, esse mercado decaiu com o garimpo, e quase não se exportava, com exceção talvez de um único proprietário, Takigawa, que se abastece em Guajará-Mirim. Porto Velho recebe peixe de Manicoré, a quarenta dias de viagens para os pescadores, e exporta para Humaitá. Baixou a produção e venda em Porto Velho, em 1990, considerado um ano fraco, devido ao garimpo. O recurso foi encomendar em Guajará-Mirim e Humaitá. Porto Velho importou de Manacapuru, Manaus, Itacoatiara e outros, em 1977, 35% de seu consumo, sendo 325 t do Amazonas e 311 de Guajará-Mirim, na maioria peixes escamosos, durante migração para desova (Goulding, 1979, p. 20). Em 1991, essa compensação se repetiu durante o período do defeso. Com a abertura e asfaltamento da estrada BR 364, Guajará-Mirim fornece a Rio Branco. Manaus fornece a Belém, de maio a setembro. Cerca de 80% da produção da região de Marabá é destinada a Belém. Estima-se que 20% da produção do estado do Amazonas seja exportada inter-regionalmente.

Há um mercado para fora da Amazônia, sobretudo a partir de Belém, para grandes cidades, em caminhões frigoríficos, em particular para Goiás, Ceará, Pernambuco, Minas e para o sudeste. No médio Amazonas, na região de Santarém, a maior parte da produção vai ao mercado interestadual. Segue para fora do estado 62% da produção, contra 38% distribuída no mercado local. Prioritariamente, o peixe-fresco destina-se ao mercado local; o pescado dos frigoríficos vai para o sul do país; o salgado-seco para o nordeste e às populações de baixa renda; e o desembarque direto é distribuído entre os municípios das imediações. Por períodos curtos, como as festas religiosas e os feriados prolongados, as autoridades controlam a exportação para garantir o abastecimento local. A exportação fronteiriça é mal conhecida. Entre 1974 e 1979, cerca de 400 a 700 t de grandes bagres foram transportados de avião para Bogotá na Colômbia, além do destinado ao sudeste do Brasil. Esse comércio dá-se com todos os países fronteiriços.

A CARÊNCIA DOS ARTESANAIS EM ESTOCAGEM E CONGELAMENTO

A política e os investimentos governamentais na estocagem e congelamento na Amazônia foram sempre improvisados. As instalações são sistematicamente superdimensionadas e dirigidas à ampliação subsidiada de empresas do sul ou nordeste, instalando-se no norte do país. Poucas vezes foram adequadamente orientadas ao pequeno produtor e chegaram a ser dele desviadas. A maior parte da capacidade instalada de uso comum de pescadores ou ribeirinhos careceu de assistência técnica e administrativa, ou terminou em mãos de terceiros, ou foi simplesmente privatizada. O local de instalação privilegia os intermediários e não os produtores e os pontos de maior pesca. As melhores soluções foram adaptadas ou dimensionadas localmente. Sem dúvida a desestruturação da ex-Sudepe, sem continuidade, contribuiu para esse pobre resultado.

As grandes indústrias de pesca estão na região de Belém, totalizando 24 empresas, quatro desativadas em 1991. Apenas duas voltam-se para a pesca interior, uma desativada em Santarém e outra em Óbidos. Quanto aos beiradeiros, há um complexo de necessidades em equipamentos: fábricas de gelo, câmaras frigoríficas, túneis de congelamento, pias de desembarque, unidades de transformação, entrepostos de comercialização e outros. Apenas um estudo caso a caso poderia dimensionar necessidades e ampliações de instalações conforme a capacidade administrativa, com prioridade aos locais de pesca. As federações estimam que 90% dos municípios onde há pesca não contam com frigoríficos. Pretendem que as prefeituras se encarreguem pelo menos das estruturas de recebimento do pescado, para garantir a saída comercial do peixe.

O projeto BID/Polamazônia/Sudam/Basa foi o mais ambicioso nesse tema. Previa *entrepostos* totalmente equipados, entre outros componentes de infraestrutura, mas não funcionaram. Oito desses entrepostos foram orçados: Vigia, Santarém, Soure, Cachoeira do Arari (no Pará, as duas últimas em Marajó) e Tefé, Parintins e Codajás (no Amazonas), e um no Amapá, destinados a cidades médias. O de Soure mostrou-se grande demais para o movimento do porto, terminou por levar a colônia-cooperativa à insolvência ao tentar autoadministrar-se. O Ibama passou para a prefeitura o entreposto, que se encontra deteriorado. O entreposto de Vigia estaria nas mãos de uma empresa do sul, embora caiba ao Ibama ou à colônia administrá-lo. Em 1986, já estava abandonado. O de Santarém foi recuperado com o apoio de um padre, na forma de uma cooperativa, a João XXIII. O do Lago Arari, no Amapá, ficou em Maracanã e não conseguiram instalá-lo; é um flutuante e sua carcaça apodrece encalhada. O rio era demasiado estreito para passar, devido a um canal aberto pelos Dnos. Faltou também subestação de energia. Foram todos previstos com óleo diesel, a alto custo.

Em 1986, segundo Hartmann, os entrepostos do Amazonas, como o de Codajás, Parintins e Tefé, no Amazonas, eram já extremamente subutilizados, com sérios problemas financeiros e operacionais. A Federação dos Pescadores do Amazonas quer recuperar essas instalações, municipalizadas, privatizadas ou abandonadas. Os entrepostos de Tefé e Parintins são administrados pelas colônias, o de Maués não foi montado e o de Codajás está sob controle da prefeitura. A própria colônia de Manaus quer dispor de um frigorífico. A proposta para a gestão era, em 1990, a de um conselho administrativo, com a participação da Emater, do Ibama, prefeitura, da colônia e federação. Há três associações, que não estão na federação por não estarem estruturadas como colônias, que, no entanto, contam com frigoríficos.

Em Porto Velho, o governo estadual doou um entreposto, com frigorífico, fábrica de gelo e túnel de congelamento, à colônia Z-l, mas deteriorado. Com capacidade de 200 t pertenceu ao terminal pesqueiro da ex-Sudepe, que terminou degradando-se. A colônia tem receio também do custo em energia e das dificuldades administrativas para intermediar pelos sócios, conservar e garantir a manutenção. Pressionando, os pescadores conseguiram, em duas parcelas, que o Estado financiasse a recuperação. O plano da colônia é permitir aos pescadores que possam ganhar alguma coisa nos seis meses paralisados, três do defeso, de 15 de novembro a 15 de fevereiro, somados a três de entressafra, até 15 de maio. Em 1991, a colônia estava funcionando, mas recebendo peixe de Manaus, estocando, como intermediário de grandes empresas. A colônia tem planos de priorizar os sócios no futuro.

Em Guajará-Mirim encontra-se outra *câmara frigorífica*, também desmontada, porque o tesoureiro da própria colônia é o maior empresário da pesca local. Este mantém e privilegia um frigorífico de sua propriedade pessoal, ou seja, o concorrente dirige a colônia. Há um segundo frigorífico privado. Em Manaus, frigoríficos acessíveis são praticamente das mesmas empresas que detêm as fábricas de gelo, como a Frigelo, com 1.700 t; a Surubim, com 800 t; a Riomar, com 450 t. No interior há filiais da Riomar, com 550 t, em Itacoatiara, e da Figueira, com 700 t, em Manacapuru. O Ibama estima que de treze a quinze empresas no Amazonas dispõem de frigoríficos, algumas clandestinas, não registradas. Manaus contaria com treze ou quatorze frigoríficos privados, e quatro fábricas de gelo acessíveis aos pescadores, como a Frigelo, com capacidade para 232 t, a Riopesca, com 75 t, a Riomar, com 50 t e a Figueira, com 120 t. Em Manacapuru tem--se uma filial da Frigelo, com 82 t de gelo.

No Pará, em 1990, havia 29 frigoríficos, segundo o Ibama, a maioria destinada às empresas da pesca marítima de exportação, com seis empresas menores para as águas interiores. As principais do interior estariam em Santarém, como a filial da Primarpescado. Há empresas que trabalham diversificadamente, como a Frigobessa, em Manaus, e a Takigawa, em Porto Velho, com frangos e peixe. A situação é mais difícil no interior, onde há frigoríficos clandestinos que exportam via capital, em caminhões. Há frigoríficos que compram nas colônias em Santarém, Vigia, Maracanã e Pirabas, enviando em caminhões ao Ceará e São Paulo.

No Pará há cerca de vinte fábricas de gelo. Segundo a federação, quatro delas – Atlantic Pesca, Empesca, Enterfrio (a que mais vende), Frigiter – vendem com mais frequência aos pescadores autônomos. Uma tonelada de gelo custa cerca de US$ 26. Em Marabá e Conceição, as colônias dispõem de alguma infraestrutura própria. A desproporção na capacidade de congelamento entre a pesca industrial e a artesanal é imensa; Belém tem capacidade para 8.220 t de estocagem contra apenas 200 t em Santarém.

A cada 24 horas, a pesca industrial, concentrada 95% em Belém, pode produzir 483 t de gelo, embora represente apenas 20% da pesca do estado, em Santarém apenas 25 t. A capacidade ociosa das empresas é estimada em 32% para o processamento do pescado (Hartmann, 1988, p. 22).

Em Macapá, no Amapá, todos os frigoríficos eram privados, em 1990. A colônia chegou a receber, em 1976, uma fábrica de gelo, mas em péssimo estado. Os pescadores de Oiapoque abastecem-se de gelo na cidade de Saint-George, na Guiana, comprometendo-se a ali desembarcar o pescado. Caminhões encarregam-se de levar a produção dos lagos, como Aporema e Pracuuba, para Macapá.

Em 1990, havia três fábricas privadas de gelo em Porto Velho, utilizadas prioritariamente pelos pescadores: a Bessa Comércio, Antártica e a Mamoré, parada. Há uma empresa em Rondônia, a Takigawa, com frigorífico particular; compra em Guajará-Mirim e vende em Porto Velho. Na Cuniã, há uma fábrica de gelo acessível aos ribeirinhos que têm motor; a maioria pesca nas imediações, sem gelo. Um armador comprou um caminhão frigorífico para esperá-los no desembarque. Os pescadores querem frigorífico para exportar para centros consumidores de melhor preço e suportar financeiramente o período do defeso.

Os pescadores passaram a depender do controle privado do congelamento por grandes empresas e do custo por elas imposto. O grande drama dá-se na safra, com o peixe apodrecendo, lançado aos rios por falta de gelo, na espera da venda, com os preços aviltados pelo atacadista. A privatização do gelo é um grande obstáculo: um exemplo é o pescador que vai de Coari a Manacapuru só para comprar gelo onde era mais barato e da colônia.

O pescador precisa, em média, de um quilo de gelo para um quilo de peixe. As colônias em geral têm preços mais razoáveis. Perde-se muito peixe por falta de gelo. Há necessidade de caixas de isopor nos barcos, mas nem todos dispõem delas e nem sempre estão em bom estado. Gelo em barras serve para trinta dias de viagem, gelo em escamas, para seis dias.

AS EMBARCAÇÕES DA PESCA ARTESANAL E INDUSTRIAL

Uma das repetidas reivindicações dos pescadores artesanais profissionais ou ribeirinhos é contar com crédito para a renovação da frota. Como para o conjunto da infraestrutura de pesca, o financiamento é superdimensionado para as grandes empresas de exportação, com raras iniciativas de apoio aos produtores artesanais. A agilidade das embarcações das empresas está na origem de vários conflitos nas águas interiores e estuarinas.

O Ibama não tem um controle confiável das embarcações de pesca. Hartmann estima que existam na Amazônia 14 mil embarcações de pesca, das quais metade seriam pequenas e não motorizadas (1989, p. 1). O controle limita-se às embarcações acima de 20 t, mas não é completo. O controle existente é sobre os pescadores artesanais especializados. Os barcos dos ribeirinhos são menores e não se conhece a sua quantidade. Foram estimados em 25.568 os barcos a remo no Amazonas em 1968. Na altura havia apenas 159 barcos a motor, quando a pesca encontrava-se estacionaria (Goodland; Irwin, 1975, p. 103). Nos anos 1980, já havia entre seiscentos e mil barcos a motor, indicando a importância do desenvolvimento da pesca comercial acompanhando a urbanização.

A pescaria artesanal ribeirinha, ao contrário, é de viagens de curta duração, reunindo pescadores aos pares, a remo, ou motor rabeta, ou grupos de quatro ou cinco, salvo a captura do mapará no Tocantins, quando podem chegar a vinte. A pesca para os mercados maiores é mais bem equipada, dispõe normalmente de motor de centro e geleira com cerca de 10 t (Fischer, 1990, p. 4).

Barcos maiores percorrem grandes distâncias, cada vez mais longas, por algumas poucas espécies valiosas no mercado regional, as escamosas com pouco espinho. Nos anos 1970 chegavam a distâncias de 1.700 km pelo rio, saindo de Manaus. Agora chegam a 2.500 km. A principal espécie procurada nessas viagens é o tambaqui, que chega a pesar 30 kg. Há várias pescas importantes mais próximas a Manaus, como a pesca nas várzeas que tem como principal alvo a pescada e o tucunaré. Nos rios e canais interligados, procura-se, com redes, principalmente o jaraqui, o curimatã e várias outras espécies, como o cubiú, uranã e aracu (Junk, 1983, p. 79).

Não há locais piscosos que não sejam alcançados pelos barcos artesanais motorizados da pesca comercial. Os barcos com gelo foram introduzidos na região de Manaus na década de 1950, ampliando uma pesca antes restrita às proximidades da confluência dos rios Solimões e Negro, e na ilha do Careiro, passando a atingir os rios Purus, a oeste, e o Madeira, a leste, e, na década de 1990, os afluentes do Amazonas, do Solimões, e os rios Juruá e Japurá. Com a introdução do isopor nas caixas de gelo, das redes e malhadeiras, tem-se viagens de pesca atrás dos cardumes onde quer que se encontrem (Goulding, 1983, p. 191).

No estado do Amazonas uma portaria, de 1980, limita o número de barcos grandes a 1,5 mil registrados. Os menores, de 2 a 20 t, são estimados em 2,6 mil. Os maiores, de 20 a 60 t, estariam em torno de quatrocentos. No Amazonas, 80% das embarcações têm de 5 a 15 t. Em 1989, havia cerca de mil registrados: destes, 765 registros em Manaus, sendo duzentos de 15 a 60 t. No entanto, licenças atualizadas eram poucas, apenas de barcos de mais de 10 t, num total de 65. A maioria tinha registros desatualizados: os de menos de 10 t (556), e os maiores (144). Um funcionário do Ibama estima que 90% dos barcos do Amazonas, de médio e grande porte, pertencem a armadores, embora nas mãos de pescadores por eles financiados. A maior frota pesqueira da Amazônia central é a de Manaus, estimada em quinhentos barcos entre 10 e 25 m de comprimento (Bittencourt; Cox-Fernandes, 1990, p. 23).

No Pará as frotas são destinadas ao mar e são de maior porte para camarão e piramutaba. Em 1987, 125 barcos eram brasileiros e 73 estrangeiros arrendados, constituindo a piramutaba 63% do desembarque total. Cerca de 10% dos proprietários têm dois ou três barcos. A média das empresas estuarinas é de dez barcos. Na pesca interior do Pará, Hartmann indica a existência de 3.335 embarcações para Marajó, 2.525 no médio Amazonas paraense e 2.370 no Araguaia/Tocantins, região de Marabá, cerca de 40% motorizadas (Hartmann, 1988, p. 5). Em Porto Velho, diminuiu o número de barcos. Sobreviveram os autônomos, cada um tem o seu, cerca de cinquenta barcos de 2 a 16 t, uns trinta efetivamente funcionando. Há doze barcos acima de 20 t registrados, e o Ibama acredita que podem chegar a quinze, todos individuais.

A equipagem média é de dois a cinco num barco, com diferentes funções, seis nas épocas boas. O barco médio tem 10 t. Em

MERCADOS E EQUIPAMENTOS DA PESCA REGIONAL

Guajará-Mirim, com o aumento da pesca provocado pela queda da colônia de Porto Velho, houve concentração dos barcos de bolivianos nas mãos do tesoureiro da colônia, que tem cinco e controla outros vinte, que financia como armador, além dos cincos caminhões frigoríficos de sua empresa pessoal. No Amapá, os pescadores dizem haver de quinze a vinte embarcações grandes, que só atuam nos lagos maiores. O Ibama tem registros de duas empresas voltadas ao mar. Os maiores proprietários estão nas colônias de Macapá, Santana e Bailique.

Os barcos de recreio, na baixa do turismo, dedicam-se ao transporte local, entrando como atravessadores junto às comunidades no Amazonas, irritando os pescadores profissionais e os intermediários de Manaus. Há um grande número de embarcações que apenas recolhem o peixe dos ribeirinhos que não dispõem de gelo, sobretudo no Pará, daí a denominação geleiras. É frequente também os pescadores voltarem com pesca dos ribeirinhos somada à sua própria.

A pesca nas águas interiores é frequentemente feita em canoas articuladas com um barco-mãe geleira utilizado tanto para abrigar os pescadores quanto para transportar a pesca. Petrere afirma que, em geladeira de isopor, com gelo picado, a pescada apresenta boas condições até o vigésimo dia. Mostra também como "a oscilação do preço do mercado e a preferência comercial exercem acentuada influência na estratégia global de pesca, interferindo nas distâncias percorridas pelos barcos" (Petrere, 1978, p. 39).

Junk verificou um aumento da frota pesqueira de cinco vezes em Manaus, de 1965 a 1980, acompanhando o aumento da população, indicando, no entanto, uma queda da produção por unidade, devido à diminuição de estoques próximos, embora os barcos registrados não trabalhem todo o tempo, e os registros não sejam confiáveis sobre os barcos efetivamente em operação. Entre 1970 e 1985, diminuiu o número de viagens em 35%, talvez devido ao preço do gelo e óleo.

7. O Garimpo, os Rios e a Pesca Tradicional

O IMPACTO SOCIOAMBIENTAL DOS GARIMPOS

O impacto socioambiental do garimpo não conta com um diagnóstico adequado ou compatível com as dimensões da questão, no caso da Amazônia brasileira. Suas consequências particulares sobre recursos como a água e o peixe, em face da pesca comercial e a de subsistência, sobre o abastecimento em água potável e quanto à saúde humana, continuam a merecer aprofundamento. O que há de disponível, tanto nas informações recolhidas em entrevistas, nos relatórios oficiais, quanto na literatura e na imprensa, são dados empíricos, algumas pesquisas parciais que permitem mostrar um quadro-base preocupante, mas ainda não compreendido em toda a sua dimensão. O impacto do garimpo é diversificado, tanto pelas características físicas determinadas pela forma em que se apresenta o ouro como pela tecnologia utilizada e organização social atual da atividade, além das modificações que introduz nas regiões onde está presente.

    O garimpo é a mais grave ameaça à renovabilidade do peixe e dos recursos hídricos em geral, disseminado em quase todos os rincões da Amazônia como um sarampo. Os grandes eixos do impacto ambiental do garimpo estão razoavelmente identificados, todos incidentes sobre a pesca artesanal: a. a poluição física, através do revolvimento dos sedimentos dos rios, no leito, nas margens e barrancos; b. o uso inadequado do mercúrio, ou "azougue", com diferentes modalidades de contaminação, desde o vapor até o mercúrio orgânico, com efeitos de longo prazo ainda pouco conhecidos, despejado em diferentes momentos do processo de extração; e c. o ruído das máquinas, a luz, o óleo, o uso de detergentes, trazendo outras consequências para a pesca que, como um conjunto, também merece maior atenção e não deve ser descartada, apesar de impactos secundários.

O garimpo introduz ainda expectativas para os pescadores e ribeirinhos – estimulados a trocar suas atividades por uma opção nem sempre tão vantajosa ou compensatória a médio e longo prazo –, seja integrando-os à garimpagem ou utilizando-os como fornecedores ocasionais de mão de obra ou gêneros. Por outro lado, promove o aguçamento de conflitos entre comunidades tradicionais, em particular as populações indígenas e a atividade garimpeira, cria graves problemas de saúde ocupacional e a urbanização improvisada, provocando contaminação de toda ordem nos rios que abastecem as novas e antigas cidades, inclusive mercurial, através do lançamento direto e a partir dos quarteirões das casas de ouro.

São ainda precários os estudos voltados diretamente ao impacto sobre a pesca. Em síntese sabe-se que onde estão os garimpos os pescadores são empurrados cada vez mais para longe, aumentando seu investimento e o esforço de pesca, reforçando a tendência atual da sobrepesca especializada na captura de longas viagens. Alguns rios decisivos da bacia amazônica encontram-se comprometidos por muitas décadas, como os rios Teles Pires, Tapajós e Madeira, os dois últimos importantes formadores do Amazonas. O garimpo perturbou o *habitat* de várias espécies nos rios que poluiu, em particular as que realizam grandes migrações através das calhas principais.

O garimpo expandiu-se em direção aos países fronteiriços repassando-lhes seus efeitos, encontrando ainda menor capacidade de controle social ou institucional. A atividade introduz o risco de rejeição do peixe, especialmente das espécies carnívoras, tanto pelos consumidores regionais como nos mercados interestaduais e fronteiriços, atingindo também o mercado para exportação dos grandes bagres e a região estuarina, podendo ocasionar um grande transtorno aos milhares de produtores da região. Há ainda o risco de internacionalização do problema tanto no que diz respeito à exportação de pescado contaminado, quanto à poluição das águas interiores dos países vizinhos, estuarinas e marítimas. O garimpo não inviabiliza apenas a pesca artesanal, mas o conjunto do modo de vida das populações tradicionais nas proximidades, além de potencializar problemas de saúde em grande escala com a metilação do mercúrio.

A Amazônia viveu, nas últimas décadas, um segundo ciclo brasileiro do ouro, após um longo período colonial marcado pela exploração desse recurso não renovável. Chegou-se a mais de 3 mil ponsos de garimpagem na região. Embora os dados sejam imprecisos, estimou-se que havia 750 garimpos fechados na Amazônia, 70% geridos diretamente pelo chamado "dono", e 30% para aviados no comando de grupos de pelo menos cinco garimpeiros (FSP, 25/7/1989, p. b-12). Esses garimpos "fechados", geralmente os de mais difícil acesso, são controlados pelo piloto, que é o mais forte candidato a tornar-se o dono ou intermediário da exploração no local. Nos garimpos de rios o poder irá ao dono da draga. Nesses pontos isolados é onde se encontra a mais extrema violência e as mais precárias situações em termos de relações de produção, comumente à parceria ou à porcentagem, como nos casos do sudeste da Amazônia e de Roraima. Além disso, há registro de graves problemas de saúde, como a malária, de violência, vida nômade, alto custo para os gêneros de primeira necessidade e prostituição devido às famílias distantes apenas eventualmente visitadas ou totalmente desfeitas.

O garimpo produziu na Amazônia, entre 1980 e 1988, US$ 13 bilhões, provavelmente mais de 1.500 t em uma década, numa estimativa feita no Banco Mundial (WB, 1990). Muito pouco ficou no país, em ouro ou impostos, menos ainda na região. O governo tomou medidas para controlar a evasão pelo contrabando via Paraguai e Uruguai, chegou a controlar um terço da produção, depois um pouco mais através de um preço interno dolarizado, mais compatível com o internacional, ou seja, mais atrativo aos garimpeiros. O governo admite subestimadamente uma média de 50 t anuais contrabandeadas, com um prejuízo fiscal de US$100 milhões (FSP, 26/1/1993, p. 1; FSP, 4/8/2/1993, p. 1-6). O resultado geral é semelhante ao do período colonial: a extração do ouro deixa atrás de si degradação ambiental e miséria, sem compensações às populações locais, à região e ao país.

Quantos são os garimpos e os garimpeiros? Nem essa simples pergunta foi respondida. Admite-se que aumentaram muito na década de 1980 na Amazônia, diminuindo posteriormente. Um levantamento oficial do DNPM indicava, em 1986, que havia cerca de quatrocentos mil garimpeiros. Os dados extraoficiais, admitidos por especialistas como mais próximos da realidade, e divulgados pela imprensa, chegavam a 1 milhão de garimpeiros (Ribeiro, 1990, p. 220). Os números da Usagal, uma das mais importantes entidades de representação do setor, também são maiores que os oficiais: estima que, de outubro de 1988 a julho de 1989, 200 mil garimpeiros foram para a Amazônia, saltando de 820 mil à casa do milhão, aumentando 22% (FSP, 25/7/1989, p. b-12). Nos últimos anos houve diminuição de pontos e de extensão da garimpagem, continuando a mesma disseminada e descontrolada.

O DNPM, no início dos anos 1990, estimulou o cadastramento, abrangendo cerca de oitenta mil apenas, ou seja, menos de 10% da população garimpeira ou com ela produtivamente relacionada. O estudo do DNPM não abrange todos os garimpos e nem conta com uma matriz adequada para o levantamento que possa vir a esclarecer o estado da questão. O garimpeiro é um dos resultados do processo de concentração fundiária, geralmente recrutado entre os expulsos do processo produtivo agrícola, em particular entre os que já conviveram ou tiveram alguma experiência de garimpagem. Aumenta o número de jovens, entre quatorze e quinze anos, muitos vindos do Maranhão, Piauí ou Pernambuco, esperando ganhar em ouro mais do que poderiam encontrar na agricultura. O garimpo também recruta no subemprego das periferias das grandes cidades, inclusive na Grande São Paulo.

O primeiro *conflito do garimpo é interno à atividade mineradora*. O pano de fundo é a disputa pela posse do local potencial de extração, tendo como competidores as grandes empresas, os chamados "donos de garimpo" e os garimpeiros organizados em bandos de ocasião em torno a um achado. Se houver moradores no local, estes serão expulsos ou assimilados. As mineradoras acusam os garimpeiros e suas empresas informais de terem pouco critério técnico na seleção dos locais e nos processos de extração, ocasionando subaproveitamento, como no caso do rio Madeira, que chega a 70%, perdendo o ouro mais fino. O garimpo, em sua forma atual, não desperdiça apenas vidas humanas e recursos naturais: desperdiça também muito ouro.

Um exemplo do conflito é o caso do norte do Mato Grosso, onde as empresas acusam o DNPM de, a partir de 1979, ter estimulado o garimpo contra as grandes empresas. O engenheiro de minas José Aldo Ferraz, proprietário de uma mineradora, relata que o grupo Eluma foi invadido em Guarantã do Norte; a Paranapanema, em Alta Floresta; a Cooperativa Agrícola de Cotia, em Pontes de Lacerda; a Mineração São José (ligada a um grupo norte-americano), em Barra do Garças; e os associados British Petroleum/Rede Globo-grupo R. Marinho/M. Aranha – que criaram a Companhia de Mineração e Participação – também reorientaram seus investimentos para fora do rio Teles Pires. Algumas empresas abandonaram a extração do ouro, outras desistiram total ou parcialmente do norte do Mato Grosso ou da atividade (OESP, 24/8/1988, p. 36). Enquanto a produção das empresas voltadas às minas e aos filões subterrâneos estacionou em torno de 10 a 20 t/ano, o garimpo estaria por volta de 80 a 100 t, geralmente aluvional ou coluvional. Parte dessas empresas pretendeu garantir concessões do poder público via o favoritismo, contando com o apoio do governo para expulsar os garimpeiros, protegendo as lavras onde pretendiam diversificar seus investimentos.

À semelhança da cassiterita, o que se tentou foi viabilizar uma divisão dos possíveis pontos de incidência de ouro entre um pequeno grupo de grandes empresas. O argumento das empresas é o da eficácia superior da extração empresarial, em oposição à desorganização do garimpo. As grandes empresas acenavam também com a possibilidade de virem a empregar os garimpeiros. Nada leva a crer que o garimpeiro tenha saído ganhador da tomada de fato dos pontos de extração contra o interesse das empresas. Embora tenha sido o agente principal da ocupação no chão, com risco de vida, no confronto com as mineradoras e os ocupantes tradicionais, já não controla os locais que ocupou.

Olhando mais de perto, vê-se que o controle dos garimpos passou para empresas semiclandestinas ou informais, confundidas e administradas em meio aos haveres pessoais dos donos de garimpo, dispondo de tecnologia, equipados com dragas e aviões, e todo o necessário. Essas empresas de garimpagem são, por sua vez, estruturas de intermediação entre os garimpos e as grandes empresas de comercialização do ouro, em particular a Goldmine e seus financiadores externos, com 50% dos negócios da garimpagem através de cerca de noventa casas de compra de ouro, estrategicamente distribuídas em toda a Amazônia. Ou seja: o garimpeiro terminou dependente, não propriamente das empresas tradicionais do setor da mineração, como temia, mas dessas novas empresas de intermediação e comercialização geradas pela própria garimpagem. Assim, não foi o DNPM que apoiou o avanço da garimpagem contra a mineração empresarial, mas as novas empresas de intermediação do garimpo que mobilizaram os garimpeiros, ganhando força política para impor-se ao governo, às mineradoras, à sociedade civil e aos ribeirinhos e indígenas. O garimpeiro isolado aventurando-se, tornou-se raro ou inexistente: o que há são peões das empresas de intermediação. Obtiveram grande vitória política na Constituinte e quase permanente audiência no Congresso Nacional, com a mobilização obtida a partir de Serra Pelada e a abertura política no Brasil. No início dos anos 1990 encontraram-se em relativa defensiva, enfrentando pressões dos ambientalistas após invadirem territórios indígenas e poluírem numerosos rios da região.

Os próprios donos de garimpo são, por sua vez, dependentes das novas grandes empresas criadas pelo próprio setor, compostas por ex-garimpeiros mais bem articulados com o sistema financeiro internacional. Tanto no garimpo de barranco quanto nos rios, o dono do local, ou da draga, tornou-se a personagem-chave da garimpagem, embora não seja mais do que um intermediário mais bem-sucedido. Mesmo as cooperativas deles dependem ou camuflam interesses de um desses donos. Esses "donos" são responsáveis pelo transporte, alimentação, combustível e equipamento dos seus garimpeiros. Também assumem certo compromisso com sua proteção e segurança, o que é indispensável, dada a violência que cerca a atividade. Os grupos financeiros investem a meias com os donos de garimpo, como é exemplo a Goldmine.

EFEITOS DO GARIMPO SOBRE A PESCA E OS BEIRADEIROS

Os impactos do garimpo sobre os rios e a pesca variam de forma e intensidade, conforme a tecnologia e as características físicas de como o ouro se apresenta. Suas consequências são pouco conhecidas. Em geral, os garimpos nos rios, como nos casos do Madeira e do Tapajós, atingem a pesca mais direta e amplamente do que os garimpos de barranco, que nem por isso são inócuos, pois utilizam a água em praticamente todo o processo, alterando o seu curso e lançando rejeitos. Nem o impacto do revolvimento dos sedimentos do fundo do leito dos rios nem o aspecto nocivo do mercúrio no meio ambiente contam com estudos abrangentes e esclarecedores, embora sejam protagonistas das interferências mais flagrantes no que diz respeito aos danos causados à natureza. Outros efeitos são ainda menos estudados, como os rejeitos de óleo, detergentes, luz e os ruídos. O garimpo intensifica-se durante o verão, no seu pico, exatamente quando os peixes estão mais vulneráveis à pesca comercial, porque os peixes contam com menos várzea para espalharem-se, quando há menor quantidade disponível de alimentos, e caminham pelos leitos centrais por milhares de quilômetros.

O impacto social da sedução desestruturadora que a atividade exerce sobre os ribeirinhos, com as atividades pouco duradouras que estimulam, também convida a maior acompanhamento. Os ribeirinhos e outras comunidades do interior, como os índios e extrativistas, devido à sua maior dispersão e menor acesso à renda monetária, têm pouca capacidade de resposta, de acesso à representação política ou recurso à justiça. O garimpo agrava também os conflitos fundiários e preda áreas agriculturáveis.

Quanto ao mercúrio, embora amostras tenham sido coletadas, ainda não se organizou um sistema de monitoramento sistemático, menos ainda voltado à pesca ribeirinha ou à comercial. Até o início da década de 1990, havia uma grande dispersão nas amostragens, e não se chegou a elaborar uma matriz acompanhando os locais de procedência do peixe, sua proximidade ou não do garimpo, especificando a espécie, suas características alimentares, reprodutivas e seu padrão migratório. As amostras dispersas não permitem identificar tendências.

Se tomamos como exemplo Porto Velho, e as atividades no rio Madeira, está claro que a permanência do garimpo, em particular na última década, coincide com a diminuição da pesca. Os fenômenos são simultâneos, mas ainda não se tem como medir o peso dos diferentes fatores e a forma como se dá seu efeito, na correlação, por exemplo, entre sobrepesca, mercúrio, revolvimento de fundo e na atração que o garimpo representou a ribeirinhos e pescadores menos advertidos. A colônia de Porto Velho constatou um aumento das distâncias nas viagens de captura que duram de 25 até quarenta dias, aumentando de 300 a 400 km para 1.200 a 1500 km. No auge do garimpo do rio Madeira, a colônia de pescadores esvaziou-se.

O aprofundamento do estudo desse *impacto social do garimpo* sobre o modo de vida dos ribeirinhos, sua desestruturação não compensatória, é dos mais urgentes. O ribeirinho passa de uma condição de estabilidade num modo de vida modesto à mobilidade aventureira, ao improviso, ao nomadismo da condição garimpeira. As comunidades beiradeiras enfrentam um quadro de carências, em particular no que se refere ao acesso ao mercado de produtos industrializados, à saúde e à educação. Mas a mudança é apenas aparentemente compensadora. Os garimpeiros dizem que, de cada dez, dois ganham algo no garimpo, os demais, a maioria absoluta, acumulam débitos com os donos de garimpo. O ribeirinho não encontra um quadro profissional, é assimilado em funções de apoio, fornecedor, carregador, barqueiro ou cozinheiro, ou recrutado às pontas mais perigosas da atividade, às de alto risco, como os mergulhadores das balsas ou desmonte de barrancos. Com frequência tende a voltar à vida ribeirinha após consumir suas esperanças ou engrossar a condição marginal das periferias das cidades. Sua inexperiência no garimpo o coloca em desvantagem para eventuais achados. Em Porto Velho, após o auge do garimpo de 1989 e 1990, os pescadores voltavam à pesca em 1991.

O fenômeno do ribeirinho se transformado em garimpeiro foi observado por uma pesquisadora no alto Madeira, em sua transição: primeiro o convívio, depois o fornecimento de gêneros, em seguida trabalhos à tarefa, na sequência tornando-se garimpeiro, e, finalmente, um grupo de ribeirinhos com uma pequena balsa (Boischio, comunicação pessoal). Em julho de 1989, na cidade de Ponta do Abunó, não se encontrou mais nenhum pescador, e o peixe vinha de Porto Velho. O garimpo os havia assimilado diretamente ou no pequeno comércio por ele gerado (Petrere, 1990, p. 14). O garimpo termina por ser uma sedução ao ribeirinho e ao pescador, uma atração, devido à promessa de rapidez do rendimento monetário. Uma parte permanece no garimpo, sobretudo os recrutados dentre os mais jovens. O mesmo ocorre no caso dos índios. Quando há crise na pesca, ou períodos de baixa, como no defeso e na entressafra, o garimpo aparece como a solução aos beiradeiros: uma miragem.

O impacto do mercúrio é ainda quase invisível para a sociedade, mas poderia ser mais bem identificado tanto em suas consequências para o peixe como na cadeia trófica e no ser humano. Segundo os especialistas, haveria indicadores sanitários possíveis de serem controlados por observação no desembarque, além dos testes de laboratório, no caso do mercúrio, como as guelras enegrecidas do pescado, os olhos vermelhos e as escamas soltando-se facilmente. A apreensão desses casos já avançados de contaminação mercurial orgânica e o monitoramento de sua procedência por espécies permitiriam um aumento direto do controle e da prevenção, que poderia ser articulado com a fiscalização sanitária. É claro que os peixes totalmente contaminados dificilmente chegarão ao comércio, ou seja, se o efeito imediato do controle do consumo é difícil, o preventivo torna-se possível pela identificação do grau de intoxicação e de sua proveniência. Há dois controles simultâneos a serem articulados e sistematizados quanto ao mercúrio: um de ordem sanitária e outro de ordem ambiental.

Os estudos mais integrados, até 1990, deram-se sobre a poluição mercurial em garimpos de barranco, em particular o de Poconé (MT), estudado pela equipe do Cetem/CNPq. Não havia estudos abrangentes sobre os rios na década de 1980. Houve amostragens de contaminação mercurial de peixes coletadas e analisadas por pesquisadores da UFRJ, Fiocruz e UFPA. Contudo, isso representa pouco, carecendo-se de uma tentativa de cruzamento das diferentes modalidades de garimpo, observando-se seu impacto sobre a atividade pesqueira em seus diferentes ângulos a partir da técnica empregada para exploração, tanto manual quanto mecanizada, levando-se em conta: a forma como se apresenta fisicamente o recurso, seja ele aluvional, coluvional ou veio; a organização social, detectando-se as diferenças, permitindo um melhor controle da poluição ou até a recomposição das áreas degradadas. Encontra-se ainda mal definido como as várias modalidades da poluição mercurial incidem sobre os rios e águas subterrâneas, pelo ar, em forma de vapor e por meio dos sedimentos. Falta também investigar o impacto dessa poluição na nutrição dos peixes, comparando-a à contaminação direta na água, nos casos em que os garimpos lançam mercúrio diretamente nos leitos dos rios, diferente dos casos em que o mercúrio é lançado em barrancos.

Visto pela técnica de extração, é possível se detectar a diversidade de poluição, observando-se tanto a quantidade de uso de mercúrio, quanto a quantidade de material revolvido. Uma extração com a tradicional bateia não se compara com as dragas. A extração de lavras subterrâneas, geralmente feitas por empresas, utilizando a cianetação em lugar do mercúrio, é diversa, por exemplo, de Serra Pelada. A extração por dragas ou balsas provoca interferências diferenciadas entre si e dos demais métodos.

De toda maneira, onde há garimpeiros com dragas o pescador não se aproxima, a "zoeira" é grande, os peixes fogem dos locais em que habitualmente são capturados, como as praias, região que lhes oferece mais alimentos. Os pescadores não chegam a identificar efeitos do mercúrio, mas dizem que onde se estabelece a "fofoca", como são chamadas as grandes concentrações de dragas, há luz, óleo na água, areia revolvida, ruído de máquinas, lixo, elementos dos quais obviamente os peixes fogem. Eis como explicam os próprios pescadores o sumiço do peixe no Madeira, mesmo nas áreas distantes em que o garimpo é proibido, depois das cachoeiras, e enfatizam que ninguém conseguiu deter a expansão da garimpagem, apesar dos resultados visíveis.

Há também efeitos secundários do garimpo, pouco considerados pela literatura, mas apontados pelos pescadores, como o sabão em pó e outros detergentes usados para lavar o ouro, os barcos e os equipamentos. O mais importante dos rejeitos do garimpo, após o mercúrio, é o óleo das máquinas, lançado em grandes quantidades nos rios. Embora haja estudos sobre o tema realizados pela Cetesb, para outros casos de poluição mercurial nenhuma medida preventiva ou corretiva foi prevista até o início da década de 1990. De todos os efeitos do garimpo sobre a pesca, o mais imediato é o revolvimento dos sedimentos de fundo, lançando, em suspensão, alumínio e outros materiais pesados, e rompendo qualquer possibilidade nutritiva para os peixes no fundo do rio e nas margens. Apesar de os canais principais não serem o local privilegiado de nutrição para muitas espécies, a pesca principal tem sua base nos cardumes migratórios de grandes bagres e escamosos durante seu trânsito, alimentando-se eventualmente nos alagados das margens. Essa migração é interrompida pela atividade garimpeira, e com ela a busca dos locais de desova e nutrição.

O revolvimento dos sedimentos do fundo provoca a alteração físico-química dos corpos afetados, mas há poucos estudos sobre esse tema. Uma draga revolve pelo menos 1,4 m3 por minuto. Os rios garimpados mudam de cor. Os efeitos do revolvimento atingem todas as espécies. Os carnívoros, herbívoros, onívoros, detrívoros serão todos comprometidos pela diminuição da oferta de alimentos, ou seja, os peixes de fundo e de meio fundo, porque desbarrancam-se os rios, que são assoreados. Embora os garimpos de rio incidam mais diretamente sobre a pesca, os garimpos considerados secos ou de barranco terminam levando material revolvido e poluentes ao lençol freático, comprometendo os rios das imediações, assoreando-os, embora não exista estudos sobre tais consequências, nem mesmo no caso do gigantesco garimpo de Serra Pelada. É importante aprofundar as pesquisas para se ter a medida particularizada dos efeitos das caixas de garimpo, dos tanques de rejeitos, das formas de tratamento e das diferentes tecnologias, como o desmonte, a bateia, as dragas e as balsas.

UM QUILO DE OURO EXIGE UM QUILO E MEIO, OU MAIS, DE MERCÚRIO

Para extrair 1 kg de ouro, utiliza-se de 1 a 3 kg de mercúrio, dependendo de como se apresenta o minério na natureza e da habilidade na manipulação. Os maiores especialistas referem-se a 1,5 kg de mercúrio, no mínimo. Poderia então o garimpo ter deixado, no mínimo, de 2 a 5 mil toneladas de mercúrio de 1975 a 1990 espalhadas pelos rios e barrancos degradados, disseminados por todos os pontos da Amazônia, à maneira de um sarampo, uma verdadeira epidemia socioambiental? Quais seriam as consequências disso para as futuras gerações? Se identificarmos as quantidades de ouro produzido pela atividade garimpeira, poderíamos estimar as enormes quantidades de mercúrio lançadas na Amazônia, em particular no *boom* garimpeiro da segunda metade dos anos 1980. A dificuldade é que o governo brasileiro manteve, durante décadas, um preço oficial para o ouro abaixo dos valores do mercado, provocando a citada evasão via contrabando e conturbando seus registros. Essa evasão chegou a extremos, como no estado de Mato Grosso, onde apenas 10% seria oficializada. Por exemplo, em 1987, quando o DNPM registrou no estado 5,5 t, mas admitia que poderia ter chegado a 20 t, o mercado estimava em 60 t (OESP, 21/8/1988, p. 36).

Os especialistas não sabiam a que atribuir a queda da produção, por exemplo, do garimpo de Serra Pelada. Suas hipóteses a esse respeito consideravam uma possível queda do rendimento global da garimpagem ou o aumento da evasão via contrabando. Mesmo quando o preço foi compatibilizado com o mercado, e o controle governamental aumentou, ainda continuou importante a parcela que escoada paralelamente pelo contrabando. Gerôncio Rocha, do Conage, cita alguns números oficiais (em quilos):

PRODUÇÃO DE OURO NO PAÍS (K)

Ano	Minas	Garimpos	Garimpos (%)	Total
1983	6.196	47.488	88,45	53.684
1984	6.655	30.563	82,11	37.218
1985	8.234	21.725	73,20	30.049

(DNPM Cacex Cief 1986.)

PRODUÇÃO DE OURO EM ALGUNS ESTADOS DA AMAZÔNIA (KG)

Estado	1985	1986	1987	1988
Amazonas	297.20	110.18	128.65	353.29
Rondônia	1471.53	473.11	3859.20	6426.21
Roraima	174.48	210.86	413.11	3848.95

(DNPM, FSP, 27A7/1989, p. b-12.)

A Usagal talvez esteja mais próxima da realidade, devido à sua influência entre os donos de garimpo. Estima a produção do garimpo de ouro, em 1989, em 96 t, sendo apenas 10% oficialmente registrada. As mineradoras que exploram lavras teriam no mesmo ano produzido 17 t (FSP, 25/7/1989, p. b-12). No ano de 1985, por exemplo, comenta Berta Ribeiro, a produção teria sido de 63 t, das quais 55 t, ou seja, 87%, originadas pelo trabalho de garimpeiros. A produção oficialmente reconhecida pelo DNPM para o mesmo ano foi de 29,8 t, atribuindo-se às empresas de mineração 8,1 t. O ouro não oficial, comercializado pelo contrabando, em 1985, seria da ordem de 47% (Ribeiro, 1990, p. 221).

Um geólogo, que presta serviços a donos de garimpo e mineradoras, afirma que o país produzia, no início da década de 1980, cerca de 80 t anualmente, 90% na Amazônia, e que, a partir de 1985, aumentou muito a produção, chegando a 200 t (Santos, 1987, p. 1). Mesmo as grandes empresas que comercializam ouro, como a Ouroinvest, que mantém uma pesquisa própria, divulgou que, em 1988, a produção oficial foi de 56 t, e a produção real de 100,43 t. Em 1987, a produção teria sido menor: a registrada oficialmente foi de apenas 41,3 t, e o aumento de 1988 é atribuído à invasão em Roraima de onze áreas indígenas. A variação do preço do ouro entre o garimpo e o mercado financeiro estaria diminuindo. Em 1989, no garimpo em Porto Velho, o grama alcançava NCr$ 33,00, quando na BMeF em São Paulo era cotado em NCr$ 45,35 (FSP, 25/7/1989, p. b-12). A produção de ouro teria diminuído em 1990 e 1991, provavelmente pelo uso inadequado dos locais de extração no Madeira e no Tapajós/Juruena, onde se perdeu de 60 a 70% do ouro, o mais fino, e por causa da retirada parcial dos garimpeiros do Parque Ianomami, em Roraima, além da repressão aos traficantes de cocaína, que utilizavam o garimpo para lavagem de dólares.

Junto ao revolvimento dos sedimentos de fundo, de efeito imediato, o mercúrio representa a grande ameaça a médio e longo prazo do garimpo à atividade pesqueira. Com o tempo, comprometerá a saúde dos garimpeiros e consumidores, dentro e fora da Amazônia, embora seus efeitos estejam por ser conhecidos em toda a sua dimensão. Mas a propagar-se a noção do risco potencial, os consumidores poderão até mesmo rejeitar o pescado, em particular em mercados mais exigentes, como os importadores do hemisfério norte. Os mais atingidos pelo mercúrio seriam os carnívoros, em particular os de nível trófico superior, importantes nas pescas interiores da Amazônia, além dos mercados interestaduais e fronteiriços. Ou seja: a pesca internacionaliza a importância do gerenciamento ambiental dos efeitos do garimpo, uma vez que os EUA, a Europa e o Japão, assim como outros grandes centros brasileiros e de países fronteiriços são importadores de pescado do norte do Brasil.

O risco maior é a passagem do mercúrio metálico para a forma orgânica, ligando-se a átomos de carbono, entrando na cadeia trófica e alimentar, por meio dos sedimentos, do plâncton, de microorganismos, penetrando no organismo dos peixes, e destes passando ao homem. Embora o metilmercúrio não seja a única forma orgânica, é das mais tóxicas e frequentes. A metilação seria favorecida por águas ácidas, com poucos nutrientes dissolvidos, como nos igarapés, embora não seja uma hipótese totalmente confirmada, segundo Luiz Martinellí, do Cena/USP (FSP, 2/2/1990, p. g-5). Algumas coletas identificaram índices importantes de mercúrio no sedimento de fundo dos igarapés, na região do Jaci-Paraná, indicando uma correlação entre as condições físico-químicas da água e o alto teor de mercúrio. Para excretar 50% do mercúrio acumulado, os peixes levam dois anos, e o suportam mais que os seres humanos, o que aumenta o risco do consumidor.

É ainda difícil separar conhecimento e especulação quanto aos efeitos do mercúrio. Os especialistas brasileiros argumentam que os casos mais bem estudados, como os dos lagos suecos e da baía de Minamata, no Japão, dão-se em ambientes mais fechados, sabendo-se menos sobre a contaminação generalizada em águas correntes do trópico úmido ou quanto aos efeitos sobre o mar da descarga das águas interiores contaminadas da bacia amazônica. Sugerem a importância de pesquisas comparativas, por exemplo, entre ambientes abertos e semiabertos, como os canais centrais, confrontados com os lagos, várzeas, igapós e igarapés, bastante significativos por serem criatórios naturais de peixes.

Um técnico da ex-Sudepe, Carlos Maria Matos, afirmou que cem pessoas teriam sido mortas por intoxicação de mercúrio no rio Madeira até 1988. Um dos superintendentes da instituição chegou a pedir uma comissão parlamentar de inquérito quando se viu diante de peixes encontrados deformados. Estimaram, até 1988, 78 t de mercúrio lançadas apenas no rio Madeira, e 250 t no Tapajós (1,5 kg de mercúrio para 1 kg de ouro). O secretário do

Meio Ambiente do Mato Grosso, José P.R. Gonçalves, calculou 30 t de mercúrio/ano no estado. Um médico do Pará, Carlos de Almeida, teria constatado mongoloidismo e numerosas crianças com o sistema nervoso afetado, todas morrendo seis meses depois do diagnóstico (OESP, 27/8/1988, p. 14-36).

Alguns especialistas, até os mais prudentes, lembram que, de fato, o grau de contaminação pode ser mais elevado do que se pensa, uma vez que os sintomas são, em oito dos dez mais importantes, parecidos com os da malária, razão pela qual não há registros de óbito por mercúrio em toda a Amazônia. Por isso, há que se saber mais. Muitos óbitos podem ser provenientes do mercúrio, estando sob outro registro. Os serviços de saúde não estão treinados para diagnosticar nem a intoxicação e menos ainda a morte pelo mercúrio. Febres e tremedeiras são interpretadas como malária, registrando-se assim o óbito.

O ribeirinho, em sua saúde, com o mais alto consumo de peixe do país, será o primeiro a ser atingido com a metilação mercurial dos ambientes aquáticos. Nas amostragens colhidas pela Unir/UFRJ, preocupa que beiradeiros do alto Madeira, São Carlos do Jamari e Calama, em comunidades com cerca de 60% da população amostrada, apresentem já entre 10 e 50 ppm (parcelas por milhão) de mercúrio total, inorgânico e orgânico. Estudos em curso na Nova Zelândia, considerados como parâmetro, tenderiam a indicar que por volta de 10 a 20 ppm seriam já indicadores suficientes para localizar riscos de exposição intrauterina, comprometendo a gestação e os recém-nascidos. Embora esses resultados sejam inferiores aos 50 ppm e 125 ppm verificados em Minamata, ou situações como a do Iraque, onde 5% da população apresenta sintomas, as populações das margens do Madeira já preocupavam, em 1991, pelos sintomas iniciais de contaminação (Boischio, comunicação pessoal).

As recomendações da OMS estabelecem um padrão mínimo de 50 ppm, limitando o consumo a 300 ou 400 g de peixe/semana onde há contaminação, uma vez que 90% do mercúrio encontrado nas amostras é metilmercúrio. As pesquisas em curso na Unir procuram precisar o quanto de contaminação é especificamente atribuível ao metilmercúrio, através da correlação entre a quantidade diária de peixe consumida pelos grupos populacionais em exposição, a partir da variação de seus hábitos alimentares, considerando que um urbano, ou um migrante, tendem a consumir menos, e com menor variação de espécies comparativamente a um ribeirinho.

A maioria das amostras colhidas até 1990 referem-se aos carnívoros, enquanto o consumo ribeirinho amplia-se aos frugíveros, detrívoros e onívoros. Para uma pesquisa eficaz, há que se adotar critérios qualitativos e séries quantitativas sobre a correlação entre o consumo médio, espécies e contaminação, inclusive de peixes de níveis tróficos não tão elevados. Para obter-se amostragens mais esclarecedoras, há necessidade de dados seriados, orientados por critérios epidemiológicos. A contaminação ocupacional deve ser estudada separada da que atinge o consumidor, procurando estabelecer os limites de consumo toleráveis, por exemplo, à gravidez, primeiro estágio de risco nas classificações admitidas internacionalmente. As amostras colhidas arbitrariamente permitem identificar presença significativa de contaminação em determinados compartimentos ambientais, mas não oferecem uma classificação dos diferentes graus de exposição ao risco.

Alguns pesquisadores preocupam-se com a inexistência de uma sistemática de amostragem adequada. Por exemplo, o cabelo é um indicador bastante completo para o mercúrio orgânico, para a contaminação pelo peixe, mas não tão esclarecedor para o mercúrio no estado vaporoso. Na análise dos riscos à saúde ocupacional, a urina seria um melhor indicador da intoxicação durante a queima do amálgama. Esse indicador deve ser complementado com o exame de sangue, e não de cabelo. Não houve análises de urina até 1990, pelo menos no rio Madeira, com a finalidade de avaliar o risco ocupacional do garimpeiro em contato com o mercúrio na forma de vapor. Assim, não foi possível verificar mudanças comportamentais psicogênicas, do tipo "chapeleiro maluco", que podem ser confirmadas com exames de urina e de sangue. É preciso, portanto, se organizar dois acompanhamentos de vigilância sanitária separados: uma coleta sistemática de urina para a saúde do trabalho e uma propriamente voltada à relação peixe/consumo humano/contaminação.

Quanto à análise direta do peixe, a sistemática de coleta necessita de séries de amostras de espécies com hábitos diferenciados, por exemplo, os peixes de profundidade e os de superfície, acompanhados de amostras da cadeia alimentar. As decisivas são as amostras colhidas no ser humano e no peixe, permitindo índices comparativos com os grandes desastres, como o de Minamata. No Inpa e no Cena/ Tjsp iniciaram-se análises a partir de amostras dos sedimentos de fundo. Alguns pesquisadores pretendem orientar-se pelo comportamento migratório dos peixes mais consumidos, para verificar a extensão da contaminação, sua distribuição e seu alcance espacial. Para isso contam com análises de espécies colhidas um pouco ao acaso, mas que revelam situações limites, apesar do caráter esparso das coletas até 1990. Há, por exemplo, carnívoros (pintado) com 2,7 ppm. Há um ovo, felizmente de uma espécie menos consumida, o acari ou bodó (*locariidae sp*), com índices ainda maiores (Boischio, comunicação pessoal). Existe também um surubim com 2,7 ppm, num igarapé do rio Jamari, e uma dourada desembarcada em Porto Velho com 1,43 ppm. Entre 1983 e 1988, teriam sido lançadas 300 t de mercúrio apenas no Tapajós. Outro levantamento pontual, feito pela ex-Sudepe em 1988, em peixes aproveitados pela pesca artesanal do Tapajós, considerando que o máximo de tolerância seria de 0,30 ppm para cada 70 kg, identificou muitos acima desse limite: Tamuatá, 0,41; Charuto, 0,21; Mandi, 0,39; Braço de moça, 2,53; Chifrado, 1,57; Mondubé, 0,92; e Acan, 0,23 (Leitão, 1990, p. 138). Os peixes não carnívoros, onívoros e detrívoros vêm apresentando concentrações bem menores nas amostras, como o tambaqui e o curimató.

Os níveis de mercúrio nos herbívoros seriam menores, mas, com o alto consumo dessas espécies pelos ribeirinhos, não tardaria a aparecer contaminação em seus cabelos. Tem-se verificado que os carnívoros, pelo menos nos climas temperados, têm níveis de concentração mercurial mais altos através da biomagnificação. Caso o fato se confirme também na Amazônia, poderá ser necessário impor a diminuição de seu consumo, pois são muito explorados na época da enchente. Os bagres, por exemplo, são exportados a outras regiões, assim como o filhote, o pintado, a dourada. No futuro, após um melhor embasamento via pesquisa científica, poder-se-á monitorar a pesca de espécies comparativamente mais ou menos sujeitas à contaminação. Enfim, até o momento não existe um total conhecimento da extensão do impacto mercurial em seus diferentes níveis tróficos e no conjunto da cadeia alimentar peixe/homem.

O mercúrio pode chegar a comprometer a pesca, por causa da rejeição que o consumidor apresenta em relação ao peixe suspeito de contaminação. A água é fundamental ao processo de extração do ouro. Os sedimentos são aspirados com água, separados com água e mercúrio; os equipamentos são lavados. Isso vale para o garimpo de rio e para o de barranco. No rio, utiliza-se mercúrio no tapete, no barril, onde é revolvido o material pré-separado gravimetricamente, no pano de enxugar, onde é parcialmente recuperado, até "cansar", após o repetido uso, e é jogado fora. Não há ainda uma coleta sistemática da perda de mercúrio nas diferentes fases do processo de extração. O mercúrio é lançado, por exemplo, no tapete das dragas que separam o metal por gravimetria, depois em barris onde se opera uma segunda separação, além de ser queimado e volatilizado.

Calcula-se 1,5 kg de mercúrio perdido por um 1 kg de ouro. Cerca de 50 a 70 t/ano até 1988, 5 a 10 t/ano no ar, em uma estimativa moderada, equivalendo a 7,5% da poluição por mercúrio do planeta. Apenas no Madeira, de 1979 a 1985, a quantidade teria aumentado de 1,64 t/ano para 13,59 t. O mercúrio liberado iria 55% para a atmosfera, lixiviado pelas chuvas. Outra parte, estimada em 45%, estaria sendo lançada aos rios e metilada pela intensa atividade microbiana das águas de acidez variável e ricas em matéria orgânica, além da contribuição da elevada temperatura. O etil e o metil mercúrio, os processos mais tóxicos, não são degradados por processos orgânicos. Cem vezes mais assimilável por microorganismos do que o mercúrio metálico, o metilmercúrio é rapidamente incorporado na cadeia alimentar pelo plâncton, em particular nos rios de água preta, que serão atingidos pelo transbordamento, mesmo que não se verifique hoje muitos garimpos atuando nesses rios.

Garimpeiros consumidores de peixe tinham uma concentração de mercúrio no cabelo de 1,0 a 26,7 ppm. A intoxicação é lenta, pode dar-se por acumulação, conhecida pelos especialistas como biomagnificação. Os primeiros sintomas são difíceis de atribuir apenas ao mercúrio, em atividades duras como a pesca ou o garimpo: fraqueza, fadiga, inflamação da boca, perda de dentes, salivação, tremores, instabilidade emocional ou sintoma do "chapeleiro maluco". Os casos extremos são de síndrome nefrótica ou de morte repentina por hipersensibilidade. Ataca o sistema nervoso central, cérebro e cerebelo, causando encefalopatia aguda, ataxia ou falta de coordenação e inibição motora e da sensibilidade. Acumula-se também no feto, ocasionando paralisia cerebral ou retardamento mental. Apenas 15% têm chance de recuperação, e não há tratamento eficaz conhecido para a intoxicação crônica. Em Minamata morreram oitocentas pessoas e oito mil foram contaminadas. Mesmo na contaminação por vapor, a tremedeira tem aparecido com frequência, confirmam os garimpeiros.

O mercúrio utilizado no Brasil tem sido importado da Holanda, Alemanha e Inglaterra, embora os grandes produtores, depois da ex-URSS e da China, sejam a Espanha, Turquia e Argélia. A importação comercial brasileira superou a industrial a partir de 1985, estimulada pelo garimpo, atingindo mais de 340 t/ano.

A GARIMPAGEM PIPOCA EM TODA A REGIÃO E ALÉM-FRONTEIRAS

Estima-se de dois a três mil os pontos de garimpagem pela Amazônia. A maior parte dos grandes afluentes é atingida direta ou indiretamente. Muitos desses pontos consistem na recuperação de locais conhecidos no ciclo colonial do ouro, outros foram localizados por levantamentos da pesquisa governamental. A construção de estradas e de pistas de pouso para avionetas estão na base dessa expansão. Por quantidade de ouro extraído e de concentração de garimpeiros, os rios Madeira, Tapajós, o norte do Mato Grosso, sul do Amazonas e mais recentemente Roraima, constituem os centros mais importantes da atividade garimpeira.

Em Rondônia, embora a garimpagem concentre-se no rio Madeira, há alguns garimpos de barranco. Até 1987, estima-se que cerca de quinhentas balsas e dragas tenham lançado mais de 100 t de mercúrio, embora a produção oficial tenha registrado apenas 6,4 t/ano de ouro no Madeira (Ribeiro, 1990, p. 221). O rio Madeira é o segundo maior formador brasileiro do Amazonas e já vem poluído de seus formadores no Peru e na Bolívia. Uma draga pode produzir 1kg de ouro por mês, havendo uma evasão fiscal de 5 t mês, estima a prefeitura de Porto Velho, que gostaria de ver duplicada a receita do município. Até 1991 havia 2 mil dragas no rio Madeira, com 36 mil garimpeiros atuando no rio, mais 1,7 mil em terra, além de outras 6 mil pessoas permanentemente ligadas ao garimpo em outras atividades (FSP, 25/7/1989, p. b-12). A Marinha registrou seiscentas dragas em 1990, teriam chegado a 5 mil no auge, algumas mudando depois para o Tapajós, Bolívia e Peru.

O garimpo estaria decaindo, a partir de 1991, em Rondônia, com algumas áreas sendo abandonadas, segundo funcionários do Ibama, do DNPM e garimpeiros. A razão é a forma perdulária como as dragas e balsas atuaram, revolvendo o sedimento de fundo com 70% de perdas, devido a deficiências de tecnologia de extração: com tal atitude, esgotaram o espaço da reserva garimpeira com enorme subaproveitamento. Houve desperdício de ouro: o ouro grosso fica retido nos carpetes instalados nas caixas por onde passa o material revolvido, já o ouro fino se perde.

Um dos mais importantes e ao mesmo tempo descontrolados centros de poluição na Amazônia é o garimpo do alto rio Madeira. Os garimpos principais são os de Araras, Escondido, Calado, Candeias e Belmonte. O garimpo atua em algumas poucas áreas permitidas e avança sobre as proximidades de Porto Velho. A Marinha proíbe que suba o rio, devido aos problemas ocasionados à navegação. As dragas e balsas terminam por atuar escondidas à noite, ou corrompem os oficiais da Marinha para atuarem à luz do dia. Está situado em particular na região de maior frequência de cachoeiras, entre a foz do Mamoré, com pontos até Abunã, Calama e outros mais esparsos, chegando até à foz do Aripuanã, onde o garimpo é permitido como uma reserva de extração assegurada pelas autoridades.

Um grupo de pesquisadores da Unir tem acompanhado o processo, com poucos recursos. Consideram que o risco maior de contaminação dá-se no período das águas baixas. Apesar do consumo de peixe entre os migrantes no novo estado ser menor, comparativamente com a tradição amazônica, o risco de contaminação continua grande, inclusive porque não se sabe o alcance da propagação do mercúrio ao vizinho estado do Amazonas, e a prevenção é praticamente nula. A retorta, ou "cadinho", não foi adotada, nem há um programa eficaz sugerido pelo Ibama ou Sedam. Durante o período do Polonoroeste, através do seu componente ambiental, tentou-se uma sistemática de imposição da retorta, por meio da negociação com os representantes dos sindicatos de garimpeiros. Resultou que algumas dragas têm o aparelho, encostado em um canto para uma eventual fiscalização anunciada, mas não o utilizam. O quarteirão das casas de ouro foi orientado a dar saída ao vapor da requeima da amálgama em sistemas de caixa d'água, para que não fossem à atmosfera, mas não há uma fiscalização adequada, nem comprovação da eficácia da técnica, e nem todas dispõem de "capelas" adequadas.

Os conflitos entre a comunidade ribeirinha e os garimpeiros são potencialmente delicados, os garimpeiros ocupando geralmente uma posição de força. Já foram localizados peixes com sete vezes o nível de mercúrio considerado tolerável, em Porto Velho e em Guajará-Mirim. Há indicadores de que a queda da produção da pesca e do consumo de pescado em Porto Velho deve-se ao mercúrio. Antes a produção chegava a 5 t, depois Guajará-Mirim passou a produzir 1,5 t para a capital. Em Porto Velho ignora--se que o pescado realmente contaminado é o das imediações, como a dourada, e não o tambaqui, que vem de Guajará-Mirim, embora não se saiba por onde o peixe migrou, nem os efeitos do mercúrio rio acima.

Em 1991, havia mais de 2,5 mil embarcações voltadas ao garimpo entre Guajará-Mirim e Porto Velho. Algumas delas são de empresários vindos de São Paulo e do exterior. Muitas têm ligações com o tráfico de cocaína. As balsas foram lentamente substituídas pelas dragas, mas sobram cerca de quatrocentas, que são as mais perigosas, uma vez que o mergulhador manipula pessoalmente o tubo que aspira os sedimentos de fundo, numa média de quatro horas seguidas, podendo ser atingido por um tronco, devido à pouca visibilidade do rio. O desaparecimento de mergulhadores é frequente, por competição ou vingança, bastando cortar o tubo pelo qual respira. As dragas têm escavadeiras nas pontas dos tubos, e rendem mais, podendo chegar a 200 g/dia contra 50 g/dia para a balsa.

Cada uma das quatro ou cinco pessoas que, em média, trabalham dentro das embarcações dessas médias empresas de garimpagem, nas dragas e balsas, têm funções definidas, ganhando por porcentagem. O proprietário fica com 70% e os demais dividem o restante. Uma draga pode alcançar 1kg/mês. O principal responsável recebe 10%, os demais 5% e a cozinheira cerca de 15 g/mês. A moeda é o ouro, como em todas as cidades próximas ao garimpo.

No sudeste do Amazonas, encontram-se concentrações da garimpagem nos rios Paraurari, Sucunduri e Uraricoera, além de outros garimpos de barranco. Afluente do Amazonas, o rio

Parauri conta com a presença de empresas informais do garimpo fechado, em expansão, como "Zezão" e José Altino Machado, com as minas Rosa de Maio, Anta, Comandante Perez, Serra Morena (em área indígena) e Bandeirante. Quem arrecada pouco é o Pará, não o Amazonas, o escoamento dando-se por Itaituba, a 418 km a sudoeste do garimpo. Rosa de Maio tem cinco pistas de pouso, a 400 km ao sul de Manaus, com novecentas pessoas, espalhando-se por 60.000 ha, com uma produção estimada de 80 kg/mês, duas lanchonetes, farmácia, oficina mecânica e boate, com cinquenta prostitutas (FSP, 25/7/1989, p. b-12).

O potencial do rio Parauri, em Maués (AM), é estimado em 40 t, num valor de US$ 800 milhões, sendo a produção anual de 2,5 t, US$ 35 milhões ao ano, podendo gerar US$ 5,25 milhões anuais de imposto mineral, caso fosse recolhido (Santos, 1987, p. A). Outro garimpo na região localiza-se no rio Amawa, contando com atividades de intermediários menores, aviados pelas empresas informais. A produção total do sul e sudeste do Amazonas seria de 4 t/ano, além de 200 kg provenientes de minas menos conhecidas, como Sucunduri, Camaiú/Acari e Humaitá (Santos, 1987, p. 4).

O segundo ponto de interesse no Amazonas é a região noroeste, nos rios Negro e Traíra, na região do Pico da Neblina. A Paranapanema, uma das maiores mineradoras brasileiras, a partir de 1985 vem entrando na região, interessando-se em particular pelas ocorrências de ouro dos rios Caparro e Traíra, que seriam as mais importantes dessa região. A produção anual dos intermediários menores das empresas informais de garimpagem, nos rios Traíra, Cauaburi, Içana e Cuiari, sem contar a Paranapanema, foi estimada em 500 kg (Santos, 1987, p. 5-10).

Em Roraima, quase toda a produção situa-se em áreas indígenas, regularizadas ou não: Uraricaá/Santa Rosa, Apiaú e Quinô/Cotingo/ Maú, no extremo nordeste, onde o ouro é subproduto de lavra diamantífera, além de Urucá e Serra Verde. Os garimpeiros esperam compromisso do governo do estado de construir estradas nesses pontos. Estimou-se em 1,5 t/ano a produção do novo estado, tendo aumentado bastante nos últimos anos (Santos, 1987, p. 6).

No estado do Mato Grosso, o garimpo de Poconé é um dos mais estudados (CETM/CNPq). Seu exemplo é valioso para os garimpos de barranco, que atingem também os rios, desviados para abastecê-los em água, embora os estudos tenham se voltado mais para o mercúrio e menos para a poluição física. Poconé tornou-se mais combatido devido à pressão do movimento ambientalista em defesa do Pantanal, inclusive porque essas situações mais próximas de centros maiores, como Cuiabá, tornam-se mais bem conhecidas do público. Após a pressão de grupos ecologistas, houve acordo no final da década de 1980 entre a prefeitura e a cooperativa, representando 3 mil garimpeiros, para medidas de prevenção à poluição mercurial. Inicialmente as autoridades proibiram o garimpo: os garimpeiros trabalhavam à noite, para burlar os fiscais. O acordo prevê a proibição de rejeitos e substâncias poluentes nos cursos d'água, em particular nos mananciais, mas também no subsolo e na atmosfera, além de maior cuidado com as barragens de tratamento de rejeitos e a recuperação de áreas degradadas. Esse garimpo chegou a ter quatrocentos "moinhos" em atividade (FSP, 25/7/1989, p. b-12; OESP, 24/8/1988).

A região mais importante de garimpagem no Mato Grosso situa-se no norte, nos rios Juruena e Teles Pires, na região de Alta Floresta, onde há também garimpos de barranco. É uma das regiões garimpeiras mais violentas, descontroladas e poluidoras da Amazônia, com pequenas empresas intermediárias informais. A pesca desapareceu da região, sobretudo das proximidades dos simulacros de centros urbanos que servem ao garimpo. Em 1991, a partir de Peixoto de Azevedo, por exemplo, restavam apenas doze pescadores, obrigados a viajar dois dias para encontrar peixe, bem distante dos rios usados pelos garimpeiros, por exemplo, para o rio Xingu. A região foi ocupada pela abertura da BR-163, Cuiabá-Santarém, e pela BR-80, uma estrada militar que deu acesso à Serra do Cachimbo, onde se instalou uma base militar com vistas a experiências atômicas e construção de poços para depósito de rejeitos radioativos, que teriam sido fechados pelo governo. Outros pontos são alcançados a partir do sul do Pará, por pequenos aviões, e vice-versa. A ocupação prevista destinava-se a projetos de colonização e grandes agropecuárias, contando com incentivos da Sudam, mas a irrupção garimpeira predominou sobre as demais atividades. Até mesmo a fazenda do grupo Ometto, a Agropecuária Cachimbo S.A., fundadora de uma das cidades, vem sendo invadida pelos garimpeiros, que ameaçam avançar também sobre o Parque Indígena do Xingu, nas proximidades.

Tudo começou com dois investidores, que dispunham de avionetas, equipamentos, abriram as pistas, financiaram a comida e promoveram o recrutamento, no começo como "meias-praças", à porcentagem. Depois chegaram os "furões", os que não contavam com a carteira de garimpeiro, tentando tornar-se intermediários e disputando os barrancos ou pontos nos rios (OESP, 24/8/1988, p. 36).

Os principais centros de garimpagem no rio Teles Pires encontram-se em Alta Floresta, a capital da garimpagem na região, em particular nos distritos de Apiacás e Parnaita, espalhando-se por Terra Nova, Juara, Colíder, Matupá, Peixoto de Azevedo, Guarantã, além da expansão por via aérea até ao sul do Pará, como o garimpo chamado Castelo dos Sonhos, nas nascentes do Rio Curuá.

No Pará, a garimpagem expandiu-se nos rios Tapajós e Jamaxim, desde os anos 1960 (Leitão, 1990, p. 137). A Secretaria da Indústria e Comércio do Pará, a partir de dados da Sucam, contou mil pontos de garimpagem no Tapajós, trezentos no médio rio, que já vem poluído por dragas desde o Teles Pires. Pelo menos um dos rios, o afluente Crepuri, já estaria totalmente assoreado. Duas espécies de peixes teriam sumido: o cuiu-cuiu e o pacu. Os rios mais atingidos seriam, além do Tapajós: o Jamaxim, Crepuri e o seu afluente Marupá e os rios Rato, Porto Rico e o das Tropas. Camilo Vianna (UNFP/Soren) relatou, em 1990, o caso de um empresário, Samuel Bemergui, que enviou um peixe para a família em São Paulo, intoxicando-a, num dos raros casos em que os exames foram concluídos. Alguns espécimes de pirarucu examinados teriam o dobro da quantidade de mercúrio tolerável para consumo humano. A diarreia perversa mercurial, um dos sintomas de intoxicação, foi constatada em habitantes de Itaituba. Houve, em 1990, um trabalho da CPP, em Santarém, em particular junto à colônia de pescadores e os garimpeiros, buscando a conscientização em favor da preservação do Tapajós. Nos rios Tucumã e Cumaru, um levantamento realizado pela Fiocruz em 1987 constatou intoxicação mercurial generalizada em Cachoeira e Cumaru, este último garimpo situado na reserva dos índios Gorotire. Todos os grupos sociais foram atingidos: garimpeiros, índios e inclusive compradores de ouro (Ribeiro, 1990).

A região de Carajás, Serra das Andorinhas e Serra Pelada concentra a garimpagem de barranco. Até 1986, estima-se que Serra Pelada tenha produzido 40 t. Em 1982, a produção aumentou para

6,8 t/ano, abrindo uma cratera de 17 km², com 2.090 covas. Em 1983 foi o ano mais produtivo, com 14 t (Ribeiro, 1990). Em 1988, a produção já caía para 4 t, talvez devido à evasão. Trata-se de um dos mais famosos garimpos; várias vezes tentou-se colocá-lo sob controle da empresa estatal que detém a concessão de exploração, a CVRD. Empresas privadas também tentam entrar através da estatal. Os garimpeiros, liderados pelas empresas informais, conseguiram sempre força política para resistir. As condições de extração são bastante duras, milhares de peões, um formigueiro humano, arrastando sacos de material nas costas por encostas escavadas de forte inclinação, perigosas nas chuvas.

Apesar do aumento da área de extração, diminui a produção. Diante dos limites da lavra manual, o governo gastou US$ 900 mil para remover a terra e rebaixar, permitindo o aprofundamento da lavra, que já alcançava 200 m. Essa iniciativa pelo governo se deu devido à pressão dos garimpeiros no Congresso Nacional. Os acidentes aumentaram com a ampliação da lavra. Segundo cálculos da Cef, apenas 6,65% do ouro, no primeiro semestre de 1983, ficou para 48,62% dos garimpeiros. Após os desbravadores, aparecem os donos de barranco, o sistema de aviamento, ou de endividamento antecipado do garimpeiro. Mas o sonho do ouro não acaba, mesmo realizando apenas investidores e intermediários. O aumento da produção depende do reaproveitamento do resíduo, de novos processos de moagem. Os garimpeiros insistem com o governo para que este aprofunde as cavas, mas há perigo de desmoronamento, atingindo locais de água subterrânea (FSP, 25/7/1989).

No Pará há outros garimpos: os dos rios Vermelho e Itacaiunas, afluentes do Tocantins; na Serra Leste, ao lado da rodovia PA-150; no Trombetas; nos rios Fresco (Gorotire) e Bacajá; na Serra dos Gradaús; na Volta Grande do Xingu. No rio Itatá, a Oca Mineração cava uma lavra subterrânea, construindo barragens de rejeitos, na cidade de Senador José Porfírio, utilizando muita água. Novidade foi a chegada de balsas de garimpeiros no Reservatório de Tucuruí.

Também está ameaçada a região estuarina do Pará e do Amapá, como na fronteira do Pará com o Maranhão, onde o mercúrio pode chegar aos manguezais, através das drenagens do rio Gurupi, indo para Viseu e região, onde se encontra a pesca estuarina de exportação. No Amapá, os garimpeiros seriam cerca de 30 mil, sendo o rio mais atingido o Amapari, com cerca de 4 mil. A federação dos pescadores do Amapá refere-se a vários outros rios destruídos pelo garimpo e pela exploração do manganês. No rio Tartarugal Grande haveria 5 mil garimpeiros. No rio Oiapoque, há 53 proprietários de balsas, com cerca de 3 mil garimpeiros. Nesses locais não dá mais peixe, dizem os pescadores. Há também uma exploração de ouro aluvional, no rio Ipitinga, um afluente do rio Jari.

O garimpo contribui para mostrar que o gerenciamento adequado necessita de uma visibilidade sobre o conjunto da bacia e, no caso da Amazônia, transcendendo as fronteiras. Isso porque outra importante frente de conflitos provocados pelo garimpo situa-se na região de fronteiras, em particular com a Guiana Francesa, Venezuela, e, mais recentemente, a Colômbia. Os garimpos brasileiros expandem-se também para o Peru e Bolívia, reavivando pontos antigos ou introduzindo novas tecnologias em explorações semiestacionadas, gerando o mesmo quadro caótico e de degradação ambiental do Brasil, agora em direção a esses países fronteiriços e às nascentes dos rios.

No rio Madre de Dios, no Peru, os garimpos funcionam há muitos anos. Esse rio é formador do Madeira, que o é, por sua vez, do Amazonas. Um zoneamento ambiental terá que considerar essa inter-relação. As quantidades de mercúrio, lançadas do outro lado da fronteira, tenderão a contribuir para agravar uma situação já difícil no Madeira, e vice-versa, ainda mais quando se sabe que na mesma bacia há garimpos também na Bolívia.

A extração de ouro é a principal atividade do departamento de Madre de Dios, gerando ingressos estimados em US$ 2,2 milhões anuais, e nada fica como contribuição à região. A seca é o período privilegiado para o garimpo, quando a população de Madre de Dios duplica em torno à atividade. O debilitamento do garimpo do Madeira transformou o vizinho Peru, acessível por estradas transitáveis apenas na seca, numa alternativa. Em 1990 os garimpeiros brasileiros e colombianos chegavam aos milhares, introduzindo novas tecnologias, em particular generalizando o uso da draga. Os conflitos de garimpeiros com comunidades indígenas são numerosos, e tendem a agravar-se, uma vez que os índios não contam com prioridade nas concessões de exploração mineral em suas próprias terras.

O governo peruano, através do Banco Minera, controla apenas 10% da produção, interessando-se por algumas das grandes empresas: Aurífera Iñambari/South American Placers SA, Consórcio Katanga, Texas Golf/Aurífera, El Sol/Carisa, dentre outras. Não há qualquer prevenção ambiental, retorta, capela ou recuperação de áreas degradadas. Nas chuvas, o garimpo muda para as partes mais altas, e diminui em quantidade. A média estimada, segundo um geólogo, é de 1 g/homem/dia. Várias técnicas estão presentes: bateia, draga, desmonte hidráulico de barranco, tratores e outros (Leonel, 1991, p. 97).

Com seus vistos vencidos, 140 garimpeiros brasileiros foram expulsos da Guiana Francesa para o Amapá, em março de 1991, após conflitos com garimpeiros surinameses e cinco dias de prisão (FSP, 29/3/1991, p. 1-6). Autoridades fronteiriças colombianas formalizaram denúncia de que militares brasileiros teriam torturado três garimpeiros colombianos, o que foi negado pelo Comando Militar da Amazônia (FSP, 29/3/1991, p. 1-6). O exército brasileiro chegou a divulgar um confronto de fronteira anunciado como sendo contra guerrilheiros. Mais tarde, o exército esclareceu que o confronto ocorreu devido à presença de garimpeiros, inicialmente tolerados, depois violentamente expulsos, com várias mortes.

O GARIMPO E OS ÍNDIOS

A expansão do garimpo para regiões cada vez mais extremas não poderia deixar intocadas as áreas indígenas. Esse tema merece um enquadramento específico no gerenciamento do garimpo e da sua correlação com a pesca. Os índios necessitam da pesca como opção econômica menos predatória, comparativamente com as alternativas que lhes vêm sendo apresentadas, como a venda de madeira, o próprio garimpo ou trabalhos sazonais para os colonos vizinhos. Com o baixo preço que os produtos extrativistas obtêm, como a borracha e a castanha, a pesca tende a valorizar-se e, corretamente manejada, pode representar um item importante numa perspectiva de aumento sustentável da renda monetária. Os índios necessitariam de apoio técnico e infraestrutura para a comercialização.

De todas as formas, os índios contam milenarmente com a pesca para sua sobrevivência, inclusive diante da diminuição da caça e da desestruturação de seu modo de vida tradicional. O garimpo irá introduzir não apenas a degradação de seus recursos, mas mudanças abruptas em seu modo de vida, além de agravar dissensões internas e estimular invasores. Tem-se, entre as dezenas de garimpos em área indígena, diferentes situações: garimpeiros invasores, índios garimpando e exploração mista. Na maioria das situações os índios recebem menos do que a média regional, garimpando ou apenas permitindo a extração em suas terras.

A mineração e o garimpo em área indígena são anticonstitucionais. As exceções admitidas pela Constituição exigem prévia aprovação do Congresso Nacional e da comunidade indígena. No entanto, antes e depois da Constituinte de 1988, várias autoridades estimularam abertamente a entrada de garimpeiros em áreas indígenas em diversos pontos da Amazônia, em particular em Roraima. A maior parte das atividades garimpeiras em áreas indígenas é organizada por invasores não indígenas. Esse quadro é agravado pelo fato de a maior parte das áreas não estarem demarcadas, e as que estão contarem frequentemente com invasores. A instituição responsável pelo atendimento aos índios, a Funai, é um dos maiores desastres administrativos do país, encontrando-se na fase terminal de sua crônica desestruturação por falta de recursos e orientação.

Novamente, frente ao garimpo, sobressai a maior vulnerabilidade das comunidades indígenas ao contágio, além da carência de um atendimento médico adequado. Os óbitos verificam-se por doenças possíveis de serem eliminadas pela medicina curativa e preventiva, como nos casos de tuberculose, malária, sarampo e outras. Embora quantitativamente os índios tenham obtido, de modo episódico, algum crescimento populacional nas comunidades em contato mais antigo, as de recente contato estão submetidas a um índice de mortalidade bastante superior à média brasileira. Terão ainda menor chance que os ribeirinhos de conhecer previamente os efeitos do garimpo e de preveni-los, ou de resistir à sua entrada. O garimpo é sazonal, com parada obrigatória nas cheias, resultando numa renda instável, além de alguns índios garimpeiros no Peru terem revelado dores reumáticas consequentes do longo tempo passado nos rios garimpando.

Sua estreita ligação com seu território e recursos naturais faz com que sua destruição lhes deixe poucas alternativas de reinserção. Em particular os mais idosos adaptam-se mal às cidades, como as comunidades de contato recente. Muitos garimpos estão se aproximando de grupos isolados, não apenas no caso mais conhecido dos Ianomami, mas em outros pontos do Pará, Roraima e Rondônia, como os Uruéu-Au-Au. O exemplo Ianomami é o mais eloquente: a corrida do ouro trouxe 40 mil garimpeiros para terras ocupadas por cerca de 9 mil índios, provocando inclusive a morte de cerca de 2 mil, por diferentes contágios, segundo David Kopenawa, um de seus principais líderes.

A contaminação dos índios pelo mercúrio não foi estudada de forma sistemática, assim como o conjunto do impacto da atividade garimpeira em suas terras, ou a poluição de seus rios. Mas foi identificada pelo menos num caso, por uma análise pontual, feita nos laboratórios da UFRJ, com amostragens de cabelos de alguns índios Munduruku do alto Tapajós. Constatou-se que os índios estão contaminados com mercúrio acima do intervalo médio padrão, em parcela por milhão, seja para os que se alimentam de vegetais e peixes (4,0 ppm – 6,5 ppm), seja para os que se alimentam de tubérculos, grãos e carnes (1,5 ppm – 2,5 ppm). Embora não alcancem os níveis de intoxicação aguda, de 50 ppm, já se encontram com elevada concentração de mercúrio nessas amostras:

CONCENTRAÇÃO DE MERCÚRIO EM CABELOS DE ÍNDIOS MUNDURUKU

Nome	concentração ppm (ug/g cabelo)
Faustino Caba	15,4
José Crixi Munduruku	10,0
Vicente Saw Munduruku	16,4
Basílio Worn	18,6
Francisco Kayaky	29,0

Uma das áreas mais atingidas situa-se no Amazonas, envolvendo os índios Tukano e outros, na Serra da Traíra, no Alto Rio Negro, na área Pari-Cachoeira. No território dos Tukano e Maku, após a identificação de reservas de ouro por técnicos do CPRM, iniciou-se uma corrida, encabeçada por vinte empresas que requereram prioridade para pesquisas em toda a área, da foz até as cabeceiras dos principais rios. A partir de 1983, a situação foi se degradando, chegando a confrontos armados. A empresa

Paranapanema, com apoio de autoridades do governo, inclusive militares, disputava com garimpeiros a lavra, ambos os lados procurando envolver os índios. Em janeiro de 1986, os índios interpretaram a demora de um grupo de sessenta índios em retornar à aldeia como um massacre, que não se confirmou, mas revelou o clima de tensão. Repetidas vezes os garimpeiros invadiram a Serra, e foram retirados pela segurança da Paranapanema, atuando em conjunto com a polícia militar ou federal. A Paranapanema envolveu algumas lideranças, prometendo recompensá-las, como fez em outras situações, com ridículas quantias, sem nunca recuperar as áreas degradadas (Cedi, 1986, p. 85).

O líder indígena Gabriel Gentil, da tribo Tukano, acusou o governador do Amazonas, Gilberto Mestrinho, de impedir a demarcação de suas terras no alto rio Negro, denunciando o interesse do governador pelas reservas minerais existentes na área – ouro, diamante e cassiterita (Cedi, 1986, p. 90; OEM, 31/8/1985). Em outubro de 1985, os índios mataram quatro garimpeiros a bordunadas (Cedi, 1986, p. 90; AC, 7/1/1986). A Paranapanema foi responsabilizada pelos conflitos entre índios e garimpeiros na região do Pari-Cachoeira, pelo delegado da Funai, Sebastião Amâncio, por evacuar os garimpeiros do rio Traíra, forçando-os a se concentrarem em São Gabriel da Cachoeira, local de onde os garimpeiros saíram com destino a Pari-Cachoeira (Cedi, 1986, p. 90; AC, 10/1/1986). O secretário do CLMI, Antônio Brand, disse que a Funai retirou setenta brancos, admitindo a presença de 110, mas os índios informavam que mais de trezentos entraram na reserva (Cedi, 1986, p. 91; FSP, 16/1/1986). O garimpeiro Júlio Oliveira, que foi retirado da área do rio Traíra juntamente com mais quarenta garimpeiros, afirmou que, se existe algum culpado pelo conflito, são as empresas mineradoras: "Nós, os garimpeiros, sempre trabalhamos na exploração do ouro lado a lado com os índios e nunca fomos molestados, porque sempre respeitamos o direito deles. Mas com a chegada das mineradoras no local começou a desavença. Agora queremos saber quem vai pagar o prejuízo de nosso trabalho." (Cedi, 1986, p. 92; FM, 31/1/1986)

A ausência de mecanismos reguladores termina envolvendo os índios em conflitos que não são ligados aos seus interesses. Na região do rio Içana, segundo os militares do Cma, os garimpeiros estariam ligados à guerrilha colombiana. Outras versões dizem que as empresas levaram os militares a essa afirmação, permitindo base política para a retirada dos cerca de duzentos garimpeiros, por um batalhão de 35 soldados no garimpo Panapana, localizado em solo colombiano, e no garimpo de Matapi, com uma pista de pouso, em solo brasileiro. Os militares acusaram missionários de pretenderem o monopólio da extração de ouro, armando os índios, para evitar a presença de estranhos na região (Cedi, 1986, p. 98; AC, 20/12/1985).

O garimpo Ouro Preto, nas terras Cinta-Larga do Parque do Aripuanã-MT, entrou protegido por funcionários da Funai, em 1978, com mais de uma centena de garimpeiros manuais, através de uma pista de pouso. Por causa do ouro, uma aldeia inteira foi massacrada em 1963, no paralelo 11, com napalm e metralhadoras, lançados de uma avioneta. Em 1979, houve uma tentativa de mecanização da lavra, pela Mineração Rondon. Mais tarde surgiu a Ancon Mining, firma de capital norte-americano, associada à Mineração Rondon, que detém o alvará de pesquisa e lavra concedido pelo DNPM. O garimpo instalou sua infraestrutura no local: represa, montagens de dragas, alojamentos e uma nova pista de pouso de 900 m. Os índios, depois de vários acordos com os garimpeiros, terminaram por matar cinco deles, em 1990. Um dos chefes Cinta-Larga e um ex-funcionário da Funai ligado aos garimpeiros foram mortos nesses conflitos. Um dos conflitos deveu-se ao envolvimento de um garimpeiro com a filha de um dos chefes. Um dos líderes morreu de malária, outro assassinado por uma prostituta, outros em acidentes de carro, frequentes.

No Pará, um dos pontos de conflito ocorre nas áreas Kaiapó Gorotire e Kriketum. Trata-se da área do conhecido Paiakan, um porta-voz dos Kaiapó acusado, em 1992, de ter violado uma moça branca professora de seus filhos, numa bebedeira, após sua esposa ter sido esterilizada por um médico sem seu assentimento. Paiakan inicialmente reagiu à instalação do garimpo e revelou que o garimpo Cumaru, controlado pela Caixa Econômica, encontrava-se dentro da área indígena. Um convênio ilegal entre a Funai e a Caixa prometia aos Kaiapó 0,1% do ouro arrecadado. A interrupção do cumprimento do acordo durante dois meses desencadeou o conflito, embora os garimpeiros continuassem a tirar ouro do Cumaru (Cedi, 1986, p. 215; JB, 15/3/1985). Os guerreiros condicionaram o reinicio dos trabalhos a um acordo com o presidente da Funai, representantes do DNPM, exigindo o testemunho da imprensa e o pagamento pela Caixa dos atrasados e o aumento do 0,1% da renda prometido aos índios. Reivindicavam uma redução do número de garimpeiros nas proximidades das aldeias Gorotire, a fim de minimizar os problemas ecológicos, e a demarcação do limite leste da reserva, onde funcionam os garimpos de "Maria Bonita" e "Tarzan", no Cumaru. De nove garimpos, apenas um pagava a parcela dos índios, ridícula, que ainda sofria um desconto de 15% para financiar um projeto da Funai (OESP, 2 e 4/4/1985; Cedi, 1986, p. 216). Na A.I. Kriketum, dos Kaiapó (PA), houve atrito entre índios e funcionários da Funai, em torno a um garimpo, motivado pela desconfiança dos índios quanto à administração dos recursos que vinha sendo feita pela Funai (Cedi, 1986, p. 221; APP, 27/7/1985).

O presidente da Funai, Nelson Marabuto, terminou por proibir os garimpos situados na Reserva Gorotire e a Caixa desativou a comercialização do minério na região. A Funai e a FAB retiraram os garimpeiros da área Maria Bonita, ocupada por 399 índios armados em protesto contra o atraso no pagamento dos royalties. A Caixa enviou para Belém Cr$ 133 milhões, mas os Kaiapó exigiram o fim da mineração quando descobriram que a dívida havia sido paga sem correção monetária (Cedi, 1986, p. 216; OG, 9/4/1985). Os índios queriam uma indenização de Cr$ 6,9 bilhões para liberar as 789 "chupadeiras" ou minidragas e os 47 "moinhos" que estavam operando no garimpo Maria Bonita (Cedi, 1986, p. 217; OL, 17/4/1985). Terminaram os Kaiapó firmando acordo para abertura do garimpo Cumaruzinho do Sul. Segundo Paiakan, o garimpo foi permitido para obter recursos com a finalidade de assegurar a vigilância dos limites da área (Cedi, 1986, p. 225; DP, 2/10/1985).

Os Kaiapó atravessaram um período de violenta dissensão interna, opondo o cacique Raoni, do Parque do Xingu, a seu sobrinho, o cacique "Pombo". Raoni contou com o apoio de Paiakan. As reuniões dos chefes Kaiapó pronunciavam-se ora a favor ora contra o garimpo e as madeireiras. Funcionários da Funai manipulavam em favor dos garimpos. Petrere observou vários danos sociais e ambientais sofridos pelos Kaiapó com o garimpo do rio Fresco, iniciado em 1981, com 2 mil garimpeiros em 1983, chegando a 14 mil em 1988. A água amarelou-se, devido à destruição dos barrancos. No início houve grande mortalidade, em particular de crianças, até que se passou a captar água de um igarapé da Serra de Gradaús. Os índios tiveram que abandonar a pesca com arco e flecha devido à perda da transparência do rio. Temem as arraias, devido à pouca visibilidade, além de sofrerem acidentes com as canoas nas pedras ao transportar as colheitas. Petrere observou que, no trecho poluído do rio, o esforço de pesca representa o dobro do realizado rio acima para capturar a mesma quantidade (Petrere, 1989b, p. 11).

Apesar de a Funai instalar, em 1985, placas demarcatórias no limite sul da A.I. Paru de Leste (Igarapé Mopeku/Pista Poruré), e construir um posto de vigilância, os garimpeiros prosseguiram a invasão, procedentes dos "barracos" Treze de Maio, no interflúvio Paru-Jari. A infraestrutura do garimpo, abastecido por voos diários, expandiu-se, e "está quase uma cidade", conforme comentavam os Wayana-Aparai (Cedi, 1986, p. 150). O garimpo atrasou a regularização do Parque Indígena do Tumucumaque (PA/AM), onde vivem os Waiópi, Wayana-Aparai, Tiriyó, Kaxuyana e Akurió, nos municípios de Almerim, Óbidos, Oriximiná e Alenquer. Diante do descaso da Funai, Antônio Tiriyó procurou, a exemplo dos Kaiapó de Kriketum, obter recursos para demarcar as suas terras com os *royalties* pagos por empresas de mineração ou por garimpeiros. Manteve contato com empresas de mineração, no Rio de Janeiro. Em 1985, encontrou-se com José Altino Machado, presidente da Usagal, um dos mais importantes empresários de garimpo. Este prometeu um contrato para exploração de ouro na área indígena, em troca de uma porcentagem a ser fixada. Altino Machado e Antônio Tiriyó viajaram para o Tumucumaque, onde se reuniram com os Tiriyó e os Kaxuyana da aldeia da missão. Segundo informações da irmã Teresinha de Sá, os índios recusaram a proposta e denunciaram a tentativa de invasão, numa fita gravada e encaminhada ao II Comar/Belém (Cedi, 1986, p. 149).

Trechos da carta enviada por Antônio Tiriyó a Altino Machado (15/8/1985), dando as condições do contrato de exploração mineral no Parque, revelam sua motivação e ingenuidade na transação:

Em primeiro lugar está a demarcação do Parque com os próprios recursos da exploração do ouro. Vocês fariam a proposta de quanto por cento pagariam para a comunidade. O Parque tem 2.700.000 ha, é muito rico. Tem cassiterita, ouro, diamante, tem riquezas e empresas e firmas querendo entrar. Eu fecharia negócio só com o Sr., José Altino, para explorar dentro do Parque. Primeiro, para começar, na aldeia Palmeru, donde está meu pai Junaré. A outra aldeia Pedra da Onça, meu irmão é cacique, Pedro Tiriyó. Eu pediria para começar mediante mês de setembro, bom de trabalhar: poucas águas nas grutas. Penso mil garimpeiros: quinhentos para exploração na aldeia Palmeru, para começar já, quinhentos para Pedra da Onça. Palmeru já tem campo, estão limpando para avião pequeno. Pedra da Onça também tem campo. Faremos o contrato na presença do ministro do Interior, das Minas e Energia, presidente da República e presidente da Funai, Aeronáutica, pedindo apoio para os índios e a demarcação. Se a missão impedir, nós os índios nos juntaremos e, com apoio dos garimpeiros, nós daremos um golpe, expulsaremos todos os padres estrangeiros e terminaremos com a missão. A sede do garimpo ficaria para a administração da Funai, os búfalos para os índios, porque o brigadeiro Camarão os levou para os índios Tiriyó. Nós defenderemos nosso direito como índio brasileiro, o patrimônio indígena, e ajudaremos a nossos irmãos brancos que querem trabalhar para seu sustento e do País, para um futuro melhor. Queria sua resposta urgente. (Cedi, 1986, p. 150)

Redescobriu-se um garimpo, já explorado nos anos 1940 por brasileiros e guianenses, atraindo cerca de mil garimpeiros procedentes do Maranhão e de Itaituba, no Pará. Entraram no território indígena com 170 balsas, espalhadas pelo curso médio e alto do rio Cricoú, praticamente à vista das aldeias Waiópi do Camopi, no lado francês. Embora os garimpeiros estivessem instalados no lado brasileiro, as mangueiras e os mergulhadores atingem a margem oposta, o que preocupou as autoridades locais, sobretudo porque a região é apenas ocupada por índios e se encontrava desguarnecida de proteção militar. Autoridades médicas brasileiras e guianenses advertiram quanto ao recrudescimento da malária, do tipo falciparum, resistente a alguns medicamentos. Em 1985, esse tipo de malária atingiu todas as aldeias e habitações em ambas as margens do rio Oiapoque, alastrando-se inclusive até às aldeias da A.I. Uaçá, através dos índios Karipuna, que trabalharam como pilotos no garimpo (Cedi, 1986, p. 148).

O garimpo estimulou a saída de índios, especialmente Karipuna, para os pontos de garimpagem e para a cidade. Com outras lideranças, Macial Galibi encaminhou a proposta de um garimpo indígena, que, segundo o chefe local da Funai, "funcionaria como uma empresa, com a participação da Funai". Com esse projeto, os índios procuraram "manter a força política e econômica que adquiriram no município e que não estão dispostos a dividir com os garimpeiros, possíveis invasores de suas terras". Os índios recusaram a proposta feita por "donos de garimpos", que pretendiam fornecer aos índios maquinário em troca da venda exclusiva do ouro e da livre entrada na área indígena. A Funai não se pronunciou sobre a implantação de um garimpo indígena na A.I. Uaçá, mas os índios trabalham intermitentemente e manualmente, em alguns pontos, no rio Urucauá, no Taminam e no Cajari. Os Karipuna e Galibi, que partiram para o alto Oiapoque, retornaram com malária e não pretendem voltar, preferindo explorar o ouro em suas próprias terras (Cedi, 1986, p. 149).

A Codesaima, do governo de Roraima, invadiu a Reserva da Serra Verde, para extrair minério, sem qualquer aviso ou negociação com os índios. A companhia introduziu máquinas pesadas na reserva, tirando dos índios a possibilidade de explorar o garimpo, como pretendiam. A denúncia foi feita em reunião de tuxauas Macuxi, pelo chefe da maloca do Piolho. Os pequenos garimpos explorados pelos Macuxi funcionam como uma espécie de poupança: quando eles precisam de dinheiro para manter as malocas, reúnem-se em mutirão para garimpar. Os índios já localizaram várias faixas onde há ocorrência de ouro, funcionando como reservas para os momentos de necessidade, e afirmam que a Codesaima invadiu os melhores locais (Cedi, 1986, p. 115).

Em Roraima, na Serra do Surucucus e no Rio Novo, no Parque Ianomami encontra-se o maior surto garimpeiro em áreas indígenas da Amazônia, atrasando a demarcação da área e com mortes e doenças. Iniciou-se com duas pequenas produções manuais em Aracaraçá e no rio Uauaris, terras dos Maiongongues, após uma descoberta do CPRM em 1979 (Santos, 1987, p. 6). A grande invasão deu-se na Serra do Surucucus, estimulada pelo governo de Roraima em 1986-1988. O líder dos garimpeiros, o empresário José Altino Machado, chegou a ser preso, mas logo foi solto. O empresário afirmou que a ideia da "Operação Surucucus" surgiu em virtude de a Funai estar ocupando áreas que não lhe pertencem (OL, 12/3/1985; Cedi, 1986, p. 135). Altino Machado apresentou uma proposta ao ministro das Minas e Energia para a entrada dos garimpeiros, prevendo a demarcação de uma reserva de 90.000 km², dando aos índios o direito de trânsito nas áreas do Parque Nacional do Pico da Neblina e da Reserva Florestal de Parimó. Simultaneamente, seria criada uma reserva para garimpeiros no interior da área indígena, com 100.000 ha (CB, 11/5/1985; Cedi, 1986, p. 136). Prometeu em troca da entrada dos garimpeiros, ao chefe do gabinete da Funai, Daniel Cabixi, uma renda mensal aos índios de Cr$ 1 bilhão (JB, 19/5/1985; Cedi, 1986, p. 136). A assistente social sanitarista Tereza Maggy Lyra Campos apresentou o Projeto Roraima, para exploração dos recursos minerais ociosos do território, através da exploração manual, incluindo aí a Serra dos Surucucus, na A.I. Ianomami. O documento foi aprovado pela Assembleia Geral da Associação dos Garimpeiros de Roraima, e encaminhada ao governador Getúlio Cruz (Cedi, 1986, p. 141).

A ABA e a CCPY sugeriram ao Ministério do Exército o retorno dos Batalhões de Fronteira do Brasil com a Venezuela. A antropóloga Alcida Ramos afirmou que, após a retirada dos Batalhões de Fronteira do território Ianomami, houve uma invasão de garimpeiros na região do rio Ericó, na serra de Urutuanim, na sequência de uma campanha feita pelos parlamentares de Roraima pregando a abertura do garimpo. Lembrou que, em 1975, os Ianomami mataram um garimpeiro por invadir a área de Surucucus, provando que a área não está abandonada e que os próprios índios vêm explorando ouro na região a fim de trocarem por produtos. Os funcionários da Funai foram ameaçados de morte e não tinham condições de impedir a entrada de garimpeiros (JB, 25/9/1985; Cedi, 1986, p. 138).

No dia 12/10/1985 foi encontrado o corpo do garimpeiro Peixoto, no garimpo Rio Novo, região dos rios Apiaú e Catrimani, município de Mucajaí, onde se encontravam cerca de 180 garimpeiros, todos armados. Segundo Nonato Correia, da Funai, todos os índios foram expulsos pelos garimpeiros e desapareceram as malocas num raio de 30 km (FBV, 16/10/1985; Cedi, 1986, p. 138). A CCPY e os índios pediram ao Ministério da Justiça uma "Operação Apiaú", para a retirada de seiscentos garimpeiros, com apoio de helicóptero. Cerca de cinquenta guerreiros queimaram barracas e roças de um garimpo, enfrentando quarenta homens armados. As polícias militar e federal conseguiram expulsar apenas cerca de cem garimpeiros, mas o empresário Altino Machado continuou transportando suprimentos aos invasores, através da empresa Quinta Quino, prolongando sua permanência (JB, 16/10/1985; Cedi, 1986, p. 138; UH, 16/10/1985; FBV, 29/11/1985). As autoridades, ao invés de retirar os garimpeiros, passaram a hostilizar alguns dos missionários que denunciavam suas atividades (OG, 19/12/1985; Cedi, 1986, p. 141). Pelo menos cinco pessoas morreram no choque entre índios e garimpeiros na região do Auaris: três garimpeiros e dois índios, além de dois índios feridos. Os Ianomami proibiram a retirada dos cadáveres dos garimpeiros (JT, 12/9/1990, p. 17).

As tentativas do governo de retirada dos garimpeiros, como a explosão de pistas de pouso, feitas com grande cobertura da mídia, ficaram inconclusas. O governo dificultou também o atendimento médico, como os programas da CCPY. Tardou também a demarcação do Parque, protelada durante anos, inclusive com tentativas de redução ao final do governo José Sarney (CCPY; JC-USP, 17/4/1991, p. 5). Um grupo de parlamentares da comissão de segurança nacional esforçou-se por anular a demarcação decidida pelo governo Collor em 1992. Em 1993, uma aldeia foi massacrada na fronteira com a Venezuela.

A ameaça aos grupos isolados é a mais crítica, ocorrendo em vários pontos da Amazônia. Nas terras dos Waiópi do Alto Amapari (AP), desde 1987, garimpeiros da Perimetral Norte informaram ter encontrado, repetidas vezes, vestígios da presença de um grupo isolado na região dos formadores do rio Amapari. De acordo com os Waiópi do Amapari, trata-se dos remanescentes do grupo Amapari Wan, separado dos demais há dezenas de anos. Membros desse mesmo grupo habitam na aldeia Mariry e aldeia Camopi (GF), segundo a antropóloga D. Gallois (Cedi/ Peti, 1990). Os garimpos aproximam-se também dos isolados Waiópi do Alto Rio Ipitinga (PA), com suas terras não reconhecidas oficialmente, grupo denominado "Ianeana". Há notícias esparsas sobre eles, desde 1973, quando uma equipe da Funai localizou em sobrevoo três casas e roças no Igarapé Água Preta, afluente do Alto Ipitinga, no Município de Almeirim/PA. As habitações foram avistadas novamente em 1975, e pelo Cprm em 1978. Os Wayana-Aparai do Tumucumaque atribuíram a esse grupo o ataque ao garimpo Pedro Lobo, no baixo rio Paru, ocorrido em 1982 (Cedi/Peti, 1990).

Um garimpo instalou-se também em terras de um grupo isolado no rio Parauari, possivelmente um subgrupo Sateré, nos municípios de Maués e Axinim/AM, conforme notícias dos Sateré do rio Urupadi e de regionais. No início dos anos 1980, o grupo isolado esteve no PI Coata, no rio Canutama, relata a antropóloga Ana Lang. Em 1985, a presença dos índios voltou a ser noticiada por garimpeiros do rio Parauari, enquanto o Sindicato de Garimpeiros de Maués previa, em seu estatuto, realizar o contato com o grupo isolado (Cedi/Peti, 1990).

As invasões de garimpos nas terras dos Uruéu-Au-Au (RO) iniciaram-se com a cassiterita, nos anos 1950. Na década de 1980 intensificaram-se os garimpos de ouro e confrontos com mortes. A Polícia Federal, por falta de recursos, segundo alegou, não investigou a denúncia da morte de dois índios no rio Manuel Correia, no município de Costa Marques, em 1986. Um grupo de garimpeiros ligados à mineração Pompeia afrontou-se com isolados nas proximidades da sede semiabandonada do seringal São Tomé, no rio Cautário. Um geólogo foi flechado e dois de seus acompanhantes mortos na mesma região. Durante as primeiras fases do contato, os Uruéu-Au-Au pediram a retirada de uma pista de pouso e de garimpeiros das nascentes do Jamari. Terminaram expulsando-os por seus próprios meios. Dois garimpos estabeleceram-se nos Uruéu-Au-Au em 1990, em um dos afluentes do rio São João do Branco e nas nascentes do Pacaas Novos, em seringais abandonados, ocupados após conflitos com os índios nos anos 1960, com um massacre de 31 índios liderado pelo seringalista Manuel Lucino.

Um grupo de garimpeiros armados de espingardas e revólveres, declarando possuir 200 kg de dinamite, apresentou-se na sede do Incra, em Bom Princípio (RO), a 30 km de São Miguel do Guaporé, na BR-429, decididos "a matar todos os índios que atrapalharem o seu trabalho, caso encontrassem ouro na região". A denúncia foi feita pelo bispo de Guajará-Mirim, Geraldo Verdier, recomendando que uma equipe do Funai verificasse os fatos. Outro garimpo iniciou-se a nordeste da A.I. Rio Branco, nas proximidades da Reserva Biológica do Guaporé, onde se comprovou a existência de um grupo isolado. Dois índios Tenharim convenceram os Tupari a deixá-los realizar pesquisas, com o uso de mercúrio. Há vários garimpos em área de índios isolados, em particular nos rios Roosevelt e Ouro Preto. Os Cinta-Larga teriam matado alguns desses índios, conhecidos como os "baixinhos", encontrados nas imediações da parte norte do Parque Indígena do Aripuanã (MT).

A presença do garimpo tende a atrasar a demarcação das terras; provoca divisões entre os índios; envolve-os na guerra entre mineradoras e garimpeiros; em confrontos para receber a parcela prometida; para retirar os invasores diversos; corrompe funcionários da Funai; generaliza doenças, além de problemas com as mulheres, uma vez que os garimpeiros ficam isolados no mato. A recapitulação desses casos permite constatar a extensão e as proporções do impacto do garimpo e a desestruturação da vida tribal que ocasionam. Um levantamento feito no Iamá em 1991, identificou, nas áreas indígenas, dezesseis garimpos indígenas e 23 de não índios na Amazônia (Anexo).

AS PESQUISAS SOBRE OS IMPACTOS DO MERCÚRIO E DO GARIMPO

Não há uma pesquisa interdisciplinar adequadamente voltada ao ordenamento do garimpo, e menos ainda à sua correlação com a pesca na Amazônia. Um impulso foi dado às pesquisas relativas ao mercúrio. Dois seminários, um em Belém e outro em Brasília, em 1989 e 1990, permitiram identificar numerosas pesquisas pontuais em curso. Não se pode dizer muito sobre os outros impactos, em particular o revolvimento dos sedimentos de fundo. A maior lacuna, como sempre, é relativa aos estudos socioeconômicos. Não há também uma tradição de interdisciplinaridade nesse caso. As pesquisas ainda são pontuais, descoordenadas, e não têm sido orientadas para embasar a política pública, são dispersas e sua repercussão é limitada.

Os laboratórios efetivamente equipados para estudar o mercúrio estão fora da Amazônia, sendo o que mais análises produziu, e o mais antigo no tema, o da UFRJ, com maior número e diversidade regional de amostras, inclusive as de Rondônia, e prepara um mapa com as incidências de mercúrio e sua importância. Outro exemplo é o do Cetem/CNPq sobre Poconé (MT), mas não é diretamente transferível à Amazônia, e em particular não abrange a questão dos garimpos de rio. Como novidade no estudo do Cetem, tem-se a interdisciplinaridade, a presença de pesquisadores das ciências humanas e a continuidade da presença da equipe no campo, embora ainda com limites. Planejava-se em 1990 a extensão dessa pesquisa ao rio Tapajós.

As pesquisas regionais têm problemas de continuidade, como a da Unir, com altos e baixos. Iniciada com recursos do Polonoroeste, via CNPq e Secretaria da Saúde, trouxe pesquisadores, mas o trabalho não foi concluído, devido à irregularidade dos recursos. Introduziu as comunidades ribeirinhas e a pesca nas amostragens. O objetivo de orientar a pesquisa com critérios qualitativos e sociológicos, identificar o tipo de consumidor a que corresponde a amostra, é uma novidade. Sua centralidade é a questão epidemiológica. A interdisciplinaridade é apenas pontual. A qualidade de estarem os pesquisadores mais próximos dos garimpos é prejudicada pela ausência de especialistas em várias áreas, sendo mais constante a presença da pesquisa biomédica. As pesquisas realizadas em Rondônia têm sido mais sistemáticas apenas na questão do mercúrio. Dependem de laboratórios situados em outros centros do país para os exames químicos de identificação da presença do mercúrio. Muitas amostras foram tomadas sobre o Madeira. Alguns pesquisadores propõem-se a proceder com maior sistemática, inclusive separando a pesquisa de saúde ocupacional e incorporando estimativas de risco, a partir do comportamento do mercúrio nos diferentes níveis tróficos da cadeia alimentar, no consumo tanto comercial quanto ribeirinho.

Constituiu-se uma equipe multidisciplinar na UnB, com a presença de economistas. No Inpa de Manaus, em articulação com o Cena/USP, vem-se trabalhando na correlação da qualidade da água com a presença do mercúrio, em particular nos sedimentos de fundo. Houve ainda estudos restritos ao mercúrio realizados pela Fiocruz, com planos de ampliação multidisciplinar prevendo a participação de um químico, epidemiologista, estatístico, cientista social, médico, biólogo, nas áreas de ictiofauna e saúde ambiental. Um médico em Santarém vem se dedicando a estudos clínicos de intoxicação mercurial. O Finep promoveu alguns seminários voltados ao mercúrio e organizou uma bibliografia. O Ministério da Saúde também iniciou pesquisas sobre o mercúrio.

Não há uma articulação entre os centros locais e os centros equipados para proceder aos exames laboratoriais, como a Fiocruz, UFRJ, Cetesb, UnB, embora esses laboratórios de ponta sejam efetivamente preparados para uma sistemática de acompanhamento na questão do mercúrio. Um dos temas envolvidos nessa iniciativa é a criação de um centro na Amazônia, cooperando com a experiência do centro-sul. Mas como estimular a montagem de novos laboratórios, quando os existentes, que deveriam funcionar como centros de referência, estão frequentemente subaproveitados, como no caso da Cetesb e da Fiocruz, por falta de técnicos ou de equipamentos secundários? Portanto, uma dificuldade bem clara a ser enfrentada na concepção desse projeto vem da carência de técnicos para laboratórios regionais. Os centros locais, pela contínua aproximação da questão, mesmo quando menos graduados, terminam por identificar temas inovadores, ou tendências de pesquisas que não conseguem desenvolver sem o apoio dos centros mais experimentados. Alguns pesquisadores consideram importante introduzir análises das penas de pássaros, além dos cabelos, urina e peixes, no caso do mercúrio.

Outra novidade são os *kits* que permitem exames no terreno. Os japoneses dispõem de um para a incidência do mercúrio na água. Haveria outro em desenvolvimento para exame de amostras de cabelo, e um terceiro para sedimentos. Estes permitem um sistema de rastreamento da contaminação através de unidades locais para efetuar a seleção das regiões a serem mais bem estudadas. Quanto às iniciativas de estudo do mercúrio na Amazônia, talvez a mais importante, pela abrangência, interdisciplinaridade e ligação com o gerenciamento, seja a da Secretaria da Indústria e Comércio do Pará, com a UFPA, somando-se às do Inpa, da Unir e da Ufmt/cooperação técnica alemã.

Deve a pesquisa equacionar o estudo do impacto do mercúrio através de um balanço temático, permitindo a definição de uma estratégia de monitoramento, tanto para o risco de exposição ocupacional, do garimpeiro na manipulação do mercúrio, quanto do mercúrio orgânico no peixe, o mais perigoso a longo prazo, objetivando um diagnóstico e um conjunto de diretrizes para o monitoramento e prevenção. Os pesquisadores sugerem um protocolo de intercâmbio entre as diferentes pesquisas, para manter uma integração, permitindo exercícios comparativos e esforços complementares. A dispersão dá-se também nos centros estrangeiros interessados no tema, como a cooperação técnica alemã, sueca e japonesa, além de universidades inglesas e norte--americanas, cada instituição com sua óptica e objetivo unilateral.

Alguns pesquisadores próximos às empresas garimpeiras têm dito que o mercúrio disperso não representa ainda quantidades significativas para tanta preocupação e que os ecossistemas amazônicos já contam naturalmente com alto teor de mercúrio, tratando de subestimar o que o garimpo lança nos rios. Para capacitar a pesquisa a responder qualificadamente – embora os índices já encontrados sejam conclusivos –, seria importante um grupo-controle, um diagnóstico epidemiológico e uma comparação entre uma região que não tenha efetivamente nenhum despejo de mercúrio com uma população ribeirinha de hábitos alimentares similares, a fim de que se mostre o perigo do argumento.

Para a correlação pesca e garimpo, um caminho é aproximar os especialistas em mercúrio dos que estudam pesca e ictiofauna, além de ser interessante também um contato com os das ciências humanas, com a finalidade de se realizar uma abordagem mais precisa da contaminação, levantando-se o conhecimento da cadeia alimentar das espécies mais comercializáveis, inter-relacionadas com o consumo humano.

Numa outra vertente, quanto à preocupação relativa ao efeito do mercúrio a longo prazo, seria interessante aprofundar as pistas levantadas por um pesquisador da UCG, que sugeriu que se poderia conhecer algo sobre o impacto deixado pelo garimpo colonial como uma contribuição para o conhecimento das consequências específicas aos trópicos da contaminação e poluição física a longo prazo (Bertran, 1991, p. 40). O historiador, e um seu colega geólogo, acreditam que, nos garimpos coloniais de Goiás, após um período de muito ouro, cerca de 25 t/ano, "o lixo estéril e a lama dos próprios garimpos, levados pelas torrentes, soterraram outros depósitos auríferos pelos caudais abaixo, deixando-os inacessíveis". Os garimpos antigos em tudo se assemelhavam aos contemporâneos: entulho, desbarrancamento das encostas dos ribeirões, resultando em assoreamento dos cursos d'água, destruição dos barrancos, areais e terras entupindo ribeirões, deixando mais fundos os depósitos auríferos cobertos pelas grandes massas de detritos. Depois dos córregos foram exploradas as encostas, buscando-se o ouro misturado ao cascalho. Juntou-se água de córregos sazonais a quatro léguas de distância, peneirando o material, enquanto esperavam as chuvas. O mercúrio já era usado. Alguns rios chegavam a mais de dez metros de assoreamento.

O autor e seu colega observaram "uma inquietante correlação entre incidência de debilidade mental e defeitos de má-formação congênita nos locais onde a mineração antiga foi mais intensa", talvez atribuíveis ao garimpo, e não apenas à má-nutrição ou casamentos consanguíneos. O garimpo considerado pelo autor foi o auge colonial, o último quartel do século XVIII. Pesquisas ligando a história dos antecedentes ambientais podem ser importantes para a prevenção de impactos presentes e futuros. Refere-se a outras consequências no passado, também semelhantes, como para os índios, com o aumento dos conflitos, além dos prejuízos à agricultura e a miséria que sobrou no rastro do brilho do ouro (Bertran, 1991, p. 44),

O gerenciamento, além das organizações representativas dos ribeirinhos e dos pescadores, necessita reservar um papel destacado e participativo às ONGs representativas da sociedade civil, como no Pará, Rondônia e Amazonas. Alguns professores da UFPA atuam através da Sopren, fundada em 1968. Segundo seu presidente, Camilo Vianna, vice-reitor da UFPA, a Sopren tem feito estudos sobre fauna de mangues, estuário e sobre mercúrio no Tapajós. Realizou, em 1990, uma série de "Encontros sos Mapará", com dezenas de entidades da sociedade civil, ribeirinhos e cientistas: de 11 a 12 de agosto, em Cametá; de 8-9 de setembro, em Limoeiro do Ajuru, e em 22-23 de setembro, em Abaetetuba.

O Imazon pretende promover pesquisas e educação ambiental, atuando prioritariamente no Pará e Amapá, em articulação com o trabalho pioneiro do Projeto Iara. Um de seus projetos é voltado diretamente ao estudo para o manejo sustentável do recurso pesqueiro no médio Amazonas, inclusive a situação dos ribeirinhos. O Gedeban promoveu um seminário sobre mercúrio e preservação ambiental. Essa entidade mantém convênios com instituições científicas e atua sobretudo na região de Santarém. Há a CPP, que atua com pescadores artesanais no Pará desde 1985, com núcleos em Belém, Viseu, Mosquito, Abetetuba, Cametá, Igarapé-Mirim e Santarém, Monte Alegre, Prainha e Almerim, com contatos em outras regiões, tendo, em março de 1990, promovido um encontro em Abaetetuba sobre pesca predatória no baixo Tocantins, com a participação de nove colônias de pescadores. A ação da CPP é mais concentrada no Pará e Maranhão (Leitão, 1990, p. 161). No Amazonas é a CPT que desenvolve uma ação junto aos ribeirinhos, a partir da militância católica.

Leitão refere-se a duas outras ONGs que atuariam na questão pesca: o Grupo Ecológico da Ilha Maiandena-Geima e o Grupo

Ecológico de Itupiranga, no Pará (1990, p. 170). Em Manaus, a Fundação Vitória-Régia preparava, em 1990, um projeto voltado à pesca em contato com pesquisadores norte-americanos.

Algumas instituições, embora mantenham sua sede fora da Amazônia, realizam trabalhos importantes, como é o caso da Fundação Mata Virgem, em Brasília, que se ocupa do garimpo nos Kayapó. A Coordenação Nacional dos Geólogos – Conage – dedicou-se também ao estudo do impacto dos garimpos e mineradoras em área indígena.

MEDIDAS PREVENTIVAS E CORRETIVAS NA CORRELAÇÃO GARIMPO E PESCA

Não há uma solução mágica, unilateral ou apenas tecnológica, quantitativa ou de ordem policial, que resolva a questão do impacto do garimpo sobre os rios, como uma primeira aproximação pode levar a crer. Ao contrário, o gerenciamento ambiental é apenas possível combinado com a regularização do conjunto da atividade garimpeira e com o gerenciamento dos recursos hídricos de toda a bacia, orientado por uma seleção de prioridades e um cronograma. O modo atual como se dá a atividade garimpeira não desperdiça apenas recursos hídricos e a ictiofauna, desperdiça também ouro. Sem a resolução dos problemas estratégicos de ordenamento socioeconômico do garimpo, nenhum gerenciamento será viável, menos ainda particularizado na sua correlação com a pesca.

As ligações entre o garimpo e as vilas ribeirinhas necessitam de uma atenção particular. O garimpo entra como se os rios não tivessem outro destino e as margens fossem desocupadas. De fato, a maioria dos ribeirinhos não têm suas propriedades regularizadas, ou estão em propriedades de ex-seringalistas. A introdução de licenças de lavra, como prevê a lei, é indispensável, orientada também pelo critério de ocupação. Enfim, o reordenamento do garimpo é a chave, com a redefinição das reservas garimpeiras, tecnicamente orientadas para um adequado aproveitamento dos recursos, inclusive do potencial aurífero.

Há várias ordens de medidas a serem estudadas. Devem ser consideradas em cinco grandes eixos, ou seja, o revolvimento dos sedimentos de fundo, a poluição física, a poluição química, em particular do mercúrio, outros efeitos, como o óleo, detergentes, ruídos, particularmente prejudiciais à pesca, definição de um raio tolerável, controle da localização de garimpos nas proximidades de locais piscosos e, finalmente, o controle sanitário da contaminação do pescado nos locais de desembarque. Nenhuma pesquisa foi até agora desenvolvida sobre a contaminação de águas subterrâneas. Os tímidos passos de gerenciamento não consideram o impacto social do garimpo, além de que, normalmente, o alto custo da recuperação e da ação reguladora deve partir do rendimento da própria atividade. O comércio do ouro e as empresas de garimpagem têm geralmente mais força política do que as populações interessadas na recomposição dos pontos de extração.

Com relação ao revolvimento dos sedimentos de fundo, o primeiro tema é a recuperação das áreas degradadas, ou a reposição das perdas via mecanismos fiscais e punitivos que pudessem redundar em proteção ao recurso pesqueiro e ao pescador. A desorganização atual da atividade garimpeira não permite localizar responsáveis, dada a semiclandestinidade em que se encontra a atividade. Por exemplo, nem mesmo os locais de extração representam concessões, mas locais de ocupação de fato, desrespeitando qualquer direito anterior de posse.

O mais grave é que esse revolvimento vem se dando em uma situação duplamente predatória, pois nociva aos ecossistemas aquáticos, à pesca em particular, mas perdulária também no que se refere ao próprio ouro. Os próprios garimpeiros admitem estar aproveitando apenas de 30 a 50% nos melhores casos do que seria possível e desejável, com melhor tecnologia e maior ordenamento da extração. O rio Madeira é um bom exemplo: a parte revolvida apenas encobriu grandes depósitos aluvionais, aproveitando o ouro mais grosso e desperdiçando o ouro fino, ou seja, 70% do potencial, com o mesmo impacto ambiental que ocasionaria o total aproveitamento. A re-exploração da parte já revolvida é agora mais dispendiosa do que teria sido seu correto aproveitamento. Apesar da precariedade dos estudos e das medidas preventivas tomadas diante da poluição mercurial, estão comparativamente mais adiantadas do que as relativas ao revolvimento do sedimento de fundo. Apesar das dificuldades em estimar e comparar desastres, seguramente o revolvimento do fundo dos leitos dos rios é o mais imediato e visível impacto do garimpo, desastroso à pesca.

Há alternativas técnicas de correção parcial da poluição pelo mercúrio, através da retorta, ou "cadinho", permitindo recuperar parte do mercúrio volatilizado no próprio local do garimpo. A "capela" é mais dispendiosa e sofisticada, útil ao controle da requeima do amálgama feito pelas casas de ouro nas cidades. No entanto, não há uma unanimidade sobre o grau de recuperação do mercúrio pelas retortas até agora produzidas. Foram desenvolvidas pelo menos três modalidades de retorta: uma pelo departamento de geologia da USP, pioneira, outra pela química da UFRJ e outra pelo Cetem/CNPq. Todas têm qualidades, facilidade de transporte ou de resfriamento para mais rápida abertura, mas a verdade é que não há uma definição técnica qualificada da melhor alternativa. A retorta serve apenas para o mercúrio transformado em vapor na queima do amálgama.

Bruce Forsberg, por exemplo, pesquisador do mercúrio no Inpa, afirma que 60% do mercúrio pode ser reciclado pelo "cadinho", o que por si só justificaria sua adoção obrigatória, por ser simples e barato (FSP, 2/2/1990, p. G-5). De todo modo, a retorta controla apenas o mercúrio no estado vaporoso e não o mais perigoso, lançado diretamente à água, aparentemente em maior quantidade. Acreditar na simples imposição da retorta para resolver a poluição mercurial é contentar-se com um pequeno paliativo frente a um quadro de enorme potencial de intoxicação.

Pode-se aprimorar o aparelho. Os garimpeiros, por exemplo, argumentam que o "cadinho" ainda é de difícil manipulação e gostariam de ver o ouro aparecer, ou seja, sugerem a introdução de uma janela transparente no aparelho. Não é seguro que o usarão, mesmo com janela. Não fica totalmente claro também se, de fato, o mercúrio é a única ou a melhor alternativa. As empresas mineradoras de ouro operam com cianeto, tão perigoso quanto o mercúrio na manipulação. Essa técnica é utilizada em Goiás e Minas Gerais, por exemplo, na Metago, com possibilidades de transferência dessa tecnologia de cianetação, na qual estaria interessada a estatal Pará Minérios, articulada com o Ibama e a Emater. Resta ainda saber se as dificuldades dos garimpeiros em manipular o mercúrio não se repetirão com o cianeto, que é muito utilizado na ex-URSS, mas em minas, não na garimpagem.

Por outro lado, a retorta e a capela resolvem apenas o problema do vapor de mercúrio, e não o do mercúrio metálico perdido durante o processo de extração, tão importante quanto se não mais grave e mais direto para os rios e a pesca. A introdução desses aparelhos é urgente para a saúde ocupacional, mas não basta para impedir a ação do mercúrio utilizado em outras etapas do processo, nas quais a sua recuperação tampouco está garantida.

Ao menos uma das medidas recomendadas pelos pesquisadores começou a ser implementada parcialmente pelo Ibama: o controle do mercúrio pela sua comercialização. Resume-se ainda a um cadastro das empresas que operam com o produto. Em 1990, havia apenas uma empresa no Amapá, cinco no Pará, uma em Rondônia, e nenhuma nos demais estados da Amazônia. Em São Paulo, registraram-se cerca de trinta empresas, muitas voltadas a outras atividades. Um controle através da compra do mercúrio implica eficácia institucional, difícil de encontrar-se em países em desenvolvimento, e teria que ser ampliado ao controle da importação, facilmente contornável pelo contrabando. Mas se trata de um controle a não ser menosprezado numa estratégia de múltiplas frentes.

No sentido da defesa do consumidor, e da garantia da pesca amazônica a longo prazo, é necessária a vigilância preventiva da contaminação do pescado nos portos de desembarque, tanto no mercado interno, interestadual, fronteiriço ou de exportação. Esse controle poderia iniciar-se de maneira seletiva, nos pontos de pesca mais importantes, e no consumo ribeirinho nas proximidades das grandes concentrações garimpeiras.

Uma multiplicidade de ações implica planejamento e articulação interinstitucional. O Ibama chegou a desenvolver estudos sobre o garimpo, articulado com o DNPM e os serviços de segurança nacional, durante a elaboração do Programa Nossa Natureza, em 1989, ao final do governo José Sarney. A equipe foi desmontada. O DNPM tem desenvolvido um cadastro e cartografia dos garimpos, um levantamento precário, com uma matriz não orientada ao gerenciamento ambiental e insuficiente para o reordenamento da garimpagem. Salvo ações espetaculares, respostas pontuais a denúncias, nenhum dos dois órgãos estava capacitado a monitorar o impacto do garimpo. Os distritos regionais do DNPM, por exemplo, em importantes regiões de incidência da atividade, como no Mato Grosso (oito funcionários), têm carência de pessoal qualificado. Em Rondônia havia, em 1990, um centro de pesquisas, uma pequena antena, com dois geólogos. Alguns funcionários do DNPM acreditam que com recursos externos poder-se-ia implementar uma ação mais adequada. O DNPM tentou negociar empréstimos com a cooperação técnica alemã e japonesa e com o Banco Mundial para um projeto de controle do garimpo.

As iniciativas regionais são pontuais e desiguais. As autoridades federais e estaduais consideram equivocadamente que o mercúrio ainda não é um problema no estado do Amazonas, quando contam com vários rios poluídos pelas nascentes, o próprio Amazonas, pelo Madeira, além de duas frentes garimpeiras em expansão no noroeste e sudeste do estado, além de Roraima. No Pará, devido à liquidação do Tapajós e à presença do movimento ambientalista, a Secretaria de Indústria e Comércio, Idesp e a UFPA têm desenvolvido algumas atividades, assim como a empresa estatal de mineração do estado. Pretendia-se, em 1990, um empréstimo do BID de US$ 300 milhões voltado para pesquisa de ouro e mercúrio.

A secretaria ambiental de Rondônia e o Ibama chegaram a tomar algumas medidas de prevenção, período em que a questão ambiental ganhou orientação corretiva no Polonoroeste, logo abandonada. O que se tem são iniciativas pontuais, como o controle das capelas nas casas de ouro, demonstrações de funcionamento da retorta, divulgação de alguns folhetos, reuniões com representantes dos sindicatos de garimpeiros, enfim, medidas sem continuidade, não se podendo falar em uma estratégia de prevenção. A Marinha tem vigiado alguns pontos, procurando manter os limites em que é permitido à garimpagem, mas não há eficácia, nem critérios ambientais, pois suas razões acerca dessa vigilância têm a ver com a navegação e portos, sem ter relação nenhuma com a vida das comunidades beiradeiras. Quanto a Roraima e ao Amapá, as elites forâneas e adventícias dominantes têm-se mostrado contrárias a qualquer gerenciamento do garimpo, pretendendo estimular uma vaga ideia desenvolvimentista para os novos estados, ideia confundida com seus interesses particulares.

A ação fiscalizadora e punitiva do uso da retorta é, sem dúvida, um ponto importante do gerenciamento: falta confirmar e aperfeiçoar sua eficácia, verificar a possibilidade de introdução do visor ou janela de vidro temperado, ao gosto do garimpeiro. Duas orientações devem acompanhá-la: a primeira é a identificação de medidas que possam levar a um gerenciamento do conjunto das atividades econômicas nos rios da Amazônia, e a segunda deve ter em vista o levantamento da diversidade dos impactos socioambientais do garimpo. O sensoriamento remoto é uma técnica de apoio, com frequência superestimada em sua eficácia. Por outro lado, uma política preventiva necessita de suporte legal e institucional, numa ação conjunta do DNPM, Ibama, órgãos estaduais e a pesquisa. O gerenciamento deve ser antecedido por uma ação educativa sobre o conjunto dos atores. Os principais instrumentos são os meios de comunicação. Para as comunidades ribeirinhas, o rádio, os professores e funcionários públicos e as lideranças tradicionais são os intermediários privilegiados.

A escolha unilateral da fiscalização punitiva como método é dispendiosa: os policiais federais cobram diárias aos outros órgãos de governo e o transporte aéreo é muito caro. Embora o gerenciamento não possa efetuar-se sem o concurso da ação policial, confundi-la com o conjunto da ação reguladora é um caminho ineficaz e truculento. A corrupção tende a diminuir sua eficácia. Sem um conjunto orientador da ação fiscalizadora, relativa sobretudo ao controle do revolvimento de fundo, combinada com o controle da contaminação do pescado, e da ação conscientizadora, chamar a polícia é ineficaz. Os limites da fiscalização policial ficaram claros, tanto no Madeira quanto em Poconé, onde os garimpeiros burlaram a polícia, seja trabalhando à noite, seja à luz do dia, clandestina ou semiclandestinamente, através da corrupção. A Marinha não conseguiu sequer controlar o garimpo do Belmonte, ao lado de Porto Velho.

As áreas de preservação permanente, em particular as já reconhecidas pelo poder público, reservas e áreas indígenas, poderiam encabeçar uma ação imediata fiscalizadora e de retirada de garimpos. Exemplos são as áreas do Parque Ianomami, do Parque Nacional de Pacaas-Novas, coincidente com a área dos índios Uruéu-Au-Au, e o Parque Nacional do Pico da Neblina. Neste último, o Ibama retirou duzentos garimpeiros, em novembro de 1990, mas não consegue protegê-lo, pois conta com dois fiscais para 2,8 milhões de hectares, sem demarcação, regularização ou plano de manejo (FSP, 27/3/1991).

A COMPETIÇÃO ENTRE A PESCA E O GARIMPO

O gerenciamento ambiental da atividade garimpeira não poderá restringir-se a uma só solução, mas a uma combinação de instrumentos múltiplos, à altura da sua complexidade. O garimpo é a mais grave ameaça contemporânea à pesca regional e o exemplo da competição entre os recursos não renováveis condenando os renováveis, que deveriam constituir o fundamento do desenvolvimento sustentável. A condição social do garimpeiro deverá estar no centro de qualquer política consequente de gerenciamento ambiental. O caráter sazonal de sua atividade, o estilo de permanente "acampamento" de seu modo de vida, a instabilidade de sua renda monetária, o clima aventureiro que cerca sua ação, a semiclandestinidade, ou semilegalidade dos garimpos, o contrabando de ouro, a ausência de uma política pública setorial e fiscal, o não reconhecimento profissional, tornam o homem e sua atividade fronteiriços da marginalidade.

Nenhuma base sólida para o gerenciamento ambiental será viável e duradoura sem a resolução do nebuloso quadro socioeconômico que caracteriza a atividade. Um dos primeiros passos é a legalização, o ordenamento territorial das atividades, a clarificação fundiária dos locais de extração e das relações de produção no garimpo. A força econômica do dono de garimpo vem da posse do pequeno avião, que dá acesso aos locais de garimpagem, frequentemente distantes de centros urbanos e isolados na mata, ou da draga, que opera nos rios ou nos barrancos. Ele é também o intermediário do investimento na abertura das pistas de pouso, que chegam a custar de 6 a 12 kg de ouro, nos armazéns improvisados de abastecimento, ou nas dragas, para extração em rios e barrancos, cada vez mais bem equipados e articulados com financiadoras.

Essas empresas informais têm ligações ainda mal conhecidas, porém reais, com as casas compradoras, as grandes firmas que as administram e os financistas que manipulam o ouro no mercado, inclusive estreita relação com capitais financeiros da África do Sul e dos EUA. A Goldmine, por exemplo, seria proprietária de praticamente metade das casas de ouro, e trabalha financeiramente com o grupo brasileiro que representa o grupo Rotschild. Embora os grupos financeiros argumentem que já recebem o ouro separado, não estando portanto diretamente envolvidos com a poluição dos rios, sabem que a degradação deixada para trás pela extração do metal compromete o conjunto da atividade, talvez das mais rentáveis na última década, com grandes financiadores indiretos. Tanto que a Goldmine prepara um projeto chamado "águas limpas", em que pretende investir US$ 50 milhões em atividades de extensão para a introdução do uso da retorta, embora pretendendo que o poder público entre com o custo das ações fundamentais e mais dispendiosas da recuperação ambiental.

A retorta, no entanto, resolve apenas o controle da poluição mercurial no momento da queima, e não o das outras fases do processo, como durante a separação gravimétrica, no pano de enxugamento, no barril de preparação, nas casas de ouro e em outras etapas. Os grandes financistas do garimpo pretendem vender aparelhos de controle parcial da poluição mercurial ao governo para que os forneça gratuitamente aos garimpeiros por eles financiados, ou seja: os lucros continuam privados, mas a degradação ambiental é repassada à responsabilidade e ao financiamento público, embora o recolhimento fiscal seja insignificante.

O recente interesse empresarial pela implementação da retorta é bem-vindo: trata-se de um pequeno aparelho que recupera o mercúrio usado na queima do amálgama, que se perde vaporizado no ambiente. Só que o mercúrio é apenas um dos aspectos preocupantes do garimpo, e a retorta contribui parcialmente para a prevenção da poluição pelo vapor, a de saúde ocupacional, mas não a do mercúrio lançado diretamente aos cursos d'água e no solo. Por outro lado, a atividade reguladora é inequivocamente uma obrigação e uma responsabilidade do poder público, que não recolhe os recursos necessários à sua ação, devido à evasão fiscal. Apesar dos gestos generosos, é pouco provável que o saneamento venha a partir dos que mais lucram com a atividade. Os outros aspectos poluidores do garimpo, como o revolvimento dos sedimentos de fundo, a recuperação das áreas degradadas, o impacto social da atividade sobre as comunidades locais e sobre a pesca, as cidades-garimpeiras, nada disso entrou ainda em linha de conta para as grandes empresas do setor.

A regularização da atividade, o reconhecimento da profissão, o licenciamento adequado dos locais de extração e das empresas informais, tenderiam a atenuar esse quadro de violência e degradação da condição humana que caracteriza o garimpo. Permitiria também à sociedade saber a quem atribuir, e de quem cobrar, os danos da atividade sobre o bem comum, que são os cursos d'água, os peixes, a vegetação, áreas agriculturáveis e outros recursos naturais. O reconhecimento das empresas de garimpagem permitiria maior transparência sobre sua relação com as grandes empresas de comercialização, revelando até que ponto estas financiam aquelas. Uma maior transparência permitiria à sociedade e ao governo não apenas o recolhimento dos impostos devidos, como a prevenção e recuperação dos danos, inclusive através de instrumentos extraordinários de recolhimento fiscal, que deveriam ser estudados, diante da amplitude da degradação que a atividade provoca.

A representatividade do garimpeiro é quase nula, os donos de garimpo é que mantêm o associativismo, controlado indiretamente pelas grandes empresas de comercialização. O associativismo atual representa a atividade empresarial informal de extração do ouro pelo garimpo e não propriamente o garimpeiro. Este, aliás, não é, em geral, um profissional autônomo, mas um contratado informal num sistema de parceria. Eis por que não se legitimam as associações de garimpeiros pela base, como profissionais, assim como fracassam as cooperativas, consumidas por dissensões internas, ou disfarçando o feudo de um dos donos. A legalização das empresas, a regularização dessas relações de trabalho, o reconhecimento do profissional distintamente do empresário tenderiam a situar melhor quem é quem na atividade, clareza indispensável ao gerenciamento. Uma das consequências mais rápidas da regularização da atividade será a diminuição da violência e da estreita ligação com o tráfico de drogas, como no sul do Pará e no rio Madeira. O garimpo e o comércio do ouro estão estreitamente imbricados com o narcotráfico, com a corrupção e a lavagem de dólares, diversificação de investimentos e cobertura em todo o tipo de trâmites, como legalização da renda e do patrimônio.

A atual legislação sobre o garimpo necessita de uma revisão conceitual. O garimpo foi considerado uma atividade rudimentar, de um garimpeiro autônomo, com muita mão de obra e pouca tecnologia. Essa descrição corresponde ao garimpo de bateia colonial, ainda sobrevivendo em algumas áreas remotas. No entanto, está-se diante de uma atividade implicando mais tecnologia e investimentos, tendendo à diminuição da mão de obra, implementando a mecanização, com dragas e outros equipamentos, e aerotransportada, em flagrante contraste com uma região onde o transporte interiorano ainda é a canoa tradicional do ribeirinho.

O quadro caótico da garimpagem põe água no moinho de argumentos das grandes empresas mineradoras que pretendem o controle exclusivo da extração. Do ponto de vista social e ambiental, a afirmação de que as empresas fariam melhor o controle da poluição e a recuperação das áreas degradadas é ainda falaciosa. A recuperação das áreas de cassiterita, por exemplo, é nula, mesmo em casos graves, como os do rio Pitinga e da Reserva Florestal do Jamari. Um garimpo regularizado também poderia fazê-lo, ou seja, tanto a mineradora quanto a empresa garimpeira apenas recuperarão áreas degradadas se forem forçadas a fazê-lo. A regularização da garimpagem não interessa às mineradoras, e não é também uma prioridade das empresas e intermediários informais gerados pelo garimpo, nem das empresas financeiras que as controlam.

Os garimpeiros continuam acreditando que as mineradoras voltarão a fortalecer-se no setor. De fato, certas condições físicas de apresentação do ouro, dificultando sua extração, exigirão maior tecnologia e investimento. Em Serra Pelada, os garimpeiros continuam sentindo-se ameaçados por interesses de empresas japonesas (Mitsubishi) em consorciar-se com a estatal CVRD, que detém a concessão legal de exploração da lavra. Temem que as mineradoras voltem a crescer, com novas pesquisas e concessões em locais de incidência do recurso, em particular as grandes mineradoras brasileiras associadas a transnacionais. A partir de uma certa profundidade, o aprimoramento tecnológico e a mecanização da lavra tornam-se indispensáveis, exigindo capital.

Os impactos ambientais do ouro estão inter-relacionados a uma política adequada para a garimpagem. Na atual estrutura, não se poderia exigir de ninguém a recuperação das áreas degradadas: os responsáveis são anônimos. Aqueles que realmente acumulam capital na atividade são empresas informais ou estão ligados à comercialização do ouro, ao mercado financeiro ou às indústrias de joias. O garimpeiro vende, e está fora do circuito econômico, é um acampado, um de passagem. Apenas um ou dois, dentre dez, chegam a "bamburrar", ou seja, a enriquecer por um curto período na estreita chance da parceria, que implica prévio endividamento.

O governo federal arrecada demasiado pouco para que possa intermediar a prevenção ou correção dos efeitos do garimpo com recursos recolhidos a partir da própria atividade. Os estados e municípios, embora tenham recebido a partir de 1990 uma maior participação na distribuição do Imposto Único da Mineração, também recebem pouco, ou esperam meses por quantias presas na esfera federal. Os que controlam o contrabando, via Uruguai, Paraguai e Bolívia, e acumulam fora do país, brasileiros e não brasileiros, são ainda os únicos ganhadores das cerca de 100 t anuais do garimpo na Amazônia, que muito pouco deixa à sociedade brasileira, como nos tempos do Brasil colônia, outrora em Goiás, Mato Grosso e Minas Gerais.

A questão central merece maior estudo: ganha a sociedade com a exploração do ouro na forma como vem se dando? A quem realmente interessa a continuação desse caos? Como pode o Estado financiar uma ação corretiva e preventiva de alto custo se não arrecada, ou se arrecada muito pouco, em uma atividade que gera bilhões de dólares? A quem compete recuperar as áreas degradadas? Os rios e outros locais constituem recursos públicos ou terras devolutas? Como pode dar-se seu uso privado, com tais consequências, sem que se autorize a lavra e previnam-se os danos sociais e ambientais, sem a definição de um ganho ou interesse público compensatório? Pode a exploração imediatista dos recursos não renováveis ameaçar os renováveis, que constituem a base da autossustentabilidade regional? Uma resposta apenas poderá ser dada a partir da firme decisão política da sociedade e do governo, conduzida em uma ação múltipla e combinada, integrando as interferências sociais e ambientais num mesmo gerenciamento.

8. Fronteira Econômica, Políticas Públicas e a Pesca

A COMPETIÇÃO DA PESCA E DA AGROPECUÁRIA PELAS VÁRZEAS

A agropecuária, as madeireiras e o desmatamento que provocam tendem a competir com a pesca pelo uso das várzeas, o mais importante criatório natural do pescado. Além de seu impacto ambiental, provocam a desestruturação do modo de vida ribeirinho, sem compensações sociais ou econômicas vantajosas. O desmatamento das margens dos rios, das regiões sazonalmente inundáveis da floresta, resulta na redução dos alimentos dos peixes, na forma de frutos, sementes, insetos, enfim, uma variedade de alternativas, indispensáveis à sua reprodução, particularmente nos rios pobres em nutrientes, como os chamados de águas pretas e claras. Robert Goodland mostrou as correlações entre a exaustão de oxigênio, a erosão, a diminuição da matéria orgânica, a acumulação de sedimentos e os prejuízos aos peixes através da diminuição dos alimentos agravada pelos pesticidas (Goodland; Irwing, 1975, p. 101).

A inundação garante à várzea húmus e argila, sazonalmente, sendo considerada a melhor área para agricultura na Amazônia, comparando-se à terra firme. Na floresta alta, apesar da vegetação exuberante, os solos são arenosos, pobres e pouco profundos, representando quase 80% do total contra cerca de 2% de várzeas.

No entanto, qualquer estímulo à agropecuária, em particular nas várzeas e pontos alagados, deve implicar um estudo prévio de suas consequências para a pesca e para o ribeirinho. A ocupação das várzeas é uma prioridade de alguns governos estaduais, objetivando a produção de alimentos, como no estado do Amazonas, tratando-se de uma meta apresentada como alternativa ao desmatamento na terra firme, menos produtiva. Apesar disso, não vem sendo considerada do ponto de vista da pesca ou da alternativa de usos combinados.

Não se considera o impacto desses programas nas comunidades indígenas e ribeirinhas, geralmente as últimas a serem contempladas em tais projetos, cujos incentivos destinam-se à implantação de grandes empresas, frequentemente forâneas. O estímulo das políticas públicas ao uso da várzea, ao não priorizar as populações tradicionais que ali vivem e que poderiam fazer delas um uso adequado e combinado, significa, ao mesmo tempo, degradação ambiental e criação de miséria, expulsando seus moradores para a periferia dos grandes centros. A chave do conflito está na precariedade da clarificação fundiária, sendo o ribeirinho e o índio vítimas da sobreposição de direitos cartoriais ou da inexistência de títulos fundiários ou do não reconhecimento da posse.

Nos rebanhos introduzidos na Amazônia sobressai o gado bovino e o suíno, representando 87% do total, seguidos pelo equino e bubalino. Tendem a ocupar os cerca de 30% de terras aproveitáveis da região, até agora praticamente sem considerações de ordem ambiental ou social. As plantações, por seu lado, substituem a roça tradicional, que, pela sua mobilidade e alternância permitiam a recuperação natural da clareira antes ocupada. O ribeirinho não desmata mais do que a capacidade de sua família, e não dispõe de implementos agrícolas sofisticados. Essa roça tradicional, a *shifting cultivation*, do índio e do extrativista, vem sendo substituída pelo pasto ou pela plantação, antecedida de queimada, geralmente voltada à monocultura.

O desmatamento inicial, anterior às estradas, tende a dar--se na margem dos rios, utilizados para evacuar as toras para as madeireiras. Segue-se a queimada, os agrotóxicos e inseticidas, que serão drenados à água pelas enchentes. Essas atividades tendem a longo prazo a comprometer a pesca. A pecuária vai ocupando inicialmente as beiras, garantindo água para o gado. Apesar do código de águas permitir a passagem, considerando 33 m da praia como pública, os fazendeiros, em particular os recém-chegados, entendem-se donos dos locais piscosos próximos às suas propriedades. Os ribeirinhos geralmente não são titulados, suas terras estando registradas arbitrariamente como pertencendo a um antigo seringalista, morador nas cidades, que os revende a colonos e agropecuárias, sem o prévio conhecimento dos moradores. Os adventícios consideram que, como a terra é deles, ninguém passa, nem pesca. O recurso à justiça é praticamente inacessível ao ribeirinho, pelo custo, pela desinformação e pela descrença generalizada em sua eficácia. Quando são numerosos, o que é raro, resistem pelos seus próprios meios.

A garantia de acesso dos moradores aos locais de pesca é fundamental. Frequentemente esses novos proprietários vendem o direito de pesca aos pescadores da pesca comercial em prejuízo dos ribeirinhos, pescadores eventuais. Essa venda do direito de pesca aos pescadores comerciais é um dos grandes pontos de conflito entre proprietários e ribeirinhos desfavorecidos. O prefeito de Caitaú, por exemplo, no rio Juruá, exigiu, de um grupo de pescadores, uma multa de 700 mil cruzeiros, em 1991, e apreendeu seus petrechos, em favor dos ribeirinhos. Ocorre também o inverso: agricultores autorizam o acesso a pescadores comerciais a locais piscosos em detrimento dos beiradeiros.

Os ribeirinhos protestam também contra o fato de os búfalos andarem soltos e comerem suas plantações. Uma ação ambiental foi conduzida pela CPP-MA, com vídeos e programas de rádio, cartilhas, material didático, contra o uso da tapagem pelos pescadores profissionais e contra os búfalos soltos, que molestam os moradores e as crianças. A CPP promoveu um Encontro de Lavradores e Pescadores, para discutir o impacto da criação de búfalos, em junho de 1989 (Leitão, 1990, p. 163).

O estímulo ao búfalo vem se generalizando, como no Guaporé, onde uma fazenda do governo estadual perdeu o controle do rebanho, que se embrenhou pelas matas, atacando os que se atrevem a encontrá-los. As manadas selvagens invadiram a reserva ecológica do Guaporé. Há numerosos empreendimentos desse tipo, na Ilha de Marajó, na Zona Bragantina e na baixada maranhense. Leitão descreve os protestos dos ribeirinhos contra os criadores, pois os animais comem as plantações, atacam a população, pisoteiam as margens dos rios, além das fezes e da urina, consideradas inconvenientes nas pequenas vilas. Numa pesquisa feita com maranhenses numa região de 34.000 km², o búfalo foi citado pelos ribeirinhos como o principal problema ambiental, sobretudo por falta de cerca; 86,4% dos entrevistados denunciaram os danos à pesca, aos campos e pastos, à agricultura e à qualidade da água. Exigiam que os animais fossem presos no período noturno e afastados dos perímetros urbanos, inclusive nas pequenas aglomerações (Leitão, 1990, p. 146).

Um conflito exemplar é o que se dá na pesca interior da Ilha de Marajó, onde os fazendeiros não deixam os pescadores e ribeirinhos pescarem. Entre dezembro e junho, os peixes dirigem-se aos campos alagados, tornando-se de difícil captura nos leitos centrais. Os ribeirinhos têm que esperar a desova, entre julho e dezembro, quando se enfrentam com o Ibama durante três meses. Protestam contra a generalização do defeso, pois consideram que as desovas são diferentes, por exemplo entre os peixes dos lagos e do mato e os peixes dos rios, migradores. Entre a invasão da agricultura e o defeso não sabem como viabilizar sua condição de pescadores.

A colônia de pescadores do lago Arari ficou em pé de guerra em 1991, pois os fazendeiros queriam fazer um aterro para passar gado, retirando-lhes o estreito canal onde dois grandes lagos se comunicam, do Arari para o menor, mas piscoso, o de Santa Cruz. Impedidos de passar com suas canoas, perderiam acesso ao outro lago. A colônia da vila Genipapo seria a principal prejudicada, com seiscentos pescadores inscritos. São numerosos os pontos de conflitos entre a pesca e a agropecuária no Pará, em todo o baixo Amazonas, como na Costa do Maranhão, no rio Pindaré, Viana, São Mateus e Monção. Alguns chegam a colocar jagunços protegendo a água, e, se há acordo, o pescador sai perdendo (Leitão, 1990, p. 49).

Estimou-se que, entre 1970 e 1975, houve uma diminuição das capturas em 23%, atribuindo-se o fato parcialmente ao desmatamento dos locais de criação de peixes (Chapman, 1989, p. 333). As culturas de milho, arroz, juta, atingem o *habitat* de muitas espécies comerciais e provocam uma diminuição das capturas, como do tambaqui, pirapitinga, tucunaré, matrinxã, cará roxo, entre outras. Trata-se de uma conjugação de fatores, como a erosão decorrente do desmatamento de terra firme, o desmatamento das cabeceiras de rios, o assoreamento das águas, além dos inseticidas e agrotóxicos.

Camilo Vianna, da Sopren, adverte sobre a destruição dos manguezais pelo desmatamento e pecuária, na região de Bragança, onde a destruição seletiva das madeireiras seria de 80% do espaço florestado. Os ribeirinhos têm plena noção de que a agropecuária estraga os lagos, indignam-se com o gado comendo a vegetação, empobrecendo a alimentação dos peixes na enchente. Reclamam, incomodados, contra plantações, como as de juta, malva e arroz.

As várzeas podem e devem ser aproveitadas, mas existem condicionantes, além de carências de estudos prévios, sobretudo dos orientados para o uso combinado e diversificado que o índio e o ribeirinho sempre fizeram. Próximo a Manaus se planta banana, mandioca, milho, cacau, seringueira e hortifrutigranjeiros, combinados à malva e à juta. As queimadas também comprometem as várzeas, diminuindo a vegetação que retém a água das chuvas, compactando os solos e diminuindo a produtividade, aumentando a erosão e substituindo a vegetação, empobrecendo-a. Junk recomenda que as plantações sigam o período de inundação, usem adequadamente as comunidades naturais de plantas e priorizem as culturas mistas, de pequena escala. Considera que a várzea tem futuro econômico potencial, utilizada a partir de seus recursos naturais, inclusive o potencial pesqueiro (Junk, 1989, p. 321).

A ocupação das várzeas, tão ambicionada pelas elites regionais e governos estaduais, e por alguns técnicos fiéis, deveria ser orientada para o uso combinado e diversificado, em propriedades de pequeno e médio porte, com prioridade ao morador permanente, exigindo um mínimo de energia e um máximo de mão de obra. A várzea vem sendo muito usada para juta, destinada a sacos para exportação, atividade industrializada, onde os agricultores ganham muito pouco. Programas de ocupação das várzeas, como o Provárzea, ainda não deram o resultado pretendido pelas autoridades (Ribeiro, 1990, p. 43; Junk, 1983, p. 9-91).

AS MADEIREIRAS E O CARVÃO VEGETAL

Os pescadores dizem que o impacto do desmatamento no Amapá, por exemplo, foi grande. De 1966 a 1970 foram desmatadas todas as principais espécies, para exportação particularmente aos EUA: cedro, angelim, acapu, aderibo, virola, jacareúba e mandiroba, atingindo as regiões dos municípios de Breves, Gurupá, Melgaço, os campos de Marajó e o baixo Tocantins. As madeireiras continuam atuando seletivamente em toda a região, priorizando, por exemplo, cuuba e virola no Amapá, e, em Rondônia, mogno e cerejeira.

As madeireiras argumentam que a extração seletiva que promovem dos chamados "filés" de madeira nobre, não chega a ocasionar grandes danos. No entanto, estima-se que, mesmo voltando-se apenas a duas ou três espécies, 40% da área de extração é atingida. Os carreadores, ou pequenas estradas de acesso dos grandes tratores, interrompem o curso dos igarapés. O mogno, por exemplo, é encontrável em média uma árvore por hectare, ou seja, para retirá-lo os toreiros revolvem toda a área. As madeireiras não restabelecem os cursos d'água após a passagem de suas máquinas.

Multiplicaram-se as serrarias em toda a Amazônia, em particular nas regiões acessíveis por estradas. No final da década de 1980, em Mato Grosso, chegaram a cerca de 6 mil serrarias, em Rondônia, cerca de 2 mil, com um declínio após exaurirem a madeira nobre dos locais de mais fácil acesso. Os pescadores do rio Cautário, por exemplo, protestavam, em 1992, contra a chegada das madeireiras na beira dos lagos. O mesmo ocorre com a comunidade de seringueiros e castanheiros de Pedras Negras, nas imediações da Reserva Biológica do Guaporé. Reclamações semelhantes vêm das colônias de pescadores de Gurupá e Breves, no Pará. Cerca de 510.000 ha estariam já comprometidos na região do baixo Amazonas, segundo o Gedebam.

A reserva de 50% de área florestada nas propriedades, prevista pela lei, não foi implementada. A floresta tropical úmida da Amazônia representa 58,8% do território brasileiro e dificilmente será poupada pelas madeireiras. Estas argumentam com promessas de manejo florestal adequado e de reflorestamento, mas não demonstraram uma prática que permita acreditar que o façam espontaneamente. Os reflorestamentos planejados raramente incluem espécies nativas e não contam com uma perspectiva social de manejo, pela incorporação das populações tradicionais como produtores de madeira, na direção da *social forestry*, experimentada na Ásia.

No estuário do Amazonas, as colônias reclamam também da poluição por rejeitos de madeireiras, tanto de galhos e troncos inaproveitados como de sobras das serrarias lançadas nos cursos d'água, agravando os efeitos do desmatamento, comprometendo locais piscosos nas regiões de Gurupá, Breves e no Furo do Maguari. Referem-se à presença de produtos tóxicos que seriam utilizados para conservação de toras (Leitão, 1990, p. 142).

O uso de carvão vegetal para a siderurgia também preocupa os pescadores e os ambientalistas no Pará. Preveem 1,5 milhão de toneladas de carvão vegetal, milhares de hectares/ano de mata nativa destinada às indústrias siderúrgicas. Seus efeitos já se fizeram sentir, por exemplo, nos mangues da Ilha de Ajurutema, no município de Bragança. A madeira gratuita da Amazônia barateia em 60% o custo do ferro-gusa, daí a insistência dos empresários do setor, em particular da região de Marabá, contra qualquer controle da atividade.

O Brasil é responsável por 23% de toda a devastação florestal no planeta, sendo que menos de 10% das árvores derrubadas são aproveitadas comercialmente. Praticamente não há reflorestamento, e quando há é inadequado e monoespecializado. Duas décadas foram suficientes para que se alterasse a escala de destruição numa floresta milenarmente ocupada e preservada. Os solos conquistados à floresta, embora na região em sua maioria inférteis, destinaram-se à agricultura ou pastagens (JB, 5/10/1986). Entre 8.000 e 25.000 km² de florestas tropicais desaparecem anualmente na América Latina. O desflorestamento é consequência da exploração da madeira para fins industriais, da sua utilização como combustível e da ocupação das áreas florestadas para a agricultura e pecuária. O último século, afirma o EPI, destruiu uma metade das áreas de florestas tropicais. Prevê-se a destruição da outra metade para o ano 2000. A cada ano desaparecem mais de mil espécies de plantas e animais, e pode-se chegar ao final do século XX com o desaparecimento de 20% do total de espécies da terra.

A EXTRAÇÃO MINERAL

Apesar de a Constituição prever a recuperação das áreas degradadas pela mineração, não se introduziu o cumprimento real das determinações legais. Algumas empresas fazem obras parciais espetaculares ligadas ao ambiente, mais para efeito demonstrativo de sua boa vontade do que efetivo compromisso com as obrigações legais. Procuram exibir uma ou outra atividade através da mídia, tentando com isso desarmar críticas à sua ação descontrolada nos rios da Amazônia. Os estudos sobre o tema são raros, geralmente de técnicos das próprias empresas que desconsideram os impactos sociais. A fiscalização é nula. Se a mentalidade corretiva não foi incorporada, menos ainda a preventiva, apesar da extensão da exploração. As empresas solicitaram pedidos de pesquisa e concessão sobre cerca de 100.000 km² na região amazônica. No caso dos ribeirinhos, a fragilidade de sua documentação sobre as terras que ocupam os tornam sempre vulneráveis, passando de ocupantes com direito de posse a fornecedores de alimentos ou de mão de obra aos empreendimentos.

Os efeitos da mineração na água, cujo uso em grandes quantidades é indispensável à atividade extrativa mineral, são pouco conhecidos ou divulgados: eleva a turbidez e o teor de metais, altera o ph, muda o curso dos rios, retira oxigênio, diminuindo inevitavelmente os peixes e comprometendo a qualidade da água. Estima-se que 1 t de aço, por exemplo, consome 100 t de água. A mineração compromete áreas florestais, agricultáveis, provoca revolvimento e trabalha com tanques de decantação de rejeitos, altamente poluidores. Após a extração, as mineradoras abandonam o local deixando imensas crateras e cidades degradadas.

O produto mineral bruto anual do país chega a atingir US$ 9 bilhões, representando 27% do PIB brasileiro. O Ibram firmou convênios com o Ibama para estudo da prevenção a danos ambientais. Até agora realizaram-se vagos seminários, onde os empresários do setor conversaram com os seus próprios técnicos sobre recobertura vegetal, tanques de rejeitos e recomposição do revolvimento.

"De acordo com os dados do DNPM, mais de 700.000 km² (cerca de 14% da área da Amazônia legal) estão bloqueados com alvarás de pesquisa e concessão pelas empresas de mineração", concluiu o grupo de trabalho do Conage. A atividade mineradora é altamente concentrada. O Conage identificou que 25% dos documentos legais autorizando pesquisas, alvarás e concessões, estão em poder de apenas quinze grupos econômicos, assim distribuídos: 52,4%, capital multinacional; 34,11%, capital estatal; e 13,47%, capital privado. Não há um sistema de acompanhamento do impacto ambiental de tais atividades. Caso todas as pretensões de lavra fossem efetivadas, suas consequências seriam enormes, ou até finais, para a maioria dos rios da Amazônia.

Outro estudo, excluindo o petróleo, feito pelo Cetem/UFRJ, em 1985, estima a participação de grupos estrangeiros na produção mineral brasileira em 42%, as estatais em 31% e o capital privado nacional em 27% (FSP, 12/9/1985). Um estudo do CNPq sobre o direito de exploração identifica 473 empresas estrangeiras com direitos sobre 38,1% das áreas requeridas para mineração. As 1.643 empresas privadas nacionais ficam com direitos sobre 35% das áreas, e as 142 estatais, com 29,6% do total. O conjunto das empresas de mineração, estrangeiras, nacionais e estatais, assegura-se direitos sobre 12% do território nacional, 1.053.402 km² (FSP, 14/4/1987).

O ex-governador de Rondônia, Jerônimo Santana, chamou o Código Mineral de "herança da ditadura" e "imoralidade". Segundo o ex-governador, dos 24 milhões de hectares do novo estado, 15 milhões poderão ser entregues a empresas cobertas por alvarás de pesquisa, e conclui: "é o latifúndio no subsolo, que domina mais de 1 milhão de km² na Amazônia". Santana baseou suas declarações em estudo feito sobre os dados do DNPM de 1984, que identificaram 39,6% das terras de Rondônia pretendidas pelas grandes empresas, em detrimento do garimpo. Vinte e dois por cento das áreas requeridas para mineração na Amazônia estão em Rondônia (JB, 14/2/1987). O interesse das mineradoras pelo novo estado veio com o asfaltamento da estrada Cuiabá-Porto Velho, que, como previsto nos programas governamentais, facilitou o transporte.

A cassiterita nada deixou em Rondônia, no Amazonas, Pará ou Amapá, uma vez que o pouco imposto pago concentrava-se na esfera federal e há contrabando pela Bolívia. As reservas de Rondônia foram estimadas em 10 milhões de toneladas, consideradas das mais importantes do planeta. Nos anos 1970, pouco se explorava, transportando por via aérea (Goodland; Irwin, 1975, p. 123). Com o asfaltamento da BR-364, ligando Rondônia ao sul do país, e aos portos de exportação, acelerou-se a exploração. Em 1984, 50,32% do total de cassiterita extraída no país saiu de Rondônia, em alguns anos chegou a 70%. A extração cresceu a uma taxa média de 13% ao ano, a ponto de ameaçar as reservas de Rondônia de esgotamento, uma vez que se trabalhava, pela garimpagem ou pelas empresas, o minério de mais fácil e barata extração, por não exigir os custos da tecnologia de escavação em profundidade.

O segundo grupo privado do país com interesse mineral na Amazônia é o conglomerado de 35 empresas liderado pela Brumadinho. A pista de um de seus principais empreendimentos, São Domingos, foi construída pelo Spi, com o nome de Angelita, para a atração dos Uruéu-Au-Au. No local de uma antiga aldeia, instalou-se uma fazenda do grupo, denominada Rondon. O grupo Brascan/ex-BP está no rio Candeias, e o grupo Best, no Rio Branco do Jamari, todos locais de antiga presença indígena. Esses quatro grupos dominam 95% da cassiterita de Rondônia, e estão entre os dez maiores grupos privados com interesse mineral na Amazônia.

Nem mesmo as reservas florestais foram respeitadas: a do Jamari, por exemplo, tem mais de 20.000 ha comprometidos. O Ibama não controla a lavra, nem mesmo dentro da reserva legalmente sob sua administração. A empresa reconhece ter degradado 4.000 ha, mas atraiu colonos, intermediou a venda de madeira e promoveu desmatamentos de acesso aos locais de lavra, ampliando as interferências a um espaço maior do que o necessário à extração. A lavra está registrada como pertencente à mineradora Jacundá do grupo Brascan, associado à British Petroleum na implantação do projeto.

O garimpo de cassiterita de Bom Futuro/RO foi reaberto no final dos anos 1980. Destruiu impunemente dois igarapés, o Santa Cruz e o Jacaré. As mineradoras degradaram anteriormente o rio Candeias e vários afluentes do Jamari. Seus impactos são semelhantes aos do garimpo de ouro aluvionado. Funcionam com máquinas lavadoras próximas aos igarapés, construindo-se reservatórios de deposição, seguindo-se uma segunda operação de reciclagem de terra. Em 1977, os rios Jacundá e seu afluente Igarapé Preto já estavam comprometidos, descoloridos em 200 km (Goulding, 1979, p. 41).

Há ainda o risco decorrente do emprego do ácido clorídrico, utilizado no teste de pureza da cassiterita, embora as autoridades não reconheçam a existência de problemas de saúde em garimpeiros. Cerca de 80 km² foram desmatados na "Serra da 75", pelas chupadeiras retirando água limpa e lançando água turva. Os peixes desapareceram e as várzeas transformaram-se num lodaçal. O ministério público de Rondônia teria obrigado a construção de lagoas de decantação (Petrere, 1990, p. 17).

A partir de março de 1971, foi proibida a garimpagem na área instituída como Província Estanífera de Rondônia, abrangendo também parcelas de estados vizinhos, como o norte de Mato Grosso e o sul do Amazonas. Os 3.995 garimpeiros cadastrados na região tiveram que escolher entre tornarem-se empregados das grandes mineradoras ou retirar-se da "província", havendo violentos conflitos entre mineradoras e garimpeiros.

Na década de 1970, a cassiterita da Amazônia passou a ser assunto quase exclusivo do Sindicato Nacional das Indústrias de Extração de Estanho e do Ibram, setor altamente oligopolizado, que mantém cerrada ofensiva para conquistar licença de lavra nas áreas indígenas. A partir de 1988, os garimpeiros recuperaram força política. Tanto a garimpagem quanto as empresas têm sido nocivas ao ambiente, sem que se possa identificar maiores cuidados na extração ou na recuperação em qualquer das duas formas de organização para a extração. A garimpagem da cassiterita, como no caso do ouro, vem se organizando em cooperativas ou empresas informais, com uma função intermediária às empresas financeiras.

Legalmente as empresas são obrigadas a recuperar as áreas degradadas. Mas, na ausência de qualquer fiscalização, continuam interrompendo e poluindo numerosos cursos d'água. Tampouco se conhecem casos de recomposição da cobertura vegetal, em conformidade com a determinação legal. A cassiterita encontra-se sempre envolvida em terra e cascalho, exigindo a remoção de enorme quantidade de rejeitos, o que é feito com água. Seu impacto nos rios é imenso, tanto pelas mineradoras como pelo garimpo. Há vários centros de exploração na Amazônia: Rondônia; sul do Amazonas, no Igarapé Preto; norte do Amazonas, na região do rio Pitinga/AM. No Pará há três minerações entre os rios Fresco e Xingu; Bom Jardim, a 7 km do rio Xingu; Mocambo, a 5 km; e Serra da Lua, a 26 km da margem do Xingu, interferindo em tributários terciários do rio Xingu, como o Rio Branco e o Igarapé Poiete, com empresas como Rhodia e Cortez Mineração, algumas envolvendo índios. Há ainda uma empresa atuando no rio Iriri, no Igarapé Bala, a Impar S.A., além de garimpagem na região de Itaituba, no rio Tapajós.

Não se encontram disponíveis estudos sobre os impactos específicos das minas de ferro sobre a pesca na Amazônia, como no caso da CVRD, em Carajás, as maiores reservas de ferro conhecidas, estimadas em 5 bilhões de toneladas, associadas à bauxita e outros minérios. A produção de ferro no Brasil saltou de 36 milhões de toneladas em 1970, para 118 milhões de toneladas em 1980. Quanto ao manganês, também não há estudos disponíveis, embora os pescadores do Amapá atribuam à mineração de manganês, agravada pela ação de garimpos de ouro, o desaparecimento do traíra-açu e do curuputê (tambaqui preto) no rio Amapari. As reservas da Serra do Navio, estimadas em trinta milhões de toneladas, foram praticamente esgotadas sem que fossem tomadas medidas preventivas ou corretivas adequadas. A exploração iniciou-se em 1946, no vale do rio Araguari, através da associação do grupo brasileiro Antunes com a Bethlehem Steel, formando a Incomi (Goodland; Irwin, 1975, p. 123).

O impacto da exploração da bauxita/alumínio é comentado pelos pescadores do Pará. Referem-se à Mrn, no Xingu e Trombetas, além da Alcoa e Cespa. Essas empresas têm prometido tomar iniciativas corretivas, como no caso da Mrn no Lago Batata, totalmente degradado, no rio Trombetas. Esse lago, em Oriximiná, começou a ser poluído em 1973, com rejeitos de lavagem de bauxita. Um pesquisador estimou em 25.000 m3 os rejeitos depositados no fundo do lago, provocando o bloqueio dos processos de liberação de nutrientes, acumulando-se em alguns locais em mais de 3 m de altura. Acredita-se que as alterações drásticas na vegetação, a longo prazo, tendam a reduzir, por exemplo, os peixes onívoros e depois os carnívoros. As alterações na mata das margens implicaram a diminuição das espécies dependentes de frutos e sementes e outros nutrientes. Os depósitos de fundo atingiam 15% do lago, ocupando mais de 300 ha. A poluição ampliou-se ao rio Trombetas e ao vizinho lago Mussurá. Houve bloqueio de nutrientes na água, afetando as comunidades fitoplanctônica e zooplanctônica (Esteves et al., 1990; Leitão, 1990, p. 140).

Os especialistas recomendam a criação de barreiras de contenção de efluentes; abertura de canais para que os peixes alcancem as florestas inundadas; pesquisas para recuperação, pela substituição dos sedimentos naturais, por restos de serraria e replantio das margens. A Alcoa teria se comprometido a recompor as áreas degradadas, a aumentar e elevar as barragens de rejeitos e modificar seus métodos trabalhando com material menos poluente. A reserva da Alcoa no Trombetas é estimada em 250 milhões de toneladas. As outras reservas encontram-se em Paragominas e no Jari (Goodland; Irwin, 1975, p. 122). A produção de bauxita aumentou de 510.000 t anuais em 1970, para 2,9 milhões em 1980.

O setor do alumínio, responsável por US$1 bilhão anual em divisas, 10% da balança comercial brasileira, chega a anunciar, no relatório brasileiro para a Eco-92, seus investimentos em tecnologia, da ordem de US$ 450 milhões, como sendo totalmente voltados à proteção ambiental, sem especificar o destino dos recursos, o que permite supor uma sobreposição de todos os gastos em tecnologia apresentados como ambientais (Semam, 1991, p. 255).

Os ambientalistas do Pará referem-se à contaminação provocada por unidades de metalurgia de cobre, despejando nos rios subprodutos e efluentes tóxicos, como ácido sulfúrico e xantato de sódio. A CVRD explora cobre associado ao ferro na Serra de Carajás, nas proximidades do rio Tacaiunas, em Marabá, que deságua no rio Tocantins, e em outras explorações, no rio Xingu e no rio Cinzento.

Há várias pesquisas de petróleo e gás natural, como na região do rio Urucum, no Amazonas e na plataforma continental do Pará e Amapá. Suas possíveis consequências ambientais são menos conhecidas. Na Amazônia equatoriana, pesquisadores médicos da Universidade de Harvard constataram doenças de pele em índios, coincidindo com níveis de concentração de petróleo na água entre dez a mil vezes maiores que os recomendados nos EUA (FSP, 31/3/1994, p. 1-14). No baixo rio Tapajós há grandes jazidas de sal-gema e anidrita, além de caulim no rio Jari, explorações também sem controle ambiental, como as minas de brita e areia para a construção de estradas, uma delas perturbando os índios Kaxarari.

A MINERAÇÃO E OS ÍNDIOS

Um trabalho elaborado pelo Cedi/Conage identificou, em abril de 1986, 537 alvarás de pesquisas minerais em áreas indígenas e 1.732 requerimentos em tramitação. Setenta e sete, das 302 áreas indígenas da Amazônia, são cobiçadas em 34% de sua extensão, somando-se alvarás e requerimentos. Há 92 áreas com requerimentos e 72 com alvarás, condicionados à aprovação do Congresso Nacional. A maioria desses alvarás foram concedidos a grupos privados, 50% favorecem empresas nacionais, 40% multinacionais e 10% estatais. A mais alta incidência de alvarás e requerimentos dá-se no Pará, Amapá e em Rondônia e, destes, 10% são pretendidos em terras habitadas por índios "arredios" ou isolados (Cedi, 1986, p. 46). Com a Nova República, as mineradoras ganharam ainda mais terreno (Cedi, 1986, p. 44). O estudo esclarece que a maioria dos alvarás foram concedidos após a posse do presidente José Sarney. A simples nomeação de um diretor-geral do DNPM mais próximo às mineradoras desencadeou 190 alvarás, em uma só investida, em agosto de 1985. Do ponto de vista legal, as mineradoras e os direitos dos índios andavam empatados, embora o duelo continue. As mineradoras dispunham de um decreto permitindo a lavra, o de n. 88985/83, não regulamentado. Ao mesmo tempo, um projeto liberando a mineração nas áreas indígenas foi bloqueado na Comissão do Índio do Congresso Nacional, em 1985. A Constituição de 1988 obriga à prévia aprovação do Congresso Nacional, e da comunidade, para exploração mineral em área indígena, o que dificultou a entrada das mineradoras, embora existam situações irregulares pendentes.

As mineradoras ensaiaram tentativas de obter a licença de lavra através de acordos diretos com os índios, com o beneplácito da política indigenista oficial. Apesar do empate legal, na prática as mineradoras tentam levar vantagem, fazendo acordos com algumas lideranças indígenas. A tentativa do Conage, e de alguns parlamentares, de transformar os minérios das terras indígenas em reservas nacionais de médio e longo prazo, ou de uso exclusivo dos índios, não vingaram. O açodamento das grandes empresas sobre as reservas existentes nas áreas indígenas não se justifica, por disporem de reservas mais ou igualmente rentáveis fora delas, além dos direitos das minorias consagrados em convênios internacionais, dos quais o Brasil é signatário.

No afã de explorarem as áreas indígenas, as mineradoras têm utilizado várias táticas. O envolvimento dos índios, a ação de *lobby* no nível das instituições do poder público, até a invasão aberta através de testas de ferro, inclusive garimpeiros. O ex-presidente do Ibram, Sérgio Jacques de Morais, ligado ao grupo Brumadinho, manifestou o interesse das mineradoras sobre as áreas indígenas, diante da Comissão de Minas e Energia do Congresso Nacional. Considerou "que o país perde muito com o impedimento da exploração das jazidas minerais em terras indígenas, pois elas representam boa parte do território nacional, particularmente em Roraima, onde ocupam mais da metade do território". Segundo ele, "as empresas de mineração poderiam explorar territórios indígenas sem prejuízo para os silvícolas, que iriam usufruir do direito de participação nos resultados da exploração, inclusive com obtenção da renda pela ocupação do solo e indenizações" (CB, 29/8/1985).

Há incidências de urânio em Roraima, e de outros materiais radioativos em Rondônia, em áreas indígenas, como as dos Ianomami e Uruéu-Au-Au. A exploração de recursos minerais radioativos foi privatizada: da Nuclebrás estatal foi repassada à Paranapanema, depois à Mendes Júnior, sem que garantias ou cuidados socioambientais de conhecimento público tivessem sido exigidos, além da falta de controle social que caracteriza certas privatizações de estatais.

As áreas indígenas de Rondônia foram atingidas por 155 alvarás e 124 requerimentos de pesquisa. Várias das reservas de cassiterita encontravam-se em áreas habitadas por índios. À medida que as lavras iam sendo abertas, a partir dos anos 1950, os índios, sem suas terras demarcadas, iam sendo expulsos, como os Uruéu-Au-Au, ou transferidos, como os Karitiana. As quatro maiores empresas de cassiterita provocaram vários conflitos com os índios. A Paranapanema, das maiores mineradoras privadas do país, tem suas lavras em locais como Massangana, na sede de um seringal disputado aos índios. Os Uruéu-Au-Au, então chamados Boca-Negra ou Preta, terminaram por mudar suas aldeias mais para o sul. A mesma empresa explorou as terras não demarcadas dos Tenharim, do Igarapé Preto (AM), onde submeteu os índios e transformou a área florestada numa imensa cratera, poluindo vários cursos d'água e atrasando a demarcação.

No norte do Amazonas, a mesma empresa conseguiu do governo a diminuição das terras dos Waimiri/Atroari, para explorar as famosas minas do rio Pitinga, as maiores do mundo a céu aberto. No Pitinga, apesar de um faturamento de cerca de US$

150 milhões anuais declarados, nenhuma atividade de recuperação chegou a ser realizada. Dezenas de rios e igarapés foram destruídos, numa área de 350.000 ha. Nove diques de decantação de rejeitos da exploração romperam-se durante uma enchente, matando os peixes e levando lama aos rios, sem que o governo obrigasse a empresa a indenizar os índios. Um processo prevendo, através de pareceres técnicos, US$ 1 milhão de indenização às comunidades, estacionou no Codeama de Manaus, atrasando sua chegada aos tribunais. Os índios perderam assim a qualidade das águas de seus outros rios, pois o Uatumã já se encontrava comprometido pela hidrelétrica de Balbina.

A extração de brita, areia e outros para a construção de estradas ou hidrelétricas traz consequências, como a mineração aberta pela empresa construtora Mendes Júnior nas terras dos índios Kaxarari, na fronteira nordeste de Rondônia com o Amazonas. A mineradora assoreou os principais rios dos índios, sendo responsabilizada pelos líderes por cinco mortes e problemas sanitários em toda a comunidade. Os seringais e castanhais foram destruídos. Os peixes desapareceram. Eis outro exemplo de como as interferências ambientais coincidem diretamente com as sociais. Esses fatos ocorreram em um projeto financiado pelo BID, o asfaltamento da BR-364, entre Porto Velho e o Acre.

A URBANIZAÇÃO E A INDUSTRIALIZAÇÃO DE ACAMPAMENTO

A urbanização colonial na Amazônia limitava-se aos grandes centros tradicionais, como Manaus e Belém, além de cidades médias regionais e vilas beiradeiras dispersas. Com o avanço da fronteira econômica entre as décadas de 1970 a 1990 a maioria da população encontra-se nas cidades. Essa urbanização deu-se pela criação de cidades novas e pelo adensamento do periurbano dos centros mais antigos. Em Rondônia, por exemplo, apesar de os programas de desenvolvimento serem voltados à colonização por lotes agrícolas, dois terços dos habitantes estão nas cidades das que mais cresceram no país. O saneamento básico das cidades tradicionais contam com equipamentos inferiores à média brasileira, incluindo o Nordeste. As novas cidades não são planejadas.

Muitas são criadas em torno a garimpos e empresas mineradoras, ou devido a grandes obras, como estradas e hidrelétricas. Manaus, um dos centros mais antigos e influentes, conta apenas com 4% de sua rede de esgotos tratada. Mesmo o hotel turístico mais famoso e caro da região não dispõe de esgoto, poluindo o rio e as praias utilizadas por banhistas. Cerca de 80% das doenças são transmitidas pelo uso inadequado da água. As novas cidades lançam esgotos sem tratamento e não controlam o lixo urbano. A água e o peixe podem ser transmissores potenciais, como no caso do cólera, atingindo preferencialmente as camadas que não contam com assistência médica.

O garimpo é um grande criador de novas cidades amazônicas, improvisadas, construídas como se fossem aglomerações temporárias de suporte à atividade garimpeira, acampamentos agrupados, que passam das barracas de lona às construções precárias de madeira. O saneamento básico e o controle de poluentes é inexistente, agravando o comprometimento dos recursos hídricos, acrescentando poluição mercurial sobre os rios, pelas chuvas, da requeima do amálgama nos quarteirões das casas de ouro. O impacto dessas cidades de ocasião sobre as comunidades beiradeiras é grande, atraindo-as às favelas, à criminalidade. Trazem um aumento do custo de vida, introduzindo o ouro como moeda padrão, incorporando o ribeirinho para alimentá-la, terminando por atraí-lo ao garimpo, pela sedução de um possível aumento de sua renda monetária. A aglomeração próxima a Serra Pelada, por exemplo, chegou a 100 mil habitantes, depois foi reduzindo-se a 20 mil. O caráter sazonal dos garimpos de rios faz com que essas cidades funcionem realmente apenas uma parte do ano. Frequentemente terminam abandonadas, como cidades-assombradas de faroeste.

Os garimpos trazem falsas promessas e transtornos também às periferias de cidades maiores, como no caso de Porto Velho, transformada num centro de criminalidade e tráfico de cocaína. Porto Velho viveu do garimpo, após o fracasso da política governamental de fomentar pequenas propriedades rurais em solos inférteis. A criminalidade e o tráfico de drogas envolvem autoridades em vários níveis de governo e parlamento. O garimpo contribui também para aumentar as favelas, sem condições sanitárias, onde estão as famílias dos garimpeiros e outros dependentes da atividade, aguardando a sorte grande.

No cemitério de Matupá, no norte de Mato Grosso, dentre os quatrocentos ali enterrados, metade morreu assassinada e uma centena morreu vitimada pelas quedas de barrancos dos garimpos, pela fragilidade das barreiras de proteção que cederam, relata o coveiro. O promotor confirma que 70% dos enterrados em 1990, ou seja, 123 pessoas, morreram assassinadas: tiros, facadas, pauladas; outros 10% morreram de queda de barranco; o restante morreu de malária. As novas cidades garimpeiras ainda não conhecem a morte natural. Matupá e Peixoto de Azevedo, em 1991, viviam a consequência do "blefe", ou seja, esgotou-se o ouro de mais fácil acesso. Peixoto de Azevedo transformou-se, em poucos anos, de modesta vila, numa cidade de oitenta mil habitantes, sem nenhuma espécie de infraestrutura ou saneamento básico. Em 1983 já havia três mil garimpeiros, cerca de dezoito garimpos produzindo, em 1988, 100 kg de ouro por mês. A maioria dos garimpeiros, provindos do Maranhão, respondem por 70% das ligações telefônicas, ou seja, vieram sem suas famílias. Estabeleceram-se quatrocentas prostitutas, cerca de 40% com sífilis. A cidade, embora insustentável como modo de vida, representa a terceira arrecadação do norte do estado. Abriram-se uma centena de lojas de compra de ouro, mas a cidade não dispunha de um só hospital, nem água encanada ou esgoto. Os rios, além da poluição física provocada pelo revolvimento do fundo e das margens, do mercúrio, recebiam o despejo das fossas sem qualquer tratamento. As unidades das empresas informais de garimpagem expandiram-se, chegando a adquirir as "plantas", dragas de barranco de até três andares.

O impacto social da mineração é subestimado: há defensores do desenvolvimento da Amazônia por polos minerais. Um desenvolvimento sustentado não pode fundamentar-se apenas em recursos não renováveis. As cidades criadas pelas mineradoras são apresentadas como modelos. No entanto, quando a mineração se esgota, tornam-se cidades vazias. Envolvem a população local, desestruturando suas atividades, inclusive a pesca. Após a partida da empresa promotora do empreendimento, nada sobra, a não ser a degradação. São atividades condicionadas à duração da exploração do recurso, ou da sua aceitação pelo mercado. Essas cidades são semelhantes, na ilusão de prosperidade em que transitam, às criadas em torno de garimpos e das grandes empresas construtoras de hidrelétricas.

O manganês comprova a transitoriedade da exploração mineral, e sua precariedade como impulsionador de desenvolvimento.

Ao abandonar a exploração no Amapá, a Bethlehem Steel Corporation e seus associados brasileiros do grupo Antunes não sabiam o que fazer com as crateras e com a cidade que construíram para seus técnicos. Terminaram por oferecê-la, em 1990, à USP, como *campus* avançado de pesquisa, mas a universidade não dispõe de recursos, nem de um programa de recuperação ambiental. As empresas fizeram sucesso na mídia com a entrega da cidade à pesquisa, mas não assumiram com isso qualquer compromisso de recuperação socioambiental.

Nos centros antigos, aumentam os rejeitos que a industrialização vai lançando nos rios. Inicialmente, restringiam-se a algumas empresas semiartesanais ligadas a embalagens, sacaria e outros complementos relacionados à exportação de produtos do extrativismo vegetal. Com a implantação da Zona Franca e os projetos públicos e privados ligados à mineração, instalam-se indústrias de beneficiamento de matérias-primas, impulsionadas pela construção de hidrelétricas, garantindo um mais permanente e barato abastecimento energético. Manaus concentra 1,5% da indústria brasileira sem qualquer prevenção em face da contaminação dos rios. Estima-se que a produção de 1 t de papel consome de 60 a 400 t de água, conforme o método utilizado; 1 t de plástico, de 750 a 2.300 t; e o refino de um barril de petróleo, de 2 a 12 t de água (Semam, 1991, p. 396).

Há também que se considerar as interferências das atividades extrativistas, como o palmito e o carvão (Leitão, 1990, p. 151). O extrativismo para fins industriais também causa transtorno aos ribeirinhos. No Amapá, os pescadores reclamam da devastação que provoca a coleta do palmito para as indústrias de enlatados de exportação. Nenhum dos comerciantes replanta. Dão o exemplo do açaí, que está acabando no Pará, migrando sua exploração para o Amapá. Os restos das palmeiras incham nos lagos, retirando oxigênio dos peixes. Todas essas atividades são feitas a partir dos rios, mesmo quando há estradas, comprometendo as margens. A exploração generalizada dos açaizeiros para enlatados, além de poluir os rios com as sobras, provoca a falta do açaí na dieta regional, onde é um item privilegiado. Vários afluentes estão sendo poluídos por restos de casca inchados, por exemplo, nos rios Marajai, Moju, Macaru e Pucurui. Esta produção também tem atraído pescadores, que se transformam em palmiteiros. Um palmiteiro derruba cerca de 200 palmeiras/dia.

A indústria inicial, complementar à exportação, ou ligada ao extrativismo, não chegou a causar grandes danos ambientais. Não são propriamente inócuas, como mostra o caso das fabriquetas de palmito. Mas a extensão atual da urbanização e da industrialização necessita de planejamento ambiental. Os pescadores são unânimes em dizer que a pesca diminui na medida em que as cidades aumentam. Em Belém dizem que o único peixe que aumenta é o piracatinga – um bagrezinho lixeiro.

Salvo Rondônia e Mato Grosso, os demais estados não contavam com instituições estaduais voltadas às questões ambientais. No Amazonas o tema era, em 1991, tratado pelo próprio órgão encarregado pelo desenvolvimento econômico, o Codeama. No Pará havia um pequeno núcleo voltado ao tema na Secretaria da Saúde, sem recursos ou técnicos suficientes. No Amapá e em Roraima, territórios transformados em estados, o tema não integra o universo de preocupações das elites político-administrativas ou econômicas.

O inchaço das novas aglomerações e das antigas metrópoles regionais, numa explosão urbanizadora, passou a concentrar de 51,8% em 1980, a 58% da população regional em 1990. Essas cidades precárias levarão décadas para alcançar qualidade de vida.

QUALIDADE DA VIDA URBANA NA AMAZÔNIA – 1990

concentração urbana regional – 1980	51,8%
concentração urbana regional – 1990	58%
esgoto tratado	2%
cidades acima de 5 mil habitantes	272%
crescimento anual regional urbano	5,43%
mortalidade infantil antes de um ano	19,9%
filhos de mãe solteira	47,2%
crianças com problemas de desnutrição	42%
domicílios inadequados com crianças	70,6%
residências sem esgoto adequado	49%
residências sem abastecimento de água	31,9%
empregados sem carteira assinada	47,6%
trabalhadores sem previdência social	50,3%

IBGE/Unicef/Unfpa/Inesc, 10/1993, p. 8; FSP, 3/2/1993, p. 3-4; FSP, 18/6/1993, p. 1-10; FSP, 14/7/1993, p. 3-1

As estatísticas do IBGE compreendem, na região Norte, apenas as cidades. Identificam que os esgotos tratados constituem metade da média do Nordeste, um quarto da média nacional. Na região, o crescimento urbano é três vezes maior que o rural, este de 1,81% ao ano. As estatísticas e estudos mostram que as condições de vida nas cidades do Norte são piores do que no Nordeste: quanto à mortalidade infantil antes de um ano; filhos de mãe solteira; falta de esgoto e água; domicílios inadequados; e empregados sem registro ou previdência social.

Outro ponto de conflito importante é a privatização de determinados locais paisagísticos em favor da indústria turística de lazer. O turismo é sem dúvida uma das opções para o desenvolvimento sustentável da Amazônia, mas necessita de mecanismos reguladores, em razão dos direitos da população tradicional e da manutenção de sua qualidade de vida. Não significa sempre desenvolvimento para as populações do interior. Seu caráter sazonal, a intermediação empresarial que implica podem levar à dependência desestruturadora das atividades de autossubsistência, sem apresentar alternativas compensadoras. Gera especulação fundiária e a consequente expulsão de comunidades dos locais paisagisticamente privilegiados para o aproveitamento turístico. Trata-se de uma atividade que traz lixo e contribui para a urbanização precária.

Um exemplo deu-se com a empresa Naturantis. Apoiada por fiscais do Ibama e a PM do novo estado do Tocantins, confrontou-se com os pescadores do Pará, no rio Araguaia, em particular as colônias Z-30 de Marabá, Z-39 de Conceição do Araguaia e Z-45 de São João do Araguaia. A pesca foi proibida em favor do turismo, prejudicando cinco mil habitantes da região, segundo a federação dos pescadores. Em carta de 1989 ao Congresso Nacional, as colônias denunciaram que pescadores de Marabá foram violentamente agredidos, obrigados a tomar urina e espancados. A proibição da pesca prejudicou o abastecimento de mercados importantes, segundo as colônias, uma vez que 80% da produção vai a Belém. A Federação acusou também fiscais do Ibama de arbitrariedades. O conflito foi provocado por um empresário, da família Caiado, influente na região. A proibição da pesca, apresentada como sendo por razões ambientais, destinava-se a diminuir a competição nos locais onde foram abertos hotéis destinados à pesca turístico-desportiva, para empresas com sede em São Paulo e Paraná. O Ibama proibiu a pesca de mais de 30 kg diários, além de limitar os instrumentos à vara e anzol, para garantir os peixes maiores aos turistas no Tocantins/Araguaia. Os pescadores apenas conseguiam ganhar algum dinheiro como guias para os turistas, em algumas épocas do ano. A fiscalização tornou-se mais tolerante com os turistas, transportados em hidroavião. Apenas 15% dos pescadores permaneceram em atividade na região (Ribeiro; Petrere, 1989).

O Ibama terminou por reabrir a pesca, pressionado pelo governo do Pará, que entrou em litígio com o governo do novo estado de Tocantins, com o Pará apoiando os pescadores. Há precedentes negativos também na pesca artesanal litorânea, de balneários ameaçando os mangues ricos de sedimentos, arrastados pelo rio Amazonas, aterrando-os, por exemplo, em Salinópolis (Leitão, 1990, p. 154).

O turismo vem sendo, no entanto, estimulado na Amazônia como se fosse inócuo, um produto não poluente, diz o relatório ambiental do governo brasileiro (Semam, 1991, p. 290). A Amazônia contava, em 1990, com cem hotéis, com seis mil apartamentos, quando um seminário governamental levantou 57 novos projetos turísticos podendo vir a ser financiados pelo Banco da Amazônia em convênio com a Embratur.

ESTRADAS

As sociedades de economia dependente não devem privar-se de meios de transporte e das estradas, nem mesmo na Amazônia, apesar de a prioridade estar no aproveitamento intermodal dos seus 25.000 km de rios navegáveis. No entanto, as instituições federais e estaduais continuam promovendo estradas sem qualquer previsão de impacto, apesar da legislação em vigor. Na Amazônia são numerosas e descontroladas as estradas de projetos de colonização, intermunicipais, de acesso, e estradas improvisadas das madeireiras e mineradoras. Várias advertências foram desconsideradas quanto ao impacto das estradas (Goodland; Irwin, 1975; Davis, 1978; Leonel, 1991, p. 4-23).

Para a pesca, a abertura de estradas sem quaisquer precauções conduz à desestruturação das comunidades ribeirinhas, pela competição por suas terras raramente asseguradas legalmente. As estradas promovem: a invasão das áreas indígenas; o aumento descontrolado da quantidade do pescado; a introdução da pesca comercial de forâneos; induz a outras atividades da frente econômica que encontram seu canal de penetração, como as madeireiras e mineradoras, agropecuárias, da parte do setor privado; e hidrelétricas e projetos de colonização pelo poder público. Ab'Saber referiu-se aos riscos globais promovidos pelas estradas, nos tributários dos grandes rios, de "desperenização das drenagens de cabeceiras de igarapés. E, à medida que se ampliam as derrubadas, a partir dos interflúvios, amplia-se também o setor de desperenização de minguados igarapés" (1988, p. 1).

Quatro estradas foram consideradas relativamente aos impactos sobre os recursos pesqueiros (Goulding, 1979, p. 14-16). A Cuiabá-Porto Velho, antes de seu asfaltamento, aumentou a migração e o consumo local, permitindo a exportação para o sudeste do país dos bagres, antes pouco explorados. A de Porto Velho a Rio Branco, com um acesso a Guajará-Mirim, abriu à exportação dos bagres grandes para o sul do país, e de *caracoídeos/prochilodus* para o Acre, e Brycon e Colossoma para Porto Velho. As estradas secundárias abriram à pesca comercial as regiões das cachoeiras e introduziram o caminhão frigorífico. A estrada Porto Velho-Manaus (BR-319) "abriu caminho para a importação em grande escala de peixes dos rios Solimões, Amazonas e seus afluentes para Porto Velho e serviu como rota de exportação de peixes da Amazônia Central para o Sul do Brasil", afirma Goulding (1979, p. 15). Acrescenta que essa ampliação da pesca não foi controlada, ampliou o uso da malhadeira, inclusive nas tubulações embaixo da estrada, promovendo sobrepesca, por exemplo, no lago e rio Acará. Os ribeirinhos identificavam os colonos como responsáveis pela dizimação do pirarucu e pelo aumento predatório da coleta de ovos de tracajá (*Pedocnemis unifilis*). A transamazônica (BR-230) acrescentou a região de Humaitá à exploração da pesca.

Na última década, a tendência apenas se ampliou. Um exemplo é a região de Guajará-Mirim, com o asfaltamento em curso da BR-425, totalmente voltada ao mercado de Porto Velho e Rio Branco. Há centenas de estradas planejadas para a Amazônia sem qualquer previsão, inclusive um plano de asfaltamento de uma estrada transfronteira, de 8.000 km, contornando os limites brasileiros com agrovilas em seu trajeto, sem qualquer estudo prévio sobre suas consequências socioambientais.

AS HIDRELÉTRICAS E AS GRANDES CONSTRUTORAS

A Amazônia é pensada pelos planejadores do setor elétrico como capaz de autoabastecer-se em energia hidrelétrica e contribuir com 10% das necessidades nacionais, compensando necessidades do Nordeste e do Sudeste num sistema integrado. A tentativa do setor é levar para regiões remotas o faraonismo que o caracteriza, diminuindo, pela distância, a vigilância da opinião pública e mantendo um ritmo de construção semelhante ao do período militar. O impasse financeiro estatal reorientou-o recentemente à privatização, igualmente subvencionada e descontrolada. Devido ao alto montante de recursos necessários, e ao lento retorno do investimento energético, por enquanto surgiram apenas interesses em empreendimentos pequenos, ligados a grupos político-financeiros regionais, como em Rondônia, ou a grandes empresas, para fornecimento próprio, como nos casos da Jari, Paranapanema, Votorantim e outras, geralmente ligadas à mineração.

O setor energético brasileiro, embora impulsionado por fundos públicos, goza de grande autonomia, pela simples razão de que, na visão de mundo do setor, encontra-se apenas palidamente incorporado o conceito de produção de energia como prestação de um serviço social de responsabilidade pública, somada à ausência de mecanismos de controle da sociedade civil. Os critérios de decisão, como os de escolha da localização das represas, são apresentados como determinados pela relação custo/benefício, pela definição técnica da potencialidade energética, sem o necessário equacionamento com o seu impacto socioambiental ou sequer confrontado com alternativas.

Esse descolamento do setor elétrico de interesses e preocupações sociais, agravado nos últimos trinta anos, deve-se ao caráter autoritário que se lhe imprimiu e à infinita tolerância da sociedade. O resultado vem sendo um complexo de instituições com dinâmica própria e autonomia decisória quase completa. Setor de vital importância ao desenvolvimento industrial e à vida urbana, contou com disponibilidade de recursos, capacidade de organização e intervenção singulares na sociedade brasileira. Seu padrão de eficiência vem medindo-se apenas pela capacidade de captar e transmitir energia, e não por conseguir fazê-lo a um custo socioambiental e econômico mínimo e compatível. O hermetismo de décadas do setor, a ausência de articulação com as demais instituições do governo e da sociedade, trouxe-lhe uma óptica e uma lógica próprias, ao planejar, definir prioridades e soluções. O estímulo exacerbado ao sigilo no planejamento e nas decisões tornou-o vulnerável a pressões de interesses particulares das grandes construtoras, fornecedores e consultoras, em prejuízo de seu papel social. Sua impermeabilidade ao planejamento interinstitucional e multidisciplinar o conduz ao gigantismo e ao isolamento em face das demais instituições do governo, do funcionamento democrático e do próprio consumidor. Resiste ainda a aprender de sua própria prática, e de experiências internacionais afins, contando com a solidariedade das empresas subcontratadas, que nele intervém, quando não o conduzem, paralelamente, em uma malha de conexões manipuladas, envolvendo setores do governo, das estatais e do legislativo.

Quando dos escândalos da manipulação do orçamento federal, através da cooptação de parlamentares, o Ministério da Justiça verificou que 90% do faturamento das grandes empreiteiras veio do setor público, sendo que a C.R. Almeida chegou a 100% e a Odebrecht a 99%, no período de 1989 a 1992 (FSP, 25/12/1993, p. 1-4). Para uma dimensão do peso alcançado pelo setor elétrico na vida nacional, basta ler-se a lista das duzentas maiores empresas do país em 1984: em primeiro lugar, a Eletrobrás, seguindo-se em sexto a Cesp; em 11º, Furnas Centrais Elétricas S.A; em 130, a Chesf; em 17º, a Eletro-Norte; em 19º, a Light Serviços de Eletricidade S.A.; em 21º, a Cemig; em 27º, a Construtora Camargo Corrêa S.A.; em 29º, a Eletrosul; em 36º, a Construtora Mendes Júnior S.A.; em 43º, a Ceee-RS; em 49º, a Eletropaulo; em 52º, a Construtora Andrade Gutierrez S.A.; em 66º, a Construtora Odebrecht S.A.; e em 69º, a Nuclebrás (*Visão*, 29/8/1985). Nas décadas de 1970 a 1980 essas empresas mantiveram posição semelhante. No início dos 1990, a Eletrobrás era a segunda empresa do país por lucro; a Construtora Camargo Corrêa, a oitava, e a segunda dentre as nacionais privadas ou mistas por patrimônio líquido. Dois grandes construtores brasileiros encontram-se entre as maiores fortunas individuais do planeta.

Ao justificar a necessidade de um plano de recuperação setorial (PRS-1985), em sua apresentação, a Eletrobrás quase reconhece a interferência de interesses privados; "os problemas se tornaram ainda mais delicados com a herança de grandes projetos", ou ainda: "diversas obras de usinas hidrelétricas com equipamentos adquiridos sem concorrência e em datas anteriores às desejáveis..." (Eletrobrás, 1985a). Algumas das grandes construtoras chegaram a antecipar-se anos sobre a disponibilidade financeira do governo, tornando-se este credor delas, além de comprometer-se com seu superfaturamento. Tais fatos não ocorrem sem provocar efeitos perversos no conjunto do planejamento do setor, obscurecendo seus objetivos, permeados por outros interesses. Numerosos especialistas advertiram que várias obras do próprio PRS, consideradas irreversíveis, além dos danos sociais, representavam clamorosos desastres técnicos, como nos casos de Balbina, Samuel e Curuá-Una, heranças do período militar. Tal espiral está na origem de escândalos político-financeiros, como o "caso Capemi" em Tucuruí e denúncias nunca investigadas sobre Itaipu.

A discussão sobre as alternativas é sistematicamente embaçada por uma óptica do gigantesco. As estatais do setor, suas consultoras e construtoras, rejeitam, por doutrina, a hipótese dos pequenos aproveitamentos e de outras alternativas, alegando custos ainda mais elevados. A razão é constituírem organizações gigantes, estatais e privadas, criadas e equipadas para grandes obras, onde apenas se apresentam quatro ou cinco grandes construtoras, algumas controlando consultoras, imbatíveis e sempre as mesmas. A própria Eletrobrás apenas trabalha acima de 100 mw. O custo é, assim, estimado em custo-obra, e não equacionado ao custo socioambiental e a longo prazo. Conduzido pela lógica da inesgotável subvenção pública, o setor sequer manteve compromissos com a viabilidade econômica e com o retorno dos empreendimentos. Resiste à diversificação, às alternativas, ao social e ao ambiental.

Há uma sistemática prepotente de planejamento a ultrapassar, na própria visão do setor sobre as instituições afins. O exemplo está na questão-chave, a do uso múltiplo dos rios. Tendem a esquecer-se de que, além de aproveitamentos energéticos, os rios servem a outras atividades produtivas, à navegação, controle de cheias, irrigação, abastecimento, diluição de efluentes, à vida dos animais, à pesca e/ou, simplesmente, ao lazer do cidadão, à paisagem, e, sobretudo, como água potável. Fora a desarticulação com as instituições de mesma finalidade, o setor tem pouca integração com órgãos fundamentais ao desenvolvimento regional, como os estaduais ou até federais, como o Incra, Ibama, Funai, órgãos de pesquisa científica e as universidades. Sua alta rentabilidade o coloca à frente de instituições deficitárias, ou de obrigações sociais a fundos perdidos a curto prazo, mesmo quando rentáveis a longo prazo, quando se pensa o custo futuro de distorções previsíveis. Um exemplo é o custo do saneamento dos rios da cidade de São Paulo, estimado em mais de US$ 10 bilhões. A contribuição do setor elétrico e das primeiras barragens para a degradação das bacias foi decisivo. Num planejamento integrado, é possível prever-se o rateamento de custos socioambientais entre diferentes instituições de governo, sócias de um mesmo empreendimento, compensando algumas carentes de recursos, evitando-se dívidas corretivas para o futuro, como no caso do rio Tietê.

AS HIDRELÉTRICAS NA AMAZÔNIA

O potencial hidrelétrico estimado da Amazônia é de 100.000 mw, mas sua utilização inadequada pode comprometer os 25.000 km de rios navegáveis e outras potencialidades de uso múltiplo. Com suas graves distorções, o setor energético, por sua capacidade financeira, e consequentemente de empreender, termina por tomar a dianteira do próprio desenvolvimento regional. O caráter desigual do desenvolvimento econômico brasileiro irá reaparecer na unilateralidade dessa concepção de "progresso". Dada a pouca resistência aos grandes aproveitamentos na Amazônia, devido à baixa densidade populacional, é mais cômodo ali construir do que nas regiões populosas, onde a consciência dos efeitos e a mobilização é maior, como nas bacias dos rios São Francisco, Paraná ou Uruguai, onde o setor energético tem enfrentado opositores organizados. Tal fato não autoriza o setor energético a planejar à margem dos interesses da sociedade, em prejuízo de populações locais, do ambiente e do futuro dos rios. Encontram-se mal estudadas as possibilidades energéticas alternativas na Amazônia, assim como a adequação desses grandes projetos com os interesses regionais. É necessário reanalisar os critérios de definição das obras, reequacioná-las com sua localização e os verdadeiros centros de demanda.

Preparam-se para a Amazônia "cerca de 80 aproveitamentos hidrelétricos de médio e grande porte, totalizando cerca de 100 milhões de quilowatts instalados ao longo dos rios da Amazônia legal na próxima década" (Cagnin, jun.-ago. 1985, p. 15). "A maioria destas obras ficam localizadas em áreas remotas, distantes das cidades tradicionais da Amazônia", acrescenta João Urbano Cagnin. Ou seja, longe da bacia sedimentar da Amazônia, longe do centro de ocupação tradicional colonial, da cidade e dos trechos navegáveis dos rios. As barragens serão construídas onde se encontram o índio, o beiradeiro e o seringueiro, próximas das nascentes dos afluentes.

A Amazônia, comparativamente plana, inviabiliza certos aproveitamentos, ou são realizados com alagamentos não compensadores em face da baixa potencialidade, devido à inexistência de desníveis topográficos acentuados que possam contribuir para reter a água. Itaipu inundou 1.350 km², para 12.000 mw; Tucuruí 2.160 km², para 8.000 mw; e Balbina, 4.000 km², para produzir 240 mw. Um especialista argumenta que os cortes nos investimentos portentosos da Eletrobrás "se chocam com os interesses da própria empresa e de grupos econômicos que se formaram em torno das grandes obras, programadas por ela, o que deu origem a um debate aprofundado sobre o que é realmente prioritário ou não, à luz do interesse nacional". Recomenda cuidado no aproveitamento do potencial hidrelétrico da Amazônia, pois implicaria "ter que inundar cerca de 50 a 100.000 km²", apesar de seu potencial de cerca de 50 milhões de kv. Argumenta que no Nordeste tem-se 75 kv/ha inundado, ocorrendo o mesmo em Itaipu, enquanto "em Balbina, a inundação de 1 ha permite a geração de apenas 2,2 kv. Com isso, Balbina, que tem uma potência aproximadamente 20 vezes menor que Tucuruí, inundará uma área equivalente" (Goldemberg, 1986, p. 3). Os altos funcionários do setor elétrico contra-argumentavam em 1987 dizendo que a obra já consumira US$ 400 milhões, "e já é irreversível".

Tais imensos lagos trazem, com um pobre resultado em energia, várias consequências: a condenação de terras férteis; de recursos florestais; da biota; contribuem para a dizimação de espécies; sepultam recursos minerais; transformam-se em centros transmissores de doenças, como a malária, em pântanos artificialmente criados, focos de poluição e contaminação, em particular quando não previamente desmatados. As poucas madeireiras que postularam o desmatamento prévio de Balbina pretendiam quantias inadmissíveis de subvenção pública, segundo a Eletronorte.

O jornalista Lúcio Flávio Pinto especializado na Amazônia escreveu: "É assim que a Eletronorte está partindo para quatro novas hidrelétricas, a de Santa Isabel, em 22 meses, as duas do Complexo de Altamira (Babaquara/Kararaô), em 30 meses: e, em seguida, as do Trombetas." Apresentava-se um plano e tentava-se outro. Essas obras, também ameaçadoras ao ambiente e aos índios, não se encontravam incluídas no PRS. O que houve? Na verdade o setor nunca renuncia às barragens que estuda, espera a oportunidade, enquanto umas se constroem outras continuam sendo estudadas pelas consultoras privadas via Eletronorte, aguardando financiamento, como é o caso da usina de Ji-Paraná. O jornalista considerou que:

na consulta às instituições de pesquisa, a Eletronorte parte de uma decisão categórica: a de construir as hidrelétricas nos locais já escolhidos e com as características técnicas já definidas. É certo que estabelecer esses parâmetros constitui sua competência específica, mas, sob a aparência de uma prerrogativa técnica, esconde-se um poder político que a sociedade brasileira, sobretudo nesta fase de transição, não pode mais ignorar. É o poder de escolher um determinado modelo de geração e fornecimento de energia, associado ao modelo mais amplo que amolda a vida econômica do país. (Pinto, 1985, p. 4)

A conclusão de estudos feitos pelo DNAEE, órgão normatizador do setor elétrico, é de que,

quando o governo decidiu conceder subsídios tarifários aos produtores de alumínio da Amazônia, pensava-se que os preços de exportação desse metal os justificariam. Tais subsídios seriam compensados pelo ingresso líquido de divisas. Isso não aconteceu. Com o fechamento das fundidoras de alumínio nos países desenvolvidos, em razão dos altos custos da energia elétrica, houve inclusive uma redução de preço deste metal, enquanto os semiacabados evoluíam positivamente. (OESP, 21/4/1987)

Paulo Richer, secretário-geral do Mme, remeteu à CNE uma proposta de revisão dos subsídios de tarifa no setor elétrico:

Essa energia é vendida às indústrias do alumínio por menos de 1% do seu custo de produção. [...] só o complexo Alumar, da multinacional Alcoa, consome mensalmente a mesma carga energética produzida pela Usina de Três Marias, uma das maiores da região Centro-Sul. Já o complexo da Albrás, de um consórcio japonês, consome quase toda a energia da hidrelétrica de Tucuruí, que deveria estar sendo destinada ao Nordeste, região agora ameaçada de racionamento. (FSP, 6/1/1987)

Richer estima, "contando todos os setores e não apenas o do alumínio, que o Brasil já está gastando perto de US$ 3 bilhões com subsídios dados em energia elétrica. Só nos últimos quatro anos, esse subsídio global ultrapassou US$ 10 bilhões". No caso do alumínio:

quem conta com as tarifas mais baixas é o complexo Albrás-Alunorte, formado por um grupo de empresas japonesas reunidas no consórcio Nalco (Nippon Aluminium Company) em associação com a Vale do Rio Doce. Mas também é subsidiada a energia fornecida à Alumar, empresa de grande porte controlada conjuntamente pelas multinacionais Alcoa e Billiton Metais, associadas à brasileira Camargo Correia. (CB, 4/1/1987)

Ressalta que essa produção de alumínio transformou-se em mau negócio. Supunha-se que se conseguiria o preço de US$ 2,5 mil a US$ 2,8 mil por tonelada no mercado internacional, mas ele oscila entre menos US$ 1,2 mil e 1,3 mil. Richer lembrou que o Brasil termina por pagar US$ 17.000 por produtos feitos com esse alumínio, como os cabos.

Tucuruí foi construída para atender a esses projetos de extração mineral e industrialização, além de alumínio, bauxita e ao Distrito Industrial de Barcarena, ao Projeto Grande Carajás e à Estrada de Ferro Carajás-Itaqui. Seu excedente será destinado à cidade de Belém, e ao sistema Interligado Norte/Nordeste. Foi considerada a quarta obra desse tipo em importância no mundo, com um custo inicial de cerca de US$ 8 bilhões. Alagou 2.430 km² e interrompeu a navegabilidade do Tocantins. Oferece uma potência nominal de 3.960 mw e previa-se, ao final, 7.960 mw com Tucuruí-II. O lago de Tucuruí representa treze vezes a Baía da Guanabara, com 45,8 bilhões de m³, e uma cota de alagamento de 66 m na primeira fase, e 72 m na segunda.

Um dos presidentes da Eletronorte concordou com a revisão da política de energia barata para exportação, terminando com "os incentivos tarifários, que acabam atraindo principalmente indústrias de extração mineral pelo seu alto consumo de energia, o que não é compatível com a condição econômica e social do País". Embora tal revisão acabe com o modelo exportador de matéria-prima mineral barata, que o anterior regime impunha à Amazônia, o novo modelo pensado pela Eletronorte não se orienta por uma visão sustentável, voltada para as potencialidades e especificidades regionais. Continua a pensar a região como voltada para fora, agora numa visão de colonialismo interno e subalternização regional. Em resumo, a Amazônia será uma exportadora de energia aos mercados consumidores do Nordeste e Sudeste, apesar das condições físicas desfavoráveis à produção em escala.

Os argumentos da Eletronorte são: 1. o baixo custo comparativo, calculando-se um custo de US$ 8 a 12 mw/h, por exemplo, no complexo planejado das usinas Kararaô/Babaquara, no rio Xingu, "agregando-se um custo de transmissão de US$ 12 a 15 mw/h, chega-se a algo em torno de US$ 23 a 27 mw/h, valor bastante atrativo se comparado aos US$ 32 mw/h, correspondente a alguns aproveitamentos considerados viáveis na Região Sudeste"; 2. o sistema amazônico seria complementar, "porque enquanto a região atravessa período favorável de afluência (geração elevada), a outra atravessa período seco (geração baixa)"; 3. "Os aproveitamentos localizados na Região Norte são de grande capacidade, enquanto o mercado dessa região é pequeno, quando comparado ao potencial. Nas regiões Sudeste e Nordeste, temos exatamente o contrário, mercados significativos e poucos aproveitamentos viáveis. Desse modo, deparamo-nos com superávit de energia na Região Norte e déficit nas Regiões Sudeste e Nordeste"; 4. "A possibilidade de transferência de grandes blocos de energia viabiliza a transmissão a grandes distâncias."

Prevê-se elevar a participação do consumo da Região Norte de 2% para 10% em 2010, com a criação de polos de desenvolvimento integrado na Amazônia. A região tem duas alternativas de exportação de energia, uma privilegiando o Nordeste, para onde seriam exportados 11.300 m³, ficando o Sudeste com 8.000 mw. Outra privilegia o Sudeste e Centro-Oeste, com 12.000 mw, ficando o Nordeste com 4.800 mw (Nunes, 1986, p. 3).

OS INTERESSES NO PLANEJAMENTO ENERGÉTICO

Com grande capacidade financeira, e poderosa organização, o setor elétrico planeja bastante à frente da sociedade. O PRS, de 1985, listou as usinas em construção até 1989, período de aplicação do I PND da Nova República. Tratou-se de "expandir a capacidade de geração de energia elétrica de 44.050 mw para 57.600 mw" e "implantar 8.000 km de linhas de transmissão" (Seplan, 1985, p. 13). No entanto o próprio PND, reconhecia que "não obstante os resultados alcançados, o setor apresenta problemas e distorções". E as enumera: "Em relação ao setor elétrico, constata-se elevado endividamento das empresas, remuneração insuficiente dos serviços prestados, estrangulamentos na área de transmissão e distribuição e desajustes na sistemática dos fornecimentos especiais" (Seplan, 1985, p. 167). Em resumo, grande parte do setor público e privado não paga eletricidade, e as obras são sobredimensionadas, inviabilizando o retorno da produção de energia, perdendo-se de vista a relação custo/benefício.

O PRS, plano da Nova República, constituiu-se em uma seleção dentre as numerosas usinas previstas no Plano 2000, elaborado pela Eletrobrás em 1982. As barragens previstas no plano totalizavam 19.372 km² de alagamentos. O próprio PRS esclarecia: "Algumas usinas constantes dos programas de investimento devem ser encaradas como referências para consignação de investimentos no período 1985-1989, e não como definições, pois ainda poderão ser substituídas por opções mais econômicas" (Eletrobrás, 1985a, p. 4). Em outras palavras: ciente de que os planos militares para o setor elétrico continham "distorções", mas incapaz de refazê-los, o governo da Nova República selecionou, dentre as cem usinas do Plano 2000, elaborados sob tutela militar, as 34 que pretendeu impulsionar em velocidade, através de maior volume de recursos financeiros. Os critérios não ficam totalmente claros. Foi explicado que se referem a uma combinação de projeções sobre a demanda futura, com critérios de ordem política, na redistribuição entre interesses regionais. A transparência não é uma virtude das grandes obras governamentais.

O PRS e o Ipnd pretenderam revelar uma tímida vontade de mudança do período pós-militar, mas não foi possível concretizá-la. Os estudos preliminares para uma usina podem levar uma década e alegam-se exigências de demanda para utilizar planos anteriores, embora reconhecidamente viciados por interesses privados. Operou-se apenas uma nova seleção de prioridades. O que não significa que o Plano 2000/1982 esteja superado. O PRS foi apenas um reequacionamento de prioridades, mantidos os padrões típicos do setor. A Eletrobrás preparou, no final da década de 1980, a divulgação de um Plano 2010, onde permanecem presentes as usinas e aproveitamentos do Plano 2000/ 1982. Ou seja, melhoraram as intenções, mas planos e obras do setor elétrico estão condenados a caminhar, na última década, até o final do milênio, carregando um pesado passivo, cujas consequências onerosas devem ser redimensionadas em termos de custos socioambientais. As obras uma vez definidas e planejadas vão sendo impulsionadas, dependendo das disponibilidades financeiras e da correlação de forças entre as diferentes representações regionais e empreiteiras junto ao Executivo e Legislativo. O país pode ter mudado com a abertura, o setor energético ainda pouco e lentamente.

Há uma "política de avestruz", tentando ignorar que as próprias obras em curso podem ser redimensionadas quanto às interferências socioambientais a qualquer momento de sua execução, em particular as grandes obras, idealizadas em padrões em via de superação. Há no setor tendência a considerar qualquer estudo como irreversível, e quanto mais longo e custoso, mais difícil o recuo: uma prática de fato consumada, sustentada por fortes interesses. Argumenta-se que um estudo prévio custa em média US$ 16 milhões, ou seja, num país pobre, estudou-se a obra, há que executá-la. Com os projetos semiaprovados na mão, as construtoras ficam de tocaia nos cofres públicos para viabilizá-los, quando não os antecipam, comprometendo previamente o orçamento governamental. A dívida interna do setor é de US$ 1 bilhão (OESP, 14/3/1994, p. b-2).

Pretende o setor igualmente limitar as discussões às usinas já aprovadas e às que estão em construção, quando elas são apenas pontos de um cronograma de obras muito mais amplo. O setor se protege discutindo apenas hidrelétricas irreversíveis e não as planejadas, até torná-las por sua vez irreversíveis. Na verdade, as consultoras, algumas de propriedade das próprias construtoras – partes interessadas –, poderão estar estudando nos próximos anos, com recursos das obras aprovadas, dezenas de outros aproveitamentos, com vistas a torná-los igualmente irreversíveis, num círculo vicioso, que se deve tentar reverter.

Há uma tentativa, por parte do setor elétrico, de apresentar o papel do financiamento externo, dos bancos estrangeiros, dos empréstimos bilaterais e agências multilaterais, aos projetos parciais, ou por empreendimentos, por eles financiados, como se cada obra fosse concebida isoladamente com seu financiador. Tal artifício não resiste à primeira abordagem. Há anos consecutivos o setor vem recebendo financiamentos diversos, e mesmo quando parciais, são regulares. O PRS, por exemplo, recebeu financiamentos para o conjunto do setor; embora alguns fossem limitados a questões ambientais, conservação de energia e linhas de transmissão, terminaram impulsionando o todo. Ao investir em partes, inevitavelmente liberam-se recursos para o todo.

Quando o governo e agências financeiras internacionais investem nas usinas e obras de transmissão aprovadas, encontram-se na realidade cofinanciando o conjunto dos demais projetos, porque liberam recursos para obras como o complexo de Altamira, Ji-Paraná e os estudos das bacias do Xingu, Madeira, Jari, Trombetas, entre outros. Assim, o caráter preventivo de um programa socioambiental deve dar-se sobre o total de sua programação a médio e longo prazo, não se justificando a tentativa de contê-lo nas unidades aprovadas, que são apenas o primeiro passo de um extenso cronograma. Caso contrário repetir-se-á, nas próximas décadas, a situação com que hoje se defronta o conjunto da sociedade: improvisar efeitos corretivos e tapar buracos de desastres que podem ser evitados atentando-se às origens, desde os primeiros estudos de viabilidade.

Nas negociações para empréstimos do Banco Mundial, BID e Japão ao final da década de 1980, vitais ao setor endividado, os empréstimos solicitados eram programadamente bianuais ou complementares de outros empréstimos e não se interrompeu o fluxo de caixa. Pretender parcelar corresponsabilidades é, portanto, um exercício inútil. As agências financeiras multilaterais estão comprometidas com o conjunto da ação do setor elétrico, e é indispensável que as medidas corretivas sejam discutidas amplamente, e, em particular, pela sociedade nacional, através de seus mecanismos democráticos. Inclusive porque a proteção ao ambiente e às populações interessa a toda a humanidade, ainda mais quando o descontrole do setor energético brasileiro vem sendo, em boa parte, internacionalmente financiado, embora quem pague a fatura seja o contribuinte brasileiro.

Nos primeiros cinco anos da década de 1980, os empréstimos do Banco Mundial ao governo brasileiro destinaram-se em 25% ao setor elétrico, totalizando, de 1980 a 1985, US$ 1.786,6 milhões. Os do BID foram em 29% destinados a diferentes projetos do setor elétrico de 1980 a 1984, num total de US$ 536,5 milhões. Se somarmos o financiamento do Banco Mundial de 1980 a 1985, ao BID de 1980 a 1984, teremos um total de US$ 8.796, 35 milhões, dos quais 26,4% foram ao setor elétrico, o que mostra a importância dada ao setor pelas agências multilaterais. A dívida externa do setor é de US$ 32 bilhões (OESP, 14/3/1994, p. b-2).

Salvo uma sólida decisão de reversão de tendência, apurada em mecanismos corretivos simultâneos e de grande amplitude, aumentar a capacidade de investimento do setor energético tem implicado sempre prejuízos ao ambiente, a populações beiradeiras e aos índios. É indispensável condicionar, estrita e discriminadamente, qualquer impulso financeiro a profundas e concomitantes medidas de proteção ambiental às populações atingidas beiradeiras, à minoria indígena e às consequências sociais das importantes interferências no ambiente físico, questões inevitavelmente interligadas. A otimização das potencialidades energéticas que busca o setor deve alcançar sua equivalência em objetivos e resultados sociais equivalentes.

O setor energético acabou encontrando alguma resistência dos financiadores externos, devido à pressão internacional em defesa do ambiente e das minorias, mas continua recebendo financiamentos parciais, por exemplo, para linhas de transmissão. O governo ainda tenta ampliar os financiamentos, seja através de projetos específicos ou parciais, ou ao conjunto do Plano 2010, com centenas de empreendimentos. Foi a exigência das agências multilaterais, tanto na questão ambiental como em maior transparência quanto ao custo da energia subsidiada, que limitou os empréstimos internacionais e assim a capacidade de empreender.

A saída que o setor encontrou para escapar à pressão interna e externa foi a privatização da produção e distribuição de energia, o que exige um aumento da vigilância da sociedade e do governo quanto às previsões de impactos socioambientais. As hidrelétricas ditas privadas em planejamento retomam gratuitamente os estudos de viabilidade financiados com recursos públicos e terminam conseguindo "generosos" financiamentos governamentais. De privadas, têm apenas as garantias sobre o lucro futuro.

O Plano 2010 do setor, com cerca de setenta grandes barragens de 1991 a 2000, prevê um custo de US$ 63 bilhões. Ainda é o gigantesco que o orienta. Quase nada está previsto relativamente a outras possibilidades energéticas. José Goldemberg chamou a atenção:

Durante todo o século, até 1973, vimos o consumo de energia aumentar continuamente. Os economistas começaram a acreditar que o desenvolvimento econômico só podia ser feito através do aumento de energia. Isso deixou de ser verdade a partir de 1977, depois da crise do petróleo, que obrigou a introdução de medidas de conservação de energia em quase todos os países da Europa, nos Estados Unidos e Japão. Verificou-se que o crescimento econômico continuou e o consumo se estabilizou, e que os dois fatores – energia e desenvolvimento – não estão necessariamente vinculados. (FSP, 15/10/1986)

Muito pouco está previsto em matéria de conservação de energia. Os grandes empreendimentos continuam sendo pensados a grandes distâncias dos centros consumidores, implicando grande perda na transmissão, estimada em 1/3, por exemplo, no caso de Itaipu até as indústrias de São Paulo.

O IMPACTO SOCIOAMBIENTAL DAS HIDRELÉTRICAS

O I PND da Nova República introduz uma política ambiental (1985, p. 215). Não chega a referir-se diretamente aos empreendimentos do setor elétrico, mas propõe-se a "sistematizar e tornar obrigatória a realização de estudos sobre o impacto ambiental no planejamento de quaisquer projetos de vulto, considerando as conclusões desses estudos durante a seleção das alternativas existentes". O I Plano de Desenvolvimento da Amazônia da Nova República é mais explícito quanto à política energética: "nortear a produção de energia da região, de forma a atender prioritariamente às necessidades da população regional e não apenas aos grandes projetos consumidores em implantação". Seu propósito de mudança é claramente expresso: "harmonizar o aproveitamento das fontes energéticas da região, ao múltiplo uso desses recursos naturais, evitando reflexos predatórios sobre o meio ambiente e sobre as formas de organização social da população". Convida o setor energético a que contribua para a integração regional; prevê a "atualização do potencial energético e das fontes alternativas de energia"; "apoio técnico às experiências-piloto como fontes geradoras não convencionais de energia, inclusive aprofundando, o máximo possível, as pesquisas sobre fontes alternativas capazes de oferecer opções mais equilibradas"; "modelo energético regional", complementando o nacional, e "priorização dos estudos sobre o aproveitamento de baixas quedas para a instalação de minicentrais hidrelétricas" (Sudam, 1986, p. 66).

No final da década de 1980, as questões ambientais fizeram sua entrada cartorial no setor elétrico, na forma da Resolução n. 1, de 23/1/1986 do Conama, que obriga ao licenciamento "pelo órgão estadual competente" e pelos órgãos federais em caráter supletivo, de atividades modificadoras do meio ambiente, tais como linhas de transmissão de energia elétrica, acima de 230 kv e barragens para fins hidrelétricos, acima de 100 mw. Para obtenção do licenciamento obriga-se a elaboração de um estudo e relatório de impacto ambiental, Rima, prevenindo-se efeitos sobre a saúde, a segurança e o bem-estar da população; as atividades sociais e econômicas; a biota; as condições estéticas e sanitárias do meio ambiente; e a qualidade dos recursos ambientais. Tal resolução pode ser um filtro. Mas tem seus limites, porque os órgãos estaduais competentes e o próprio MMAAL são instituições com pouca disponibilidade de meios e quadros técnicos, sendo-lhes impossível controlar toda a gama de empreendimentos previstos na resolução. Não se prevê outra forma de acompanhamento senão a do proponente do projeto, a parte interessada, que ficará com as despesas e custos da contratação de "equipe multidisciplinar habilitada, não dependente direta ou indiretamente do proponente do projeto", ficando os contratados do empreendedor responsáveis técnicos pelo estudo ambiental, num frete cartorial, encomendado como "independente".

Essas medidas, e outras mais recentes e centralizadoras, sugerem um convite à autorregulação do setor elétrico, mas não chegam a resolver o problema da avaliação dos planos e obras já programadas, sobretudo em face das influências que vêm sofrendo das construtoras. No caso das questões sociais, nem a Eletrobrás, nem o MMAAL, menos ainda as instituições estaduais competentes, em via de formação na maioria, estavam preparadas para avaliar impactos socioambientais. A independência da "equipe multidisciplinar" é um passo, mas não está totalmente assegurada. É importante esclarecer quem habilita: o Ministério, a Eletrobrás ou a consultora privada? No caso dos reassentamentos de populações, como assegurar a participação dos atingidos? A resolução prevê "contemplar todas as alternativas tecnológicas e de localização do projeto", mas não esclarece como tal vigilância se fará relativamente às questões socioeconômicas e à minoria indígena. De fato, o Ministério está mais preparado para a discussão e o controle de impactos físico-ambientais do que para as questões socioeconômicas ou relativas à especificidade da condição indígena e dos beiradeiros.

A independência da equipe multidisciplinar já se encontra em debate. Um jornal de Manaus revelou um relatório, elaborado por um técnico do CNPq, Zeli Kacowicz, que analisa as relações entre a Eletronorte e o Inpa, responsável por vários estudos de impacto ambiental, como nos casos de Balbina e Samuel. Escreve o técnico: "Relatórios assépticos, frutos de convênios equivocados assinados pelo Inpa, que não cumprem nem seus objetivos (previsão de problemas de operação das usinas hidrelétricas) e nem arranham a previsão de impactos ambientais decorrentes das construções das usinas propriamente ditas". Ou ainda: "este equívoco foi gerado pela 'necessidade' que o Inpa teve de assinar este convênio com a Eletronorte para, a partir dos parcos recursos repassados por esta empresa, dispor de capital de custeio para pagamento de suas contas de luz, água e telefone". E finaliza: "se não bastasse este mal-estar no nível dos convênios, resta a imagem negativa que ficou do Inpa para a comunidade, científica ou não, quando é usado pela Eletronorte para corroborar afirmações do tipo – nossas usinas não causam impactos negativos na Amazônia –, assim como aconteceu recentemente em panfletos da Eletronorte a respeito da Usina de Tucuruí" (AC, 30/3/1986). O então diretor do Instituto, Herbert Schubart, criticou o uso da pesquisa para fins publicitários. Recusou qualquer responsabilidade do Inpa na obra Balbina, uma vez que suas pesquisas representavam apenas suporte para o consórcio Monasa/ Engerio, e não foram levadas em conta, uma vez que o Inpa não participou do processo decisório. Convênios parecidos foram feitos também com o Museu Goeldi, em Belém.

O custeio da equipe multidisciplinar "independente" pelo próprio proponente, e o privilégio financeiro de sua escolha, interfere na independência dos estudos de impacto. O funcionamento não integrado dos estudos, para repensar a conveniência e alternativas da obra como um conjunto, também preocupa os ambientalistas, pois a integração dos estudos por especialidades é feita pela própria consultora da construtora. A obrigação instituída pelo Comama, se traz a vantagem de convidar o setor elétrico à autorregulação, está assim longe de resolver as questões, em particular relativamente às populações a reassentar os ribeirinhos e as comunidades indígenas. Alguns sociólogos e antropólogos foram contratados por consultoras privadas, por orientação das estatais do setor. Sem garantias profissionais sólidas, seu trabalho solitário e eventual, ao invés de representar uma revisão crítica sobre a obra, tende a justificá-la. Participam, com uma ou outra exceção, da ingrata tarefa de encontrar soluções para reassentamento de beiradeiros, e indenizações via projetos da Funai para os índios, aí vistos como obstáculos a transpor.

Limitam-se os consultores – das ciências sociais, mas também biólogos e especialistas em qualidade da água – a indicar medidas paliativas, indenizações ou realocações. Não são convidados a equipes multidisciplinares e muito menos aos mecanismos decisórios, nem a opinar sobre alternativas. Essas consultorias são convocadas a estudos após a definição do local do aproveitamento, indicado por considerações técnicas, de solos e potencial energético. Em um caso, a consulta foi feita sobre um amplo leque de possibilidades e sobre o conjunto de uma bacia, a do rio Uruguai. Nos demais casos, os critérios sociais foram relegados ao processo decisório. Se houve consultorias, deram-se com o fato consumado, sem possibilidades de voltar atrás. Buscou-se muito mais encontrar soluções para edificar no local definido do que estudar opções. A presença dessas consultorias torna-se figurativa, destinando-se a caucionar decisões previamente tomadas. Há que se rever também o tratamento profissional dessas contratações, sua ausência de padrão e de garantias. Outro aspecto é o uso, frequentemente indevido, do parecer científico, que perde sua unicidade, transformado em resumos, orientados pelas consultoras para justificar as obras, já não expressando as recomendações dos autores.

Outro limite ao efetivo aproveitamento da consultoria científica é o seu parco acesso às informações sobre o conjunto do empreendimento de que participa. Deveriam dispor de todos os dados a respeito da obra que atinge populações e ecossistemas, e sobre o conjunto do sistema elétrico regional e nacional em que está inserido, única forma de discutir com eficiência as alternativas possíveis e esgotá-las na análise. Transforma-os em simples caução à obra já decidida, dispensando-se o consultor de participação avaliadora na decisão e execução, quando não reduz os pesquisadores a figuras decorativas cartoriais.

Acrescente-se que a existência do Conama não chega como solução. Sua pesada estrutura, com uma composição de mais de setenta representantes, em sua maioria de órgãos governamentais, não o permite reunir-se e não lhe assegura independência. Para as populações atingidas, e para os índios, trata-se de órgão ineficaz, uma vez que nele estão pouco representados, além de tratar-se de uma instituição pouco orientada às questões sociais. Quando são convidados, falta-lhes indispensável assessoria técnica, representatividade e participação nas decisões.

Outra via pela qual o tema ambiente faz-se presente no setor elétrico é a Lei 7.347-24/7/1985, que faculta o recurso à justiça contra danos causados ao meio ambiente, ao consumidor e ao patrimônio social, através de ação civil pública. No entanto, as associações ambientalistas vêm mostrando o caráter puramente simbólico desse dispositivo, uma vez que é moroso e apenas intervém *a posteriori*. Além disto, o proponente da ação poderá ver-se em onerosa situação, caso perca a ação como "manifestamente infundada" ou por "litigância de má-fé", sendo condenado às custas e até mesmo ao seu décuplo, em caso de o juiz considerar má-fé.

Os próprios estatutos da Eletrobrás obrigam a "colaborar para a preservação do meio ambiente no âmbito de suas atividades" (Eletrobrás, 1978, p. 3). Tanto para essa *holding*, centralizadora e repassadora de fundos públicos ao setor, quanto para as demais empresas, apenas dez anos depois dos estatutos a preservação ambiental começou a deixar de ser um vago bom propósito, embora continuem longe de estruturar-se de forma adequada à finalidade e de implementarem um efetivo compromisso. Nos estados do Leste e Sul, nos casos por exemplo da Cesp e a Eletrosul, devido à maior organização das populações atingidas, as assessorias de meio ambiente foram afirmando-se nas empresas. Não chegam a acompanhar, assim mesmo, o conjunto do planejamento e execução dos empreendimentos. As empresas estatais do setor elétrico, inclusive a Eletrobrás, estão despreparadas em quadros técnicos para a análise do material produzido pelas subcontratadas. No final dos anos 1980, havia apenas dois cientistas sociais na Eletrobrás, um na Cesp, um indigenista na Eletronorte, entre dezenas de milhares de funcionários diretos e indiretos do setor. O grupo de trabalho para assuntos de meio ambiente, composto por representantes das concessionárias, e do DNAEE, manifestou-se sugerindo

que o DNAEE e a Eletrobrás, façam gestões junto ao Conama, no sentido de reformular ou mesmo suprimir este artigo (relativo à equipe independente), já que o fundamental é ser a equipe responsável pela elaboração do Rima constituída por técnicos habilitados na forma da lei. Como a Sema já possui a atribuição para analisar o Rima, e portanto a faculdade de aprová-lo ou rejeitá-lo, parece descabido o Conama determinar quem pode prepará-lo. (Circular DNAEE/DCAE n. 342-6/11/1986)

Dificilmente essa equipe será independente, caso não se defina a independência de seu contratante. O Conama reforçou a competência das instâncias estaduais para o licenciamento, diminuindo as responsabilidades federais.

Os EIA e Rima previstos para obtenção de licenciamento, não chegam como garantia. Num país de cultura cartorial, legado colonial, tendem a ser mais papéis carimbados e assinados por notáveis do que verdadeiras advertências com independência crítica multidisciplinar sobre a obra a ser julgada e suas consequências socioambientais. A comunidade científica, em particular, em reunião da Sbpc (7/1987), advertiu sobre o risco de tal instrumento transformar-se em uma farsa destinada a encobrir desastres com o verniz da chancela científica.

O resultado é um tratamento pouco produtivo, estanque e compartimentado entre especialistas e especialidades. A ausência de integração das equipes descaracteriza o objetivo multidisciplinar dos estudos. Há ainda uma nítida ênfase nos estudos relativos ao meio físico, sem a sua indispensável contrapartida em trabalhos socioeconômicos. Tudo é feito mais como uma obrigação burocrático-cartorial e menos como uma necessidade.

A Eletrobrás preparou um manual de orientação ambiental (Eletrobrás, 1985). Foi um passo em termos de organização do trabalho, uma vez que orienta os dados a serem recolhidos nas diferentes fases, estimativa de potencial, inventário, viabilidade, projeto básico, construção/projeto executivo e operação. Quanto às usinas do PRS 1985-1989, seus estudos preliminares foram feitos pelo governo militar anterior, sendo anteriores à existência do citado manual. A maior parte das usinas em construção na década de 1980 e início dos anos 1990 ignorou estudos socioambientais. Para algumas precisou-se apenas as cotas de alagamento direto, mas não os demais impactos, e menos ainda os efeitos sobre as populações e os índios, habitantes do mesmo rio a jusante ou montante da barragem. O mesmo ocorreu, em muitos casos, com as populações ribeirinhas, comunidades de pescadores, seringueiros e outros agrupamentos humanos com menor capacidade de autodefesa, em particular na Amazônia. Em geral não são considerados também nos estudos os efeitos sobre populações de outras obras do setor, como subestações e linhas de transmissão.

Mesmo as projeções de alagamento, reconhecem os técnicos, constituem apenas estimativas. Na verdade, não há condições técnicas de uma previsão segura, e erros possíveis podem levar a mais graves consequências às populações ribeirinhas e aos índios do que o oficialmente considerado. Nada foi previsto para as barragens com menos de 100 mw.

Na Eletrobrás houve mudanças. Além do Manual de Meio Ambiente, elaborou-se um Plano Diretor de Proteção Ambiental, mais completo. Aumentou-se o pessoal permanente, dedicado às questões ambientais. Foram fixadas, em grupo de trabalho com a ex-Sema e o DNAEE, etapas de licenciamento relativas ao meio ambiente. A direção da Eletrobrás conta ainda com um Comitê Consultivo de Meio Ambiente.

Balbina mostra a precariedade da decisão do Conama de entregar a autoridade a órgãos licenciadores estaduais, sem lhes assegurar apoio técnico. A maioria deles é de recente criação, e não têm estrutura para acompanhar empreendimentos do porte das hidrelétricas, não contam com sistemáticas ou equipes técnicas e são facilmente manipuláveis pelas construtoras. A Eletronorte sabia que "após iniciado o processo de fechamento do rio, previsto para 15/6/1987, este se torna irreversível, ou seja, é necessário a conclusão desse trabalho antes do início do período de vazões elevadas, de modo a evitar danos às estruturas" (Eletronorte, 1987, p. 3). O titular da ex-Sema, órgão ambiental federal, Roberto Messias Franco, advertiu que a operação de enchimento contrariava a Lei 3.824-23/11/1960, que "torna obrigatória a destoca e consequente limpeza das bacias hidráulicas dos açudes, represas ou lagos". Lembrou que "se houvesse autorização do Codeama, a ex-Sema nada poderia fazer, pois sua ação é apenas supletiva à dos organismos regionais de preservação do meio ambiente". Informou que "a Eletronorte enviou ao Codeama alguns estudos sobre Balbina, considerados insuficientes para a obtenção da autorização, motivo pelo qual foram solicitadas informações complementares" (JB, 21/8/1987). Concordou que a Eletronorte "não pediu licença para iniciar a inundação", e ameaçou: "podemos até chegar à conclusão de que é preciso reabrir as adufas da barragem. Definitiva é só a morte" (JB, 19/8/1987). Dias depois, embora admitindo a ilegalidade do início da operação de enchimento, disse que "acionou a equipe de Tecnologia Ambiental da Sema para coletar todos os dados disponíveis", e estava "somando argumentos para chegar a uma solução negociada que minimize os efeitos do enchimento dos reservatórios sobre o meio ambiente" (JB, 21/8/1987).

A Eletronorte não aceitou a recomendação do grupo de trabalho para o licenciamento ambiental (DNAEE-Eletrobrás-Sema) de que o pedido fosse apresentado seis meses antes da operação de enchimento. O argumento era de que esse prazo não estava previsto em Lei, constituindo uma simples recomendação. Assim, apenas em 30/6/1987 a Eletronorte pediu o licenciamento ao Codeama. Esse órgão não contava sequer com uma sistemática de prazos. Em 28/8/1987 pediu à Eletronorte complemento de informações condicionando o fechamento da sétima e da oitava adufa, já que a hidrelétrica era anterior à legislação. A diretora--presidente do Codeama foi demitida, após protestos de entidades e debates públicos em Manaus. Seu substituto declarou que o "Codeama não tem nenhuma intenção de retardar o início da geração da obra" (GM, 22/9/1987). Em 1/10/1987, o Codeama concedeu a Licença de Operação, trinta dias antes do fechamento oficial da última adufa.

O Codeama ouviu proforma dois técnicos, um do Rio Grande do Sul e outro do Inpa. Sua equipe conta com um economista, dois engenheiros civis, um administrador, um biólogo e um químico. Não ouviu ninguém ligado às questões indígenas ou sobre o impacto sobre as famílias a serem reassentadas. Um de seus responsáveis contou que de fato a solução foi um compromisso político. O Codeama cuida do licenciamento de indústrias, estradas, conjuntos habitacionais, petróleo, gás, portos, aeroportos e hidrelétricas. Não funciona, uma vez que não dispõe de recursos. Seus técnicos admitiam a necessidade de melhor estrutura, recursos, enfim, a necessidade da criação de uma instituição estadual do Amazonas. Balbina foi a primeira obra de porte licenciada pelo Codeama. Esse órgão recebeu a competência para o licenciamento ambiental apenas seis meses antes do fechamento final das adufas de Balbina. A Eletronorte solicitou a licença quando já havia iniciado o enchimento em 1987.

O próprio órgão licenciador do DNAEE capitaneou as empresas do setor para resistir às normas ambientais implantadas nos anos 1980. Reuniu representantes de empresas concessionárias de energia elétrica em 15 e 16/10/1986, em São Paulo, recomendando que "o prazo para apresentação do Rima seria negociado entre a concessionária e o órgão licenciador", mas que "em nenhuma hipótese deve ser cogitada a alteração do cronograma de obras preestabelecido". O referido documento afirma ainda que "do ponto de vista político e administrativo existem razões que poderiam recomendar uma solução de compromisso", ou seja, o fato de que o licenciamento estadual oferecia menos complicadores do que o federal, por ser mais permeável a pressões políticas (DNAEE-DCAE, Circ. 342-6/11/1986).

Um dos temas subjacentes ao polêmico licenciamento de Balbina refere-se ao desmatamento do futuro reservatório. A consultora de engenharia, o consórcio Monasa-Engerio, subestimou a importância do desmatamento, apesar da recomendação de especialistas: "a degradação na qualidade da água ocorrerá independentemente da execução, ou não, do desmatamento. Dessa forma, a Eletronorte, consciente deste fato, vem tomando uma série de providências, visando proteger os equipamentos da usina contra eventual corrosão causada pelas águas do reservatório" (Eletronorte, 1986, p. 5). Nesse raciocínio, preocupava-se apenas com a corrosão das máquinas e não com o conjunto dos efeitos da qualidade da água sobre o meio ambiente e as populações envolvidas. Entre as razões apontadas para o não desmatamento encontram-se algumas que poderiam levar exatamente a apoiar o prévio desmatamento: a magnitude do lago (1.580 km², na primeira fase); necessidade de preservação das ilhas, penínsulas e margens; demarcação do limite do espelho d'água, em região de florestas e com perímetros de milhares de quilômetros; tempo necessário para a execução do desmatamento; possível rebrota; dimensionamento de equipamento, pessoal e apoio logístico para sua execução; pioneirismo da execução dessa atividade na escala que se apresenta em Balbina; custos envolvidos, apresentado como fator decisivo.

Para responder às preocupações da sociedade civil quanto ao desmatamento, a consultora recomenda à Eletronorte "um forte esquema de relações públicas e comunicação social específico". De fato, a campanha "Balbina é nossa", pelos mais diversos meios de comunicação, é algo sem precedentes, a um custo não divulgado. "Quem é contra Balbina é contra você, Balbina é vida", foi um dos slogans utilizados na campanha. "O argumento de que o desmatamento é impraticável por causa da rebrota é falacioso", afirmou Samuel Murgel Branco. Esse biólogo recomendara retirar pelo menos 85% da biomassa existente na área do futuro lago de Tucuruí (OESP, 16/1/1987). Branco foi afastado dos trabalhos por ter enviado uma carta à imprensa em que confirmava sua posição contrária ao uso de herbicidas desfolhantes como meio de se retirar a floresta, cogitado inicialmente pela Eletronorte. A mesma opinião foi defendida pelo diretor do Inpa, Herbert Schubart. A Eletronorte tentou interessar empresas de exportação na retirada de madeira da área do lago. Mas o curto período disponível e os trabalhos de remoção de peças sem interesse comercial inviabilizaram o empreendimento. As grandes empresas exigiam enormes gastos da Eletronorte em infraestrutura. As estimativas feitas do valor da madeira inundada por Balbina são expressivos: a madeira comercialmente viável alcançaria cerca de US$ 60 milhões (FSP, 9/12/1984). Mas o "custo invisível, ou não mensurável, é muito maior: só os 33 milhões de m3 de madeira valem mais de US$ 1 bilhão" (FSP, 2/9/1984). O mercado internacional aceita só espécies já conhecidas.

Quanto à fauna ameaçada pelo futuro lago, improvisou-se uma operação-resgate de efeito publicitário denominada Muiraquitã. Há unanimidade em que tal operação começou tarde demais e carente de estudos prévios, ou de análise das experiências anteriores. Um grupo de pesquisadores do Inpa alertou que a "interferência humana no sentido de intensificar o processo de transferência de animais da área inundada para as margens do reservatório é desnecessária e mesmo prejudicial, servindo somente para satisfazer os sentimentos de uma parcela leiga da opinião pública". Argumentaram que já havia população animal em equilíbrio nas margens e que os recursos deveriam ser aplicados em pesquisas (*Ciência Hoje*, v. 6, n. 31, 1987, p. 76).

Fato é que não houve um plano global prévio de proteção ambiental em Balbina e imediações. Não se pensou em criar uma reserva florestal no entorno do lago. Instalou-se uma usina à lenha de 50 mw, que no início funcionaria com madeira retirada da área do lago, mas após o enchimento contribuiria para o aumento do desmatamento. Previa-se inicialmente um segundo aproveitamento pela Eletronorte na bacia do Uatumã, no rio Pitinga. Mas a mineradora Paranapanema conseguiu do governo a licença para realizar ali hidrelétricas privadas da própria empresa. Construiu uma de 10 mw e planejou uma segunda de 20 mw. Essas obras estão sendo feitas sem nenhuma consideração ambiental, além de desprezar o Rima, obrigatório por lei. Também não foram consideradas as interferências no próprio lago de Balbina e em rios adjacentes. A Eletronorte afirma ter dispendido cerca de 1% do valor do empreendimento em prevenção do impacto ambiental. Destinou-os mais a medidas de efeito publicitário do que a respostas adequadas.

AS HIDRELÉTRICAS, A PESCA E OS BEIRADEIROS

Apesar de as hidrelétricas não constituírem novidade na região, seu impacto sobre a pesca continua mal conhecido. Os estudos mais recentes tiveram como objeto a ictiofauna, mas não voltaram-se especificamente à pesca e às comunidades ribeirinhas. Limitaram-se em muitos casos a dados quantitativos sobre a população atingida e classificações de espécies. O ponto de partida seria a revisão dos impactos das hidrelétricas já prontas, como: Paredão (norte de Belém), Curuá-Una (Santarém), Tucuruí (baixo Tocantins), Balbina (rio Uatumã) e Samuel (rio Jamari). Resultariam dados úteis para a previsão das futuras hidrelétricas, como as que estão em construção, a exemplo de Cachoeira Porteira, no norte do Pará, e Serra da Mesa e Cana Brava, no Tocantins.

Alguns dos impactos sobre os peixes e a qualidade da água estão identificados, sobretudo a jusante, onde a vida dos ribeirinhos torna-se impossível por muito tempo. As barragens ocasionam a interrupção da migração de algumas espécies, as mais importantes para a pesca comercial. As águas retidas perdem em oxigênio, como as águas turbinadas, afastando os peixes. As situações variam, dependendo do manejo do entorno, das condições locais, mas têm, como um conjunto, prejudicado a pesca. Algumas espécies tendem no início a aumentar nos lagos, mas muitos especialistas não acreditam em sua permanente expansão. Alternativas têm sido propostas, como "escadas" para a passagem de migradores, repovoamento, mas ainda não se tem um programa à altura dos impactos.

Quando abriram as comportas da hidrelétrica de Samuel, em Rondônia, os pescadores do Jamari e afluentes ficaram surpresos com a quantidade de peixes mortos, inclusive peixe-boi. Os ribeirinhos dizem que tiveram enormes prejuízos e que, dois anos depois, a pesca não é a mesma. A empresa mantinha proibida a pesca no lago em 1990.

O reservatório de Tucuruí estimulou conflitos entre pescadores profissionais da região e adventícios do Maranhão, vindos a partir da formação do lago. Grande parte dos ribeirinhos atingidos não foram corretamente reinstalados ou indenizados. Os moradores das imediações atribuem à barragem de Tucuruí o desaparecimento do mapará, que teria sido capturado excessivamente a jusante, com malha muito fina, atingindo os exemplares jovens e períodos de piracema. No passado, chegou-se a exportar o mapará, muito apreciado regionalmente. Em Tucuruí, aumentou o tucunaré, há pesca intensa, mas se teme a diminuição da produção. Tucuruí teria provocado uma diminuição das espécies no rio Tocantins, a curto e longo prazo, devido à perda do ambiente de correntezas e de nichos. Outro risco à pesca em Tucuruí são os galões de Tordon 101, à base de pentaclorofenato de sódio, ou "pó da China", cuja inundação ocorreu com as instalações da empresa Capemi, que era a responsável pelo desmatamento e terminou falindo. Trata-se de grandes quantidades de um produto perigoso, prevendo-se riscos quando as embalagens metálicas ruírem, o que acontecerá com o tempo.

Petrere analisou o surgimento do pescador barrageiro, alguns originários da pesca de açudes do Nordeste, itinerantes, acampando à beira do local, "até que as pescarias inicialmente produtivas comecem a declinar". Tendem a entrar em conflito com a comunidade tradicional, embora tenha constatado alguma convivência no caso de Tucuruí. Lembra ainda os impactos sofridos pela comunidade ribeirinha: perda de várzea, indenizados em lotes de terra firme de menor produtividade; dificuldades de navegação; perda de vínculos sociais, dentre outros. Em Tucuruí foram reassentadas 17.319 pessoas. Tucuruí afetou cerca de seis mil famílias, Balbina cerca de mil e Samuel 240, obrigando-as a reinstalar-se, segundo números oficiais. Em Tucuruí, ainda segundo Petrere, a pesca aumentou a montante, mas diminuiu a jusante em 65%, desaparecendo os cardumes de escamosos migradores, em particular em dois municípios, Mocajuba e Cametá. Há erosão das ilhas do baixo Tocantins, perdendo a produção ribeirinha, agrícola e extrativista. No verão, a água não pode ser bebida, nem permite banho. O surgimento de algas filamentosas contribui para dificultar a pesca (Petrere, 1990, p. 8).

Em Balbina, a Eletronorte precisou transportar água e fornecer peixe aos ribeirinhos. A população ribeirinha a jusante de Balbina teve sua vida transtornada, passou a utilizar água de poços; perdeu o peixe; a poluição afugentou a caça; foram proibidos de aproximar-se da água poluída; tiveram que plantar mais longe, perdendo a colaboração dos filhos e da esposa; aumentaram suas horas de trabalho, por exemplo, para fazer a farinha d'água; e apenas parte deles foram assistidos pela Eletronorte (Noda, 1990, p, 41). Os peixes morreram até a 145 km da barragem (Fearnside, 1990, p. 38). Os levantamentos preliminares a jusante foram precários, limitando-se a preocupações estatísticas e quantitativas. Não há uma descrição do modo de vida dessas populações, nem medidas preventivas. Estimou-se quatrocentas pessoas, sessenta famílias, no trecho que se considera o mais atingido, ou seja, os 42 km de Balbina até Cachoeira Morena. Um morador, que lá estava desde 1956, afirmou que o rio já estava inutilizável muito antes do fechamento, os alojamentos e obras de Balbina poluíam o rio. Os peixes já vinham fugindo das proximidades. Os moradores preferiam usar água dos igarapés das vizinhanças. O plano de assistência da Eletronorte começou tarde demais. Para mitigar a situação, construiu-se uma estrada, prevendo-se que o rio pudesse tornar-se não navegável nesse trecho; providenciou-se caixas de madeira, com telas contra mosquitos e sol, para conservar peixe salgado, prevendo-se a diminuição dos peixes; abriram-se poços para abastecimento de água, além de chuveiros e fossas para saneamento. Como essa operação jusante iniciou-se demasiado tarde, os poços não ficaram prontos a tempo. Apesar de 68% da população afirmar que depende da pesca, apenas uma família soube realmente adaptar-se à salgadeira fornecida pela Eletronorte. Nenhuma medida foi prevista quanto aos 40% que dependiam da caça e outros que criavam algum gado, e que encontraram dificuldade de acesso e transporte, pois o rio não é mais navegável. Houve algumas iniciativas comunitárias positivas, como a organização de transportes de pessoas, a organização de feiras na cidade de Balbina para venda de produtos, além de atendimento médico.

Alguns, a jusante, tinham mais de trinta anos no local e seus direitos de usucapião não foram considerados. O decreto que declarou de utilidade pública o entorno de Balbina impediu os moradores mais antigos de verem suas posses reconhecidas pelo projeto de regularização fundiária de Manaus. Não foram transferidos, e a maioria dependeu da obra para sobreviver, ou como mão de obra, ou vendendo sua produção, mas perderam a posse. Quanto aos efeitos após a Cachoeira Morena, foram mal estudados, embora até a foz do Jatapu haja importante população ribeirinha dependente do rio.

Apesar de mais completo que o estudo da população de jusante, o da população de montante também deixou lacunas. A Eletronorte previa entre sessenta a cem famílias a serem reassentadas. Considerava que apenas um grupo de seringueiros, cerca de uma dezena, seria inundado. Não previu para estes uma solução particularizada, nem para os demais, agricultores, parcialmente inundados. O Sindicato dos Trabalhadores Rurais de Presidente Figueiredo fez seu próprio levantamento em 1986, e considerou a população a ser atingida bastante superior à prevista pela Eletronorte: 207 famílias, 1.003 pessoas. O Incra, responsável pelos reassentamentos, previa 150 famílias. Dos 80 km de estradas vicinais previstas, apenas cerca de 30 km foram concluídos antes da formação do lago.

A Eletronorte afirmou que o Incra queria evitar oferecer vantagens particulares aos atingidos pela barragem, para não criar privilégios com os demais assentamentos. No entanto, a realocação dos atingidos não é um assentamento, mas um reassentamento indenizatório, pois cerca de 70% dos atingidos já dispunham de títulos definitivos, culturas perenes e condições de vida adequadas, comparativamente a outras situações na região. O Incra reconheceu que pelo menos metade das famílias recusava-se à transferência por falta de condições e infraestrutura no local de reassentamento (JC, 17/10/1987).

Os levantamentos da população a ser atingida pelos empreendimentos de Furnas, como Cana Brava e Serra de Mesa, no Tocantins, também são precários. Os relatórios da consultora IESA baseavam-se em estimativas do IBGE e em levantamentos aerofotogramétricos. No quadro interno da empresa, a questão foi entregue ao departamento jurídico-fundiário para acerto de contas. Há acertos com fazendeiros titulados na região, mas não se levou em consideração, no início das obras, a situação social dos posseiros, ribeirinhos e moradores antigos da área. As estimativas referiam-se a 4,7 mil pessoas atingidas. As barragens estavam em construção sem que as medidas compensatórias fossem definidas. Entre os atingidos, havia uma comunidade negra, com tradições e cultura diferenciada dos demais posseiros: sequer chegou a ser descrita. A Usina de Serra da Mesa foi estimada em US$ 381 milhões para 400 mw, paralisada, sendo retomados os trabalhos em 1993, prevendo-se um custo quatro vezes maior (OESP, 13/3/1994, p. a-17).

Produz-se energia fundamentalmente por necessidades da vida urbana, mas se busca realizar os empreendimentos em regiões isoladas, onde os custos são resuzidos. Contudo, as obras são, elas mesmas, grandes promotoras de cidades. A população atraída chega a ser dez vezes maior que a diretamente atingida. Há poucos estudos sobre as mudanças introduzidas nas aglomerações das redondezas, embora não submetidas ao impacto direto do alagamento, ou seja, sobre os chamados impactos indiretos.

COLONIZAÇÃO, POLONOROESTE E HIDRELÉTRICAS

As grandes obras do setor elétrico caminharam paralelamente aos demais *grandes projetos* da década de 1980 e da dinâmica do avanço da frente econômica. São raras as referências ao setor energético nos textos oficiais do Polonoroeste, por exemplo. Houve, no quadro desse programa, uma carência de inter-relação entre seus diferentes componentes, a dinâmica que criavam e a questão energética, como se corressem em vias paralelas. Esse fosso prejudicou o planejamento "integrado" na área. No entanto, houve interferência recíproca entre o Polonoroeste, a frente econômica e o setor energético. Na década de 1990, o Polonoroeste foi substituído pelo Planafloro em Rondônia e o Prodeagro em Mato Grosso, programas que, apesar de contarem com objetivos ambientais, também não consideram a questão energética.

Um programa tendo como eixo uma estrada, a primeira de grande porte pavimentada da Amazônia, contribuiu para a criação do novo estado de Rondônia, trazendo novas necessidades energéticas. Através da aceleração da urbanização, do estímulo à produção, colonização e à migração, que a facilidade de escoamento pela estrada oferecia, contribuiu para introduzir progressivo aumento da pressão de demanda energética e desconsiderou sua prevenção. Na medida em que se manifestaram os efeitos perversos, desmatamentos, colonização incontrolável e urbanização, medidas corretivas poderiam ter sido introduzidas, pela integração das políticas públicas, evitando-se ações desconexas e até contraditórias.

O setor energético não conta com uma tradição de planejamento integrado. A descoordenação entre as próprias instituições executoras do Polonoroeste também constituiu um de seus pontos de estrangulamento. Mais difícil ainda teria sido integrar instituições de porte bastante superior, como as empresas do setor energético. No pano de fundo estavam presentes ainda as grandes inflexões das políticas públicas, como a promoção oficial da colonização pelo anterior regime, ou as questões fundiárias do sudeste do país que pressionavam a migração.

Se a conexão entre o Polonoroeste e o setor energético foi uma grande ausente nos documentos oficiais, não chegou propriamente a ser um tema ignorado. Goodland chamou a atenção para a correlação entre energia e transporte, para o programa energético e para as alternativas menos convencionais. Para o "paradoxo" de uma região talvez capaz, por exemplo, de autossuficiência em energia solar, e que se encontrou totalmente vulnerável e dependente de importações dispendiosas de petróleo, de que não dispõe. A orientação das políticas públicas, com ênfase em estradas e em motores a combustão, como o modo de transporte, é uma escolha energética onerosa, assim como a opção pelo diesel para a produção de eletricidade, advertiu, prevendo que o custo do petróleo contribuiria para estimular a pressão pelo lucro rápido a ser retirado da floresta. Navegação, energia e indústria madeireira não são prioridades de financiamento, afirmou, alertando o Banco Mundial sobre as críticas que receberia o fato de não se terem estudado alternativas às estradas, ambientalmente mais vantajosas (BM, 3/3/1980, p. 28-29 e 34).

Recomendações como a de promover o uso prudente, diversificado e a poupança de energia, particularmente no transporte e no processamento industrial, perderam-se por mais de uma década. Não se estudou o uso de alternativas, gás boliviano ou do Juruá, no Amazonas, óleos vegetais, solar, biogás, carvão e álcool, dentre outras. Mesmo que tal linha de estudo tivesse encontrado eco no programa e tivesse sido realizada a contento, dificilmente teria sido implementada. Teria redundado em contribuição inestimável a modelos e experiências para a vida humana na Amazônia, embora enfrentando-se com forte resistência do próprio setor energético.

O Polonoroeste e a colonização de Rondônia tornaram-se fantásticos criadores de cidades e de necessidades energéticas. Apresentou-se como um programa de colonização, mas terminou por contribuir para que dois terços da população recém-chegada a Rondônia se concentrasse nas novas cidades. Tornou-se necessário dar resposta às manifestações populares de descontentamento em face da carência de oferta de eletricidade. Basta assistir à insatisfação popular, em Caçoai e Ji-Paraná, e nos novos centros urbanos menores que surgiram como cogumelos, Bom Princípio, São Miguel, Zidolândia, dentre tantos. Antes do asfaltamento, o aumento da demanda já se verificava: "antes de 1976, quando a BR-364 tornou-se transitável, o consumo de eletricidade em Rondônia aumentava cerca de 1% por ano. Depois que a BR-364 foi aberta, o consumo saltou 16%, 17% e 18% respectivamente nos anos de 1976, 1977 e 1978" (Goodland; Irwin, 1980, p. 13). Em 1980, estimou-se a demanda de energia em Rondônia em 58.000 kw/h. A Fipe estimou as taxas geométricas de consumo de energia em Rondônia em 24,48% de 1977 a 1981 e 36,70% de 1982 a 1986. Nota-se um aumento substancial na fase Polonoroeste e após a conclusão do asfaltamento da BR-364, extraordinário no conjunto da região Norte, onde o aumento foi de 9,40%. O aumento da geração bruta em Rondônia foi de 86.962 mw/h, em 1981, para uma produção de 274.073 mw em 1986, uma taxa geométrica anual de 25,8%, um aumento de 215,2% de 1981 a 1986 (Carvalho, 1986, p. 40). Devido sobretudo ao aumento da demanda nas cidades do interior ao longo da BR-364, o consumo foi aumentando em Rondônia, segundo o departamento de mercado da Eletronorte. No período 1976-1980 o crescimento médio anual era de 18,7%, e em 1980-1985, foi de 27,6%, não incluídas as perdas. O Plano de Governo de Rondônia (1987) estimou um aumento das vendas de energia elétrica no período de 1980 a 1985 de 238%. O interior do estado muito contribuiu com um aumento de 385%. A oferta aumentou 250%, liberando parte da demanda reprimida. Apesar disto, o parque gerador continuou demasiado dependente de óleo diesel, de equipamento importado e de manutenção onerosa, além de distribuição precária. Estimou-se que em 1986 o consumidor passou 302 horas sem fornecimento de energia. Houve nos anos 1980 uma demanda reprimida de 48%, cuja base de cálculo seria os 75% de domicílios urbanos ainda sem fornecimento e o aumento da demanda do interior.

    Valeria a pena rever os critérios de estimativa de aumento do consumo até agora exercitados. As consultoras, para estimular mais obras, enfatizam o aumento da migração para o estado; porém, este está estacionário com o fenômeno da remigração para o Acre e Roraima e o declínio do garimpo. Preveem um aumento das cidades nos padrões dos anos anteriores, quando a tendência é estacionária. Preveem um aumento do consumo industrial, centrado na indústria madeireira, o que é também improvável, com o baixo reflorestamento, o próximo esgotamento das reservas de mogno, a queda do preço da cerejeira e cedro pelo excesso de oferta, a que se seguirá o esgotamento. Preveem o surgimento da demanda rural, o que não é seguro com o avanço das pastagens.

Quanto à cassiterita, além da maior parte das mineradoras serem autossuficientes em energia, e de grande parte da produção deixar o país ilegalmente, seu preço também não promete grande estímulo no mercado internacional.

Outro e mais importante fator de arrefecimento do consumo vem a ser a própria correção gradativa das tarifas em direção ao seu custo real, conforme anunciado pela Eletrobrás (IÉ, 21/1/1987, p. 72). Rondônia pagava quatro vezes menos seu consumo energético nos anos 1980, segundo a Ceron. Não há grande probabilidade de que o governo federal, pretendendo cortar gastos públicos, venha a manter um parque industrial à base de energia subsidiada em Rondônia.

A elite rondoniense atribuía o ponto de estrangulamento do desenvolvimento do estado à carência energética. Houve uma descoordenação de cronogramas, correndo estradas e hidrelétricas em paralelas. Enquanto se imprimia alta velocidade à estrada, portanto à ocupação, as obras da barragem de Samuel atrasavam-se em sete anos diante da previsão inicial de conclusão para 1982. Em 1994 aprontavam-se os linhões de Samuel para Ji-Paraná, resolvendo em parte a questão do abastecimento do interior. Trabalhou-se sempre com insegurança nas estimativas da demanda futura projetadas para o consumo de Rondônia. A própria Ceron admitia, em 1987, que a energia para Porto Velho estava resolvida, assim como de várias cidades do interior (JE, 7/1987). Em 1988, o governo construiu as três unidades de 20 mw cada da Usina Termoelétrica Rio Madeira (OI, 24/7/1987). Essas unidades foram adquiridas por US$ 24,5 milhões, num empréstimo garantido pela seguradora do Eximbank, e destinadas a suprir a queda de produção que as hidrelétricas sofrem durante a estiagem (GM, 26/8/1987). A Eletronorte, no final da década de 1980, adicionou 216 mw potenciais, com Samuel, resolvendo a questão, inclusive pretendendo exportar energia ao Acre. Quanto à distribuição, segundo o presidente da Ceron, o novo estado contaria com us$ 28 milhões do BM, e uma contrapartida de us$ 56 milhões da Eletrobrás e governo estadual para compra de equipamentos para todos os municípios.

A usina de Samuel, com sua construção iniciada em 1978, também escapou da sistemática prevista para o licenciamento ambiental dos empreendimentos do setor elétrico. O conselho e a secretaria estadual ambiental corresponsabilizaram-se pela Licença de Operação e o enchimento do lago de Samuel, previsto para 656 km². Os estudos e pareceres técnicos atrasaram-se. Estimou-se em apenas 456 as famílias a serem reassentadas. Quanto aos índios, não se seguiu a recomendação de um convênio com a Funai e o Ibama para a proteção das nascentes do rio Jamari, onde se encontram os Uruéu-Au-Au. A construção ficou parada doze anos. Quando for concluída, terá custado 70% a mais que o previsto (OESP, 13/3/1994, p. A-17).

Apesar da questão parecer encaminhada, insistia-se na usina de Ji-Paraná, prevista para 1995, com novos 580 mw, mas já numa perspectiva de exportar energia, a partir de uma demanda superestimada. Estudavam-se outras obras de grande porte no sul do Amazonas e noroeste de Mato Grosso, A tentativa de construção acelerada da usina de Ji-Paraná demonstra a descoordenação do Polonoroeste com o setor energético. A usina iria inundar projetos de assentamento onde o programa investiu. Atingirá também a Reserva Biologia Jaru, cujas instalações, o pouco com que contou, deveu-se ao programa. Quanto aos índios do Igarapé Lourdes, o programa conseguiu a desintrusão dos invasores, para ver as terras recuperadas inundadas pela barragem.

A Eletronorte pretendia obter, em 1986, a licença prévia, equivalente ao inventário da bacia do rio Ji-Paraná. Os estudos avançavam, inclusive com construções no terreno, sem que a licença fosse concedida. Para março de 1987, estava prevista a Licença de Instalação. Trata-se do momento-chave do licenciamento, quando se analisa o Rima, documento público. Os estudos foram feitos pelo CNEC, cujo maior acionista é a empreiteira Camargo Correia. A tentativa era a de permanecer na prática do fato consumado, ou seja, empurrar a obra até sua irreversibilidade. Além dos índios, há várias questões ambientais mal resolvidas e corre-se o risco de o projeto passar da viabilidade para o Projeto Básico, ou seja, para a irreversibilidade, sem que estas questões sejam avaliadas. Os dois barramentos previstos significam a inundação de 130.000 ha de floresta e de várias reservas minerais mal avaliadas. Não há previsão para o uso da madeira em aproveitamento termoelétrico ou para a indústria madeireira; não se tem solução adequada para a fauna a ser afogada pelo alagamento. Funcionários do ex-IBDF surpreenderam e embargaram a ação de um grupo de pesquisadores norte-americanos, sem autorização adequada, procedendo à taxidermia de centenas de animais para exportação a museus: estavam integrados aos estudos ambientais da usina, na reserva do Jaru. Há problemas de erosão e assoreamento; fuga de água mal dimensionada; abastecimento de água às populações dependentes da bacia do Ji-Paraná; o impacto sobre a ictiofauna; as dimensões da área a ser alagada; proliferação de vetores de doenças como a esquistossomose, a malária, a leishmaniose e enfermidades de veiculação hídrica.

Nos estudos prévios, os atingidos estão massificados e apenas quantificados. Não se distingue o impacto sobre colonos instalados pelo Polonoroeste, cerca de 585 lotes, da população ribeirinha e dos seringueiros sobreviventes na região, com tradições. Tais estudos dedicam-se mais às questões indenizatórias do que ao modo de vida dessas populações. A usina inundará a população de Tabajara, cerca de 209 habitantes. Pela tendência, seriam compensados como se fossem colonos, quando mantêm um modo de vida tradicional seringueiro, com maior interação ao meio. Essas populações são as menos conhecidas pelo Incra. Fala-se em cerca de 70.000 ha de "títulos dominiais", mas dificilmente tal extensão é desabitada. Ignoram-se assim os moradores de décadas e o direito de posse pelo usucapião dos seringueiros e ribeirinhos, Não foi considerado também o impacto sobre a rede viária construída pelo Polonoroeste.

Há ainda a considerar as interferências com as aglomerações urbanas nas margens do rio Ji-Paraná e afluentes. Prevê-se que 20% da cidade de Ji-Paraná e a totalidade das aglomerações tradicionais das imediações do lago como possíveis atingidos. Quantas famílias serão atingidas, e como? E as residências, obras de urbanização, como serão compensadas? O argumento de que absorverá mão de obra urbana, gerando 3 mil empregos diretos e 4 mil indiretos, não chega para oferecer uma compensação, pois tais empregos são transitórios e a maior parte deles serão ocupados por profissionais barrageiros com experiência, atraídos pelo empreendimento.

Ao contrário, uma das questões postas pela recente ocupação de Rondônia é o inchaço de cidades. A barragem vai criar nova aglomeração, como ocorreu em empreendimentos anteriores. A Eletronorte é responsável por 50,8% da geração de energia de Rondônia e a Ceron por 49,2%. A primeira responde pela capital, e a estadual pela subtransmissão e distribuição no interior. A Eletronorte responde pelos grandes empreendimentos, e a Ceron pelos de menor porte. A tendência é a privatização dos de pequeno porte. Planejou-se ainda a usina de Ávila, de médio porte, em articulação entre a Ceron, Eletronorte e Eletrobrás, obra de 28 mw, com construção prevista pela Odebrecht. Os estudos ambientais seriam iniciados com os trabalhos, embora a legislação em vigor prescreva que deveriam ser prévios.

Apesar de as usinas de menor porte constituírem uma alternativa às interferências dos grandes empreendimentos, suas consequências deveriam também ser consideradas, privadas ou públicas. O plano da Ceron, em processo de privatização, prevê de quatorze a dezesseis pequenos aproveitamentos. Além do assoreamento, necessitam estudos quanto à erosão; plano contra desmatamento nas imediações; equacionamento com o uso múltiplo; análise da bacia; qualidade da água; enfim, um plano ambiental inspirado em hidrelétricas de maior porte. Não são hidrelétricas de fio d'água, mas obras que interrompem o fluxo do rio. Apesar de apresentadas como de "eletrificação rural", incluem centrais de médio porte, para fins urbanos sem integração com o conjunto do sistema de fornecimento. Não são inócuas quanto a suas interferências nas áreas indígenas e de preservação, inclusive quanto às suas linhas de transmissão que estimulam invasores[1].

---

1   Exemplos de possíveis interferências a serem consideradas: a usina Boca do Pompeu, quanto às áreas indígenas da região de Guajará Mirim; aproveitamento rio S. Miguel, quanto aos Uruéu-Au-Au e ao Parque Nacional de Pacaas-Novos e à Reserva Biológica do Guaporé, onde há índios isolados; as usinas Urupá e Boa Vista, quanto aos Uruéu-Au-Au e ao Parque Nacional de Pacaas Novos e aos índios isolados do Igarapé Muqui, rio Ricardo Franco e Serra Moreira Cabral; UHE-Rio Branco, PCH Alta Floresta, PCH-Cachimbo, quanto aos índios do Rio Branco, aos isolados e a Reserva Biológica do Guaporé; os aproveitamentos do Enganado I e II, do Escondido, rio Vermelho II, Cerejeiras, Primavera, Cabixi, Apertado, igarapé Bambuno, rio Santa Cruz, presença de índios isolados e índios Mequens; os de Nova Colina, rio Prainha, Riachuelo, quanto aos índios Gavião e Arara do Lourdes; os do rio Roosevelt, da Mineração Goyan, Riozinho, quanto aos índios Surui e Cinta-Larga.

A termoelétrica Porto Velho, da Eletronorte, poluiu uma lagoa próxima ao bairro Nacional da capital de Rondônia (OE-RO, 4/6/1987). Derramou-se o óleo queimado na lagoa, com consequências para a fauna e flora e qualidade da água, transformando-a em lama preta. Vários jacarés apareceram mortos. Os prejuízos à população do local foram em relação a: o valor da lagoa para o lazer e a paisagem; o fato de servir profissionalmente às lavadeiras; o aumento das doenças respiratórias e dermatoses entre os usuários. Chegou-se a revender o óleo queimado ao comércio. A Eletronorte construiu um esgoto de descarga de óleo queimado para o lago. A direção da empresa prometeu providências. No plano da Ceron há previsão de termelétricas a lenha: nesse caso, haveria que se prever onde irão abastecer-se, para que não redundem em aumento do desmatamento.

Ao analisar-se o sistema integrado Acre-Rondônia, vê-se que as usinas de Rondônia constituem apenas um começo. Esse sistema pretende fornecer a todo o sul do Amazonas, Mato Grosso e Sudeste. Os estudos prévios, denominados de inventário pelo setor elétrico em curso, dão-se no Madeira, em seu lado brasileiro, e "justificam-se porque nessa bacia existem sítios adequados à construção de usinas de porte superior aos requisitos do mercado regional e que seriam construídas para exportação de energia para a região Sudeste" (Eletronorte, 1987, p. 97). Consideram Rondônia em estado de "carência energética" e planejam torná-lo exportador de energia, inicialmente ao Acre. No entanto, a Eletronorte tem alternativa independente para o Acre, com o "inventário da bacia do Alto Purus, em seu trecho localizado fora da região sedimentar, o que decorre do fato de essa bacia ser a única com características geológicas compatíveis com a construção de hidrelétricas, situada próxima do estado do Acre, a igual distância de Porto Velho e Rio Branco". Há ainda os estudos do Madeira Internacional, pensado como empreendimento binacional[2].

Mato Grosso, também abrangido pelo Polonoroeste e Prode-Agro, considera uma demanda reprimida da ordem de 20%, segundo a Cemat (OG, 2/10/1987). Cemat e Eletronorte previam

---

2 Todas essas barragens poderão interferir com índios, por exemplo: no Aripuanã e no Roosevelt, com os Cinta-Larga e Zoró; no Madeira, com os Karitiana, Parintintin, Munduruku e Mura; no Endinari, com os Apurinã e os Kaxarari; e no Purus com os Apurinã e isolados.

problemas de fornecimento até a conclusão da usina de Manso. Trabalha-se com a compensação termelétrica e dificuldades de transmissão. O sistema Mato Grosso é totalmente dependente do Sul-Sudeste, com fornecimento de Furnas, distribuído pela Eletronorte. A Cemat admite que as dificuldades devem-se a que "houve uma precipitação em resolver o problema sem um planejamento da capacidade de endividamento do estado. Tentou-se equacionar a situação de forma imediatista, contratando em dólares numerosos projetos em um curto espaço de tempo, o que gerou para a Cemat muitos contratempos". Refere-se a um empréstimo contraído ao governo francês para a construção de onze pequenas usinas, sem planejamento ou consideração socioambiental, com interferências em várias áreas indígenas. Tais obras foram, na maioria dos casos, interrompidas por falta de recursos, e o programa resultou apenas em fornecimento de 10% do total consumido no estado, 24,3 mw, além de pesado ônus social e econômico, incluindo escândalos financeiros.

Para a Usina de Manso, a licença prévia estava prevista para 1986, quando nem mesmo havia instituição ambiental estadual. No final da década de 1980 os estudos não chegavam a responder sobre as possíveis interferências com o Distrito Agroecológico de Praia Rica, com a Chapada dos Guimarães, área de preservação, e com áreas de drenagem do Pantanal Mato-Grossense. A Eletronorte estima a interferência da usina de Manso no Pantanal em 2% da sua bacia. Previu-se 1,2 mil pessoas a serem reassentadas e 47 mil atingidas.

9. Sociedades e Naturezas

DIFERENÇAS NO USO SOCIAL DOS RECURSOS NATURAIS

Os ecólogos concluem na mesma direção do saber milenar dos povos tribais de floresta: "Defrontamos assim o fenômeno da exuberante floresta alta amazônica erguendo-se sobre um dos solos mais pobres e lixiviados da terra." Ou ainda: "Uma conclusão se impõe: é que a floresta cresce, de fato, apenas sobre o solo, e não do solo, utilizando-se deste apenas para sua fixação mecânica e não como fonte de nutrientes; em vez disso ela vive numa circulação fechada de nutrientes." (Sioli, 1990, p. 59) Essas conclusões, que inviabilizam a expansão transplantada para a Amazônia do modelo agropecuário do sudeste do país, demoraram a encontrar audiência e tardam em incorporar-se às políticas públicas.

Algumas advertências foram ainda mais incisivas: "Não deve ser esquecido este surpreendente aforismo: a floresta tropical úmida é, ecologicamente, um deserto coberto de árvores", chegando-se a sugerir: "o ideal seria que a floresta amazônica pudesse ser preservada intacta até que pesquisas revelassem a melhor maneira de explorá-la produtivamente por tempo indefinido" (Goodland; Irwin, 1975, p. 74). A fragilidade dos solos de terra firme da floresta amazônica tornou-se pública, revelando-se pelos impactos dos grandes projetos do governo militar brasileiro nas décadas de 1970-1980, estradas, mineração, hidrelétricas, agropecuária e projetos de colonização, pelo pouco resultado econômico comparativo, frente ao transtorno socioambiental que representavam. O modo de ser indígena, assimilado pelas primeiras levas de seringueiros e ribeirinhos, comprovou-se mais bem adaptado à fragilidade dos solos, conhecedor de seus limites e das formas de sobreviver e tirar melhor proveito das condições dadas pela natureza. Para Sioli, há muito tempo:

> a forma de uso da terra pela população aborígene, e a seguir também pela população de "caboclos" neobrasílicos e imigrantes, foi e continua sendo a *shifting cultivation*, quer dizer, a do estabelecimento de pequenas áreas de derrubada e de queimadas, "roças", bem distantes entre si. Em consequência da rápida exaustão, estas roças são, dois a três anos após, invariavelmente abandonadas, iniciando-se alhures, da mesma maneira, e por igual lapso de tempo, novas plantações. Nas áreas abandonadas cresce rapidamente uma mata secundária ("capoeira"), a qual 30 ou 40 anos depois é reconhecível apenas por um botânico e por este distinguível da floresta primitiva, em vista de algumas espécies peculiares de árvores. As "alfinetadas" na floresta primitiva, coesa, saram inteiramente no decorrer deste período. (Sioli, 1985, p. 62)

Na mesma direção, encaminham-se as conclusões de uma pesquisa na aldeia Kayapo Gorotire, que "ilustra como é possível cultivar a terra sem prejuízo do ecossistema, pelo recurso a técnicas de manejo que, ao contrário das usualmente empregadas entre nós, respeitam as características básicas das áreas manejadas e fomentam a diversidade que lhes é própria". A pesquisa constatou os Kayapo introduzindo 58 espécies por roça, dezessete variedades de mandioca e macaxeira e cerca de 33 de batata doce, inhame e taioba. Conheciam utilidades para 98% das espécies identificadas pelos pesquisadores e plantavam mais de 75% delas, inclusive "espécies florestais de grande porte (os 'ibê'), como a castanha do Pará, que legam a netos e bisnetos". Os autores concluem que "muitos dos ecossistemas tropicais até agora considerados 'naturais' podem ter sido, de fato, profundamente moldados por populações indígenas" (Anderson; Posey, 1985, p. 50). As técnicas dos grupos tribais de floresta privilegiam o adensamento e a diversificação, em oposição às técnicas de desmatamento e plantações de monoculturas.

Essas pequenas roças, diversificadas e em recuperação, contrastam com o desmatamento atual. Os grupos de floresta teriam aprendido, cumulativamente, das consequências de suas tentativas. Alguns consideram que pelo menos parte das primeiras levas de ocupantes teriam abusado de queimadas em escala, como Branislava Susnik, estudiosa dos Guarani. Mas não foi o índio que introduziu a queimada em escala, como se chegou a afirmar; ao contrário, controlava-a com eficácia para o diminuto espaço de sua roça, de dois hectares. A queimada desgovernada introduziu-se como prática corrente nas grandes plantações coloniais de exportação, perdendo-se inclusive as técnicas tradicionais de controle da expansão do fogo, que os sobreviventes indígenas conservam melhor que os colonos. Há uma correlação direta entre o desaparecimento das roças tradicionais, a densidade populacional, as grandes plantações e a degradação ambiental, ou seja, a criação de espaços inutilizados ao uso humano. A diminuição da distância entre as roças em uso e as em regeneração inviabiliza a manutenção do sistema indígena, devido à irreversibilidade da degradação, à perda de nutrientes e à erosão ocasionada pelas chuvas. O equilíbrio das antigas roças mantinha-se porque "esta velha forma de uso da terra é adaptada a solos pobres sem reserva de nutrientes" (Sioli, 1990, p. 62).

Essas conclusões convidam ao uso equilibrado dos recursos naturais nas florestas tropicais. E coincidem com os modos de ser e com a distribuição espacial e demográfica restritiva praticada pelos grupos tribais, descritas em estudos etnológicos. Esse equilíbrio vai além de uma agricultura mais bem adaptada à floresta, combinando-se com a caça, pesca e coleta. A dominante nas tradições das sociedades de floresta é a diversificação para o autoabastecimento, enquanto a das vagas colonizadoras é a especialização para o mercado. Há distribuição do uso, no tempo e no espaço, pelas sociedades indígenas, e exaustão e escala inapropriada pela frente econômica.

A civilização recém-chegada desaponta-se, com seu olhar norte-ocidental, frente à desordem aparente da floresta e do uso agrícola que ali se pratica milenarmente. A riqueza da diversidade das espécies é percebida pelos recém-chegados como pobreza, em oposição às plantações homogêneas e simplificadas dos europeus. Georges Guille-Escuret conclui serem as plantações uma caricatura dos campos e savanas com gramíneas do Oriente Médio, transpostas aos campos de trigo, tornando-se o modelo hegemônico de agricultura. Ao contrário: quanto mais complexo o ecossistema e menos uniforme, com alagados, com variável fertilidade do solo e grande diversidade de espécies, aumentam proporcionalmente as potencialidades de modos de uso por um grupo humano, tanto pela sazonalidade como pelas estratégias de repartição do espaço para produções diversificadas (1989, p. 133).

As sociedades tradicionais acompanham os padrões oferecidos pela natureza e vão respondendo progressivamente aos obstáculos encontrados. O modelo especializado, monocultural, tipicamente europeu, tornou-se dominante inclusive nos trópicos. Sua introdução tem sido conflitiva sob o ponto de vista socioambiental, nas colonizações australianas, neozelandesas, africanas e sul-americanas. Essa imposição de modelos culturais agrícolas é parte importante das razões do insucesso de projetos de desenvolvimento que pretendem transformar agricultores de floresta em produtores agrícolas comerciais em maior escala. Inclusive porque as populações tradicionais não têm prática de gestão de estoques alimentares ou monetários.

A mentalidade colonizadora surpreende-se quando um grupo humano de floresta dilapida entre seus parentes o resultado de uma safra. O que escandaliza o etnocentrismo é sua própria incompreensão de que, na floresta tropical, todos os dias, ou todos os momentos, são de colheita. O armazenamento de grãos perecíveis é para eles inconcebível, pois cabe à natureza garantir sua reprodução. A questão está na finalidade da produção: a agricultura de floresta não pretende abastecer as populações urbanas, mas proporcionar a autossobrevivência. "Nossa civilização foi habituando-se, há muito tempo, à exploração de ecossistemas especializados, preparando-se para responder às intempéries que vêm periodicamente desestabilizá-las", como parasitas e pragas (Guille-Escuret, 1989, p. 135). Trata-se de uma corrente cultural que aprendeu a gerir desastres e considera progresso organizar-se para sobreviver ao desfile de acidentes ecológicos alternados que provoca.

A sociedade global dominante vai produzindo, como resposta às catástrofes, uma maior homogeneização e especialização.

A policultura foi caindo em desuso em favor da monocultura, de espécies sofisticadas escolhidas em laboratórios: sete espécies de cereais totalizam metade das calorias da alimentação mundial. A produção do milho em escala exige cem vezes mais energia que a tradicional indígena. Pesticidas e fertilizantes químicos poluem as águas subterrâneas e provocam erosão e acidificação dos solos. A "revolução verde" duplicou a produtividade por hectare de alguns grãos e aumentou a área cultivada em 24% na década de 1980, mas "ao custo de um notável incremento de energia comercial, mediante insumos de toda a ordem: máquinas, combustíveis, fertilizantes, pesticidas, herbicidas, irrigação, eletricidade e transporte", numa escala tal que enfrenta restrições quanto à disponibilidade de terras e águas (Batista, 1994, p. 36).

Há uma reciprocidade nas intervenções homem-natureza, inter-relações produzidas por uma situação social particular ou provocada por mudanças e limites ambientais. A tendência à monocultura é acompanhada da hierarquização, da divisão do trabalho e da organização social da produção em escala. As culturas diversificadas referem-se às economias de autossubsistência, as plantações em grande escala voltam-se à exportação. Quanto mais distante o consumidor, maior a escala e a especialização, menor a diversificação. A estocagem e a escala têm assim seu papel na origem das desigualdades e na centralização do poder político, a partir do domínio do estoque, do poder distributivo decorrente e como impulso à especialização e à exploração irracional da natureza (Guille-Escuret, 1989, p. 139).

CONCEPÇÕES E TÉCNICAS DIFERENCIADAS DE USO DOS RECURSOS

O interesse retomado pelas sociedades de floresta vem dessa curiosidade dos fatos: os vistos como primitivos tiveram a sabedoria de sobreviver, bem e duradouramente, com e da floresta em pé. A civilização tecnológica, ao contrário, derruba, queima, interrompe o curso dos rios, provoca erosão e poluição, comprometendo os elementos vitais e aniquilando ou integrando os modos de ser que resistem à sua passagem. Muitas pesquisas estão sendo orientadas no sentido da recuperação das técnicas do saber indígena. Em menor número, voltam-se a uma política social adequada aos sobreviventes indígenas, à sua relação com a sociedade majoritária e à proteção de seus recursos naturais.

Onde se localizam os nós que permitem a uma sociedade maior harmonia com o ambiente e à outra uma orientação imediatista, comprometendo, em sua passagem, o ser humano e as condições oferecidas pela natureza para a sua qualidade de vida? Trabalhos recentes aprofundam, por ângulos diversos, em que são diferenciadas essas sociedades milenares de florestas (Ribeiro; Petrere, 1986, p. 12). Não são diferenças redutíveis apenas a técnicas. Robert Lenoble considera que o pensamento mágico observa a natureza como parte dela, realiza estudos, experiências e descobertas, busca causas e leis, mas se sente inseguro para pensar a alteridade do mundo, resultando num saber, num pensamento, nesse sentido, em uma ciência. As representações mais coerentes do mundo pressupõem uma sociedade organizada, admite, mas recomenda cuidado no juízo de valor, pois a imensa ajuda das ciências positivas tem-se mostrado também perigosa, em particular na nova acepção do termo, reduzido a técnicas (Lenoble, 1990, p. 50).

Pretende a etnociência um diálogo, troca entre culturas, entre a ciência e o saber tradicional. Para Lenoble, o racionalismo erra quando relega o pensamento mágico ao passado e aos amantes de temas obscuros, quando supõe a nossa ciência e lógica o tipo definitivo do saber. Seu exemplo é o falso dogma da considerada "ignorância" primitiva, assim entendida por uma sua virtude, porque liga num mesmo destino homens e coisas, homem e ambiente (Lenoble, 1990, p. 38). O ser civilizado, ao contrário, se pensa capaz de viver do mesmo modo em outra galáxia, capaz de provisionar-se artificialmente pela ampliação infinita da incontrolada potencialidade tecnológica. Acredita, ou comporta-se, como liberado das injunções do meio, ou supõe ser capaz de superá-las indefinidamente.

Tsiposegóv, um pajé Icolei (Gavião/RO), à pergunta de por que os índios não armazenam, responde no sentido de que não se pensam viáveis sem os outros seres, ou seja, a provisão estará lá, caso contrário os seres humanos também não estarão. Esta aparente imprevidência convive com um profundo conhecimento do ambiente, porque integrados num destino comum – não poderiam sequer imaginar-se seres vivos sem essa integração.

"O homem nem sempre foi um elemento destruidor da Amazônia. Pelo contrário, nos milênios após a sua chegada, permaneceu um membro em harmonia com a comunidade biótica", considera Betty Jane Meggers, caracterizando dois sucessivos e distintos tipos de civilização humana, sendo o segundo "um sistema de exploração controlada do exterior, que não apenas destruiu o equilíbrio anterior, mas impediu o estabelecimento de um novo equilíbrio" (Meggers, 1987, p. 22).

O uso diferenciado dos recursos naturais pelas sociedades das florestas tropicais é um modo de ser e de ver diferente, não apenas um conjunto de técnicas isoláveis, mais ou menos sofisticadas. O elo é a integração em que se encontram com os outros seres, resultando em uma dimensão maior dos limites, pela intimidade com o ambiente. Especialistas da ciência contemporânea, de diferentes compartimentos e orientações, foram descobrindo a relevância desse saber utilizável. "Porque a Amazônia" – advertiu Meggers:

com todo o seu emaranhado maravilhoso, é como um castelo construído na areia. O alicerce em nada contribui para o vigor das estruturas, e se alguns componentes são removidos ou se os laços entre eles se enfraquecem suficientemente, então toda a configuração ruirá e desaparecerá. Este não é simplesmente um julgamento teórico, baseado na composição do solo e outros fatores constitutivos, tais como chuva, temperatura, processos químicos e físicos etc. É uma conclusão que se apoia cada vez mais na observação dos efeitos da exploração humana contemporânea. (Meggers, 1987, p. 191)

Esse saber tradicional não é, assim, diretamente redutível à especializada classificação científica reconhecida. O uso dos recursos é relativo à vida material, mas também ao universo simbólico. Tais conhecimentos estão inter-relacionados, os solos com o clima, os rios e as espécies. Não se reduzem a técnicas para obter comida, venenos, plantas medicinais, resinas, ornamentos, artefatos, malocas e canoas, assim como uma caçada é também coleta de mel, frutos, raízes e outros. Se a tecnologia é limitada, não se encontrando máquinas industriais, há instrumentos, disponíveis sempre e a todos, e de impressionante adequação e aprimoramento para as finalidades. Os conhecimentos culturais, agrícolas, medicinais, de coleta, caça ou pesca, são disseminados, não havendo maior especialização que a habilidade ou a sabedoria.

O universo simbólico acompanha essa visão integrada, confirmada pelos ecólogos nas últimas décadas. Tsiposegóv relata como os espíritos das águas (Guoianei) integram-se aos da floresta (Zagapoi), uns não podendo sobreviver em paz a não ser em harmonia com os outros, porque não há floresta sem água, nem rios sem floresta. Esses espíritos manifestam-se com mais força sazonalmente, invocados para permitir o equilíbrio das águas com a biota. Os Zagapoi oferecem sombra aos Guoianei, os das águas, que irrigam Zagapoi, os das florestas, uns dependentes dos outros, perturbados quando rompida a alternância e integração. Perturbados, inviabilizam a vida humana. A ecologia veio confirmar a correlação entre a floresta e a alta pluviosidade, saber que milenarmente integrava a cultura dos grupos tribais de floresta.

Tais conhecimentos de uso diversificado permeavam a organização social, padrões culturais, simbologias, estratégias de produção e os laços de reciprocidade interna. E são relativos à forma de agrupamentos, sempre de pequeno porte e dispersos por amplas faixas territoriais onde se desenvolvem com intimidade.

Cada grupo mantém forte ligação com determinado território e, em que pese a proximidade espacial, o conjunto não compõe um sistema social fechado. Interagem entre si regularmente, tanto através de visitações como de trocas matrimoniais, formando uma comunidade linguística, sem entretanto se fundirem num grupo maior. A quebra da reciprocidade nessas relações chega a gerar com frequência atritos que acabam por instaurar graus diferentes de solidariedade entre eles, o que define a localização de suas aldeias regulando distâncias e proximidade entre vizinhos. (Junqueira, 1985, p. 2)

A dispersão, entre cinquenta a duzentas pessoas em média por aldeia, caçando num raio de cerca de 30 km, evita o comprometimento dos recursos. O conjunto do sistema garante a sustentabilidade, excluindo, pela desconfiança, ou como inimigos, os grupos que não participam, ou que não são aceitos na comunidade mais ampla das trocas matrimoniais.

Sociedades desse tipo resistiram (algumas resistem) a toda modificação, protegem e preservam seu modo de ser (Lévi-Strauss, 1976, p. 37). Para tanto, mantêm um nível de vida modesto, orientado pela renovação dos recursos naturais. As regras de casamento permitem o equilíbrio demográfico. Quando, no caso das tribos de floresta, uma aglomeração torna-se insustentável, ou competitiva, trazendo conflitos, criam-se novas aldeias, localizadas por critérios ecológicos, beira de rio, caça abundante e solos para a roça. A etnociência, para desvendar esse saber, passará pela compreensão do tecido dessas relações internas de sociabilidade, que fundam a diferença e orientam um modo de ser, não se limitando à compartimentalização de alguns aspectos. As tentativas de reconstrução e compreensão convidam à revisão de características comuns a tais sociedades, identificando diferenças e particularidades: economia e tecnologias orientadas à satisfação de necessidades e à proteção da natureza, e não voltadas ao mercado e à produção de excedente. Pierre Clastres argumenta que nem por isso trata-se de uma tecnologia menor, que apenas não possui a característica de ser hierarquizada, nem está destinada à criação de estoques, mas conta com adequação à finalidade de uso e eficácia. Trata-se de uma tecnologia de artesãos, ligada ao aprovisionamento para a satisfação de necessidades pelo uso diversificado, garantindo a renovabilidade dos recursos naturais e o prolongamento do lazer/prazer, entre os quais a festa, a caça e pesca constituem momentos altos (Clastres, 1974, p. 165).

Interpretou-se que dedicavam pouco tempo ao trabalho, mas nem chegou a existir ali a expressão trabalho, nem conceitual, nem idiomaticamente. Existe, por outro lado, a expressão "fazer a roça" (Mindlin, 1985, p. 56). Há atividades produtivas, fazeres, diretamente voltados à sobrevivência, e apenas nesse sentido, não para outrem como obrigação, subordinação ou alienação. Também não havia propriedade, a questão nem se põe, sequer para os solos comunitários. Mas objetos trabalhados são reconhecidos por sua autoria, garantindo-se zelosamente a posse e o usufruto a seus criadores. Roças, ou parcelas de roça, pertencem ao núcleo familiar que plantou. Nada a ver com o coletivismo, no qual a gestão pretende dar-se pela representação. As famílias articulam-se entre si, através dos indivíduos, não das instituições. Há trabalho com e por outrem, prestação recíproca de serviços, não para outro. Nesse individual autônomo, o familiar e o comunitário se misturam. Não há burocratas para administrá-los. Há formas comunitárias, reciprocidade espontânea na troca, cooperação no trabalho – mutirão voluntário, orientado pelo parentesco –, não coletivismo (Mindlin, 1985, p. 83). O trabalho individual se organizava comunitariamente, mas não é o coletivo que se impõe ao individual, nem um interesse particular que subordina outro. Esse trabalho-atividade também não tem horário, é estimado em média em quatro horas diárias, mas caçadas e outras expedições podiam levar dias e noites consecutivas. Confundem-se caça, esporte, coleta e lazer. Enfim, trata-se de um modelo comparável ao sonho do assalariado do Primeiro Mundo, acima das plataformas as mais avançadas do sindicalismo desenvolvido, enfatizando a redução da jornada de trabalho. Realidades mais próximas do direito à preguiça criativa de Lafarge, em oposição ao trabalho alienado.

Há tempo para a produção de excedente, para a tecnologia, mas há uma recusa do trabalho e do estoque. O gosto pelo lazer, conduzido pela liberdade/autonomia, é dominante sobre a acumulação (Clastres, 1974, p. 167). Cada doméstico é autárquico. A resistência em ampliar a dependência é voluntária e cultural. Também não há dívida, nem subordinação, há reciprocidade não compulsória. O cimento da comunidade não está apenas na luta material. As trocas se dão nas festas, como manifestações do trabalho, não como mercado ou mercadoria. Produção, ritual e festa andam juntos, estimulando o comunitário. Como isolar técnicas, sem considerar o papel da festa na distribuição do excedente:

É aqui, por exemplo, que todas as trocas, manifestações do trabalho, parecem se dar, nas festas, e não no cotidiano. Trocas que não são resultado da divisão social do trabalho, mas de todo esse complexo tecido da sociedade. É aqui que se dão a troca de bens e a troca de mulheres entre os cunhados de um e de outro lado, de uma linhagem a outra. É aqui que se torna claro, através das linhagens na roça e na caça, como o trabalho individual se organiza em cooperação comunitária, como é garantido o acesso a todos os recursos. (Mindlin, 1985, p. 89)

Eis o que sucede ao excedente: vira festa distributiva. A recusa da acumulação é um mecanismo de defesa do tecido que amarra a coesão social. É resultado da adequação ao meio: esgotam-se os recursos para todos, mudam todos. É um nomadismo menos andarilho do que aparenta. Conduz à garantia da renovabilidade e autossuficiência dos recursos comunitários. Dá-se num perímetro de terras identificáveis, com limites conhecidos, definidos em conflitos intergrupos. Seu modo de ser se realiza nesse espaço amplo, ou desaparece, como mostra a degradação dessas sociedades a partir do contato.

Sendo ali inconcebível o excedente e a mercadoria, logo não surgem o nobre e o vassalo, o patrão e o empregado. Assim, o progresso e o Estado regulador também não foram invocados, pelo menos enquanto houve abundância, autossuficiência e qualidade de vida. Não há divisão do trabalho, nem mais-valia. Não há o porquê da violência interna para o controle social ou submissão para a produção: a guerra é reservada ao exterior. Há uma recusa da economia e, portanto, do Estado.

Na verdade, produção e ritual estão sempre misturados, não só porque o ritual é a evocação mágica da abundância: os pajés indo juntos buscar a lenha, ou os dizeres encantados ao comer as panquecas de milho verde nas chuvas, enganando os espíritos. Mas também porque o ritual é produção. A vomitação dos "iatir" e do Mapimaí vai alimentando o grupo por muito tempo, enquanto se prepara a festa. O Mapimaí é um mutirão de derrubada, não só um rito religioso, uma forma de organizar o individual em cooperação comunitária; talvez mesmo de proteger o acesso individual à riqueza, pois através da linhagem todos participam da derrubada, por menos importantes que sejam na tribo. (Mindlin, 1985, p. 89)

A IRRUPÇÃO DO ESTADO E DO PROGRESSO

Essas sociedades têm como traço comum o contarem com uma vida política fundada sobre o consentimento, onde apenas as decisões unânimes são admissíveis, ou seja, "parecem concebidas para excluir o emprego deste motor da vida coletiva, que utiliza a separação distintiva entre poder e oposição, maioria e minoria, exploradores e explorados" (Lévi-Strauss, 1976, p. 37). O prestígio dos chefes não é remunerado, não gera tributos, não permite sair da condição de igual, e deve ser reconquistado todas as manhãs, salvo na guerra. Ninguém abdica de sua parcela igual de poder entregando-a a um representante, não lhe devendo obrigações ou submissão, apenas reciprocidade. Promover festas e rituais é a fonte de prestígio: repartir. Não é propriamente um poder, está sob o controle cotidiano e comunitário, sem representações instituídas. O principal mecanismo regulador, com o universo mítico fundamental, é o número restrito e o cotidiano consensual da aldeia: essa sociedade sem chefes, ou com chefes sem poder, foi possível apenas num pequeno universo (Clastres, 1974, p. 185). A identificação dessas sociedades diferentes não pretende reabilitar o *beau sauvage*, nem promover a idealização do outro. Apenas há que se admitir a vantagem e o privilégio de ter-se, contemporânea e comparativamente, sobreviventes em mudança, testemunhando sociedades sem Estado ou progresso. Deve-se dosar e adequar o entusiasmo frente a essas diferenças e quanto ao resultado da compreensão sugerida pela comparação. Tais sociedades evitaram o progresso via a recusa da submissão, não porque contassem com uma consciência iluminada ou premonitória (Clastres, 1982, p. 173). Pode-se admiti-las como medidas comparativas, apesar da irreversibilidade do progresso: é preciso aprimorar as regras da operação, precisar o que se compara. A simples existência, convalescendo, de sobreviventes dessas sociedades frente à degradação atual da fronteira econômica desafia o etnocentrismo a acautelar-se ao lhes atribuir menor valor. E repõe questões acerca do modo de ser e de ver o mundo, interroga as relações sociedade-economia-Estado, no sentido em que denunciam essa forma Estado-progresso, que não é eterna, obrigatória, nem inevitável.

Permitem também suspeitar de que a evolução não é garantidamente um "progresso" contínuo, onde a humanidade andasse em direção aos paradigmas paradisíacos de um socialismo mítico, ou de um capitalismo "humanizado", por degraus sucessivos, assegurados por leis mágicas. A compreensão das sociedades diferenciadas do sistema global, além de recomendar prudência na atribuição de valores, estimula a retomada da reflexão sobre o Estado e o progresso, como um retorno à questão da tutela e da alienação. Progresso e escravidão andam juntos, o que provoca o espanto diante das sociedades que, embora reunindo, como disse Lévi-Strauss, todas "as condições de humanidade", recusaram, enquanto puderam, a submissão, e através dela, uma visão determinada de progresso. Ao considerarem-se as sociedades de floresta, para pensá-las comparativamente à modernidade, não há necessidade de restringirem-se a tentativas de periodização, classificação ou modelização. Ao contrário, deve-se responder ao espanto de se saber que existiram e existem mudando, e como o fizeram ou puderam estender-se no tempo e multiplicar-se, em pequenas unidades. Porque, de fato, redesafiam a modernidade a repensar-se, não apenas em sua pretensão de superioridade evolutiva, mas nas novas necessidades que impõe, na desigualdade, opressão, exclusão e desperdício em que resulta.

Como não houve propriamente um paraíso, nada proporciona tampouco razões de idealização. Há, por exemplo, em alguns grupos de floresta, práticas violentas que não sugerem imitação. O esforço comparativo apenas convida novamente à prudência no juízo de valor. O que pode ser considerado excesso dessas sociedades quanto à humanidade foi de longe suplantado pela tortura, pelo nazismo, pela guerra de conquista e extermínio, por Hiroshima, pela miséria, pelo trabalho alienado, pela degradação ambiental e pela exclusão social em ampla escala.

O contato com a frente colonizadora introduz fatores suficientes de desagregação nessas sociedades, e com uma rapidez tal que permite comprovar que não são outra coisa que seres humanos, com o tempo confundíveis com seus vizinhos mais pobres, dentre os colonos recém-chegados. Apenas são diferentes. Lévi-Strauss diz que o ideal seria o encontro de características dessas duas sociedades, que classifica de "quentes" e "frias" (1976, p. 38). A sociedade possível será retirada do aqui e agora, pela ampliação das alternativas de maior escolha, oferecidas inclusive pela oportunidade comparativa. Pode-se ainda acrescentar e enumerar vantagens e desvantagens, mas não é o caso. O decisivo é que o econômico e o político não constituem, para as sociedades de floresta, esferas autônomas (Clastres, 1974, p. 169).

O exercício comparativo convida a retomar a questão Estado – progresso e seus temas antigos, adormecidos: a relação demografia/recursos escassos; sociedade/natureza; grandes conglomerações, sociedades complexas, cidadania e a autonomia do econômico. O surgimento do Estado e do progresso é correlato à ampliação da divisão social do trabalho, inexistente nas sociedades voltadas à autonomia do núcleo familiar. O Estado-progresso surge com um outro referencial simbólico, tão enraizado quanto os que regulam milenarmente os povos tribais. Enfim, "desconfiar das mais caras certezas" (Prado Jr., 1982, p. 11).

Pretende-se que o Estado surgiu para pôr ordem, para viabilizar a convivência social, e o progresso para abastecê-la. Supõe-se então que havia uma desordem inata na condição humana, em sua sociabilidade, ou pelo menos que a humanidade apenas avançaria tutelada. A ordem, progressivamente imposta, reproduz-se como uma ordem em favor dos interesses de uma parte, articulados por grupos, onde alguns ganham, muitos perdem, em liberdade e igualdade, e em recursos comuns a toda a espécie. Implicitamente, no discurso dominante, há sempre transparente uma maioria considerada incapaz, a ser tutelada, em face de uma minoria que se considera capaz de tutelar.

A presença, ou a possibilidade, desses dois modos de ser num mesmo ambiente amazônico convida à reconstrução da origem dessa configuração dominante no sistema global, essas figuras míticas do homem atual em sociedade, como o Estado e o progresso. Algumas respostas levam, na comparação com as sociedades de floresta, a que haja um complexo de situações que conduzem à quebra e substituição de mecanismos reguladores. Se em tais sociedades não poderia haver uma consciência preventiva e deliberada do "malencontro" com a submissão, interessa compreender os mecanismos que o evitavam.

O progresso é a quebra da harmonia com o meio, com os outros seres, é o antropocentrismo acompanhado da perda da autonomia dos núcleos produtores e do abastecimento dependente do mercado. Há que se buscar explicações nas situações de carestia, na gradativa prioridade à produção de excedente, na explosão demográfica, nas guerras de conquista e expansão. A sociedade do excedente contribui para fundar a do desperdício. Lévi-Strauss quer oferecer uma pista, ao situar, no dia seguinte da revolução neolítica, quando "as cidades-Estado da região mediterrânea e do Extremo Oriente impuseram a escravidão, construindo um tipo de sociedade onde a separação diferencial entre os homens – alguns dominantes, outros dominados – poderia ser utilizada para produzir cultura, com um ritmo até então inconcebível e insuspeitado" (1976, p. 38).

Durante algum tempo separaram-se em dois campos dicotômicos os que se empenhavam em explicar a dominação e os que se aplicavam em classificar modos de produção. Merleau-Ponty argumenta que Weber localizou simultaneamente "uma eficácia da religião e uma eficácia da economia" (Merleau-Ponty, 1980, p. 35). Alguns privilegiam a explicação pelas ideias, outros pela economia, ou pelas relações sociais e os conflitos, embora seja possível identificar trajetórias não lineares, tendências cumulativas plurais e reversíveis (Dockès, 1988, p. 61). Particularmente no caso do surgimento do Estado, acrescenta Gauchet, "se deve procurar do lado das raízes profundas do fato religioso", da hierarquização e profissionalização na religião como em outras atividades (Weber, 1964, p. 328; Gauchet, 1980, p. 51). O argumento de Gauchet é o encontrar-se na sociedade sem Estado e progresso o embrião oculto da dominação, na explicação sobrenatural, "de se ler em coisa diferente dela, de conceber o seu significado sob o signo da dívida" (Gauchet, 1980, p. 54). A cisão da sociedade indivisa viria dessa "dívida do sentido", ou seja, internaliza-se a subordinação a "um governo dos homens pelos homens, o Estado chamado a substituir Deus", ou seja, o poder é herdeiro da divindade, o Estado, por sua vez, da religião, da alienação (Gauchet, 1980, p, 85).

O Estado e o progresso foram surgindo em meio às novas referências simbólicas sacralizadas, da quebra das condições que permitiam a outra sociabilidade. A ampliação da violência em escala introduz a escravidão e a permanente divisão do trabalho. A escassez de recursos, a insegurança quanto à territorialidade, a evolução ao constrangimento, constituem outras vertentes da irrupção da submissão. É pelo Estado de direito, tido como aquisição, que se pretende diferenciar a civilização da sociedade de floresta. Com vantagens e desvantagens: "nas sociedades tribais o controle da força não é negado ao povo", porque "não há instituições especializadas na lei e na ordem" (Sahlins, 1974, p. 26).

Há dois momentos interdependentes essenciais ao Estado moderno: o tributo e o "malencontro" com a submissão (Oliveira Filho, 1988b, p. 9; Clastres, 1982, p. 111). O Estado regulamentou a propriedade, impôs e instituiu a percentagem que permitiu o financiamento da expansão da sua (des)ordem reguladora, baseada na divisão hierárquica do trabalho, na subordinação, na tutela em que se fundou sua sociabilidade administrada. Introduziu-se com a generalização das atividades mercantis, com o capitalismo, afirmou-se com a industrialização, com o surgimento da economia como esfera própria (Beaud, 1989, p. 27), o fez em proveito de minorias, criando o Estado do mal-estar, o potencial inevitável e permanente de revolta que passou a tutelar, pela violência e exploração, combinadas e alternadas por um referencial simbólico em que população e territorialidade intercambiam-se por uma permanente promessa de bem-estar. O mito do Estado camufla a divisão, surgindo como um momento unificador de desiguais, que embora nem sempre livres, recebem a promessa paradisíaca do interesse comum. Adorno revelou como o uso do conceito de progresso perdeu sua totalidade, limitando-se às técnicas, tornando-se totalitário e ilusório, diluído pela reificação, transformando a natureza e o homem em objetos, enfim, "o paradoxo de que haja um progresso e contudo não o haja" (1992, p. 233). Opôs-se, assim, tanto ao mito do progresso quanto à nostalgia antiprogresso, mostrando "os perigos e as promessas implicadas no progresso": a desumanização do progresso reduzido a técnicas e o potencial emancipador do conceito de progresso da humanidade. "Apesar de sua evidente atualidade, essa análise [de Adorno] remetia menos a uma reflexão ecológica que às repercussões desastrosas que sobre o homem teve sua alienação, não apenas com relação à natureza sobre a qual ele exerce sua dominação, como também com relação àquilo que nele mesmo pertence à natureza", comenta Löwy e Varikas (1992, p. 215).

Uma das dificuldades para o exercício comparativo é o próprio conceito de progresso da civilização. Norbert Elias, ao diferenciá-lo de cultura, considera o processo e o movimento constantes impregnados ao conceito de civilização, processos e movimentos, plurais e intercambiantes (Elias, 1990, p. 24). Progressos que contêm retrocessos, conflitos, idas e vindas. O conceito de civilização pouco contribui, assim, para a compreensão das relações entre as sociedades e suas naturezas: Elias – embora considerasse na história uma evolução "para a frente" – mostrou o caráter estático, ou pré-científico, do conceito. Com outro ângulo, no estudo do ser humano considerado civilizado, através do comportamento, costumes e boas maneiras, mostrou aspectos com que se autodistinguem algumas sociedades europeias: tecnologia, modos, ciência e cultura. Simultaneamente identificou matizes, conotações específicas e diferenciadas, entre os alemães, de um lado, e os ingleses e franceses, de outro, ou seja, como o conceito de civilização minimiza as diferenças nacionais e entre povos (Elias, 1990, p. 23).

SOCIEDADES E NATUREZAS 319

As pesquisas sobre as condições e as forças propulsoras da modernização tentavam identificar como as sociedades pré-modernas poderiam romper com a rigidez, a estagnação e a inércia que pareciam comparativamente representar, frente ao modelo ótimo, a sociedade industrial. Há ângulos em que o estudo dos temas atuais da Amazônia se encontram com o debate sobre a modernidade. Aos países em desenvolvimento se recomendou (e se recomenda) imitar os padrões de conquista do mundo ocidental, de modernização e ocidentalização. Tais conquistas são interpretadas como progresso, associadas a fim e valor, em particular na literatura sobre a modernidade dos anos 1960, lembra Offe. A dos anos 1970 começa a pôr em causa a caracterização do resto do mundo como retardatário. Também desconfia, cética e autointerrogante, das próprias premissas normativas do modelo desenvolvido, de sua estrutura, de sua perspectiva, de sua possibilidade de duração e de ampliação pela imitação. A caducidade de certos teoremas marxistas aumenta a suspeita também sobre o racionalismo ocidental, uma vez que a sociedade exemplar parece também bloqueada. Identificam-se nela mitos, rigidez e obstáculos ao seu desenvolvimento (Offe, 1987, p. 42).

"Esta evolução cumulativa das forças produtivas (chamada progresso técnico) não é uma tendência inata da humanidade, mas um modelo específico que se generaliza ao planeta", afirmando-se no século XVIII, quando o "sistema-desenvolvimento ocidental" começa a se impor ao mundo, considerando superiores suas formas sociais, e as demais, obsoletas (Dockès; Rosier, 1988, p. 70). A dificuldade está no próprio conceito de desenvolvimento da civilização. Elias mostrou o seu sentido, nebuloso, semimetafísico e teleológico, inclusive "a função de dar expressão a uma tendência continuamente expansionista de grupos colonizadores" (1990, p. 23). As sociedades endocoloniais correlatas fundam-se e realimentam-se de autovalorizações similares, e seguramente lhes acrescentam significados próprios, além de caricaturas imitativas. O estudo do modo diferenciado de uso social dos recursos naturais revela os limites do progresso e do ser civilizado.

ENDOCOLONIALISMO, QUALIDADE DE VIDA E ACUMULAÇÃO PRIMITIVA

O conceito de qualidade de vida é uma controvérsia antiga, lembra Edward Palmer Thompson, ao considerar o surgimento do operariado inglês na Revolução Industrial. Deu-se em torno ao conceito de padrão de vida, envolvendo indistintamente juízos de valor e questões de fato, opondo convenções e noções alternativas de satisfação humana. Esses valores não são imponderáveis, argumenta, e, por serem relativos às mudanças sociais e à satisfação humana, podem e devem ser clarificados. Qualidade de vida, para as populações tradicionais, "está associada a um tipo diferenciado de comunidade, com um modo de vida característico", à experiência de vida como um todo, tanto nas questões materiais como culturais. Como ocorre na Amazônia com a economia extrativista e a vida tribal, na Revolução Industrial assistiu-se: à desintegração da velha economia rural; à deterioração das condições ambientais nas cidades; ao empobrecimento; à erosão dos padrões de vida tradicionais, sem que algo compensador os substitua, salvo as "miríades por toda a eternidade", esse produtor massificado, "enclausurado em seu trabalho como numa tumba", atmosferas que se assemelham às contemporâneas (Thompson, 1987, p. 343).

Thompson descartou como "entediante" a explicação desse empobrecimento e desagregação, quando atribuída apenas à separação do homem em relação à natureza. Considerou essa explicação um saudosismo, porque camufla a violência dos homens contra os homens. Argumenta com o exemplo do empobrecimento paralelo dos trabalhadores rurais, apesar de conservarem proximidade com a natureza e o solo. "O que ocorreu na realidade foi uma violência contra a natureza humana", uma brusca diferenciação tecnológica entre o trabalho e a vida; uma severa disciplina visando propósitos alheios e a perda da coesão comunitária (Thompson, 1987, p. 345). A exceção, diz, são os novos laços reconstruídos na oposição ao patrão e ao trabalho alienado. A perda de coesão comunitária acarreta a perda de instrumentos de controle social, nem sempre significando a introdução de novos valores equivalentes ou compensatórios às perdas culturais e das referências espaço-culturais.

A separação que o homem promove entre ele próprio e a natureza não pode ser a explicação fundamental da desagregação das comunidades tradicionais, mas não pode ser descartada, visto que é um dos seus aspectos relevantes. Não deve servir para camuflar a exploração e a violência entre os homens, na origem do empobrecimento e da perda da coesão social. Mas o distanciamento da natureza é um dos seus resultados. Pois não é a terra, mesmo a de uma horta ou de uma criação doméstica, garantia de alimento de autossobrevivência, de redução da dependência do mercado, de aumento das potencialidades de solidariedade, de autonomia? Perda de espaço plantável não está entre os ponderáveis da perda de qualidade de vida, como maior espaço florestado no periurbano, onde a paisagem desagradável soma-se às filas nos bancos e repartições, às moradias insalubres, às burocracias inacessíveis?

Não se trata apenas da perda da terra como perda de contato com a natureza, mas da perda da moradia familiar e de qualquer perspectiva de autoabastecimento, de solidariedade vicinal, perda introduzida pelo industrialismo, no caminho da perda da autonomia. Nem o empobrecimento, nem a nova coesão, mostra Thompson, dão-se de maneira igual para todos, embora aparecessem como ocorrências generalizadas na Revolução Industrial. Representam perda de direitos comunais e de democracia aldeã, para o trabalhador rural; perda de *status* para o artesão; perda de independência e do meio de vida para o tecelão. Mesmo para os melhores salários, ocorreu perda de segurança, de tempo livre e das condições ambientais.

Há coincidências nos processos de industrialização – a primeira é a de serem sempre dolorosos e violentos. A apresentação do sistema fabril e do assalariamento como "o principal agente civilizador" e a criação de um sentimento de participação nacional num esforço comum constituem outras coincidências. Thompson considerou que, na Inglaterra, não se recorreu tanto ao sentimento nacional, como em outros países europeus, sendo ali a única ideologia a abertamente dos patrões. Essas coincidências reaparecem no "progresso" amazônico: tecnologia e esforço nacional, o forte cariz regionalista, encarnado na sulista Zona Franca, nas hidrelétricas, estradas e nos polos minerais; na defesa da desproporcionalidade da representação político-parlamentar; na distribuição patrimonialista do orçamento e no inchaço clientelístico da máquina administrativa. As elites regionais não "levam" tanto, ou seja, contentam-se em remunerar-se por parcelas de intermediação: a grande agropecuária, garimpo, mineração, construção de grandes obras vão e vêm de fora e para fora, como na Zona Franca, enriquecem mais o sudeste do país. Trata-se de um processo endocolonial, tem dele a violência e é simultaneamente, com algo de caricato, um processo de industrialização, de abertura de um novo espaço social gerador de lucros sem regras, ou com regras de fronteira, mais tênues que as contemporaneamente admissíveis no Primeiro Mundo.

Na fronteira econômica devem ser considerados esses fenômenos semelhantes à "acumulação primitiva" e à Revolução Industrial. À semelhança de processos anteriores, vê-se que, embora o empobrecimento e a perda de solidariedade comunitária sejam generalizadas, manifestam-se diferentemente a cada condição social, por exemplo, aos índios, aos seringueiros, aos ribeirinhos, aos pescadores das periferias das cidades, aos colonos recém-chegados, aos barrageiros, peões de madeireiras e aos garimpeiros. O trabalho repetitivo, alienado, coincide com a perda dos laços comunitários, a perda da autonomia, como na Revolução Industrial europeia, igualmente tão violenta e desagregadora quanto a doença ou a miséria, às quais se soma.

Robert Kurz chama essas situações vividas nos países atrasados de "processos recuperadores da acumulação primitiva". Considera o tempo próprio da acumulação brasileira o fim do século XX. Verifica sua ocorrência em diferentes regiões do mundo, encontrando apenas uma "diferença temporal no processo histórico da modernidade". Admite que essa acumulação é bem diversa da ocorrida no século XVII na Europa, por ser, a do Brasil, uma tentativa recuperadora frustrada pelo endividamento externo, pela miséria, ausência de mercado interno e pela impossibilidade de acesso concorrencial aos padrões tecnológicos anteriormente acumulados. Esses diferentes tipos de "acumulação primitiva" teriam "em comum a expulsão violenta, realizada em formas bárbaras, dos tradicionais produtores diretos". Refere-se às "torturas" da passagem dos produtores de subsistência à condição de trabalhadores assalariados efetivos ou potenciais, "modernos sujeitos-mercadoria-dinheiro". Identifica semelhanças nesses processos de acumulação recuperadora, no século XX, para os países do leste, a Índia e o Brasil, submetidos "pelos mesmos métodos de faroeste que já usavam os latifundiários da Inglaterra, pela pressão indireta do mercado mundial e pela destruição de sistemas ecológicos fechados". Ao contrário da acumulação primitiva europeia, essas acumulações recuperadoras, devido à baixa produtividade, não chegam a realizar uma industrialização completa e em grande escala. Desenraizam as massas, mas não conseguem integrá-las como assalariadas. Essa industrialização é seletiva, não penetrando as sociedades atrasadas, permanecendo como um corpo estranho incapaz de incorporar a maioria miserável, inaproveitável para o sistema global em sua fase de alta racionalidade e rentabilidade (Kurz, 1993, p. 189).

A CONTRIBUIÇÃO E OS IMPASSES DO AMBIENTALISMO

O uso adequado dos recursos naturais é uma exigência social decorrente da atualidade do desafio planetário da sustentabilidade, ou seja, os padrões atuais de consumo dos ricos não poderão manter-se a médio prazo e menos ainda ampliar-se à maioria pobre. As configurações sociais da Amazônia caracterizam um processo endocolonial, em que se instala a forma periférica do sistema global industrialista. Esse processo é contemporâneo da crítica crescente ao modo de ser nas sociedades industrializadas. A superação desse quadro de degradação de seres humanos e de recursos naturais na fronteira econômica está inter-relacionada a mudanças planetárias, em particular no hemisfério norte.

O ambientalismo apresenta-se como uma dupla interrogação sobre a sociedade moderna: a mais antiga, dá-se sobre o capitalismo, como sistema econômico dominante, suas instituições sociais, fundadas na propriedade privada, no livre mercado, na exploração e numa ampla reserva planetária de força de trabalho e de recursos naturais. Essa interrogação anticapitalista perdeu força contestatória, porque frustrada inclusive por respostas autoritárias e alternativas inadequadas, como as dos regimes estatizantes em decomposição, os de "acumulação recuperadora" do leste europeu (Kurz, 1993, p. 189). Outra interrogação cresceu à sombra desta, quando a primeira minguava: a sobre o industrialismo, sobre o modo de vida do sistema global, fundado no desfrutar de fontes inanimadas de energia, tendo como seu principal empreendimento a criação e a distribuição de mercadorias em escala, através da concentração crescente do controle social e da tecnologia, e da ampliação da marginalização dos de fora, segmentos e sociedades inteiras (Ceri, 1987, p. 11),

O capitalismo representou a forma introdutória acumulativa do sistema global industrialista e foi impondo-se, para ocupar tudo o que encontrou diante de si, a fim de universalizar-se, como nas últimas décadas na Amazônia, até as últimas fronteiras. Industrialismo e capitalismo são fenômenos interligados, mas representam dimensões diferentes da sociedade moderna. O industrialismo impôs-se pela codificação da coleta e do uso da informação, concentração da tecnologia e disciplinamento em instituições. E mais do que uma forma de produção, é um modo de os humanos se relacionarem com a natureza e uns com os outros, promovendo ambientes artificialmente produzidos. O sistema privilegia o desenvolvimento tecnológico, evitando pré-considerações acerca do seu impacto cada vez maior e mais direto sobre os elementos vitais e no ser humano. Evita o controle democrático da tecnologia, enquanto diminui o grau de autonomia da própria ciência, pela privatização (Giddens, 1987, p. 20; Ceri, 1987, p. 11).

O anti-industrialismo não será consequente apresentando--se apenas como negação. Sua corrente mais eficaz tem sido, ao contrário, a que se propõe a recusar uma modernidade fundada apenas na tecnologia e carecendo de democracia. O ambientalismo pretende menos conquista da natureza e maior qualidade de vida; harmonia das relações dos homens entre si e da sociedade com a natureza, que a permite e de que faz parte. Como desconfia dos limites do crescimento econômico e da alta tecnologia, o ambientalismo deve aumentar sua compreensão da dinâmica do sistema global. Não basta fugir das forças potenciais que o homem desencadeou pela tecnologia. O desafio está, ao contrário, em modelar a modernidade, pois oferece tanto possibilidades de catástrofes quanto extraordinárias oportunidades para o bem-estar (Giddens, 1987, p. 33).

Como cabe a uma consciência pacifista, a saída do ambientalismo é aumentar a pressão pela refundação das instituições democráticas, pois necessita abrir espaço para fazer valer o melhor argumento. O movimento anti-industrialista reanima temas que, de outra forma, não teriam tomado tanto a atenção da opinião pública, como bandeiras democráticas, direitos tidos até pela esquerda como burgueses, tanto civis quanto econômicos e políticos. Recuperam-se princípios éticos e objetivos permanentes, como os de respeito à diferença, à qualidade de vida e à paz. Orienta-se por grandes valores, – como a recusa do materialismo, a reafirmação da democracia, a solidariedade com o Terceiro Mundo e a preservação dos recursos naturais. O zelo radical necessita traduzir-se também em conhecimento, em desenvolvimento da ciência social, da teoria social. Para ampliar-se terá que se referir menos ao que se opõe e mais ao que se propõe positiva e programaticamente (Giddens, 1987, p. 27-38).

Uma das respostas poderia vir de uma melhor postura das sociedades de alto consumo. O pós-guerra europeu mostrou que paz, democracia, saúde e educação rendem. A Europa da Cee, de 1950 a 1990, aumentou sua participação na produção mundial de 16% a 25%, e sua participação no comércio internacional de 27% a 37%. No mesmo período, os EUA diminuíam sua participação no comércio mundial, de 16% a 10%. A Europa aumentou suas responsabilidades. A cada oito dias, os países da Cee gastam US$ 1,4 bilhão em armamentos – em um ano mais do que a dívida externa dos países pobres. Essas ilhas de alto consumo sofrem a tentação de reabilitar o racismo, para defenderem seu privilegiado acesso ao mercado e ao Estado de bem-estar, ameaçado pelas correntes migratórias dos países pobres. O mundo conta com 70 milhões de pessoas vivendo fora de seus países de origem. Apresentadas como modelares, as sociedades norte-ocidentais encontram dificuldades domésticas em assegurar sua reprodução. Não chegam a representar a vitrina da alternativa exemplar para as relações dos homens entre si e com a natureza. Seu elevado padrão de consumo marginaliza seres humanos e compromete recursos, a baixo custo, em todos os pontos do planeta, e causa desemprego intrafronteiras.

Os países atrasados do sul, concentrando a absoluta e crescente maioria da população mundial, encontrariam limites físicos à expansão do consumismo. No tema energia, um especialista mostra que "o desenvolvimento do pobre é, de fato, um dilema para os ricos". O consumo de energia comercial per capita dos

20% ricos é 14 vezes maior do que a dos 80% pobres. Nesse nível de consumo de petróleo, as reservas mundiais duram quarenta anos. Caso os pobres alcançassem o mesmo padrão, duraria apenas oito anos, o mesmo ocorrendo com o gás natural. O urânio duraria quinze anos, e o carvão cinquenta anos, sendo o maior poluidor (Leite, 1994, p. 1-4). A impossibilidade de "atender a uma demanda planetária no mesmo nível de consumo", por limites de estoque e devido à extensão do desastre ambiental que provocaria, reabilitou o "temor neomalthusiano" (Batista, 1994, p. 32).

O uso adequado, a garantia da renovabilidade dos recursos naturais, sua escassez, passam a ser questões de primeira ordem, obrigando o bem-estar a universalizar-se, a desterritorializar-se, a viabilizar-se na escala da solidariedade planetária. A explosão demográfica, as deformações da economia periférica aos grandes polos, as máquinas de guerra, o desperdício, a poluição, o abuso energético, as tecnologias semidominadas – como a nuclear – deixam de ser preocupações da veia romântica e tornam-se desafios sociais. A miséria abaixo do Equador é uma permanente ameaça ao bem-estar dos grandes. Indica limites às chances do bem-estar restrito ao interior de fronteiras de opulência, cercadas pela miséria, ameaçadas pelos imigrantes, pelo desemprego e o racismo. As chances da expansão do Estado de bem-estar estão ligadas à reorientação da economia mundial e condicionadas por suas inter-relações.

Os países ricos, na proposta ambientalista, começariam pelo exemplo, pela aceleração de medidas preventivas e corretivas, pela recuperação dos rios e áreas degradadas, pela diminuição da poluição atmosférica nos países norte-ocidentais, onde se concentram os maiores índices do planeta. O modelo padrão é o de um bem-estar urbanizador. Incapaz de universalizar qualidade de vida, resulta em ilhas privilegiadas de alto consumo, enquanto agrava a miséria da maioria que marginaliza. A revolta negra de Los Angeles, os trabalhadores imigrantes, os países empobrecidos do leste e do sul, mostram que os marginalizados cercam essas ilhas consumistas. Ilhas ainda mais evidentes quando enclaves nos países de herança colonial de desigualdade, como no Brasil e na África do Sul. Poderão estas ilhas periféricas manter prosperidade e qualidade de vida cercadas de miséria por todos os poros?

A quinta parte rica da humanidade controla 80% do comércio mundial, o centro propulsor da degradação ambiental. Os países ricos consomem dez vezes mais que os pobres. Um bebê estadunidense consome trinta vezes mais que um dos trópicos. Uma das respostas à degradação socioambiental dos países pobres é a *diminuição dos níveis de consumo* dos ricos. Trata-se de selecionar o que e o como se produz do sul para o norte, promovendo mudanças de tecnologia e de hábitos de consumo. Uma diminuição seletiva dos padrões de alto consumo dos países ricos impulsionaria a qualidade de vida da humanidade, mas é insuficiente para corrigir o conjunto das distorções dos termos das trocas internacionais, do serviço da dívida externa e da transferência de recursos aos ricos, que geram pobreza e danos ambientais ao sul do equador.

O início da década de 1990 colocou a preservação ambiental na escala planetária, o *common concern*, quanto ao ambiente e à biodiversidade, a ser entendido também como *common responsibility*, como solidariedade global, como necessidade decorrente da interdependência e da globalização. As sociedades empobrecidas do sul enfatizam não poder pagar a conta de sua cota – proporcionalmente maior – na preservação da biodiversidade. O sistema industrial, através de suas custosas ilhas de alto consumo e dominação tecnológica, impõe o pesado ônus da disputa de mercados em moeda forte. Mercados com regras impostas pelo norte: intercâmbio desigual; aviltamento dos preços dos produtos primários; protecionismo e barreiras alfandegárias; domínio tecnológico e financeiro; gastos em armamentos; além da espiral da dívida externa e da transferência de recursos ao norte. Batista argumenta: "por solidariedade ou por cálculo, o mundo desenvolvido não poderá deixar de se interessar pela viabilização do desenvolvimento do mundo não desenvolvido", ou seja, que "não se poderá esquecer a equidade entre as gerações presentes no primeiro e no Terceiro Mundo" (1994, p. 34).

A postura anti-industrialista, ampliando-se como movimento sociopolítico e partidário-eleitoral no hemisfério norte, representa um polo afirmativo pela sustentabilidade. Esse polo surgiu como pressão nas relações diplomático-econômicas do Brasil, no nível bilateral, muitilateral e na mídia. A oposição a esse sistema global ocorre nos próprios países ricos, onde pretende-se que a modernidade, a civilização, o desenvolvimento e o progresso teriam dado certo. Essa consciência ambientalista tem ainda uma visão abstrata e alegórica da defesa da biodiversidade e das florestas tropicais, mas vem ampliando, em sua visão embaçada, a compreensão do conjunto da correlação dos padrões de consumo com a interdependência econômica e a degradação ambiental. Essa corresponsabilidade solidária e global, ainda com uma eficácia pontual e relativa, questiona a pouca participação democrática nas decisões relativas às políticas de desenvolvimento regional e nas relações de financiamento multilaterais e bilaterais. A pressão ambientalista não chega a representar um desafio aos sistemas decisórios, mas atualiza alguns temas da modernidade e de seus códigos culturais e, mesmo desarticuladamente, enuncia contrapropostas. A vigilância sobre empréstimos e investimentos bilaterais e multilaterais dá-se sobre obras públicas e privadas nos países tropicais, com a exigência de que sejam antecedidas por medidas preventivas e corretivas quanto ao seu impacto socioambiental. O acompanhamento das renegociações da dívida externa redunda em pressões para sua aplicação no desenvolvimento sustentável.

Uma tentação de alguns ambientalistas biocêntricos é o "não desenvolvimento", que não é a solução para o "mau desenvolvimento" (Sachs, 1993, p. 51). Sobrevalorizam as áreas de conservação da biodiversidade, os nichos, santuários, parques e reservas, enquanto subestimam a preservação para e pelo uso *adequado*. De fato, não se conhece até agora modelo mais eficaz de preservação da biodiversidade do que os parques e reservas. Mas esse modelo é resultado da sociedade industrial, cuja simbologia de "progresso" acompanha-se da fantasia de poder sobreviver separadamente da natureza, reservada ao turismo, à aventura e à pesquisa. Foi o advento da sociedade predatória que obrigou a criação do sistema de parques. Outras sociedades, com universos simbólicos diferentes, sobreviveram preservando extensões maiores do que a soma das áreas conservadas em parques pela consciência ambiental do mundo industrial. É o caso das sociedades de floresta da Amazônia. O modelo atual de parques não é exclusivo. Ele apenas representa o que deu certo na sociedade industrial consumista. É inconsistente supor que esses parques possam ser conservados fora de uma sociedade que alcance os padrões mínimos de qualidade de vida. A estratégia deve ser a do uso adequado dos recursos naturais pela sociedade como um todo. Áreas de conservação permanente, sim, devem fazer parte de uma perspectiva de desenvolvimento socioambiental global, e não uma finalidade em si, isolada ou imposta. Por garantirem a preservação de patrimônios da humanidade, as áreas de conservação devem ser definidas e entendidas como patrimônio das populações regionais, numa articulação de interesses, não como enclaves isolados, ilhas de conservação em meio ao processo de degradação provocado pelo avanço da fronteira econômica. Necessita-se da conservação de grandes extensões, para várias espécies e ecossistemas; com finalidade de assegurá--las, a compreensão e a participação das populações vizinhas é indispensável. Para manter a perenidade dos parques, há que se garantir a qualidade de vida das populações circunvizinhas e da sociedade como um todo. Certa política conservacionista que se tenta implantar na Amazônia é semelhante, em seu erro de enfoque, ao conjunto da mentalidade endocolonial, que orienta a política pública de ocupação do espaço físico e social amazônico. Caracteriza-se como uma política desligada do social, daí seu fracasso e seu viés de degradação do homem e dos recursos naturais. Seu ponto de partida não é o como e quem usa os recursos naturais na Amazônia interior e em que situação se encontram, nem quem os destrói. A base para a conservação são as populações tradicionais do interior, realmente lá existentes há milênios, como os sobreviventes indígenas, ou há séculos, como os migrantes seringueiros das primeiras levas extrativistas e as comunidades de pescadores ribeirinhos.

Berta Becker sintetiza algumas das estratégias alternativas à "economia de fronteira", apresentadas como contrapropostas ao quadro atual na Amazônia, e adverte quanto à apropriação do conceito, pela classe política e por interesses diversos (1993, p. 130). Grande parte das estratégias bem-intencionadas dos ambientalistas são orientadas pelo localismo, ou pela "ecologia profunda", biocêntricas, propugnando limitações genéricas ao "crescimento econômico em geral e ao crescimento demográfico em particular". Outras são restritas ao pequeno produtor agrícola e à participação das comunidades, mas não incorporam a maioria urbana da população e a indústria. Outras estratégias consideram a floresta em pé, ou o seu adensamento agroflorestal, produzindo bens e serviços agrícolas, industriais e ambientais. Algumas dessas estratégias preveem seu financiamento pelas nações ricas, num programa internacional agroflorestal altamente improvável. Outras encontram-se inviabilizadas pelos preços degradados dos produtos extrativistas, até pela dependência tecnológica e financeira a que estariam condicionadas pelos supostos patrocinadores, inclusive no caso de plantações racionais e processamentos voltados a franjas de mercados lucrativos, como os químicos e farmacêuticos, priorizados em algumas propostas.

A INTRODUÇÃO DO CUSTO SOCIOAMBIENTAL

Uma alternativa ao desperdício e à miséria, ao racismo renascente, às barreiras alfandegárias e gastos armamentistas é a *redefinição do valor dos produtos*. A proposta dos ambientalistas é acrescentar a cada produto o seu custo ambiental. Deve-se acrescentar aos produtos o custo socioambiental, o custo da degradação humana contido no modelo do sistema global. Esses cálculos passariam a integrar as contas públicas e comerciais, as internacionais e nacionais, tomando em consideração "não só a degradação do meio ambiente mas também a utilização de recursos naturais não renováveis como um consumo de capital fixo" (Batista, 1994, p. 33). A nova contabilidade busca integrar os fatores que contribuem para o bem-estar humano habitualmente não considerados pelo mercado. Esses tributos seriam baixos, para atenuar seu impacto sobre o consumidor, como o imposto sobre a energia proposto pela CEE, "taxas de uso" aéreo, sobre oceanos, turismo e carros particulares, visando a um sistema global de financiamento da sustentabilidade (Sachs, 1993, p. 35).

Para resultados efetivos, o instrumento simultâneo é o da *penalização financeira* da produção predatória, revertendo os recursos ao financiamento do desenvolvimento sustentável. Ou seja: obter-se dos países ricos "a aceitação de sua responsabilidade como os principais fatores de poluição global no passado, no presente e num futuro previsível" (Batista, 1994, p. 37). Algumas reuniões internacionais enfatizaram a criação de tribunais e sistemas internacionais de controle. Esses instrumentos diplomáticos são bem-vindos, mas pouco eficientes quando comparados

SOCIEDADES E NATUREZAS 331

a mecanismos econômico-financeiros de dissuasão e financiamento da reversão de tendência. "Não adiantam pedagogias ou ideologias", argumenta Leite, referindo-se ao passado recente: "o homem do mundo desenvolvido só vai reduzir apreciavelmente o consumo de energia na medida do aumento dos preços dos combustíveis." (1994, p. 1-4) Tal mecanismo, o da penalização financeira, teria a vantagem adicional de introduzir fatores corretivos no atual sistema de trocas desiguais entre ricos e pobres. A sobretaxação do consumismo predatório enfocaria as matérias-primas não renováveis e o alto custo energético, permitindo o financiamento das tecnologias de uso adequado ao sul do equador. As sobretaxas contribuiriam ainda para reorientar o consumo e a corresponsabilidade das ilhas de alto consumo do norte e de suas imitações caricatas e intermediárias no sul.

A cassiterita destinada às latas de cerveja e de Coca-Cola e a bauxita com energia subsidiada são bons exemplos, assim como a madeira nobre não plantada. Os países ricos consomem 46% da madeira em tora e 78% da madeira laminada do planeta, além do ouro dos rios da Amazônia, arrancado a um alto custo social, ocasionando poluição por mercúrio e degradação pela erosão. A Holanda, Inglaterra e Alemanha são intermediárias da comercialização de 300 t de mercúrio anuais para o garimpo da Amazônia brasileira, que gerou US$ 13 bilhões de ouro numa década. Deixa atrás de si rios e florestas degradados e populações locais desagregadas. O ouro e os bilhões de dólares vão para os países ricos, não representam renda nem ao estado, nem às populações locais ou aos garimpeiros. O ouro foi-se como no passado colonial: o comércio de joias e de metal, como reserva especulativa, encontra-se em sua maior parte fora. O mercúrio deu lucro, o ouro deu lucro e ninguém pagou a fatura da degradação. Trata-se portanto da necessidade do aprimoramento dos mecanismos de controle da ação de grandes empresas transnacionais atuando no mundo tropical, através de uma estrita legislação internacional orientada pela corresponsabilidade.

Às medidas de controle devem somar-se as que levam à ampliação do mercado, através da valorização dos produtos renováveis da floresta em pé, com a introdução de tarifas preferenciais, isenções fiscais, para produtos como a castanha, borracha, plantas medicinais, frutas, fibras, pescado, dentre tantos outros.

O recolhimento do custo ambiental poderia financiar capacitação tecnológica às comunidades capazes de produzir sustentavelmente, viabilizando-as, melhorando os preços e diminuindo seletivamente as barreiras alfandegárias nos países ricos. Tais propostas chocam-se com a ideologia do livre mercado, e com sua chaga maior, o protecionismo que caracteriza as economias da abundância. Haveria outras saídas para as populações tradicionais do interior, a não ser as que passam pela cooperação técnica, pelas políticas públicas e pela vontade política, voltadas ao apoio à auto-organização eficaz dos produtores? Haveria outras alternativas, além do catastrofismo imobilizador? As propostas ambientalistas parecem a Kurz "uma lenda que obviamente nenhum economista pode levar a sério" (1993, p. 168).

Não se pode impor "encargos mais pesados para os economicamente mais fracos e que menos poluem" (Batista, 1994, p. 37). A eficácia dos interesses, mecanismos e condicionalidades da ajuda externa também está por ser demonstrada. O eixo da cooperação possível é o apoio à formação de mecanismos internos de prevenção. Uma reorientação global das políticas públicas para a Amazônia não virá imposta de fora para dentro, mas de um movimento interno de opinião e inventividade, transformando-se em força política eficaz. A ação dos países ricos norte-ocidentais não resultará pela manifestação de sua força no sul, pela recolonização, pois sua base é o mau exemplo e sua eficácia é improvável e está por ser demonstrada. Tal contribuição se enfrenta ainda com discursos governamentais brasileiros que enfatizam a soberania, encobrindo o desenvolvimentismo imediatista que também patrocinam, a alto custo socioambiental e em proveito de uma minoria exportadora de matéria-prima e semi-industrializados poluidores, a preços degradados e energia subsidiada.

A crise ambiental chega a servir como pretexto para o protecionismo nos países ricos e "licença para poluir" nos trópicos (Batista, 1994, p. 39). Com sua limitada compreensão das questões sociais, o ambientalismo tem seu papel numa estratégia combinada que, no entanto, sairá principalmente de dentro do país para fora. Há uma tônica nova na consciência da corresponsabilidade solidária, proveniente do fato de que o sistema global permite visualizar, mais depressa e de mais perto, as correlações internacionais que levam à degradação socioambiental.

Como preservar recursos naturais e romper esse círculo de ferro que o endocolonialismo e o sistema industrial impõem como um *apartheid* econômico, marginalizando as maiorias de todo um hemisfério? A contínua ampliação do processo de exclusão de populações reforça os adeptos do catastrofismo. Kurz retomou as razões do fracasso do "desenvolvimento recuperador" periférico. Atribuiu-o à lei, ou "à lógica abstrata da rentabilidade", ou seja, ao fato de que:

a base do gigantesco estoque de capital do Ocidente, a partir da qual se realizam os aumentos seguintes, não poderá jamais ser alcançada, dentro da lógica das mercadorias, pelas outras partes do mundo em conjunto. Cada passo de desenvolvimento e aumento da produtividade nos países atrasados é negativamente compensado, em escala crescente, por dois, três ou mais passos nas regiões mais avançadas (Kurz, 1993, p. 172).

Quanto mais alto o nível de produtividade global, menores as chances dos pobres frente ao custo dos investimentos, no quadro das pré-condições de renovação tecnológica permanente impostas pela concorrência contemporânea.

Desmistifica ainda Kurz, como coisa do passado, o mito de esquerda de que o "sistema global" necessita de mão de obra barata. Argumenta que a intensificação da produtividade levou à passagem do sistema do trabalho intensivo à economia orientada na tecnologia, que empobrece o Terceiro Mundo, mesmo convivendo com taxas de crescimento econômico, pois economiza emprego, até no setor agrícola, com a agroindústria intensiva de capital. Argumenta que os investimentos nos países pobres diminuíram, assim como o custo da mão de obra decresceu consideravelmente frente ao custo de material (1993, p. 172). A análise de que o mundo não desenvolvido está defasado tecnologicamente e diminuiu sua importância como reserva de mão de obra não permite concluir que os países ricos possam se dispensar da contribuição dos pobres. Ao contrário, os ricos aumentam a cada dia sua dependência de matérias-primas, possibilitando que a cooperação e a renegociação dos termos de troca sejam alternativas ao catastrofismo, à "propalada tendência à marginalização definitiva dos países pobres" (Batista, 1994, p. 37).

REFERÊNCIAS PARA O DESENVOLVIMENTO SUSTENTÁVEL

A lei de ferro da rentabilidade monopolizada pela concentração tecnológica, de fato estreita as saídas, que supõem um amplo movimento social consciente, com decisão política, programaticamente orientado à mudança e capaz de impor resultados, políticas sociais e tecnologias adaptadas ao uso adequado dos recursos naturais e eficazes como geradoras de renda monetária à maioria. Quanto mais implacáveis tornam-se as leis das coisas, mais exigentes necessitam ser as respostas possíveis das ciências sociais. Exigentes não apenas em compreensão, mas na eficácia das respostas. Para formulá-las, o ponto de partida é a retomada das questões e dos consensos, alguns tão óbvios e tão difíceis em escala, que terminam esquecidos ou deles se desanima.

A primeira dificuldade é o próprio quadro conceitual de desenvolvimento e o de desenvolvimento sustentável. Um autor listou trinta definições diferentes. É considerado um conceito pouco claro, suspeito de retórica e contraditório. As definições coincidem, no entanto, ao integrar ao conceito a correspondência entre qualidade de vida e garantias à renovabilidade dos recursos naturais às gerações futuras. A sustentabilidade diferencia-se, assim, dos conceitos correntes de desenvolvimento econômico, medidos como crescimento apenas quantitativo de produção. Pode-se partir do consenso de que seu ponto de partida demarcatório é a busca de alternativas ao desenvolvimentismo excludente e predatório. Há unanimidade quanto aos traços constitutivos de um núcleo conceitual: desenvolvimento sustentável porque construído a longo prazo, em uma orientação socioambiental para além do imediatismo acumulativo-predatório, referindo-se ao desenvolvimento qualitativo.

Essa diferenciação entre sustentabilidade e desenvolvimentismo foi ampliada pelo aprimoramento de indicadores, como o índice de desenvolvimento humano – IDH/ONU – em oposição aos tradicionais PNB/PIB, que quantificam a produção, camuflando as desigualdades. O IDH é ainda um instrumento em elaboração, mas permite medidas comparativas e contribui para a desmistificação do desenvolvimentismo. Basta lembrar que o Brasil ocupa o 11o lugar quando se mede produção econômica, passa ao 37o quando se considera o PNB per capita e ao 600 quando se refere ao desenvolvimento humano, ou seja, às escolhas abertas à sua população (Fonseca, 1994, p. 2-6). No entanto, a integração dos indicadores de sustentabilidade aos de desenvolvimento humano ainda estão em processo.

O conceito de desenvolvimento sustentável caminha para sua formulação, partindo de uma linha demarcatória, um núcleo enunciado e instrumentos de medida experimentais, incluindo indicadores quantitativos globais e setoriais. Há sempre uma contradição a ser superada entre desenvolvimento, que quer dizer crescimento e ampliação de uso dos recursos, e sustentabilidade, que busca sua poupança. Os críticos do conceito admitem que o crescimento a ser pretendido deve ser o qualitativo em oposição ao quantitativo, um crescimento através da maior produtividade dos recursos, uso mais eficiente da energia, reciclagem, redução de poluentes, ou seja, pelo controle dos padrões atuais, impedindo sua replicação, introduzindo alternativas para um modo de vida sustentável (Sachs, 1993, p. 36).

A sustentabilidade oferece uma representação alternativa do desenvolvimento e não apenas a recusa ideológica de qualquer desenvolvimento. Apesar de o desafio ainda ser provar a eficácia do conceito, a definição de prioridades para a Amazônia não necessita aguardar a formulação de um quadro conceitual legitimado quanto ao desenvolvimento sustentável. Esses dois processos, ao contrário, contribuem mutuamente um com o outro e encaminham à conformação dos consensos sociais necessários à reversão de tendências. As situações emergentes surgidas nas duas últimas décadas na região desafiam à seleção de um conjunto de referências e desdobramentos, fundados na correlação entre a qualidade de vida e a garantia de renovabilidade dos recursos naturais.

A metabase da sustentabilidade para os países pobres e tecnologicamente defasados é a de alcançar o "desenvolvimento interno da sociedade inteira", gerando "volume suficiente de capacidade aquisitiva interna" (Kurz, 1993, p. 166). As experiências das décadas, consideradas perdidas para os pobres, de 1960 a 1980, como as de "economia de fronteira", mostraram a incapacidade, a armadilha e a frustração das tentativas de acesso aos mercados estabelecidos, através das estratégias de endividamento e exportação. Como gerar renda em massa, sabendo-se uma sociedade prisioneira do círculo de ferro do sistema global e na impossibilidade de rompê-lo ou de isolar-se? Eis a questão maior a ser respondida.

A superação da pobreza e da degradação na Amazônia necessita da articulação entre um movimento interno, regional e nacional orientado por um "novo padrão de inserção na ordem mundial", que começa por um novo padrão para dentro. Seu ponto de partida é – embora combinado, complementar e não exclusivo – o mercado interno, do regional ao inter-regional, chegando aos países vizinhos. O principal das políticas e investimentos regionais voltou-se a produzir, de maneira especializada, para fora da região e até do país, direcionando-se aos mercados de moeda forte. Esse é o modelo endocolonial que fracassou: o projeto nacional geopolítico que promoveu a ocupação regional entre 1960-1980, o da "economia de fronteira" (Becker, 1993, p. 129). O desenvolvimento socioambientalmente autossustentável assenta-se em bases duradouras regionais. A estratégia limitada ao aproveitamento das brechas do sistema global é o modelo que não deu certo, caracterizado pela instabilidade e pela geração de riqueza e tecnologia para fora do círculo dos produtores (Sachs, 1993, p. 49). O que se busca é o autocentramento, o acompanhamento da dinâmica interna, admitindo-se, inclusive, o processo endocolonial de acumulação intra-fronteiras, recusando-se uma postura que atribui o mau desenvolvimento apenas à transferência de recursos aos países ricos, camuflando assim os aspectos endógenos, que originam a miséria, a serem revelados em primeira instância (Dockès; Rosier, 1988, p. 258).

O desenvolvimento autossustentável passa pela revisão do papel do Estado na Amazônia. "Não é meta que pode ser alcançada por simples operação das forças do mercado", exigindo planejamento e forte ação regulatória (Batista, 1994, p. 37). Ladislau Dowbor lembra que "modernizar não significa simplesmente privatizar". O Banco Mundial, insuspeito de estatismo, chegou a advertir que "a privatização não é uma panaceia". As sociedades ricas se modernizaram reforçando o Estado. A participação dos gastos governamentais no PIB ou PNB para a maioria dos países industrializados passou da faixa dos 10%, em 1880, a mais de 40% em um século, chegando, em 1985, a 47% na Alemanha,

37% nos EUA, 52% na França, 33% no Japão, 65% na Suécia e 48% no insuspeito Reino Unido de Thatcher. Dowbor conclui: "se o Estado gere metade do produto, racionalizar o setor público pode constituir a forma globalmente mais eficiente de se elevar a produtividade de toda a sociedade" (1993, p. 104). José Luís Fiori acrescenta ao argumento a experiência do Japão, que ganhou presença no mercado internacional fortalecendo o estado e sua coordenação estratégica com a sociedade (1993, p. 30). O exemplo dos países do leste mostra que não se pode ter Estado demais, o dos países ricos do Ocidente, que não se pode ter Estado de menos. A questão vem sendo posta apenas em termos de mais ou menos presença do Estado, de menor ou maior dimensão do Estado. Mas há uma pergunta anterior: a que e a quem serve o Estado, onde deve ou não estar presente e como?

Essa redefinição do papel do Estado tem como centro a passagem transformadora de um Estado que organiza a acumulação primitiva endocolonial para um Estado instrumento e promotor do bem-estar das sociedades regionais, respondendo inicialmente pelos serviços básicos do bem-estar, como a saúde, educação e transporte público. O caminho é o da descentralização, tomando "o poder local como base do desenvolvimento" e introduzindo "novas formas de controle social". Essa reforma implica

não apenas a distribuição territorial da decisão, mas sobretudo a forma inovadora de planejamento e governo, a gestão do território, entendida como um processo em que os esforços do desenvolvimento são baseados na parceria construtiva entre todos os atores do desenvolvimento através da negociação direta, onde normas e ações são estabelecidas e responsabilidades e competências são definidas. (Becker, 1993, p. 135)

Implica a reorientação dos incentivos fiscais, a partir do precedente da pecuária, em que a diminuição dos incentivos contribuiu para conter a velocidade do desmatamento, atenuando os conflitos advindos da competição entre as populações tradicionais e os criadores. Exige ainda a efetiva recomposição das áreas degradadas, em particular as do garimpo e da mineração que, no atual modelo, geram rendimentos privados e potencializam gastos corretivos públicos para o futuro.

Para atingir o núcleo propulsor do desenvolvimentismo, em sua forma de acumulação recuperadora de fronteira, é preciso redimensionar a estratégia do gigantismo, dos mega projetos com recursos públicos, em particular as hidrelétricas e estradas previstas. Becker defende "um novo estilo de desenvolvimento [...], implicando o uso da informação e da tecnologia em atividades com menor desperdício de matérias-primas e combustíveis, uso de insumos de baixo custo ambiental e capazes de gerar poucos rejeitos. Em outras palavras, visa-se passar da eficiência à eficácia" (1993, p. 135).

No tema energia, um especialista recomenda "um desenvolvimento de tecnologias que reduzam os custos do aproveitamento da energia solar", advertindo que essa opção é de alto custo, intensiva em investimentos e em custos de transição. Quanto à biomassa, considera o Brasil o único país do mundo que poderia enfrentar a questão energética "pelo aproveitamento do único combustível que é renovável e não poluente", reservando 15% das terras para a produção de biomassa energética. Quanto aos não renováveis, afirma Leite: "A falácia do desenvolvimento autossustentável é apenas uma outra destas contemporizações elaboradas pelos ricos para ganhar tempo, a menos que estejamos dispostos a esperar 100 milhões de anos para formar petróleo e gás." (1994, p. 1-4)

Também para a energia, a estratégia regional pode voltar-se à diversificação e combinação de alternativas, reduzindo o porte dos empreendimentos hidrelétricos à demanda local, privilegiando as de pequeno porte e as de fio d'água; aproveitando as reservas de gás natural regionais e introduzindo em maior escala as energias alternativas do futuro, como a solar e a biomassa. O desenvolvimento dos empobrecidos deve se fazer em bases tecnológicas próprias, revertendo o modelo de desperdício de matérias-primas e energia, modificando prioridades, privilegiando os transportes fluvial e ferroviário, pois o trem de carga é cinco vezes mais eficiente que o caminhão, e o navio, quarenta vezes mais eficaz que o avião (Batista, 1994, p. 35).

A reorientação do Estado para a descentralização e a eficiência, tendo como fim o "planejamento da diferença", encontra forte resistência das elites locais, dos "herdeiros da oligarquia regional privilegiada por benesses do Estado que diversificaram e expandiram suas atividades e lutam para manter suas vantagens, contrapondo-se ao Estado". Uma frente conservadora e protecionista, se posiciona contra importações, a favor da manutenção de monopólios, é apoiada por segmentos militares ciosos da soberania nacional, aliada aos empresários informais do garimpo (Becker, 1993, p. 139). Essa elite consumiu os créditos externos para o desenvolvimento regional nas décadas de 1960 a 1980, engolidos nas burocracias estatais e nas classes altas, aplicados de forma improdutiva no consumo, em projetos inúteis de prestígio, ou reinvestidos no sistema bancário ocidental como capital improdutivo, para render juros (Kurz, 1993, p. 171).

As sociedades do hemisfério sul necessitam atenuar o peso dessas elites intermediárias endocolonias, as suas ilhas de alto consumo e concentração de renda, que têm seu olhar voltado para fora. A óptica dessas elites, enclaves nos espaços físicos e sociais dos trópicos, é a do não residente, do exportador de passagem, promovendo uma modernização conservadora. Trata-se de reestimular a democracia como um processo que se amplia caminhando, e capaz de se transformar em criador de novas formas eficazes de renda aos desfavorecidos.

O confronto sobre o modelo "economia de fronteira" revelou a confusão das elites locais – muitas vezes deliberada – mas incorporou o tema ao cotidiano da sociedade brasileira, até para os poderosos locais. As versões correntes vão em direção a incompatibilizar desenvolvimento e preservação, tratados como conceitos estanques, mutuamente impermeáveis e inarticuláveis. A postura é comum aos dois extremos, opondo as elites locais aos ambientalistas, em particular aos biocêntricos radicais.

Em sua campanha a prefeito de Manaus, Amazonino Mendes, ex-governador e senador, centrou seu apelo ao voto na denúncia dos ambientalistas, para quem "macaco tem mais valor que caboclo". Pretendeu, assim, aliciar eleitores dentre as elites e desfavorecidos da cidade. O comandante militar da Amazônia advertiu sobre os riscos de internacionalização da região, chegando a anunciar um novo Vietnã. O governador do Amazonas, Gilberto Mestrinho, confirmou a ameaça, acrescentando sua disposição de ser "o primeiro a pegar em armas" (FSP, 31/12/1991 e 1/1/1992)."O ideário que orienta a cruzada antiambientalista é disseminado: acredita-se que a preservação dos recursos naturais foi imposta por pressão internacional, em prejuízo do desenvolvimento regional e, portanto, dos desfavorecidos. É ocasião ritual de enfáticas reafirmações regionalistas, banhadas em nacionalismos extremados, conformando uma apreensão comum às elites regionais. Enfim, não falta ao desenvolvimentismo da elite amazônica apresentar-se com essa bandeira de esforço nacional, o forte cariz regionalista, apresentado como sendo o interesse geral, como ocorreu na revolução industrial europeia.

Essa elite regional resiste ao aprimoramento da representação política na região e no país, essencial à reforma do Estado e à descentralização do planejamento. Um de seus fundamentos é a distorção da representação proporcional dos estados no legislativo. Os estados da Amazônia contaram em 1990 com 33 deputados acima de sua quantidade proporcional de eleitores. Um voto do norte chegou a valer trinta vezes um voto de São Paulo, estado que ficou com 49 deputados a menos (FSP, 24/1/1993, p. 6-11; idem, 30/1/1993, p. 1-10). "O voto de um eleitor do Amapá vale aproximadamente 21 vezes o voto de um eleitor de São Paulo. A regra democrática de dar a cada cidadão um voto com peso igual ao de outro é flagrantemente violada", conclui um pesquisador (Nicolau, 1992, p. 234). Esses deputados, eleitos por milhares de votos contra centenas de milhares de um deputado em outra região, encontram facilidades para o abuso do poder econômico, com fraca vigilância de seu eleitorado, com maior espaço para servirem a grupos de interesse e intermediá-los junto ao Executivo. Essa distorção fez com que candidatos de outros estados se improvisassem como candidatos de Roraima e Amapá. Só aparentemente tal distorção serve à população local: os deputados da distorção da representação servem efetivamente ao endocolonialismo sediado no sudeste do país.

UMA ESTRATÉGIA PELA DIVERSIDADE E PELA EFICÁCIA

A base para a autossustentabilidade, ao contrário dos modelos do passado, de especializações para o mercado, é a diversificação, fundada em intervenções combinadas, que tomam como ponto de partida a especificidade da bio e da sócio diversidade regional. Essas intervenções não se restringem aos mecanismos econômicos, mas abrangem a ampla gama das determinações sociopolíticas que conformam a pobreza e a exclusão. Um dos consensos possíveis é o princípio da diversidade, como alertou Becker, partindo de um maior "conhecimento da variedade de condições ecológicas e criativas locais", que escapavam aos modelos anteriores, pensados apenas de fora, para fora. Um modelo que oriente para "a potencialização das condições locais", para o "uso das potencialidades autóctones em recursos naturais e humanos, significando uma valorização seletiva das diferenças" (Becker, 1993, p. 135).

A contribuição da ciência social para a autossustentabilidade está no aprofundamento da identificação do processo formador dessas configurações sociais e suas interações, num maior conhecimento da sociodiversidade regional. Trata-se da sugestão da implantação de uma pesquisa interdisciplinar orientada para a solução dos problemas, da criação de uma "nova ciência", como "tentativa de reduzir a complexidade", de compreendê-la (Becker, 1993, p. 141). O principal resultado esperado seria a clarificação dos interesses e conflitos em presença, começando pelas populações tradicionais do interior, estimadas em 4,5 milhões de habitantes, índios, seringueiros, outros extrativistas, ribeirinhos e pequenos agricultores. O IBGE e o censo nacional não chegaram sequer ao interior amazônico, limitando ainda seus dados sobre a região norte ao mundo urbano. Ignora-se a população rural, o dobro da média brasileira, estimada em 42% da população regional. Nem mesmo se completou o estudo dos colonos que deram certo, criando municípios a partir de projetos de colonização na Amazônia Oriental. Explicar-se-iam, assim, as razões que possibilitaram o estabelecimento de alguns colonos, como solos férteis, transporte, crédito e culturas perenes.

Nessa mesma linha investigativa também seria interessante desvendar por que ainda enormes contingentes são impelidos a novas migrações, os chamados "amansa-terras", abrindo espaços à concentração e especulação fundiária, provocando queimadas que serão ocupadas por pastos. Essa contribuição do conhecimento destina-se a promover a estabilidade do povoamento, a explicar o que leva a população a mover-se, não apenas espacialmente como também profissionalmente, como o pescador ribeirinho seduzido pelo garimpo, o seringueiro atraído como peão pelas madeireiras. Explicar essa sociedade de acampamento, esses contingentes humanos compelidos a migrar, ora nas periferias miseráveis das cidades, ora no interior, significaria excelente auxílio para o conhecimento dos problemas que afetam a região. É sobre essa mão de obra móvel que se viabilizam a baixo custo os empreendimentos predatórios, como o garimpo e as madeireiras. Becker considera essa mobilidade como "decorrente da rapidez e da escala de apropriação dos recursos induzida pelo Estado" (1993, p. 137). O desenraizamento é pré-condição à disponibilidade absoluta da mão de obra necessária à acumulação primitiva recuperadora de fronteira, sendo os contingentes fornecidos indistintamente, pela desagregação das comunidades tradicionais da Amazônia, pelo não reconhecimento do direito de posse, acrescidos dos nordestinos ou paranaenses e outros sulistas empurrados pela concentração fundiária.

A viabilização dessa população ainda residente, ou resistente no interior, é condição para estancar o inchaço das novas aglomerações e das antigas metrópoles regionais, numa explosão urbanizadora, que passou a concentrar de 51,8% em 1980, a 58% da população regional em 1990, crescendo a 5,43% ao ano em 272 centros com acima de 5 mil habitantes. Em Rondônia dois terços da população foi urbanizada. Essas cidades precárias levarão décadas para alcançar qualidade de vida. Por exemplo, na metade da média do nordeste, ou seja, um quarto da média nacional, a precariedade habita quase todos os indicadores: falta de esgotos e abastecimento de água; mortalidade infantil antes de um ano; quantidade de filhos de mãe solteira; crianças desnutridas; crianças em domicílios inadequados; empregados sem carteira assinada e sem garantias previdenciárias.

O estudo da urbanização de fronteira ainda está por ser feito, inclusive quanto ao acesso das periferias à terra urbana, revendo-se também se vale a pena implantar ali, em lugar do ônibus, o modelo do automóvel de passageiros, quando "metade do espaço urbano dos Estados Unidos já é ocupado pelo automóvel" (Batista, 1994, p. 35). A proposta é a de encontrar as "condições únicas de cada núcleo e seu entorno", afirmando potencialidades locais diversificadas para uma configuração rural-urbana mais equilibrada, evitando-se a multiplicação dos "refugiados do interior" (Becker, 1993, p. 142; Sachs, 1993, p. 38).

Outra dificuldade é a débil organização da sociedade civil, agravada pelas distâncias, obstáculos de comunicação para as populações do interior e o controle da mídia por grupos de interesses. Habituados a um relacionamento paternalista com as populações tradicionais, têm dificuldades em reconhecer a autorrepresentação dos povos indígenas e de comunidades como as dos seringueiros, ribeirinhos e do periurbano. Para o planejamento da diferença, esses interlocutores tornam-se essenciais a programas que combinem proteção ambiental, renovabilidade dos recursos e desenvolvimento social. E não basta a simples presença de representantes. Há que se garantir a legitimidade da representação das comunidades diretamente afetadas. No caso da minoria indígena, ainda se aprofundam as negociações internacionais para um aprimoramento do direito à diferença cultural das minorias étnicas. Um passo interessante vem da Colômbia, onde se prevê a presença de parlamentares indígenas, através da reserva de cadeiras no parlamento para esse eleitorado diferenciado. O mesmo tema discute-se no Canadá e nos Estados Unidos, mas ainda não há consenso em relação ao aprimoramento da democracia quanto à representação étnica. Para o desenvolvimento dessas comunidades, há que se contar também com as ONGs e centros de pesquisa que possam contribuir para qualificar as questões, criando instrumentos programáticos, assessorando tecnicamente as comunidades e contribuindo para a ampliação da consciência da necessidade de mudanças.

Ponto-chave da ação reguladora do Estado é a clarificação da situação fundiária, cujo *imbróglio* representa a base fértil de conflitos dos mais violentos da economia de fronteira. O principal das terras amazônicas é caracterizado por "uma apropriação monopolista e pouco produtiva da terra" (Becker, 1993, p. 137): a Amazônia meridional programadamente ocupada ou titulada pela agropecuária; o interior, por títulos inconsistentes dos primeiros seringalistas, com dimensões de sesmarias. A constante, na origem do clima de violência do sul do Pará, está na sobreposição entre o detentor do título e o proprietário tradicional de direito ao usucapião. Conflitos são agravados pelas "marcações" dos colonos recém-chegados, pelo garimpo, mineração e madeireiras.

A clarificação da situação fundiária é condição para o planejamento. Definir a quem e a que uso destinam-se as terras constitui um instrumento indispensável de política pública, permitindo a definição dos espaços disponíveis ao Estado para estradas, projetos de colonização, hidrelétricas e outros. Tal postura é indispensável também ao setor privado, como instrumento de decisão na implementação de agropecuária, lavras e madeireiras. É óbvio que o ponto de partida desse processo de planejamento é o reconhecimento da efetiva ocupação pelas comunidades tradicionais (Leonel, 1991, p. 319). A começar com o reconhecimento da dívida colonial para com os sobreviventes indígenas e suas futuras gerações. O argumento "muita terra para pouco índio" é sacado, não a favor dos sem-terra, mas dos títulos sobre grandes extensões, como uma madeireira com 4 milhões de hectares no Acre. Tratou-se de impedir a demarcação dos Zoró com 300 mil hectares para trezentos sobreviventes, quando no vizinho município de Aripuanã, noventa proprietários dispunham de 4 milhões de hectares. Argumentou-se que a demarcação dos Tikuna prejudicava a população local, referindo-se aos que estavam nas cidades e não no interior do perímetro considerado, onde há apenas índios.

Para os índios, há que se garantir, ao demarcar suas terras, os critérios de ocupação tradicional, revisão da situação de fato, especificidade do modo de vida e espaço às gerações futuras. Um estudo mostra que os índios continuam sendo parcela importante, senão decisiva, da população rural em vários pontos da Amazônia, 72% em Roraima e quase 100% no Amazonas. Há trinta municípios onde a população indígena é "especialmente destacada entre a população rural", chegando a 80% e 90% nos casos de Tabatinga e São Gabriel da Cachoeira (Oliveira, 1988a).

Com a garantia às terras que ocupam, um ponto decisivo para o desenvolvimento das populações tradicionais, para seu empoderamento e autonomia, é o treinamento para a gestão. Isso implica a reorientação dos processos e tecnologias de produção em direção a sistemas sustentáveis, fundados na diversificação combinada ao calendário agrícola tradicional de autossubsistência. O sistema global necessita criar mercados correspondentes à alta racionalidade produtiva que acumulou, para responder à tendência à estagnação. Para tanto, necessita criar renda para amplas massas marginalizadas, inclusive para os 4,5 milhões de habitantes da Amazônia interior, através de tecnologias adaptadas a um projeto social.

Kurz adverte que tais "mercados novos existem apenas na imaginação" e que necessidades e desejos não criam nenhum mercado, ou seja, "nenhuma capacidade aquisitiva produtiva". Ridiculariza a possibilidade de "uma transferência mistificada de valores, procedentes da produção folclórica de tapetes, cestos etc. que possa esporear o crescimento do capital mundial: uma lenda que obviamente nenhum economista pode levar a sério". A lógica abstrata da rentabilidade impede uma estratégia politicamente induzida ou baseada em decisões conscientes, pois cada passo de aumento da produtividade nos países atrasados é negativamente compensado em escala crescente nas regiões avançadas devido à intensidade do capital, ao protecionismo e aos gastos sociais globais, na ciência, administração e serviços (1993, p. 166s).

Esse é o desafio para as populações da Amazônia interior, enfrentar-se com o "*apartheid* tecnológico", decorrente da "internacionalização crescente da economia capitalista associada à nova forma de produção introduzida pela revolução tecnológica da microeletrônica e da comunicação, e baseada no conhecimento científico e na informação", com novas estruturas de relação espaço-tempo, em que a velocidade é o elemento-chave. Pelas "redes é possível estabelecer uma relação direta entre o local e o espaço transnacional", uma vez que as "vantagens econômicas e poder derivam em grande parte da velocidade com que se passa à nova forma de produção e de sua posição nas redes, que se torna objeto de competição" (Becker, 1993, p. 134).

A maioria das propostas existentes parte de reflexões globais, sem a incorporação das realidades locais, onde se defrontam as populações com o analfabetismo, carências de saúde e transporte e uma onerosa intermediação para qualquer acesso ao mercado. O pouco extensionismo existente na região promove a difusão de técnicas agrícolas padronizadas, mas não está preparado para apoiar essas populações em todas as etapas do processo produtivo para o mercado, crédito, armazenamento, processamento, apresentação dos produtos, transporte, comercialização e *marketing*, ou seja, para uma capacitação para a gestão voltada à eficácia e ao resultado.

A proposta ambientalista de uma política dual, "com um setor de mão de obra intensiva de baixa eficiência econômica", protegido pelo Estado para enfrentar a miséria, e um outro, "capital-tecnologia intensivo", aberto à competitividade internacional, é bem-intencionada, mas ineficaz (Viola, 1993, p. 5). O Estado deve combater a miséria absoluta com mecanismos reguladores, mas, ao contrário, os desfavorecidos não devem ser privados de capacitação tecnológica e menos ainda das franjas do mercado internacional a que possam ter acesso, numa estratégia de diversificação e combinação de oportunidades, tecnologias e estudos de mercado. Necessitam tornar-se competitivos em uma gama cada vez mais ampla de bens, intensivos em conhecimento, pela seletividade e eficiência, aproveitando-se de vantagens comparativas dinâmicas, em economias mistas e flexíveis (Sachs, 1993, p. 51). Mesmo nas comunidades tradicionais, com a globalização, surgem empreendedores inovadores, e é preciso oferecer-lhes cooperação técnica, e não simplesmente condená-los à ineficiência.

Alguns produtos passam a ser identificados e experiências entram em curso, mostrando que os índios e comunidades extrativistas da Amazônia podem fornecer, por exemplo, a castanha-do-pará (*Brazil nuts*), apetitosa e de alto valor em proteínas – um nódulo de castanha é mais nutritiva do que um bife, que conta com mercado. A questão é a de como aumentar sustentavelmente a produção deste e de numerosos outros produtos extrativistas, compatíveis com a exploração da floresta em pé, como o pescado, sementes, frutas, fibras, plantas medicinais. Representariam uma contribuição à manutenção de áreas preservadas, à proteção da biodiversidade, permitindo melhor qualidade de vida às populações, pelo aumento de sua renda monetária, mantendo a floresta em pé, garantindo seu adensamento e um aproveitamento que ofereça alternativas ao garimpo e ao desmatamento.

A crença ilimitada nas soluções locais leva a um beco sem saída, embora grande parte dos ambientalistas as privilegiem. A globalização impossibilita uma estratégia de isolamento de grandes regiões, ou até de "mera justaposição de comunidades autossuficientes, voltadas para elas mesmas". A autossuficiência foi um beco sem saída mesmo para nações do porte da China e da ex-URSS (Sachs, 1993, p. 44). O desafio é múltiplo e combinado, como na advertência de Michel Beaud quanto à necessidade de desdobrar-se a totalidade em análises específicas, complementares, pontuais, temáticas e sobre as diferentes conformações sociais em sua singularidade, para que se possa compreender o que ultrapassa os quadros especificamente nacionais como tendência e oportunidade. (Beaud, 1989, p. 280s)

"A universalidade, sem a diferença, tende à uniformização e ao totalitarismo. A diversidade sem o universal tende à formação de guetos, à autossegregação absoluta, e conduz, do mesmo modo, à uniformização", ou seja, se as ações locais são necessárias, apenas uma política coerente e global pode torná-las realmente eficazes (Dockès; Rosier, 1988, p. 17). Nesse quadro de concentração da reprodução da tecnologia e da rentabilidade, as mudanças não poderão resultar de soluções apenas localizadas, embora o caminho principal seja o do aprimoramento da democracia no país e no espaço social regional amazônico, ou seja, na passagem do endocolonialismo para a autossustentabilidade.

Anexo

Política Ambiental e Teorias da Democracia

Frente ao Negacionismo Populista

NEGACIONISMO ANTIAMBIENTAL
DE TRUMP E BOLSONARO

Donald Trump nega as mudanças climáticas e em 01 de junho de 2017 deixa o Acordo Climático de Paris, negociado no COP-21, em 12 de dezembro de 2015. Em 2018, ele tirou os EUA da Unesco, conhecida por sua lista de patrimônios históricos e culturais. Jair Bolsonaro pronunciou-se contrário ao Acordo e anunciou a saída do Brasil, mas não teve força política para concretizá-la. Minimiza os riscos climáticos da destruição da Amazônia, debilita e desmonta os órgãos de controle ambiental e barra cooperações internacionais na área ambiental. Manifestou-se abertamente contra demarcação das áreas indígenas e a favor de invasores nas áreas de preservação ambiental e de populações tradicionais, apoiando garimpo, mineração e agronegócio. Cancelou uma reunião da COP-25 em Salvador, destruiu o Fundo da Amazônia, financiado por Alemanha e Noruega, e entrou em forte confronto com Emmanuel Macron, presidente da França, e vários outros governos europeus.

 O acordo prevê que duzentos países reduzam sua emissão de carbono até 2020, Trump alega que o acordo reduz o crescimento econômico americano. Bolsonaro foi alvo da imprensa e protagonista do jornal britânico *The Guardian*, em 09 de setembro de 2019, ao demonstrar uma retórica antiambiental e ausência de preocupação com as queimadas ocorridas na Amazônia. Na COP-25, em Madri, fracassou o governo, com seu ministro desgastado Ricardo Salles, ao procurar obter recursos da ordem de US$100 bilhões, quando governos e ecologistas culparam suas ações pelos incêndios e queimadas ocorridas na Amazônia. Daí a urgência de revisitar as reflexões sob ambiente e democracia.

A DEGRADAÇÃO AMBIENTAL COMO UM PROCESSO SOCIOPOLÍTICO

Os eixos centrais deste trabalho recapitulam conhecimentos e proposições em política ambiental, frente aos desafios socioambientais contemporâneos, às mudanças climáticas pelo aquecimento global, a concentração do capital e da tecnologia, as relações Norte-Sul e as economias "emergentes". A amplitude dessas mudanças representa uma convocação à cidadania planetária, à transnacionalização da democracia, ao papel das redes, da mídia e das propostas alternativas, as locais, de integração regional, biorregionalistas, dos pluralismos, das diferenças – as correntes mais realistas, técnico-burocráticas ou românticas. A perspectiva de que as populações mais pobres do planeta estejam entre as mais ameaçadas pelas mudanças climáticas traz à agenda interfaces com a teoria política e a ecologia política.

Os temas mais atuais, correlatos e recorrentes, nos países ricos do Norte, referem-se aos limites dos governos representativos hegemônicos no sentido de permitir uma maior participação inclusiva, dada a desigualdade econômica, as diferenças culturais e a menor capacidade de resposta dos principais atingidos. Tudo indica que estamos diante de várias correntes de orientações interpretativas, por exemplo entre Dryzek (2000), Giddens (2009), Castells (2009) e Beck (2009). O primeiro enfatiza a habilidade ou oportunidade de participar em deliberações efetivas. O segundo, Giddens, importante sociólogo inglês ex-diretor da London School of Economics e professor em Cambridge, deixa claro que sua visão é fundada no realismo – embora admita que é preciso repensar o modo de fazer política – seu caminho é o das democracias parlamentares, do planejamento, do mercado – e o estado é o decisivo ator, recorde-se que é o proponente da terceira via, com Tony Blair, de quem foi conselheiro, e Fernando Henrique Cardoso.

Para Beck a nova realidade é a globalização do risco, tema de sua teoria crítica. Em Castells, o movimento ambientalista vem sendo vitorioso ao colocar na agenda uma nova forma de fazer política e modificar a cultura da natureza. A política ambiental demorou várias décadas para qualificar sua contribuição: inicialmente mais focada nos temas da ecologia política e do movimento ambientalista, passando mais tarde a refletir sobre a democracia e a globalização, sobretudo frente a escala e impacto das mudanças climáticas e sua ampla confirmação pela comunidade científica.

TEORIAS POLÍTICAS PARTICIPATIVAS, DISCURSIVAS, DELIBERATIVAS E DELEGATIVAS

Para a compreensão do debate relativo à correlação entre a teoria sociopolítica, as teorias clássicas da democracia, a vertente participacionista e as abordagens especializadas na política ambiental, é necessário revisar e tomar conhecimento crítico do debate em torno da produção teórica na política ambiental, revelando a passagem, continuidade e ruptura, a partir dos enunciados da democracia participativa.

A pergunta básica é a de como ampliar a participação, a inclusão e a autonomia cidadã em direção a uma maior igualdade de oportunidades frente ao agravamento dos desafios socioambientais contemporâneos. A hipótese deste estudo é a de que as denominadas democracias discursiva e deliberativa constituem uma corrente ainda em definição. As proposições inovadoras, os desafios expressivos, a busca de referências e práticas permitem constatar contribuições para o campo do saber da política ambiental, em diálogo com a sociologia ambiental e outras disciplinas afins.

Uma vaga de temas e autores indicam a vez ou o turno da Política Ambiental na teoria social. Essas contribuições provocam um debate rico, como nos temas das relações entre a democracia e a sociedade civil; nas definições do que é próprio da democracia ambiental no conjunto dos instrumentos institucionais e dos movimentos socioambientais contemporâneos.

Os defensores da democracia inclusiva, como nas versões discursiva e deliberativa, dentro ou fora do aparelho de estado, declaram-se em boa companhia com expressões diferentes e significativas na teoria social, como no caso de dois pronunciamentos: "John Rawls e Jürgen Habermas, respectivamente o mais importante teórico liberal e o da teoria crítica, ao final do século XX, colocaram seu prestígio em favor do turno deliberativo, publicando trabalhos importantes nos quais identificaram-se como sendo partidários da democracia deliberativa" (Drysek, 2000, p. 2).

A produção em interfaces temáticas da sociologia e da política ambiental como subespecialidades acadêmicas é recente, constata um dos seus mais importantes impulsionadores – que dirigiu um grupo de trabalho neste campo específico na *International Sociological Association*, Fred Buttel. Em sua análise experiente e abalizada (Buttel, 1987, p. 465), considerou que a política ambiental aparece em último lugar, após temas como: (a) ecologia humana; (b) atitudes, valores e costumes ambientais; (c) movimento ambientalista; (d) risco tecnológico e avaliação de risco; (e) a política econômica do ambiente. Os temas das ciências sociais e políticas continuaram ausentes, como as dimensões da cidadania e democracia ambiental. Os temas sociopolíticos ambientais receberam pouca contribuição inicial. Em balanço posterior, em 2001, Buttel também não encontrou mudanças, afirmou que o final do século passado foi pouco expressivo, com produção no campo da cultura, da modernização ecológica e alguma produção quanto às mudanças climáticas.

Importantes trabalhos pioneiros na ecologia política haviam surgido em décadas anteriores, como críticas ao sistema industrialista, mas foram mais voltados para o, e com maior influência no, debate do movimento ambientalista, como o de Rudolf Bahro, *A Alternativa* (1979), que enunciava uma crítica pioneira à sociedade industrial incluindo as tecnoburocracias dos países do Leste. A ecologia política, nas especialidades curriculares acadêmicas, nem sempre foi considerada como pesquisa em teoria sociopolítica, embora uma revisão bibliográfica esteja por ser feita, no sentido da reconstrução dessa trajetória.

O debate do século XXI, direciona-se a temas da teoria política em sua interface ambiental, não deixando dúvida de que se trata de uma produção em política ambiental, dialogando com as teorias democráticas e com os desafios socioambientais recentes, como é possível constatar no caso do livro de W.F. Baber e R. Bartlett, intitulado *Deliberative Environmental Politics: Democracy and Ecological Rationality* (2005), ou ainda no livro de G. Smith, *Deliberative Democracy and the Environment* (2003). Mas é sobretudo nos estudos de J.S. Dryzek que o tema da política ambiental foi exposto mais direcionadamente, nos primeiros e mais conhecidos, como *Discursive Democracy* (1990), *The Politics of The Earth* (1997) e *Deliberative Democracy and Beyond: Liberals, Critics, Contestations* (2000), no qual o capítulo forte chama-se "Green Democracy", com continuidade em títulos posteriores.

O estudo das diferentes correntes, ou como as denomina Dryzeck (1997, p. 12), "discursos" ambientalistas, tem um grande peso na revisão das teorias da política ambiental. A diversidade de tendências foi se tornando bem mais ampla do que as divisões entre catastrofistas, biocêntricos, reformistas e radicais dos anos 1970 (Worster, 1985; Eckersley, 1992). Afirmaram-se correntes mais especializadas tecnicamente, racionalistas, fundadas na defesa de mecanismos administrativos reguladores do Estado, somando-se aos defensores da responsabilidade social das empresas, mais ou menos confiantes em neoexpectativas de autorregulação das questões ambientais pelo mercado ou por mecanismos institucionalizados de democracia ecológica pragmática ou pela responsabilidade social (Giddens, 2009). Permanecem ativas, no entanto, várias correntes radicais com frequência confiantes em mudanças comportamentais do cidadão-consumidor ou de alterações de políticas públicas, nacionais e internacionais, pela pressão democrática.

A construção indicada de enunciados pertinentes à uma especialidade em política ambiental tem recorrido a um diálogo sem preconceitos entre a teoria liberal e a teoria crítica, voltado a reflexões centradas em proposições dirigidas a uma teoria democrática inclusiva e comunicativa. Em síntese, os democratas discursivos/deliberativos pretendem multiplicar os pontos, as arenas, os fóruns de alternativas de entendimento, através de uma nova dinâmica à democracia, mais crítica, insurgente, pluralista, transnacional ou cosmopolita, respeitosa de todos os discursos, das diferenças, até a criação do entendimento ou de negociações fundadas na equidade. Dentro ou fora do aparelho de Estado, com mais vantagem até fora dele, o importante é que nas decisões sobre as questões socioambientais todos os envolvidos sejam ouvidos sem qualquer coerção, pelo tempo que necessitem. O que é democracia deliberativa? É a luta por mais democracia e, para isso, é preciso uma democracia comunicativa, discursivo-dialógica, inclusiva e direta para os atingidos ou vitimizados, pondo um freio aos interesses privados e/ou das tecnoburocracias, no sentido de Max Weber. Embora a democracia deliberativa ainda desafie uma definição precisa, é ligada a uma escola da teoria política que defende uma genuína participação pública discursivo-inclusiva nos processos decisórios, mais racionais do que os atuais mecanismos representativos, ou seja, mais sensível ao social, ao ambiente, enfrentando-se em diversos níveis e mecanismos às condicionantes dos interesses do mercado e dos grupos de pressão e de interesses.

I. CIDADANIA

1. Cidadania e o Papel da Mídia

Temas como o pluralismo, autonomia e participação da cidadania são correlatos ao papel da mídia e do seu controle monopolizado. O destaque aí encontra-se nos trabalhos de J.B. Thompson (1977, 1978, 1984, 1990, 2008), coincidindo com as teses da democracia deliberativa, tratando do tema mídia numa perspectiva ampla. Sua contribuição não se dá apenas pelo caminho da temática ambiental, mas por uma trajetória própria, pela teoria social, pela teoria crítica e pelos estudos da mídia hodierna, somando-se à relevância de suas análises propositivas. Compartilha das assertivas neo-weberianas sobre os fundamentos da crise da democracia, o desencantamento com as máquinas políticas, resultantes da profissionalização e burocratização dos partidos; a incapacidade da democracia representativa de dar conta da desigualdade de oportunidades gerada pelo mercado; a erosão dos objetivos programáticos dos partidos em favor de práticas eleitorais imediatistas; a carência de regulação democrática nas relações de intimidade nas várias esferas da vida social, no lar, nas empresas; e, finalmente, a questão de como esperar dos limites do Estado decisões democráticas – como sonharam os clássicos –, num mundo em globalização acelerada, concentrando capital e tecnologia, na expressão de Robert Kurz, em *O Colapso da Modernização* (1993). A pergunta de J.B. Thompson é a de como incrementar a participação e a legitimação política, como construir uma forma de vida democrática "onde todos os indivíduos sejam agentes autônomos, responsáveis e capazes de juízos de valor" (2002, p. 223). Como contemplar na sociedade complexa as diferenças, – sem a possibilidade do espaço da democracia direta das cidades-Estado dos clássicos? Ou: como diminuir a distância entre cidadãos e representantes, o desencanto? Como promover a participação, garantir a diversidade e a liberdade de expressão? A proposta de Thompson (2002, p. 209) é a do pluralismo regulado, uma nova regulação orientada pela pluralidade de organizações de mídia, independentes do poder do Estado e do mercado, num espaço transnacional, por novos espaços na luta "por se fazer ouvir", pelo reconhecimento dos movimentos pelos "novos direitos", convocando os indivíduos como agentes autônomos, ampliando oportunidades pelo pluralismo.

O caminho passa pela variedade de instrumentos de mídia, que permitam ao cidadão capacitar-se a um processo de tomada de decisões coletivas, aumentando a participação e a legitimidade do político, para que não represente apenas uma soma de formação de vontades ou de preferências individuais, mas um consenso provisório. O esvaziamento moral da mídia convoca reflexões sobre dimensões éticas e ideológicas, por sua excessiva comercialização, coíbe, monopoliza, bloqueia o conjunto de posições e propostas políticas possíveis, a serem oferecidas pela pluralidade midiática, privilegiando os "escândalos" aos fatos políticos. Eis porque Thompson argumenta que o estudo da ideologia é o estudo dos instrumentos midiáticos – cujos objetivos servem para estabelecer relações de dominação –, ou seja, se pode reconhecer na cultura ideologias competitivas, arenas ideológicas em concorrência, cujos símbolos, discursos, identidades buscam assegurar interesses relativos monopolizadores na alocação de recursos e concessões.

2. A Ecologia Política e a Justiça Ambiental

Tal estudo deve voltar-se ainda à uma corrente específica da produção sociopolítica na subespecialidade acadêmica "política ambiental" - e às novas proposições, concepções e instrumentos denominados da democracia discursiva/deliberativa. Para um bom resultado, deve-se compreender outras produções temáticas, relevantes e correlatas a seus objetivos. Trata-se destacadamente dos trabalhos que se reivindicam da ecologia política, como os temas abordados, por exemplo, por Juan Martinez Allier, em *O Ecologismo dos Pobres* (2007), relativos à justiça ambiental, às relações norte-sul e aos conflitos distributivos socioambientais.

Como considerar alternativas socioambientais, ou aprimorar instrumentos e posturas democráticas, sem tomar em conta a distribuição dos recursos naturais entre os social e economicamente diferentes; os patrimônios de biodiversidade de populações tradicionais; e o impacto desigual da poluição entre grupos sociais, uns usufruindo dos benefícios da sobre-exploração e outros atingidos gravemente em sua qualidade de vida pelos seus dejetos ou ainda mais ampla e diferenciadamente por mudanças climáticas? Trabalhos decisivos, ainda que com diversas orientações, voltam-se ao estudo das relações entre o comprometimento ambiental e os fatores políticos e socioeconômicos determinantes ou alternativos.

Esta revisão temática é voltada à influência da sociedade, do estado e das empresas, notadamente as transnacionais, na geração ou exacerbação de problemas ambientais e também na formulação-implementação de políticas ambientais. Vários autores vêm retomando criticamente as relações Norte-Sul, o papel dos movimentos sociais, da sociedade civil e a formulação de mecanismos transnacionais que conduzam a uma cidadania planetária e multicultural. Na mesma orientação tem-se a procura de alternativas transnacionais à globalização, pelo periférico, alternativo, local e pela diferença, como as apresentadas por Boaventura Souza Santos (2008) no tema de uma nova cultura política e do multiculturalismo. Aqui consideraremos vários temas relevantes da teoria política, da participação cidadã, do multiculturalismo e o dos interesses, dos grupos de pressão e de suas formas de atuação específicas na questão ambiental.

Outras dimensões dos desafios ambientais, como o industrialismo, o consumismo e as diferentes visões de sustentabilidade devem ser considerados na compreensão dos fenômenos e das alternativas imbricadas. A política ambiental tem uma estreita correlação com o estudo da dinâmica do sistema industrialista e do seu discurso dominante, que se funda no crescimento da quantidade de bens e serviços materiais para suprir uma visão de bem-estar que nem sempre corresponde ao de qualidade de vida, de realização humana e de sustentabilidade (Bruseke,1996).

O industrialismo e o consumismo impuseram-se acima das diferenças ideológicas, como liberalismo, socialismo, fascismo ou nacionalismo, considera Altvater, em *O Preço da Riqueza* (1995). Vários autores destacados levantaram esses temas e conceitos correlatos, como o de "progresso", em Adorno (1992): seria o progresso do ser humano ou das coisas?

O estudo da cultura industrialista e do consumismo presentes na modernidade e na globalização, é decisivo à revisão conceitual dos temas-chave da pesquisa no campo das dimensões socioeconômicas e ambientais das diversas visões da sustentabilidade, como destacou Giddens (1987,2009). Trata-se dos estudos das tendências societárias da modernidade, que Beck denominou "sociedade de risco", como os revisados por Goldblatt (1996).

Outro polo de referências são os autores de *Ecological Economics* e *Community and Environment*, por sua contribuição crítica dentre as diversas visões da sustentabilidade, em suas dimensões interrelacionadas, econômica, social e ambiental (Daly et al., 1989; Goodland; Daly, 1994). A progressão da produção desses autores tem relevância e pode ser revisada pela publicação *Ecological Economics-The Transdisciplinary Journal of the International Society for Ecological Economics* (ISEE).

Esta corrente propõe-se à integração e ampliação de estudos transdisciplinares ecológico-econômicos buscando romper o isolamento conceitual e profissional entre as políticas ambientais e econômicas, procurando convergências que ultrapassem tônicas mutuamente destrutivas e competitivas, para um esforço mútuo pelo sustentável. Sua cobertura temática ampla inclui: valoração de recursos naturais; agricultura sustentável e desenvolvimento; tecnologia ecologicamente integrada; modelos integrados ecológico-econômicos em escalas, do local ao regional e global;

implicações termodinâmicas para a economia e a ecologia; renovabilidade, manejo e conservação de recursos; crítica de paradigmas correntes e estudos de implicações alternativas; consequências econômicas e ecológicas dos organismos geneticamente modificados; inventários de recursos genéticos; medicina natural e alternativa; métodos de implementação de políticas ambientais; estudos de caso de conflito ou harmonia ecológico-econômica, etc.

Um dos temas mais desafiadores vem a ser a transnacionalização das exigências democráticas frente às mudanças climáticas e seus impactos globais diferenciados nas correlações entre as políticas locais, regionais e internacionais. Dentre as referências a serem revisadas encontram-se os trabalhos especializados em política ambiental internacional de Lester Brown, na série Plan B 4.0 (2006), do Earth Policy Institute e os relatórios anuais *State of the World*, do World Watch Institute. Há visões mais ou menos catastrofistas, como a opção do crescimento zero de Daly (2004), e as alternativas apresentadas por Lester Brown de redução das emissões, alternativas renováveis e de consumo e medidas reguladoras do Estado no quadro do mercado (Giddens, 2009).

O maior desafio é a entrada potencial dos bilhões de consumidores dos países emergentes em padrões como os dos grandes atuais, EUA, Europa e Japão, confrontados ao desenvolvimento do consumo da China, Rússia, Índia, Brasil. O tema das mudanças climáticas globais tem levado a diversas alternativas políticas, muitas vezes conflitivas e indicando modificações nas correlações de força internacionais e nos mecanismos de negociação. O encontro de soluções representa um desafio sobretudo político, embora o eixo central das expectativas venha dos estudos técnico-científicos das rodadas a partir dos acordos de Kyoto.

Há posicionamentos mais comprometidos com mudanças (ações imediatas de controle da poluição e alternativas energéticas) e outros desenvolvimentistas, que esperam soluções do mercado *as usual*, resistindo ao controle das emissões, visto como um freio ao avanço econômico, e limitando-se à procura de soluções técnicas pontuais. Ainda que não tenham sido tão efetivas quanto o esperado, abriram-se negociações para a ampliação do controle da emissão de gases e políticas energéticas alternativas e de consumo. Um desafio maior se avizinha, portanto, na política ambiental internacional: o da amplitude planetária da cidadania, respeitando-se sua diversidade.

3. Opções Diversas à Democracia Participativa

O primeiro desafio da análise acorda-se com a metodologia crítico-comparativa e interdisciplinar com estudos de caso e revisão de trabalhos relativos à nossa experiência ou similares, pelas características próprias como ecossistemas e sociedade civil, correlacionados ao Estado e políticas públicas socioambientais diferenciadas das anglo-saxônicas ou de outras consideradas mais avançadas ou hegemônicas, européias e escandinavas, frente ao que nos é peculiar.

Os segmentos da sociedade civil são específicos em cada realidade, assim como sua forma e grau de participação nas decisões relativas à sua condição ou situação. São diversas as cadeias e espirais de poder, bem como os novos canais, mecanismos e instrumentos de participação. Isso desde a esfera dos municípios, com suas atribuições orçamentárias e de planejamento, inclusive em grandes projetos governamentais ou compartilhados por financiamentos multilaterais, em audiências públicas, conselhos, Agenda 21, comitês de bacia, dentre outros.

A pergunta é se tais experimentos vão além de uma vaga e precária participação figurativa – embora constituam indubitáveis conquistas – e se carecem de melhor qualificação dos diferentes atores e protagonistas sociais coletivos, pela reconstrução dos processos formadores das configurações sociais atuais em temas delicados como os da representação e da legitimidade, ou inarticulados, devido à diversidade das organizações sociais, suas naturezas políticas dissimilares (movimentos, representações profissionais, setoriais, não-governamentais), sua articulação ou dinâmica frente ao Estado, aos partidos, às influências do corporativismo e do modelo sindical. É preciso considerar o acesso de novos protagonistas desfavorecidos às diferentes arenas decisórias, seu alcance junto aos processos de *policy-making* e às políticas específicas, em particular na arena redistributiva, com os partidos e o Estado, levando em conta as características de cada país e as tradições de seus sistemas políticos (Souza, M.C.C., 1976).

Ver como se dão as indicações relativas ao maior interesse político nos homens da classe alta: (a) da disponibilidade de tempo e de recursos para a política; da passividade e da emotividade das massas; da alienação dos meios de administração (Held, 1997); (b) a retomada dos temas da auto ou cogestão nos projetos comunitários ambientais ou alternativos previstos em políticas públicas e dos temas da condição feminina (Pateman, 1989); (c) dos temas da democracia clássica ou representativa, da democracia direta, da interação e definição de funções de novos mecanismos diretos e indiretos, convivendo com o sistema eleitoral e seu dilema de legitimidade, retomando questões clássicas quanto ao associativismo, a representação por setores, interesses, da facção, do dissenso e consenso, da educação política, do comportamento faccioso e da sociedade civil (Bobbio, 1986, 1994, 1995).

Realidades novas geradas a partir de experiências dos países do Norte trazem novos desafios à compreensão de como se conformam em realidades diversas arenas, atores e processos discursivos/ deliberativos. Na questão ambiental deu-se também a ampliação das grandes organizações não governamentais – ONGS – internacionais e locais, com mudanças na sociedade civil e política, do chamado Terceiro Setor, (*independent sector*, EUA; ou *secteur social*, França), nem Estado, nem exatamente privado, posto ter finalidade pública, e tampouco propriamente partido. Compreender em que casos elas se redirecionam efetivamente para fora do Estado, do mercado, do confessional e quando e como representam responsabilidade social, devolvendo parcelas de poder à cidadania, em ação compromissada e numa agenda pró-ativa na esfera pública.

Enfim, a dúvida é se representam efetivamente uma nova fonte de energia positiva na sociedade civil e na educação política da cidadania, ou se assistimos a novos disfarces para velhos comportamentos clientelísticos ou para melhorar a imagem de grandes corporações, inclusive as envolvidas em danos ambientais. Sem dúvida essas dificuldades do plano da cultura política têm ligações diretas com uma grande parcela da elite econômica e política, seus grupos de interesses e de pressão, que, por métodos tradicionais, e/ou pouco ortodoxos, influenciam positiva ou negativamente as novas arenas de negociação socioambientais. Exemplar é o caso de segmentos dominantes e *lobbies* imbricados no desflorestamento da Amazônia, *agribusiness*, garimpo e mineração, grandes construtoras, madeireiras, agropecuárias.

Os grupos econômicos, o domínio da mídia, seu peso nas diversas arenas decisórias, permitem visualizar se houve ou não, ou se é encontrável em processo, uma ampliação de instrumentos efetivos de participação e democratização nas políticas de gerenciamento ambiental. Pode-se analisar ainda qual o grau de contribuição dos fatos, estímulos e mecanismos novos, considerando-se a contestação política e sua efetiva correspondência com a agenda dos atingidos, ou se pertencem a outras agendas, condicionadas por grupos de interesses do mercado, nacionais ou da elite regional ou de articulações internacionais das grandes corporações globalizadadas (Sani e Pasquino, 1995; Lindblom, 1980; Converse, 1979).

4. Held: A Autonomia Democrática

"Não temos a opção da não política", afirma Held (1996, p. 295). A política, no entanto, é malvista, tida como uma forma de oportunismo por interesse pessoal, hipocrisia ou relações públicas. Há uma grande diversidade de visões da democracia, como as tecnocráticas e as que pretendem ampliar a participação. É necessário mudar a política para que seja vista como mais efetiva na organização da vida humana. O que democracia quer dizer hoje? No quadro do Estado-nação trata-se da democracia-liberal. No quadro regional ou global, em temas como as mudanças climáticas temos uma "democracia cosmopolita". No centro encontra-se o tema da liberdade ou do "princípio da autonomia" como uma âncora para as exigências institucionais e organizativas.

A democracia é fundada no princípio de que "o povo governa" por meio de princípios, regras e mecanismos de participação, representação e *accountability*. Para Held, a democracia oferece as bases para a tolerância, a negociação e a disputa de valores, como mediação, e laços entre as diversas visões num processo público entre livres e iguais, embora não seja a panaceia para todas as injustiças. É o lugar do diálogo e do processo decisório dos interesses gerais.

Para os liberais da nova direita a democracia deve permitir que cada indivíduo busque seu próprio interesse, o que está no centro do pensamento liberal, desde Locke. Os socialistas, dos marxistas à nova esquerda, defendem a importância de certos objetivos sociais e coletivos. Para estes, diz Held, o "livre desenvolvimento de cada um" tem que ser compatível com o "livre desenvolvimento de todos". É paradoxal que compartilhem todos uma visão de redução do poder arbitrário ao nível mais baixo possível e critiquem a burocracia, a desigualdade e as frequentes ações repressivas da ação do Estado.

Os pontos comuns são: as melhores circunstâncias para o desenvolvimento de capacidades diversas; respeito à privacidade; participação nas decisões e oportunidades econômicas iguais. Para Held há um conjunto de aspirações comuns entre os teóricos participacionistas, por exemplo, entre Marx e J.S. Mill e entre muitos outros dos séculos XVIII e XIX quando discutem a soberania do estado e a do povo. O conceito de autonomia ou independência, entendido como a capacidade de autorreflexão e autodeterminação, de deliberar e escolher – pós Idade Média – trouxe limites à autoridade, leis, direitos e obrigações. Apesar de suas divergências há acordo nos princípios de liberdade individual e de associação. Held define autonomia (1996, p. 301) como:

pessoas usufruindo de direitos iguais e, consequentemente, de iguais obrigações na especificação do quadro político que gera e limita as oportunidades disponíveis para elas; isto é, precisam ser livres e iguais na determinação das condições de suas próprias vidas, garantindo-se que não se possa negar o direito dos demais.

Esse princípio legitima o poder e funda o consenso democrático, prevendo: possibilidade de buscar seus objetivos; direitos, oportunidades e obrigações; participar em igualdade das decisões; governo constitucional que proteja os indivíduos e as minorias.

Held não acredita que os marxistas possam compartilhar do princípio de autonomia. Desde Marx até à *new left*, estes não teriam chegado a formular uma detalhada teoria da liberdade. Embora refiram-se à liberdade para todos, não enunciaram uma teoria das instituições de uma democracia participativa ou de um modelo de democracia radical. As demais tradições dos pensamentos democráticos modernos podem reconhecer-se no princípio da autonomia, mesmo divergindo em como garanti-lo ou interpretá-lo. Mas Held esclarece que o princípio é eclético. Como complementares, retoma o ceticismo dos republicanos quanto ao poder dos monarcas e príncipes; o ceticismo do liberalismo frente à concentração do poder político e a reserva do marxismo perante o poder econômico.

5. Pateman: Os Clássicos da Democracia Participativa

A ênfase contemporânea na democracia participativa levou à retomada de autores reconhecidos do tema, como é o caso de Carole Pateman, no livro *Participação e Teoria Democrática* (1970/1992), que retoma o quadro da teoria democrática a partir de teóricos clássicos como Rousseau, Stuart Mill e G.H. Cole. Primeiramente, opõe a teoria democrática clássica participativa a autores posteriores, para dizer que muitos dos mais recentes revelam traços do realismo elitista, que já apareciam em G. Mosca e R. Michells, como o ceticismo frente a uma participação ampla. O fato de que na República de Weimar a expressiva participação de massas se deu com tendências fascistas, somado ao balanço dos estragos do totalitarismo na primeira metade do século XX, que aproximou numerosos movimentos populares mais do totalitarismo do que da democracia, fortaleceu os críticos da participação. Assim foi-se constatando a existência de que havia ideias não democráticas nas camadas mais baixas da população; daí alguns teóricos concluírem que a visão clássica do homem democrático, como tendência, seria uma ilusão.

Para Pateman, foi Joseph Schumpeter, o mais importante deles, com sua nova visão da relação entre democracia e participação política popular. Faz uma revisão das ideias políticas clássicas, desconstruindo-as, pois, para ele, o importante é encarar a democracia em sua realidade concreta, considerando-a um método e não um ideal. Como método, a democracia promove o bem comum através das decisões do povo por meio de seus representantes. Como a democracia é só um arranjo, não se espera uma grande participação. A política passa a ser uma competição entre os que representam o povo e os profissionais, uma competição pela liderança. Compara as eleições ao mercado, com a competição fazendo dos eleitores um produto, daí sua tese de "democracia concorrencial".

Dessa forma, a democracia ficou reduzida aos arranjos institucionais, deixou de ser um fim. Os eleitores, produtos de um mercado eleitoral, entregam o poder aos eleitos representantes, considerando isso suficiente. Aí a participação não tem papel central: "a massa eleitoral é incapaz de outra coisa que não seja o estouro de boiada".

Suas conclusões tentam se basear na "natureza humana" no sentido hobbesiano, onde as pessoas são egoístas e incapazes de preocupar-se com o bem coletivo. Os cidadãos de Schumpeter são atomatizados, impossibilitados de construírem uma vontade coletiva, já que dominados por impulsos vagos e equivocados, não sabem determinar o que é melhor para eles, quando estão em jogo as questões públicas. Não adianta mudar as instituições, já que a apatia e "ignorância" estão impregnadas na visão dos cidadãos. É na tentativa de demonstrar a inviabilidade prática da democracia clássica que Schumpeter traz a necessidade de uma nova teoria política.

E foi nesse contexto teórico que as reivindicações por maiores direitos e participação de diversos grupos – feministas, pacifistas, ambientalistas etc.- foi potencializando a reabilitação da teoria participativa. Pateman retoma quatro teóricos que estariam na lista dos schumpeterianos, ou seja, céticos com relação à teoria clássica: Berelson, Giovanni Sartori, Eckstein e Robert Dahl, que pretendem colocar no lugar da teoria clássica a teoria instrumental.

Berelson, por exemplo, afirma Pateman, um teórico funcionalista, diz ser evidente empiricamente que o cidadão médio não tem um comportamento participativo e se satisfaz em votar. Daí o erro dos teóricos clássicos ao centrarem suas expectativas no cidadão comum. Para ele a democracia exige que os conflitos sejam limitados e que haja uma diminuição de sua intensidade. Defendeu a existência do pluralismo de idéias. Constatou que lealdades políticas familiares e étnicas contribuem para a estabilidade, a baixa participação e apatia amortecem os choques, por diminuírem as discordâncias. Para esse teórico, não é preciso rejeitar os ideais da teoria clássica, o importante é encarar sua inviabilidade real, pois as evidências empíricas provam que a minoria participa e a maioria é apática. Para Berelson não é a participação de todos os cidadãos que define a democracia, embora ele não a defina. Sua noção de democracia é descritiva, realista, onde uma minoria intervém e a maioria é apática. A única participação que deve existir é aquela necessária para a estabilidade.

Na mesma linha de Berelson, Dahl acreditou que a teoria clássica é inadequada para os dias atuais. O teórico defendeu uma democracia como poliarquia, um governo de múltiplas minorias organizadas, onde a democracia é parte das numerosas técnicas de controle social, um método. Para Dahl, embora os menos ativos possuam menor *status* econômico do que a minoria ativa, eles se igualam quanto ao direito e peso do sufrágio. O treinamento para a vida política, a seu ver, é orientado por instituições como a família e a igreja, que acabam por auxiliar no controle e manutenção das organizações hierárquicas. Há vários tipos de controle social, por existirem diversos grupos sociais. Dahl conclui que grupos com pouca renda têm menor índice de atividade política, mas que a pouca participação seria boa para a estabilidade democrática, como afirmara Schumpeter.

Giovanni Sartori acaba por concordar que são apenas as minorias que governam, ou seja, as elites em conflito, e vê também um abismo entre a teoria clássica e a realidade. Constata que o homem atual tem uma desilusão com a democracia, acredita que é preciso minimizar o ideal democrático para garantir um sistema equilibrado, mesmo que imperfeito. O problema não é a democracia e sim a mediocridade, as elites e contraelites não democráticas, que surgem em diferentes instâncias. Em todos os setores há elementos do totalitarismo e do populismo. Daí Sartori extrai o porquê da inatividade. Embora seja difícil defini-la, nada mais seria do que a falta de prática democrática, e conclui que tentar mudar este quadro pode ser um risco para o próprio método democrático. Não adianta buscar o bode expiatório para a não participação, conclui.

Ekestein considera que, para o sistema ser estável, é preciso se ajustar à mudança, lembrando que a teoria leva pouco em conta outras esferas da vida do cidadão. O padrão de autoridade dos governos tem que ser igual ao padrão médio da sociedade. Adverte que há instâncias da sociedade que não podem ser democratizadas e que nem todas as estruturas da sociedade próxima ao governo são democratizantes, sendo o mais importante um equilíbrio dos elementos díspares. Não se pode imitar a democracia fora da política. Centra sua preocupação na estabilidade, até com uma "saudável autoridade".

Da leitura de Pateman, o que se apresentou até aqui foi um quadro de autores da teoria democrática que se caracterizam pelo empirismo, por uma democracia discursiva e realista, baseada em fatos, funcionando como um método político, um arranjo institucional, sustentado pela competição entre os líderes e legitimado pelo voto do povo. Como no sufrágio universal há igualdade de oportunidades, ou seja, de escolha, não há interesse na maior participação dos apáticos inativos. Eles poderiam enfraquecer o consenso.

Já os teóricos clássicos, para Pateman, não pretendem uma teoria descritiva, mas uma teoria normativa, com princípios e preceitos. Pateman diz que os teóricos posteriores aos clássicos, terminaram por fazer uma teoria normativa. Lembrando que, para alguns, na democracia não é necessária a participação de todos e que a democracia não se prejudica quando restrita às elites poliárquicas. O importante, para os schumpeterianos, principalmente no sistema anglo-americano, é que haja moderação. Se há moderação, há um sistema que reforça o acordo social mesmo quando há contradição, salvo no caso em que não se possa escolher líderes e elites como representantes. O ideal seria o democrático ativo informado e racional, sendo improvável que isso ocorra. Os contemporâneos referem-se aos "clássicos" mas não especificam de quem estão falando, em geral, diz Pateman, de James Mill, Jeremy Bentham e Rousseau.

Schumpeter diz que esses democratas clássicos falam sobre temas e questões particulares de seu tempo. Por isso, ele acha que a teoria clássica é irrealista e exige uma racionalidade impossível. Schumpeter considera que o homem comum empobrece o conteúdo do debate, perde a noção da realidade e não enxerga o conjunto. Pateman estudou dois teóricos utilitaristas: Bentham e James Mill e dois favoráveis à participação, todos clássicos, como Rousseau e Stuart Mill. Bentham e James Mill defendiam o sufrágio universal, voto secreto, parlamentos anuais, com representantes deputados. O povo constituiria as classes mais numerosas, representando uma força que impede o governo de realizar interesses sinistros, mas sendo o governo o fornecedor da segurança. Diziam que o povo não está com aqueles que lhe são contrários, sendo obrigatório levar em conta a opinião pública.

James Mill alertava sobre a importância de se educar o eleitorado, pois achava que a classe média formava a opinião dos trabalhadores. Quem não sabe escolher espelha-se em alguns que julga competentes, e faz sua escolha sem possuir os princípios lógicos de que fala Schumpeter, e quem não liga para os interesses universais do povo perde o mandato. Tanto para James Mill, quanto para Bentham, a participação surge quando interesses cruciais são prejudicados. Até aí os teóricos do pensamento pós-clássicos concordam, mas Pateman diz que a diferença é que eles são em geral partidários de um governo representativo.

Já em Rousseau, principal teórico dessa corrente, com Stuart Mill e Cole, a democracia participativa tem outras funções e é fundamental para o estado democrático. Pateman se refere a uma sociedade participativa, com vários teóricos clássicos nesta visão. Essa fração clássica que defende a democracia participativa, fala da importância da educação do povo, sendo a própria atividade política do governo parte da educação. E para atingir a democracia política, para os participacionistas, é preciso uma educação crítica.

Rousseau não pode ser um clássico da democracia representativa, diz Pateman, porque sua democracia é direta e não representativa. Para Rousseau cada cidadão tinha sua participação no processo político, não sendo este um simples arranjo institucional, mas só na cidade-Estado isto daria certo. O cidadão tem que ter uma relação de interdependência, todos têm que depender igualmente da *polis*. A lógica da participação impossibilita o individualismo, sendo mais independente, pois seus interesses estariam garantidos no conjunto. Dessa forma, os benefícios são compartilhados, a vontade geral é justa, já que todos os interesses foram protegidos.

Para Rousseau o sujeito participa representando seus interesses, a participação é educativa, pois transforma o indivíduo em cidadão, capaz de tomar atitudes responsáveis, tanto individual, como social e politicamente. Liga o interesse público ao privado. E é nesse aprendizado que o indivíduo acaba por não sentir conflito entre público e privado. Quanto mais participa mais aumenta sua liberdade, considerando-se livre, pois as leis foram formuladas por ele mesmo. A lei emerge do processo participativo, aumentando a liberdade.

No *Contrato Social*, Rousseau contribui para uma melhor reflexão sobre o aspecto da participação dentro da teoria democrática, fornecendo caminhos distintivos dos outros teóricos, possibilitando encontrar hipóteses básicas a respeito de sua função. A participação ocupa o centro de sua teoria, tornando-se bem mais do que um arranjo institucional, a participação aqui sugere o desenvolvimento de um indivíduo ativo e atento aos processos políticos de tomada de decisões, para a manutenção da inter-relação contínua entre o funcionamento das instituições e as qualidades e atitudes psicológicas dos indivíduos.

Pateman, argumenta que para a compreensão da natureza da participação dentro do sistema político de Rousseau é preciso entender seu sistema político participativo ideal, que parte de um contexto de uma cidade-Estado constituída de proprietários camponeses. Para ele, o sistema participativo exige algumas condições econômicas, não precisa de igualdade absoluta, mas da minimização das desigualdades políticas. A sociedade de Rousseau é um conjunto de igualdade e independência econômica. Defendia que "nenhum cidadão fosse rico o bastante para comprar o outro e que nenhum fosse tão pobre que tivesse que se vender" – a exigência é que todos tivessem propriedade. Isso conduziria a uma relação de interdependência equitativa e cooperação entre os cidadãos. A ação participativa individual é o mecanismo que proporciona essa relação.

A participação apoiada na lógica da situação política não permite que autoridades individuais se sobreponham: os interesses deveriam ser defendidos individualmente e os benefícios compartilhados igualmente. O objetivo é manter a igualdade política nas decisões. Nesse contexto, quem governa são os homens, por meio de leis que eles mesmo elaboraram, "a lei governa as ações individuais" (Pateman, 1992, p. 37).

Para que todo este processo seja garantido é necessário extinguir grupos e facções organizadas, mas, como lembra Rousseau as "associações tácitas" sempre vão existir, e se for impossível evitá-las, então que existam em grande número para igualar o poder político. Daí a participação ser transferida dos indivíduos para os grupos. Em sentido geral, para Rousseau, como dissemos, a participação é efetiva no âmbito das decisões, desde que garanta a proteção dos interesses individuais. Ao estimular a ação individual, social e política, ela se torna educativa, em sentido amplo, e faz com que o indivíduo interligue interesses públicos e privados, aprendendo, portanto, a ser um cidadão público e privado.

A consolidação estável desse processo torna a participação autossustentável, pois quanto mais o cidadão participa, mais preparado está para manter esse sistema, além de proporcionar uma integração do cidadão à sua sociedade, transformando-a numa comunidade. A participação na teoria de Rousseau implica na relação entre participação e controle, que está intimamente vinculada à sua noção de liberdade.

Então, o que sustenta o caráter educativo e autossustentável da participação é a relação íntima que deve existir entre as estruturas de autoridade e a qualidade das ações individuais. Essas noções são fundamentais para as discussões teóricas sobre teoria da democracia participativa de J.S. Mill e Cole, que é colocada por Pateman no quadro de um sistema político moderno. Segundo Pateman, os fundamentos participativos da teoria social e política de J.S. Mill apresentam algumas ambiguidades, devido à absorção eclética de diversas correntes teóricas. Em *O Governo Representativo*, percebe-se a presença de uma visão utilitarista referente à participação política. Adverte que a democracia é ameaçada pelos interesses individuais de quem detém o poder, "trata-se do perigo de uma legislação classista" (1992, p. 4).

Para que se garanta um bom governo baseado na democracia, se faz imprescindível, no pensamento de Mill, a existência de arranjos organizados para a administração dos assuntos públicos, por meio das faculdades morais e intelectuais dos cidadãos. Essa é a parte empresarial do governo, a qual J.S. Mill julga menos importante, ao contrário de Bentham, que acredita constituir uma totalidade. O essencial para J.S. Mill é a promoção de progresso da eficiência intelectual, política e social geral da comunidade, sendo esse o critério para julgar as instituições. O governo e as instituições ganham um caráter educativo. A inter-relação do lado empresarial do governo – e o do desenvolvimento individual de virtudes – é fundamental para o estabelecimento da democracia, do governo popular, acreditando ele ser essa a melhor forma de governo.

A dissolução da apatia dos indivíduos e o desenvolvimento do potencial político da formação dos cidadãos, para J.S. Mill, só é possível num regime de instituições populares, participativas. Daí encontrar-se novamente a inter-relação das instituições e o caráter da qualidade individual; ou seja, entende-se que uma ação social e política responsável e consciente está estritamente ligada ao tipo de instituição na qual está inserido. A autossustentação do regime participativo depende, como já havia proferido Rousseau, de uma boa relação indivíduo – instituição. Mill entende da mesma forma que Rousseau – o caráter educativo da participação política.

Embora as propostas práticas de Mill não levem muito em consideração seus próprios argumentos sobre a participação, é importante retomá-las. A democracia para ele é inevitável, o que se deve fazer é ajustar as instituições políticas ao estado "natural da sociedade", um Estado regido por um poder instruído, mas um Estado de minorias no qual a massa tenha fé nessa minoria instruída. A elite teria que prestar contas à maioria, que estaria consciente de todo o processo de tomada de decisões.

Mill contribui para pensarmos em outra dimensão, numa sociedade de larga escala nas teorias referentes às instituições políticas locais. Aqui ele é influenciado por Tocqueville, quando este, em *A Democracia na América*, discute os perigos intrínsecos ao desenvolvimento de uma sociedade de massas, tema muito abordado até hoje. Na crítica a Tocqueville, Mill argumenta de que nada valem os sufrágios universais e a participação política se o cidadão não foi preparado para isso, principalmente em nível local. Mill atribui muita importância ao desenvolvimento político e participativo do indivíduo no nível local, pois nessa dimensão é que ele aprende a se autogovernar. O ato político deve ser construído nos hábitos cotidianos, não se deixando fragmentar em repetidos intervalos de anos.

Para que os cidadãos sejam capazes de participar duma sociedade complexa, as qualidades e o preparo devem vir de níveis locais, pois é nessa dimensão que ocorre o caráter educativo, atribuindo assim J.S. Mill atenção especial à esfera privada e cotidiana. Portanto, se é por meio de uma participação em nível local que o indivíduo aprende a democracia, somente um governo em menor escala ensinará um indivíduo a exercitá-la em grande escala.

As respostas para a solução dos conflitos socioambientais estão sendo encontradas na consolidação de projetos e de instituições que tomam como base uma gestão ambiental democrática. A dinâmica dessa gestão, sem dúvida alguma, deve enfrentar a problemática da participação política das populações afetadas, geralmente os excluídos do cenário econômico predominante.

II. MUDANÇAS CLIMÁTICAS

1. Mudanças Climáticas: O Papel do Estado, do Planejamento e do Mercado

A visão de que a ampliação da democracia é prioritária como resposta às mudanças climáticas não é compartilhada por importantes autores. Para Giddens o caminho é o do retorno ao planejamento (2009, p. 91). Ainda não contamos com uma política frente às mudanças climáticas globais, inovações políticas decisivas não foram analisadas. Seu ponto de vista, afirma, é fundado no realismo. Admite que são necessárias mudanças no modo de pensar a política. No entanto, a democracia parlamentar permanece como o caminho, dentre os já existentes, assim como o Estado é o ator decisivo, como propulsor com as grandes empresas de inovações tecnológicas renováveis num quadro competitivo. O mercado tem um papel importante, como nas trocas de emissões por avanços ambientais. O Estado e o governo precisam em todos os níveis fazer-se presentes, num momento de governança multilateral. Embora não se trate de reverter o governo central, há temas que são levantados pela sociedade civil e o Estado conta com uma variedade de instituições para dar respostas no local, na cidade e na região.

Há para esse autor uma diferença entre o conservacionismo e a resposta às mudanças globais. É preciso obter um modo de vida decente para os seres humanos nas várias dimensões, afirma. Nem sempre os temas coincidem, por exemplo, frente às mudanças globais, as soluções virão da ciência e da tecnologia, uma vez que as ameaças ultrapassam o mundo natural. Para enfrentar as mudanças climáticas é necessário planejamento, defende Giddens, apesar da conotação autoritária que a palavra possa conter, devido à escala dos danos e soluções. Formula o que chama de "paradoxo de Giddens", frente ao risco e a imprevisibilidade, ou seja, se as respostas não forem tomadas séria e urgentemente, pode ser tarde. A política ambiental, nesse caso, não pode ser conduzida pelo medo ou por diferenças esquerda-direita e deve ser de longo prazo. Frente ao amplo acordo da comunidade científica sobre seus perigos reais, ao menos se obteve que as mudanças climáticas estejam na agenda política, embora para a elite, muitas vezes, isso signifique apenas planos grandiosos, retóricos e vazios de conteúdo.

Beck (2009, p. 11) também vê como prioritário o Estado na ação preventiva de segurança dos cidadãos informados do risco. Apesar da importância decisiva do papel do Estado, Giddens não vê possibilidades de forçá-los a acordos internacionais, ficando a responsabilidade à discrição de cada Estado, mesmo na União Europeia. O Estado trabalha com diferentes instituições ao nível nacional e internacional e é quem conta com maiores recursos para a busca de soluções. Apenas programas nacionais fortes poderão acelerar entendimentos internacionais.

Governo e Estado, com o apoio dos cidadãos, num contexto de direitos e liberdades, contando com as ONGs e o mercado, eis em resumo o caminho de Giddens. O papel do Estado seria o de catalizador, facilitador e garantidor. Giddens (2009, p. 94) refere-se a um dos trabalhos de Dryzeck, afirmando que não basta dizer que o Estado e o mercado estão despreparados para os temas ecológicos –, mas que concorda em que o Estado sofra transformações. O governo teria que inovar nas relações entre Estado, mercado e sociedade civil frente às mudanças climáticas.

Recapitula ele que o planejamento foi considerado a solução contra a irracionalidade do mercado, no pós-guerra e nos anos 1980, depois voltou-se às privatizações e agora ressurge a necessidade de um retorno do intervencionismo do Estado, por falhas de regulamentação e de políticas de longo prazo. Propõe um radicalismo de centro, que ponha fim ao embate habitual esquerda-direita, um consenso que atravesse os partidos, num grupo que se supere pelo interpartidário. Estratégias desse tipo é que permitiram avanços na Holanda, na Dinamarca, na Suécia e no Japão na prevenção das mudanças climáticas, afirma.

2. Tecnologia, "Ecocracia" e Risco: Beck

Hoje a sociedade do risco é mundial, particularmente no que se refere às mudanças climáticas, afirma Beck (2009). Seu foco é a insegurança fabricada pelos seres humanos e a necessidade de uma ação na esfera pública global. Beck (2009) ressalta a importância da crítica ao sistema industrial e da redução do ambiente à ciência da natureza, às fórmulas técnicas, instrumentos de medida que resultam numa "ecocracia" pouco diferente da tecnocracia. Ignora esse sistema os símbolos culturais e o diálogo intercultural. Diz que em Weber a lógica do controle triunfa, havendo o risco de um regime despótico da moderna burocracia baseado na lógica capitalista do lucro. Mas o risco da racionalidade é visto com otimismo (2009, p. 16), devido à ampliação da racionalização e do mercado. Weber não teria assim tanto receio do "caos da incerteza", temia mais que "a ciência, a burocracia e o capitalismo transformassem o mundo moderno numa espécie de 'prisão'". "A razão instrumental despolitiza o político e diminui a liberdade individual", afirma Beck. Beck considera que o modelo weberiano invertido é o que funda sua teoria da sociedade global do risco. Isso porque Weber não atribui a universalização do risco ao colonialismo e ao imperialismo, ao fogo e à espada, mas à força do que parece ser o melhor argumento. A racionalização é apresentada como o melhor caminho, sem os cuidados com os efeitos colaterais e as incertezas. O imprevisto, o inesperado, o incalculável é que põem em questão a idéia do controle racional – o que é inconcebível no modelo weberiano. O princípio antiweberiano da irracionalidade e do risco incerto, abrem caminho para a tese da ambiguidade da sociedade global de risco, vista como um fenômeno inesperado da sociedade cosmopolita, e suas ameaças globais, como as mudanças climáticas, a crise financeira e o terrorismo.

Para Beck (2009, p. 18), Weber assume que a incerteza e a ambiguidade do risco podem ser racionalizadas. Keynes por sua vez contradiria essa fórmula, admitindo que a incerteza dos efeitos e dos danos colaterais traz novas consequências irracionais, incalculáveis e imprevisíveis. O controle das ameaças não termina. Este princípio – para Beck, antiweberiano – da visão cosmopolita, dos fenômenos imprevisíveis, estaria emergindo da sociedade dos riscos globais. Ninguém escapa – é a condição humana: mudanças climáticas, crise financeira e terrorismo. Há ainda os riscos antigos (acidentes industriais, guerras) e as catástrofes naturais (terremotos, tsunamis). Agora os riscos são globais, ninguém escapa, enfatiza.

O momento cosmopolita é aquele em que todos se tornaram vizinhos e querem incluir todas as culturas, o que defende a inclusão e a dissolução das diferenças. Mas ao nível nacional os diferentes são excluídos. É no cosmopolita que se preserva o multiculturalismo global, incluindo os outros na realidade ou como princípio. As mudanças climáticas são globais, mas têm suas subpolíticas. É um momento em que todo o mundo é ameaçado, que opõe toda a sociedade à natureza:(1) em que se formam comunidades globais e uma virtual esfera pública; (2) as ameaças globais estimulam instituições globais de cooperação; (3) a sociedade cosmopolita, vai se formando em confronto com a do risco global (Beck, 2009, p. 80).

As soluções passam pelos ministros, pelos especialistas, administradores e em particular pelos cientistas, que geram a certeza do aquecimento global, como é o caso com os climatólogos e seus modelos. Mas é urgente que o grande público possa ver mais de perto o que serão as mudanças climáticas. No momento ainda estamos em um debate entre culturas, os que admitem os riscos e os que não consideram o perigo, minoritários entre os cientistas. A questão se torna assim mais política. É preciso tornar visível o invisível, como ocorreu com o relatório Stern do Banco Mundial, apresentando, com dados empíricos, o aumento da malária em milhões, as secas, os danos às fontes de água, as inundações, os riscos para Nova York, Londres e Tóquio, anunciando os altos custos dos impactos das mudanças climáticas, equivalentes aos das duas guerras somados à Grande Depressão. Ficou mais fácil responder que vale a pena investir, sabendo-se que é antecipação com incertezas? É realista admitir-se que o risco é global. A partir de Chernobyl se sabe que o desastre ambiental não tem fronteiras.

Perigos globais trazem debates, ações e atores transnacionais. O debate ambiental superou e envolveu o das classes sociais, embora os impactos possam aumentar as diferenças sociais. O realismo é fragmentado, a ciência tem um certo conhecimento. Quanto ao conhecimento socialmente construído, é preciso dar--lhe publicidade, para que se aumente a pressão para a ação. Exemplo de conhecimento construído, são as grandes ONGs, que por sua vez enfrentam grandes interesses. Mas ainda falta esclarecer tudo o que a ciência sabe. Há que se responder se não há um neoimperialismo ecológico ocidental, que esconde quem é ameaçado por quem. Há ainda o problema da dependência que todos têm dos profissionais das ciências da natureza, de sua competência *high-tech* e das políticas de controle, que vêm dos computadores e das biológicas.

A sociedade mundial do risco, continua Beck (2009, p. 88), é sinônimo de conflitos étnico-nacionais de percepção e de avaliação, como é o caso com os níveis de perigo e os graus de responsabilidade. Há duas correntes interpretativas, a realista e a construtivista. Os realistas seriam os que se referem mais ao risco global e os construtivistas à sociedade, sem defini-la. Referem-se a atores que precisam impor seu discurso pelos grupos transnacionais. Na ótica realista – o que conta são os danos. O certo é que essas grandes ONGs, como o Greenpeace, Amnesty e Terre des Hommes, trazem uma nova cidadania global e acentuam a diferença entre governança e o Estado-nação da primeira modernidade nacional.

Há os que consideram eficazes apenas os órgãos internacionais "de cima" reguladores, de cooperação ou de consenso e pensam as pressões dos "de baixo" como uma gota d'água no oceano. Avaliam que os Estados-nação estão aderindo a uma aliança global em torno das mudanças climáticas mais porque encontraram estratégias, do que pela pressão dos organizados. Beck entende esses movimentos sociais cosmopolitas como subpolíticas diretas dos movimentos sociais nacionais, atuando por meio de temáticas seletivas, acima dos parlamentos. Seu exemplo é o Greenpeace, que mobilizou um boicote contra a Shell pela poluição no mar e contra Chirac e os testes nucleares franceses, em aliança com outros Estados, como os asiáticos.

A novidade política é que neste mundo pós-tradicional, os contestadores o são pela individualização. Por uma nova ética e não devido à "consciência de classe". Um programa humanitário os orienta – salvar o ambiente do mundo. Política e ética vêm antes da especialização e da visão geral, há uma subpolitização em favor de alvos específicos: uma modernidade republicana, em contato com partidos, parlamentos e outros poderes. O fato é que governos e grandes corporações estão expostos à opinião pública. Trata-se de uma democracia direta na escala e em ações globais, boicotes, *networks*, ou seja, cidadãos livres dotados de uma cidadania tecnológica (Beck, 2009, p. 97).

A sociedade cosmopolita atravessa fronteiras e dá nexo de responsabilidade a esse conjunto de anônimos que procuram o respeito aos direitos básicos. Há princípios: autonomia, dignidade, uma posição de recusa à alienação e compromissos políticos com os direitos de informação, participação, garantir o consenso informativo e limitar danos a comunidades e indivíduos.

A internet é a base – não sindicatos ou uniões de operários: utilizam símbolos culturais da mídia de massa provocando a má-consciência dos consumidores poluidores, num protesto sem riscos. Cada um é seu inimigo no protesto anticonsumo, é uma consciência de tipo "cruz vermelha". A indústria perde para o alternativo. Os consumidores ficam como crianças perdidas na "floresta de símbolos" de Baudelaire, considera Beck (2009, p. 97). Se simplifica para garantir a transmissibilidade, a audiência.

Quem inventa? Cada um e todos, num protesto público coletivo, conduzido pela transparência e o tamanho do pecado do poluidor aumenta com a difusão. Se o cidadão separa seu lixo, porque a Shell não limpa sua sujeira, ou o governo francês brinca com o lixo nuclear? Enfim, os filhos dos primeiros grandes poluidores dos países desenvolvidos limpam sua consciência histórica, controlando a ética de suas próprias empresas e governos.

Há momentos de fogo aberto, de simplificações, procurando alarmar as fibras dos conectados para escolher nas ações coletivas quem é o vilão ou o herói? O *business* serve de vilão e às vezes de herói. Thoreau e Gandhi teriam gosto em ver a *civil disobedience* conduzida pela mídia atual, numa resistência transcultural, global, de poder direto, a uma luta de boxe política na arena internacional, às vezes com grande audiência. É quando a *world risk society* faz eventualmente sua autocrítica e admite riscos industriais.

Quanto às subpolíticas de cima para baixo, como o FMI, o Banco Mundial, a OMC, o Unctad, associados com *think thanks* nacionais e tomadores de decisão, são todos bem articulados, como especialistas gerais. Mas há contradições entre o que é nacional e o que é das regiões globalizadas. Um documento importante foi o do ex-presidente do Banco Mundial, Nicholas Stern, escrito para a Inglaterra, conhecido como *Stern Review*, já citado. Esse estudo diz que os custos preventivos das mudanças climáticas são menores e que no futuro representarão 20% anualmente para a economia global. Agora se poderia criar oportunidades para empresas com alternativas ao monóxido de carbono, produzindo energia limpa num capitalismo verde, conduzido pelo Estado, no caminho da precaução. O Estado balança entre o nacionalismo e a cooperação, que vence e orienta os objetivos num mundo desigual. O acordo dos EUA com a China, hoje estremecido, foi importante, senão os pobres pagam a recuperação ambiental, afirma Stern.

O risco tem sempre duas visões opostas e mutuamente excludentes, anunciou Beck (2009, p. 160). Para alguns tomadores de decisão o relevante são os aspectos negativos, que para outros não passam de efeitos colaterais. A pesquisa sociológica deve ocupar-se da visão ilusória dos especialistas e inspetores do governo e de suas promessas de negócios limpos. Nos séculos XIX e XX, os efeitos colaterais conhecidos foram tidos como irrelevantes, apesar de movimentos e escritos indignados. Os Estados regulamentavam alguns aspectos secundários, os menos visíveis, como as toxinas na comida. No máximo se preocupavam com a segurança nas fábricas e o resto era "problema deles". Com o tempo os danos socioambientais foram se tornando mais claros pelos dados empíricos, comparativos e o avanço científico ajudou a ver os danos colaterais, a divisão entre os que provocam os danos e os que os sofrem. O impacto global tardou a ser provado, exigiu novas instituições e enfrenta conflitos e diferenças. Em 2007 a União Europeia lançou um plano para os automóveis, com o apoio dos governos nacionais e das ONGs, numa visão cosmopolita do risco, iguais na desigualdade.

Os impactos previsíveis do risco são globais e as vulnerabilidades locais. A localização e a responsabilidade pelos possíveis danos físicos e sociais não coincidem no tempo e espaço. Daí a necessidade de uma visão cosmopolita, que por analogia e em cenários tomados dos dados empíricos e desastres semelhantes permite antever os impactos – graças à ciência, o espaço-tempo e os locais das decisões – e os efeitos colaterais, que aumentam em previsibilidade. O que há de novo são os problemas postos pelos desastres de grande porte, em interações que atravessam fronteiras – camada de ozônio, mudanças climáticas, aquecimento global etc.

Há uma cegueira cultural cotidiana e não podem os riscos serem tratados pelas instituições tradicionais – em particular no que se refere aos países em desenvolvimento. É necessário um olhar transnacional, cosmopolita, levando em conta o conflito e a desigualdade. Os protestos, como os contra a OMC, mostram que a visão dos riscos é mais internacional e deixou de ser apenas do estado-nação. Ninguém pode controlar a sociedade global, a modernização é risco e renovação: há o "nós" dos que tomam decisões de risco e o "nós" dos que sofrem os danos colaterais.

É necessário, diz Beck (2009, p. 164), trabalhar-se em uma tipologia do risco global, nacional, internacional, transnacional e cosmopolita. E como introduzir esses temas na sociologia da desigualdade? Dada sua hierarquia no concerto das nações, muitos estados não têm força para interferir com a soberania de outros estados, e não estão em posição de produzir riscos e contam apenas com a boa vontade ou com a cooperação para poder pressionar. Os desastres, porém, não respeitam fronteiras, nem soberanias, autoridade política ou governos, e impõem a nececidade de colaboração, como no caso do Mar do Norte, em que vários países terão que trabalhar em conjunto, numa ação de reciprocidade.

TIPO 1
O Nacionalismo Como Método

O exemplo que dá do risco nacional é o caso do Malawi, que perde o seu pessoal treinado em HIV/AIDS para outros países, aumentando os riscos de mortalidade materno-infantil entre seus treze milhões de habitantes, segundo relatório do United Nations Population Fund (Beck, 2000, p. 169). Cerca de vinte mil africanos treinados em saúde, têm aceitado empregos na Inglaterra e em outros países desenvolvidos que buscam enfermeiras, por exemplo. Haveria mais médicos do Malawi em Manchester do que no seu próprio país.

O nacionalismo como método descuida da individualização do risco global. É o caso dos imigrantes, odiados no Ocidente, e que são a maior fonte de ajuda para aliviar a pobreza no Terceiro Mundo. Estimativas do Banco Mundial calcularam em 232 bilhões de dólares as remessas desse segmento, sendo 167 bilhões para países em desenvolvimento, para a saúde e educação. As remessas não oficiais podem dobrar tal quantia.

TIPO 2
Hierarquia das Desigualdades Internacionais
nos Riscos e Ameaças

Beck estuda as constelações transnacionais e o exemplo é Chernobil (2009, p. 170). A questão de quem são os agentes de risco, os *winners*, e quem são as vítimas, os *loosers*, nesse caso é mais transparente, riscos para si *versus* riscos para outros além-fronteiras, "nós contra eles". Esses casos podem terminar em conflitos entre nações, em antagonismos inflamados e emoções afloradas quando o tigre-público ruge. A dramatização é mais forte entre os vitimados, do que no país fronteiriço tomador de decisão, mesmo que os impactos atinjam ambos os países, no caso Rússia e Ucrânia. A pressão nos países que exportam riscos é menor do que nos atingidos, porque atingem outros. A responsabilidade dos tomadores de decisão é clara, entre causadores e vítimas. Beck (2009, p. 171) cita a antropóloga Adryana Petrina (2013). Após a queda da constelação soviética cresceram os confrontos entre Rússia e Ucrânia. O acidente nuclear ajudou a unificar os ucranianos na construção de sua nacionalidade independente: todos os partidos comunistas, nacionalistas, democratas, se uniram contra o ato genocida atribuído à Rússia soviética. As autoridades ucranianas e russas desentendiam-se sobre os parâmetros de contaminação que determinavam os montantes das indenizações. A área atingida também se ampliou de maneira mágica, assim como os gastos com o bem-estar das possíveis vítimas, "os deficientes nucleares". A Ucrânia demarcou-se, assim, da nação "criminosa", a Rússia. Travou-se uma biopolítica, diz Beck citando Foucault, a combinação da ciência com as incertezas médicas e os espaços desconhecidos, como os impactos nas novas gerações.

TIPO 3
A Gripe Aviária: Exemplo de Network Transnacional

No início da epidemia os chineses queriam calar o fato, para evitar turbulências. Apesar de ser um estado autoritário, terminaram por aceitar ajuda internacional. Uma grande articulação de instituições atuou em conjunto. Trocavam-se informações e diagnósticos, de Atlanta, nos EUA, passando por Hong Kong e envolvendo a OMS. As áreas consideradas infectadas ou livres, ou com risco de haver vírus, não dependiam das fronteiras nacionais. Houve uma administração transnacional do risco, indispensável em situações nas quais não adianta insistir na autonomia local ou na soberania nacional, pois a solução virá apenas de forças atuando em conjunto.

TIPO 4:
Desigualdades Cosmopolitas nos Riscos Globais

Nessa dimensão mais ampla, o exemplo de Beck (2009, p. 184) é o da ameaça sobre a camada de ozônio e da cooperação internacional múltipla que levou à sua proteção, incluindo ONGs, governos, cientistas e instituições internacionais. As fotos mostrando o impacto sobre a Antártica foram decisivas. A sociedade do risco global também cria alternativas de reflexão e de soluções globais.

3. O Escravo Contente

Norberto Bobbio, quando perguntado sobre qual seria o autor mais importante à democracia, respondeu que destacaria Aléxis de Tocqueville e o seu livro *A Democracia na América*. Bobbio destaca as palavras exatas de Tocqueville que lhe chamaram a atenção:

Se procuro imaginar o despotismo moderno, vejo uma multidão desmedida de seres iguais àqueles que vemos procurando pequenos e mesquinhos prazeres, com os quais comprazem sua alma. Acima desta multidão, vejo criar-se um imenso poder tutelar, que se ocupa apenas de assegurar aos súditos o bem-estar e mais de vigiar o seu destino. Este poder é absoluto, minucioso, previdente e moderado.

Diz ainda Bobbio: "quando hoje nós condenamos o consumismo, o hedonismo, a banalização do gosto na TV, pensamos em uma sociedade que poderia ser chamada a do 'escravo contente', contente de ser escravo, porque recebe do imenso poder tutelar o que lhe satisfaz" – pode-se lembrar aqui, do *Discurso Sobre a Servidão Voluntária*, de Étienne de la Boétie. De fato, a frase de Tocqueville antecipa em caminhos próprios e datados as análises que fará Max Weber, do risco da tirania da burocracia, ou das tendências dos partidos à burocratização, ou nas palavras de Robert Michels, "a lei de ferro das oligarquias". O parágrafo que Bobbio destaca parece prefigurar uma sociedade igualitária, mas não democrática, que se poderia chamar de paternalista e de baixa participação dos cidadãos, submetidos ao controle da tecnoburocracia.

As análises de Weber sobre a burocracia foram antecedidas por Tocqueville, que considerava a arte da associação, como a da igualdade de condições e de oportunidades, fundamentais para a democracia. Disse ele ainda que, no caso em que a liberdade e os direitos garantam mais a liberdade daqueles que em tudo priorizam os ganhos e lucros, haverá perdas relativas à liberdade de expressão, publicação, organização, pondo em risco a própria democracia americana, apesar de seus pais fundadores. O interesse individual se sobrepondo ao público leva ao empobrecimento da participação e, portanto, da democracia.

Tocqueville parece ter prenunciado, então, o surgimento da burocracia moderna, e a anomia dos cidadãos, na forma como foi considerada mais tarde por Max Weber:

1. uma organização burocrática é constituída pela existência de regras abstratas, às quais estão vinculados os detentores do poder e os dominados;
2. sua legitimidade é validada pela hierarquia, relações de autoridade e esferas de competência precisas, dentro de um modo hierárquico;
3. os funcionários administrativos ligados a essa estrutura administrativo- burocrática são livres, apenas tendo que dar conta de suas atividades, devido à sua carreira.

Weber descreveu assim a utilidade e o risco da burocracia e, simultaneamente, a formação do seu interesse próprio e ainda as inter-relações estreitas que se dão entre os funcionários públicos, os administradores das grandes empresas, o exército e a produção bélica, concluindo-se que o fortalecimento da ausência de qualquer controle social da tecnoburocracia – poderia transformá-la na maior das tiranias.

A burocracia tende a ser vulnerável a grupos de pressão. A existência dos grupos de pressão é antiga, mas foi retomada há algumas décadas por Robert Dahl, em particular no seu livro, *Poliarquia*, dizendo à maneira de Schumpeter, que seria suficiente à democracia que a maior parte dos grupos de interesse da sociedade se apresentasse em condições de exercer atividades políticas. Mesmo reduzida a grupos de interesses organizados a democracia estaria existindo no limite do possível, uma vez que a sociedade conta com a anomia da maior parte dos cidadãos, mas a democracia funcionaria minimamente havendo competição e alternância. A discussão acerca dos grupos de interesse, de pressão ou *lobbies*, tem como ponto de partida, o tema do interesse, posto na ciência política por Maquiavel, retomado por Thomas Hobbes, até a mais contemporânea teoria política, em particular nas produções anglo-saxônicas, com destaque aos neo-schumpeterianos.

III. CONTRIBUIÇÕES DA POLÍTICA AMBIENTAL

1. *Ambientalistas: Nem Esquerda, Nem Direita*

Para a frente, nem esquerda, nem direita, seria como os ambientalistas mais gostariam de ser definidos (Carter, 2007, p. 76). O ambientalismo entrou na agenda nos anos 1960. Nessa altura, se previa que em 2005, 40% do planeta teria pegadas ecológicas. Os EUA tinham na época 108.95 hectares por habitante já usados, setenta vezes a Etiópia, com 1.56.

Em 1986 estourou o reator nuclear de Chernobil. Para os ambientalistas foi o momento de criticar o industrialismo, ou a modernidade, pois o capitalismo e o socialismo apareciam iguais.

A energia nuclear ressurge na proposta de Giddens (2009), como por todo o mundo, nos EUA, no Brasil, onde se fala em trinta usinas, e na Europa. Agora ela é uma alternativa limpa às fontes energéticas fósseis, uma alternativa "verde" ao carbono do aquecimento global e das mudanças climáticas. A Finlândia, a França e o governo britânico constroem usinas nucleares.

Há um ambientalismo comportamental difuso na sociedade: procurar alimentos orgânicos, reciclar, poupar eticamente e férias com turismo ecológico. Mas o movimento ambientalista é bem diferente daquele do início do século XX, voltado à defesa da vida selvagem, parques e reservas, contra erosão do solo e poluição local. Nos anos 1960, já uma segunda geração surge com o aumento populacional, tecnologia, desertificação, pesticidas, escassez de recursos.

Hoje o ambientalismo chegou a uma agenda bem mais pesada: chuva ácida, buraco na camada de ozônio, destruição das florestas tropicais, mudanças climáticas, perda de biodiversidade, uso de transgênicos etc. Platão, César e Lucrécio já se preocupavam com a erosão dos solos. Foram assim ultrapassadas as fases conservacionistas e preservacionistas. Mais tarde o movimento – um conjunto de correntes, partidos e uma ideologia em busca de uma base filosófica – pretenderá mudar os valores societários e não apenas denunciar os ecodesastres, como a poluição no mar por petroleiros, a poluição por mercúrio em Minamata, no Japão, ou o vazamento nuclear em Three May Island, nos EUA. Uma data chave foi o dia 22 de abril de 1970, quando milhões protestaram no Earth Day (Carter, 2007, p. 5).

Alguns teóricos europeus e norte-americanos se preocupam em saber se o ambientalismo ou o ecologismo conformam uma ideologia, a partir de três indicadores: (1) conjunto de conceitos críticos; (2) políticas alternativas e (3) programa de ação alternativo. Independentemente da definição de se representa ou não uma ideologia, há consenso em se admitir que o ambientalismo é composto por várias correntes, sendo um importante movimento, com a clássica divisão entre radicais e reformistas. Todos os adeptos pretendem uma mudança ética na relação entre os humanos e o mundo natural, concordam que há limites para o crescimento, defendem uma sociedade sustentável e a corrente reformista sente-se à vontade com os seus parceiros, sejam eles conservadores, liberais ou socialistas (Carter, 2007, p. 12).

Os ambientalismos têm um debate ético sobre, por exemplo, como fica a defesa das espécies quando prejudica populações pobres. Há uma busca de equilíbrio entre as visões antropocêntricas e ecocêntricas? O ponto comum é o de se admitir que a natureza não humana tem um valor intrínseco a partir de uma visão holística, que pelo extensionismo moral, compreenda a defesa dos direitos dos animais. Trata-se de combater a corrente arrogante do antropocentrismo que pensa a natureza como tendo valor puramente instrumental, ou seja, afirma-se que a natureza tem valores que são independentes das necessidades humanas. Alguns defendem a elaboração de um código ético de conduta no que respeita à natureza. A conclusão desse debate é uma visão eclética, na qual os valores intrínsecos da natureza estão garantidos (Carter, 2007, p. 35).

Além da revisão das relações do homem com a natureza, os ambientalistas enfatizam os limites para o crescimento e defendem uma boa sociedade, com uma visão de participação democrática de baixo para cima, descentralização, justiça social e não violência além de garantias às futuras gerações. Há posições bastante radicais neo-malthusianas relativas aos limites do crescimento, por exemplo, os que defendem que os países ricos devem abandonar os que não têm políticas de controle da natalidade, como Garrett Hardin em "The Tragedy of the Commons" (A Tragédia dos Comuns).

Essas correntes foram chamadas de *survivalists* (sobrevivencialistas) ou catastrofistas, chegando a defender Estados autoritários com mandarins ecológicos e disciplina militar. Mas entre os que defendiam a *deep ecology*, havia uma variedade de correntes.

Muitas previam o fim das fontes fósseis de energia, petróleo, gás, carvão, mas novas reservas foram encontradas. Contudo, a ideia de que há limites ao crescimento se impôs relacionada ao princípio da sustentabilidade, que para os pioneiros da *Ecological Economics* significava, como para Daly e Goodland, mudanças sociais, econômicas e ambientais, tendo chegado a propor o crescimento zero. Permanece a crítica ao consumo desnecessário, gerado pelo lucro e pelo desperdício, e a influência das ideias de Gandhi e também de Fritz Schumacher, em *Small is Beautyfull* (1975), que propugnava o uso de energias renováveis e a prioridade ao local em vez dos gastos e desgastes de transporte internacionais e as trocas locais.

Propõe-se governos locais biorregionais, comunidades autogovernadas, como as de origem ecoanarquistas, descentralizadas. O mote é "atue localmente, pense globalmente". Preocupam-se com os desníveis entre os países ricos do Norte e os pobres do Sul, opondo-se a toda forma de discriminação por raça, gênero, orientação sexual ou idade. Pensam em comunidades cooperativas de trabalho ou comunas. Recebem muitas críticas, mas defendem seu paradigma alternativo ao capitalismo atual e lutam pelo que for possível fazer no contexto de uma democracia de base, contra os autoritários verdes catastrofistas (Carter, 2007, p. 51). Foram influenciados pelas teorias participacionistas da *new left*, mas se no início falava-se mais dos locais de trabalho e moradia, agora se defende a democratização da autonomia e a igualdade de toda a atividade socioeconômica, inclusive o princípio de Armatya Sen de que a liberdade é o caminho da igualdade.

Para a maioria dos ambientalistas os fins não justificam os meios, ou seja, a democracia é o caminho da proteção ambiental contra os catastrofistas. Eles consideram as soluções autoritárias repugnantes: é melhor perder com a democracia e com a não violência. Criticam a ausência de mecanismos de participação na democracia liberal e preferem as soluções das propostas deliberativas e discursivas; inspiram-se nas antigas cidades-Estado gregas e na participação em todos os níveis e atividades. Argumentam que a democracia vigia o governo, o torna mais responsivo, torna mais claras as contas e garante maior zelo da população contra a burocracia. Não pretendem abolir a democracia liberal, mas aprimorá-la, agregando e mudando preferências em favor de uma autonomia, de uma democracia pós-liberal e não antiliberal, mais aberta, transparente e *accountable*, por meio de referendos, júris, mesas redondas, fóruns etc. O conceito de uma cidadania verde embasa a teoria do ativismo ambientalista (Carter, 2007, p. 65). Ao mesmo tempo em que defendem a democracia local, temem os abusos, discriminações e preconceitos locais. Muitos defendem a ação em vários níveis, inclusive devido às exigências das mudanças globais, que exigem cooperação internacional e uma cidadania cosmopolita, como propõe Held. A cooperação entre as diferentes comunidades no Estado nacional e no plano transnacional, é essencial à mudança. O Estado é visto como um defensor da democracia transfronteiriça e não apenas em seu território, mas isso não impede a descentralização. O Estado verde tem hoje mais aceitabilidade do que as bio-regiões ou os municípios libertários do ecoanarquismo e da *deep ecology*. Admite-se inclusive, regiões verdes transnacionais (Giddens, 2009).

Os verdes estão aprofundando sua visão da justiça social e da igualdade, por exemplo, ao nível das mudanças climáticas provocadas pelos países do Norte e que atingem mais os países do Sul. Enfatiza-se a justiça ambiental nos locais de moradia das populações mais desfavorecidas, pois a pobreza é ruim para o ambiente. O tema não deixa de trazer contradições, pois aliviar a pobreza pode impulsionar o consumo e, logo, acarretar danos ambientais em países de grande população, como China e Índia. É preciso combinar novos modelos de desenvolvimento com a diminuição das emissões no Norte. As preferências de consumo podem mudar em grande escala para visões menos materialistas, creem os ambientalistas.

Carter (2007) acredita que os ambientalistas estão mais próximos dos socialistas, feministas e anarquistas, do que dos conservadores, liberais e autoritários. O primeiro choque com os conservadores é o tema do livre mercado e do individualismo versus o igualitarismo. Apesar de os conservadores falarem em tradições assim como os ambientalistas falam em conservar espécies e ecossistemas, não estão falando a mesma coisa. Os conservadores pretendem a manutenção do *status quo*, enquanto o ambientalismo pretende transformações profundas por maio da democracia e a igualdade contra a hierarquia, o autoritarismo e a coerção. Guiddens (2009) considera que as medidas ambientais têm progredido em países governados por coalizões de centro-esquerda.

Com o liberalismo clássico o diálogo é mais pródigo, sobretudo com John Stuart Mill que defendeu uma economia estável; tolerância; deliberação com a sociedade civil informada sobre o ambiente. O problema é que o liberalismo é essencialmente antropocêntrico e individualista. Os ambientalistas admitem a entrada do Estado para a defesa da natureza e as soluções coletivas, com constrangimentos aos que a depredam, o que é inadmissível para os liberais, dada sua defesa do livre mercado e da propriedade individual.

Apesar de alguns nazistas terem feito a apologia da natureza, Carter (2007, p. 69) refuta qualquer parentesco com os ambientalistas, que seriam por eles vistos como antinacionalistas, por seu conceito de cidadania cosmopolita ou planetária. Os nazistas se referiam à natureza para enaltecer a pátria, não como um valor intrínseco. Os catastrofistas foram uma corrente autoritária no ambientalismo, defendendo o controle dos indivíduos e suprimindo direitos, mas sua influência foi pequena e transitória.

Quanto ao socialismo e ao marxismo, há oposição entre o planejamento central, a expansão econômica, enfim o antropocentrismo, *versus* o local/comunal dos ambientalistas. Há vários pensadores ecossocialistas, como André Gorz, e outros críticos da mecanização do trabalho. Mas o domínio da natureza e a ideia de que haveria liberdade pela acumulação material, como no capitalismo, ideias vindas do Iluminismo, seriam contrárias ao pensamento de uma economia equilibrada dos verdes. Alguns teóricos pretenderam separar capitalismo de industrialismo. Todavia, o controle dos meios de produção é considerado insuficiente para prevenir a degradação que acompanha o produtivismo. Os ecossocialistas são poucos, em uma corrente com fases de crescimento – após a queda do muro de Berlim – e têm pouca tradição, salvo nos socialistas cooperativistas chamados utópicos, como William Morris, G.D.H. Cole e Robert Owen, que com os anarquistas defendiam o socialismo não produtivista baseado em comunidades autossuficientes.

Os verdes encontraram interlocutores no movimento feminista ou ecofeminista. Houve confrontos com o grupo dos EUA, Earth First, acusado pelas feministas de machista. Com frequência, as mulheres argumentavam que sua condição ou seus atributos de cuidar, nutrir e de serem carinhosas as colocavam mais perto da causa que os homens. E diziam que a sociedade que destrói a natureza é a mesma, patriarcal e capitalista, que domina as mulheres. Destacou-se nessa corrente o movimento Chipko das mulheres na Índia, defendendo suas florestas contra madeireiras (Carter, 2007, p. 74).

Os verdes tiveram um bom diálogo com os anarquistas, sobretudo com Rudolf Bahro na Alemanha e Murray Bookchin nos EUA. Princípios como os da descentralização, da democracia participativa, da democracia de base, de atividades extraparlamentares, de ação direta e de justiça social pertenciam à tradição anarquista e muitos verdes assimilaram a tese do desaparecimento do Estado. Duas correntes anarquistas se destacaram: a "ecologia social" de Boockchin e o comunalismo ecológico/biorregionalismo. A segunda vertente incorpora ideias ecocêntricas e foca as relações diretas do homem com a natureza. Já para Bookchin, o central na ecologia social é que "a verdadeira dominação é a do homem pelo homem" (*apud* Carter, 2007, p. 75). Ecoando um pioneiro anarquista e ambientalista, o geógrafo e nobre russo Piotr Kropótkin, do século XIX, Bookchin vê a natureza com um ar benigno, interdependente e igualitária e sem hierarquia no ecossistema, não há "reis dos animais", nem *lowly ants* ("humildes formigas"). Os homens, diz, eram por natureza cooperativos e não hierárquicos, antes da dominação.

Há dualismos, como na precedência do trabalho intelectual sobre o físico e do trabalho sobre o prazer, além do controle mental sobre a sensualidade do corpo. Prega-se, porém, a igualdade e a liberdade contra a hierarquia. Entretanto, houve sociedades hierárquicas em contato com a natureza, como o feudalismo. E o contrário também: a sociedade utópica de Marx, pós-capitalista, continuaria a dominar a natureza. Boockhcin prestou um serviço atacando os ecocêntricos como "místicos eco-lá-lá", argumentando que ignoravam a questão social. Apesar de terem aceitado aprimorar o Estado liberal, os verdes assimilaram pontos chaves do anarquismo, tais como a crítica da burocracia, do Estado centralizado, defendendo o compromisso com a ação local. Os verdes não podem estar com os liberais, porque o mercado é destrutivo e desigual, nem com os socialistas, porque o Estado também o é, e se sentem com algum parentesco com o anarquismo, pelo menos no nível teórico.

2. Os Partidos Verdes: Classes Médias Pós-Materialistas?

O ativismo ambientalista trabalhou intensamente as disputas intergrupos, até que se consolidasse a aceitabilidade de se constituírem em partidos. Mesmo depois de constituídos, os partidos viviam o drama do conflito dos radicais *versus* reformistas, que marcou numerosos movimentos na história das ideias políticas. Mesmo os radicais defenderam sempre a atuação nos limites da lei, favoráveis à não violência. Todos pertencem a um movimento que pretende novas formas de fazer política, e que remonta, sobretudo, a 1968. Foi daí que surgiram os novos movimentos sociais, na Europa, as feministas, os pacifistas, os antinucleares e os ambientalistas. No Brasil temos os movimentos como os dos sem-terra, dos sem-teto, dos seringueiros, dos índios etc. Na América Latina também, como em países da Ásia, são centenas de novos movimentos. Apenas na Índia, estima-se em três mil novas organizações.

Carter (2007, p. 84) faz uma revisão da literatura sobre os novos movimentos nos países ricos do Norte, onde os verdes são vistos como uma nova classe média, de educação superior e com uma certa qualidade de vida que lhes permite trabalhar em uma situação pós-materialista, ou seja, já não se atêm à classe ou profissão, mas a objetivos sociais de longo prazo. Os partidos anteriores são mais diretamente ligados às classes sociais, como os sindicatos. Os verdes, funcionários públicos, autônomos, teriam maior independência para escolha política individual, novos objetivos e uma nova política.

Nos anos 1970 havia apenas um partido verde, na Nova Zelândia e, em 1979, um deputado foi eleito na Suíça. Em 2004, o Parlamento Europeu recebeu 34 deputados verdes de onze países. Para Carter (2007), não há um fator isolado que explique a expansão do movimento verde. O fato de virem dos novos movimentos sociais em busca de uma nova política conta muito. Já a explicação de que viriam de uma nova classe média, não pode ser confirmada pelas estatísticas. A tese de que houve uma socialização de uma cultura pós-material faz sentido, mas o fato de serem os simpatizantes em sua maioria de formação superior é uma evidência mais forte.

Há ainda um certo envelhecimento do eleitorado verde, ou seja, dificuldade em obter o apoio das novas gerações, que talvez voltem a procurar saídas para problemas de emprego e outros de tipo material ou circunstancial. A exacerbação da consciência das questões ambientais é, em si, uma condição para o fortalecimento do movimento. Carter considera também país a país, na Europa, as condições estruturais das eleições, o sistema eleitoral e a existência ou não de um vazio político de centro-esquerda a ser preenchido, num quadro de representação proporcional e de alianças políticas, por exemplo, com os socialistas na França e os social-democratas na Alemanha. A existência de um partido da nova esquerda, da *new left*, ou não, também determina o espaço que possa ser ocupado pelos verdes. Em certos países há pouco espaço a ser ocupado. Os que são críticos ao capitalismo e ao Estado centralizado dos países ditos socialistas, em geral, são abertos aos verdes.

Os verdes dão muita importância ao ativismo. E temem a excessiva centralização, a burocracia e a profissionalização do partido, enfim, o que o sociólogo suíço Robert Michels chamou de "lei de ferro da oligarquia", a tese de que quando há organização, há tendência ao controle de uma minoria tecnoburocrática. Várias medidas preventivas foram tomadas de início: a não remuneração e a rotatividade dos postos no partido e no parlamento. As reuniões em qualquer nível eram abertas a todos, inclusive aos que não pertenciam ao partido. As coalizões eram mal vistas. E os partidos procuravam sempre um equilíbrio entre homens e mulheres, uma ação positiva contra a discriminação. O partido seria assim um antipartido, cuja perna mais forte estaria na ação extraparlamentar. O crescimento era temido por desvirtuar os objetivos em favor do eleitoralismo.

Essas regras foram reelaboradas após fortes confrontos entre os fundamentalistas e os realistas (chamada de controvérsia Fundi--Realo). Passou-se a admitir a acumulação de cargos, a remuneração dos postos, ou seja, a profissionalização do partido. Os realistas venceram com a tese da coalizão com os social-democratas (SPD) e de campanhas mais personalizadas, e os partidos foram se tornando mais centralizados, mantendo sistemas de correpresentação, com dois porta-vozes em várias instâncias, diminuindo a rotatividade. Os partidos continuaram com posições muito firmes em questões como as da postura antinuclear e do pacifismo, e passaram em vários países a ocupar postos não apenas ambientais, como na Alemanha, na Bélgica, na Finlândia e na França. A questão nuclear levou à ruptura de coalizões, como na Bélgica e na Finlândia.

Os impostos ambientais também foram fonte de conflitos, como o aumento do custo das fontes de energia poluidoras, a defesa da agricultura sustentável, de uma reforma na produção de alimentos e da ampliação das áreas protegidas. Os verdes também apoiaram reformas para os desabrigados, os homossexuais e os imigrantes. Os partidos passaram a ser vistos como parceiros respeitáveis, competentes e responsáveis, não mais como hippies ou esquerdistas desorganizados. Os verdes foram vitoriosos em vários temas e também tiveram que engolir algumas derrotas.

Embora os objetivos de reestruturação ambiental, justiça social e renovação democrática permaneçam, as referências ao anticapitalismo, contra a modernidade e ecocêntricas foram desaparecendo. Os verdes mostraram-se mais livres para votar certas medidas liberais do que seus parceiros do SPD, mais ligados a sindicatos e corporações. Mas mantiveram seus princípios libertários pela justiça social. A aliança foi útil também ao SPD, que perdia votos à direita e à esquerda, e os recuperou à esquerda. A partir de alianças locais é que SPD e verdes viram que a parceria era profícua, mas a disputa se acirra pelos espaços ou quando a agenda muda, como na reunificação, em que o ambiente passa a segundo plano.

Os partidos, em geral, nas democracias liberais industrializadas perdem seu radicalismo e incorporam novos interesses quando se aproximam do poder. Comumente, os partidos social-democratas são ligados aos sindicatos, enquanto os liberais e conservadores são próximos da elite econômica. As propostas verdes, como as de impostos ecológicos, deixam nervosas as elites com restrições ao consumismo, comenta Carter (2007, p. 127). Nos países europeus, onde os partidos verdes cresceram, os demais partidos passaram também a mostrar uma maior abertura aos temas ambientais. O exemplo é a Alemanha, dentre outros pioneiros europeus, onde os temas ambientais tornaram-se centrais na agenda política. Os verdes não conseguiram ser o antipartido crítico, salvo ao eleger mulheres – o sucesso eleitoral veio com o realismo, mas sua firmeza foi útil aos temas ambientais.

O sistema partidário na Inglaterra e nos EUA não favoreceu a criação de partidos verdes. As propostas de impostos sobre combustíveis também assustavam o eleitorado. Os EUA não contam com um partido verde forte, mas a candidatura de Ralph Nader, teve 2,7% dos votos em 2000, embora, com receio de ajudar a eleger Bush, em 2004, apenas 1% dos eleitores votou verde, os demais votaram nos democratas, que com Al Gore, mostravam-se mais comprometidos com os temas ambientais. Salvo na Escandinávia, onde um terço do eleitorado considera o ambiente tão importante quanto a economia, nos demais países, consideram entre os mais importantes temas, cerca de 5% dos eleitores (Carter, 2007, p. 138). Os partidos maiores se apresentam como ambientalistas, como os liberal-democratas na Inglaterra, assim que a oportunidade política de um partido verde é competitiva, salvo quando há contingentes eleitorais disponíveis, como na Alemanha, Suíça, Áustria, Bélgica e Suécia.

Os grupos de pressão ambientalistas são a mais visível face do movimento. Quando os barcos do Greenpeace ou pessoas impedindo o corte de árvores, subindo no seu topo, aparecem no noticiário, a atenção do público volta-se para a causa. Mas a maioria dos grupos mantêm atividades mais tradicionais, como as de *lobby* e educação ou conservação de sítios ou de espécies. Nos anos 1980, ampliou-se em muito seus filiados, sobretudo nos EUA e na Inglaterra. O processo de institucionalização envolveu compromissos e enrijeceu grupos ativistas destacados, como o próprio Greenpeace e o Friends of the Earth (Amigos da Terra, FOE). Nos anos 1990, ressurgiram grupos ativistas de ação direta e de base, como os antiestradas na Inglaterra, e os de justiça ambiental nos EUA. O dilema é sempre o mesmo: manter-se nos limites da lei em ações imprevistas de valor midiático ou escolher caminhos mais reformistas de pressão, ou seja, *lobby* ou confrontação? Como responder à globalização?

Num levantamento feito por Carter (2007, p. 144) os EUA aparecem com quatorze milhões de filiados, em pelo menos 150 organizações, com doze mil grupos de base. Na Inglaterra, em duzentas organizações aparecem cerca de 4,5 milhões de filiados. Na Alemanha, há cerca de novecentos grupos com 3,5 milhões de membros. A Holanda é o destaque: 45% dos adultos pertenceriam a grupos ambientalistas, em comparação a 15% dos americanos, 13% dos dinamarqueses e 3% dos ingleses, alemães e franceses. Houve dois momentos de explosão desses grupos: os tradicionais, do século XIX aos anos 1950, conservacionistas, pela proteção da vida selvagem. Sierra Club e National Audubon Society nos EUA, Royal Society for the Protection of Bird, na Inglaterra e o

Naturschutzbund Deutschland, na Alemanha, são desse primeiro período. A World Wilde Fund for Nature (WWF) é dos anos 1960 aos 1980 e faz pontes com movimentos como Friends of the Earth e Greenpeace, que se tornaram internacionais na mesma altura, assim como Environmental Defense Fund e o Natural Resources Defence Council, mais ambientalistas, incorporando o combate à poluição, ao uso da energia nuclear e os problemas globais. Nos anos 1990 houve uma crise, o Greenpeace, por exemplo, nos EUA, fechou a maioria de seus escritórios e reduziu seu pessoal a um terço. Os maiores grupos centralizam as ações, como o Nature Conservancy dos EUA, com um orçamento de US$ 972,4 milhões em 2003.

O movimento é bastante diversificado, segundo alguns, entre os conservacionistas, há grupos mais radicais de ação direta e os de base ou locais, comenta Carter (2007). Outros analistas consideram que há um arco-íris eclético, refletindo as fases do movimento. Os que mobilizam recursos procuram aumentar seus membros contribuintes. Há os mais profissionalizados e os mais voltados ao protesto. Está em curso um processo de institucionalização, mais visível no norte da Europa do que no sul. As ações institucionalizadas são as mais convencionais com vistas a reformas moderadas, grande hierarquia interna e profissionais como advogados, administradores, captadores de fundos e cientistas. Participam do processo político e mantêm relações com políticos e funcionários. Muitos recebem fundos públicos. Esses grupos estão se internacionalizando, seja em virtude do combate às mudanças climáticas ou de sua atividade precípua, como preservar a migração dos pássaros.

Para grupos como Greenpeace e Friends of the Earth, a institucionalização foi mais difícil, pois foram criados para o ativismo e para realizar campanhas públicas em ruptura com os demais, considerados pouco críticos. O Greenpeace contava com 2,7 milhões de simpatizantes em 2004, com um orçamento de 158,5 milhões de libras. O FOE tinha 1,4 milhão de simpatizantes, em setenta países. Quando decidiram institucionalizar-se, houve forte protesto de seus colaboradores. O Greenpeace passou em 1992 a fazer *lobby* junto a grandes corporações, como a criação de geladeiras sem CFCs em defesa da camada de ozônio, que se impôs internacionalmente. Mas seus adeptos ficaram decepcionados. Nos anos 1990, o Greenpeace voltou à ação direta contra os transgênicos, contra reservas de petróleo (Shell em Brent Spar – 14,5 toneladas), contra os testes nucleares franceses e a produção de carros que consomem muita gasolina, como os Land Rovers, sem abandonar sua estratégia de debate racional com a indústria e sem se deixar financiar por interesses de negócios. O FOE também passou a trabalhar mais com *lobby*, relatórios técnicos e pressão sobre governos, mas tem acompanhado alguns movimentos de base.

Com a mudança de orientação dessas duas grandes organizações, acusadas de autoritarismo e centralização, surgiram outras, como Sea Shepherd Society, Robin Wood, Earth First!, e outras de ação local coordenada como os que se opõem ao LULU, *locally unwanted land use* (uso local indesejado da terra), e os grupos da justiça ambiental nos EUA, sobre depósitos de lixo em comunidades carentes e os *anti-roads* da Inglaterra. O Earth First teria chegado a ações fora do quadro legal, de desobediência civil, como quebrar máquinas de empresas poluidoras (Carter, 2007, p. 156). Not in My Back Yard (Nimby) é uma alternativa aos LULU, atos locais contra lixões e estradas nos EUA. Se não pode no quintal de alguns, não pode no quintal de ninguém. A maioria dos lixões e incineradores se encontram perto de bairros afro-americanos e latinos, daí o movimento de justiça ambiental com seu papel de articulador dos protestos locais. Movimentos semelhantes surgiram na Holanda e Irlanda (Carter, 2007, p. 156).

A Campanha Nacional Sobre os Tóxicos (National Toxic Campaign, NTC) reuniria cerca de sete mil grupos locais com coalizões regionais em Nova York e no Vale do Silício. Movimento semelhante sobre saúde e justiça ambiental reuniu dez mil grupos, defendendo a reciclagem contra os incineradores. Esses movimentos são críticos às grandes organizações pelo fato de elas se concentrarem em temas gerais, como a vida selvagem, e descuidarem dos desastres cotidianos e da desigualdade. Na Inglaterra os grupos *anti-roads* somam de 250 a 300 em coalizões como Road Alert e Alarm UK. Nas ações de protesto reúnem-se os locais e os *eco-warriors*, militantes da contracultura, que são alimentados nas campanhas pela classe média local, próxima a estrada em construção.

Essas divergências entre os grupos novos e os já institucionalizados parece ser positiva, como o arco-íris, afirma Carter (2007, p. 161). As grandes organizações voltam a intervir mais motivadas pelos movimentos locais. Em novembro de 1999, os protestos contra a Organização Mundial do Comércio (OMC), mostraram uma internacionalização do movimento coordenado pelas grandes organizações e os grupos de base, recuperando-se o velho dinamismo. Falou-se de uma sociedade cívica global e de uma nova política internacional. Surgiu o Global Justice Movement (GJM), com representantes dos países do Norte e do Sul, que se manifestaram em 2002 na reunião de Genebra da OMC. Por um lado, se criticava as táticas de confrontação, o localismo, por outro o imobilismo das grandes ONGs (Carter, 2007, p. 164). Alguns temem que o GJM ponha em segundo plano o ambientalismo e adote posturas da esquerda tradicional. Os grupos locais parecem ter pouca repercussão nacional. Na Alemanha, os ambientalistas foram melhor sucedidos, inclusive em temas como o uso da energia nuclear e o lixo que gera. Em geral, os movimentos atuaram em estratégias defensivas. Um estudo comparativo (Dryzeck et al., apud Carter, 2007, p. 167) com USA, UK e Noruega concluiu que a ação pró-ativa, como na Alemanha, se destaca em resposta às exigências da sociedade civil sobre o governo.

3. Eckersley: Ecopolíticos, Nem Liberais, Nem Marxistas

Com a evidência científica do aquecimento global, somando-se à degradação da natureza no cotidiano do cidadão e à incapacidade dos governos em responder a altura, o tema ambiental volta a exigir a discussão da democracia em escala local e global. Sem dúvida, ter-se-á que buscar os elementos nas teorias da democracia participativa, diante da falta de resposta dos governos liberais representativos e da apatia de grande parte da cidadania, frente à política e aos próprios temas ambientais.

As ameaças ambientais, no entanto, convocam o cidadão a tomar posição em todos os detalhes da vida cotidiana, desde o uso dos automóveis, passando pelas indústrias, o consumo corrente, a punição e impostos aos poluidores, enfim, a manifestar-se na vida do dia a dia, sobre os métodos de produção e seu impacto. A política, a teoria política inclusive, precisa ser revista, deixar de ser apenas eleitoreira e multiplicar-se os mecanismos de participação e a presença do cidadão ativo. Eckersley (1995, p. 76) aponta para a necessidade de se voltar às ideias clássicas da democracia, com seus valores intrínsecos de respeito, dignidade, ética, liberdade, retomando gregos, renascentistas, iluministas, tradições humanistas, liberais e outras contribuições de pensamentos dos últimos séculos e contemporâneos.

É preciso favorecer não apenas os interesses humanos, mas também os não humanos, da natureza – postulando uma relação integrada da humanidade e do ambiente – combater, assim, o antropocentrismo. Para uma relação harmoniosa com a natureza necessita-se, primeiramente, partir de um pensamento ecopolítico, ou melhor, político ambiental, que tenha como prioridade a participação no cuidado com a sobrevivência articulada com a emancipação. Nesse sentido, é preciso cautela com excessos de humanismo; o não humano, outras manifestações da natureza, deve ser considerado igualmente num processo social. Não se pode ver mais a humanidade relacionar-se com a natureza apenas baseada em valores instrumentais produtivistas para a sua realização.

Na perspectiva do autor, a crítica ao antropocentrismo modifica os pressupostos da teoria política moderna, valorizando os temas ambientais frente à destruição. Exige ainda, um pensamento e valores políticos novos, abrindo diálogo entre a esquerda e a direita, a partir dos mais moderados, pois a radicalização de posições dificulta o entendimento.

O pensamento ambiental aproxima-se da esquerda por causa do *éthos* culturalmente inovador e igualitário de ambos, coadunando-se ao pretender uma maior participação popular-cidadã, assim como é o caso no liberalismo mais avançado. As autoridades hierárquicas, o poder constituído, em geral dos mais fortes e ricos, obstruem o caminho para a emancipação. Pretende-se que o ambientalismo busque o controle da sociedade técnica, que o liberalismo e o marxismo negligenciam. Os ecopolíticos dirigem duras críticas ao processo de industrialização, afastando-se também do "capitalismo de Estado" dos países comunistas, como dos países de mercado, por razões éticas, porque ambos privilegiam a supremacia do econômico sobre a natureza.

Entre os liberais John Stuart Mill se destaca. Defendeu ele a diversidade ecológica e uma economia em geral, e de Estado, estacionária e suficiente, como antes fizera Henry Thoreau. Daí passou-se, então, a pensar numa sociedade ecologicamente sustentável, que naturalmente ultrapassaria os países de "capitalismo de Estado" e os de mercado. Essa evolução acompanhava as críticas ao livre mercado e ao desemprego, em favor dos direitos individuais e diminuição das desigualdades feitas pelos socialistas democráticos, os quais não acreditavam no Estado do bem-estar como a única solução.

Resistia-se aos consumidores passivos do mercado, defendendo produtores autônomos e autogestores e a justiça redistributiva, contra o aumento da separação entre ricos e pobres, por uma sociedade mais igualitária, respeitando limites ecológicos, valorizando a democracia, o cooperativismo e o comunitarismo; parte dos marxistas acompanhava essa nova ética ao assistir à degradação do Leste Europeu, sobretudo pós-Chernobyl.

Marx se preocupou apenas marginalmente com a degradação ambiental. Para ele a natureza era um meio de trabalho humano. Marx refere-se a uma "natureza externa", fonte dos objetos de trabalho, fala em laboratórios, instrumentos; admitia que era um ato de apropriação do trabalho pela tecnologia que a natureza não podia fazer sozinha. Havia uma separação homem – natureza (Eckersley, 1995, p. 77).

O jovem Marx nos *Manuscritos Econômico-Filosóficos*, de 1844, falava em humanização e naturalização da humanidade. A natureza era um corpo inorgânico e que era da essência humana transformar o mundo externo. O trabalho tinha poder produtivo e o homem tinha suas necessidades, mas ele queria a atividade humana livre, espontânea, abolir a dominação, sem preocupações particulares com o não humano.

Quando o trabalhador é alienado de seu produto pelos patrões, fica estranho ao produto; há um estranhamento entre os homens e a natureza, é a alienação do trabalho. O proletariado tem de dominar os meios de produção. Marx falava dessa forma em *homo faber*, e aí há um antagonismo entre humanidade e natureza, porque trabalho e tecnologia são apenas caminhos da autorrealização humana (Eckersley, 1995, p. 78).

Marx falava numa humanização da natureza pela tecnologia, inovação e automação. A economia subordinava o processo natural, consequência da necessidade e liberdade. O "velho" Marx também não acreditou que a luta do homem contra a natureza fosse abolida, então não haveria reconciliação com o meio ambiente natural em nenhum dos momentos da produção marxista. O antagonismo entre a humanidade e a natureza nunca poderia ser inteiramente resolvido. As forças de produção eram entendidas como meios tecnológicos para o controle da natureza externa para satisfazer nossas necessidades. Ele teria absorvido a fé vitoriano-iluminista na ciência e no progresso tecnológico, no qual o homem demonstrava a natureza através da ciência. Embora admitisse uma dependência do homem frente à natureza, o intercâmbio com ela deveria se dar em condições favoráveis ao homem. A necessidade era a base para usar e mudar a natureza. Engels chegou a argumentar, na *Introdução à Dialética da Natureza*: "dominar para servir fins humanos". Afirma que temos a vantagem de aprender as leis da natureza e aplicá-las corretamente. Em *O Capital*, Marx admite que há exploração do trabalhador e do solo, e que a ciência aumentaria as incursões sobre a natureza (Eckersley, 1995;80). Herbert Marcuse e André Gorz, ecossocialistas, menos ortodoxos, eram sensíveis ecologicamente e defendiam harmonizar as relações entre humano e não humano, mas foram por alguns considerados pouco críticos a Marx, mantendo uma orientação instrumentalista e antropocêntrica.

O ambientalismo é considerado um tema mais da sociologia política, enquanto a ecologia tem uma significação puramente científica, que vem de Ernst Haeckel – 1870. Nos anos 1970, os dois termos tornaram-se movimentos, forças sociopolíticas, mais que uma doutrina científica, com os ecopolíticos, os partidos verdes e grupos de pressão, de ação direta e pela paz.

Os ambientalistas enfatizam mais as práticas sociais, os ecologistas as comunidades biológicas e seus *habitats*. Há hostilidades: os ambientalistas expressam hostilidade à ciência e à tecnologia, devido à degradação ambiental, mas recorrem às evidências científicas com relação ao aquecimento global, por exemplo. Esses movimentos pregam políticas de descentralização, não violência, democracia participativa, igualitarismo, antinuclear, reformas ecológicas e também penalidades e impostos aos que detêm a tecnologia e o capital.

Os ambientalistas são chamados de duros, mas são mais abertos que os ecologistas à negociação; os duros seriam minoritários e fanáticos contrários a qualquer desenvolvimento econômico, porque rejeitaram o conceito de desenvolvimento sustentável do relatório da ONU *Our Common Future*, da comissão Brundtland, em 1987.

Marxistas e liberais, no fundo, concordavam sobre a infinita possibilidade de aproveitar-se dos surtos do progresso que poderiam ser administrados e divididos. Locke e Marx viam a economia como o ato de produzir pela apropriação da natureza, essencial à liberdade humana. A natureza era o lugar de aumentar a atividade humana, adquirindo valor pelo trabalho e pela tecnologia; embora divergissem sobre a dominação de classe, defendiam a transformação da natureza como inquestionável. E que a era moderna traria solução para a pobreza, a injustiça e a desigualdade com a abolição da escassez, por meio da tecnologia e do conhecimento, em favor das novas gerações, como reafirmou o relatório Brundtland (1987).

Nos ideais iluministas da progressiva libertação dos limites tradicionais e naturais, os emancipadores ecopolíticos pioneiros viram apenas um período distorcido na escassez, e o debate deu-se sobre a sociedade pós-liberal e os problemas sociais e ambientais que cresciam. Eles viram os limites do crescimento contínuo da riqueza e queriam rever o antropocentrismo tecnológico. As teorias liberais concordavam com essas interpretações, em que o sistema contemporâneo é dominado por uma rede de trocas, no qual o Estado diminuía sua importância, o que de fato ocorreu. Os marxistas insistiam na violência da propriedade privada e dos grupos dominantes. Weber ressalta o papel da tecnoburocracia; Foucault, o da vigilância; na verdade esses problemas estão interligados no diálogo entre o ambientalismo e as ciências sociais e políticas (Ceri, 1990, p. 26).

O ambientalismo começou em pequena escala combatendo a chuva ácida, a poluição dos automóveis, a poluição industrial. Aos poucos aumentaram seus interesses e sua intervenção, inclusive universalizando esta última, por causa das florestas e da poluição dos países do hemisfério norte e, sobretudo, devido às mudanças climáticas e sua confirmação pela ciência. Os problemas foram ficando cada vez mais políticos, havendo necessidade de promover campanhas e formar comunidades e entidades não governamentais. Em particular, eles passaram a preocupar-se com a indústria de poluição nos países em desenvolvimento, para onde eram transferidos interesses dos países ricos. Pressionaram por uma retribuição mais justa dos países ricos para os pobres. E chamaram a atenção para os efeitos da degradação ambiental sobre as minorias étnicas e as realidades multiculturais.

Surgiram novos atores coletivos. Iniciativas positivas, ações, como reciclagem, coleta seletiva, estudos científicos, não governamentais, partidos afins, culminando em novas legislações e acordos internacionais, congressos, em uma importante corrente com reservas ao desenvolvimento técnico-científico. A própria tecnologia passou a reorientar-se em direção, sobretudo, a energias renováveis. Nas últimas décadas, as preocupações com a relação esquerda/direita ou de liberais e marxistas com o ambientalismo, transformaram-se na crítica da sociedade como um conjunto produtor de bens materiais, com a tecnologia e o modo de uso da natureza, ou seja, o que se denominou industrialismo, abrangendo as várias políticas, práticas e teorias do desenvolvimento, devido à necessidade, e ao anseio, de se passar a um outro modelo de sociedade. Uma crítica à modernidade, ao modo de vida contemporâneo. Os problemas ficaram menos compartimentalizados. A ligação entre ingovernabilidade e a relativa ou pequena eficácia dos movimentos de mudança, ainda não trouxe grandes transformações. Faz-se, então, urgente a continuidade da produção científica, em particular nas teorias, nas ciências sociais, na sociologia ambiental, na ecologia política ou política ambiental.

Enfim, o desafio à comunidade científica continua e aumenta, na medida em que se comprova a ameaça ambiental, tanto global como local. O nível de emergência fez com que ambientalistas pensassem em novas estratégias de ação, como a conquista de poder, seja político, na sociedade civil ou institucional. E as divergências, aliadas ao processo de reflexão ambiente *versus* desenvolvimento, inevitavelmente suscitaram e suscitam cisões entre ambientalistas e modernidade, isso diante de uma sociedade de risco que se amplia a cada vez mais, fundada sobre o mito do "progresso". Daí a importância do resgate de ideias e questões de pensadores clássicos da democracia representativa, mesmo de correntes teóricas distintas (liberais e marxistas), pois um olhar a partir deles proporciona um diferencial na abordagem de questões tão complexas quanto problemáticas, como aquela que se tornou o principal desafio teórico e prático, para todas as áreas do conhecimento científico e da humanidade no século XXI: recusar o desenvolvimento ou reorientá-lo, criando uma nova sociedade? E como fazer isso?

4. *Thoreau: Desobediência Civil, Pacifismo, Vida Simples e Consciência Individual*

A contribuição do ambientalismo à visão de cidadania tem em seus pioneiros vozes destacadas, como a do norte-americano Henry David Thoreau, que ganhou atualidade nas últimas décadas, embora seja visto por muitos como um romântico, impressionado por Rousseau. Esse autor viveu de 1817 a 1862 e sua atividade foi na ocasião solitária ou bastante isolada, embora tenha mantido contato com movimentos e personalidades de seu tempo. Nos últimos anos, sua postura é vista por muitos ambientalistas e outros movimentos como exemplar e profética. Passou décadas esquecido, inclusive nos EUA, mas influenciou movimentos de grande repercussão, tendo sido reabilitado pelo movimento contestatório de 1968 em Paris e pelo movimento contra a guerra do Vietnã, além de por Martin Luther King, Mandela e Ghandi.

Thoreau foi sempre tomado pela ideia de felicidade, da importância do indivíduo, do bem-estar e do bem comum na sociedade. Daí a escolha dos temas de suas duas obras maiores: *On the Duty of Civil Disobedience* (Do Dever da Desobediência Civil), na qual afirma sua posição pacifista e antiescravista, dentre outras; e *Walden*, que detalha o período em que resolveu viver só numa cabana na floresta. A posição do cidadão individual, de cada consciência, mesmo contra as massas, era para Thoreau mais importante que a unanimidade ou o falso consenso. Apesar de suas convicções religiosas, era adepto do transcendentalismo, sua visão política tinha um olhar universalista e panteísta.

Thoreau compartilhava a visão do amigo Ralph Waldo Emerson em seu livro *Nature* (Natureza). Esse trabalho enfatiza que uma boa educação escolar se funda em livros, experiência, boa vida e na natureza, destacando o individualismo, que aparece mais tarde também no ensaio sobre "A Desobediência Civil". Chegou a apoiar os ambientalistas radicais, inclusive no que se chamou de sabotagem ecológica. No livro *A Week on the Concord and Merrimack Rivers* (Uma Semana nos Rios Concord e Merrimack, 1869) Thoreau pergunta quem ouve os peixes gritando? Combateu várias barragens. Não era somente um naturalista, é também conhecido como um defensor do potencial humano contra a repressão política e econômica (Nash, 1989, p. 166).

Pioneiro, fez do estudo da natureza o tema central de seu trabalho. Outro ponto fundamental de sua filosofia consistiu em afirmar a importância do poder individual contra as massas irrefletidas, combatendo a mentalidade de rebanho e o controle do Estado. O contexto tenso em que se dá sua manifestação corajosa, foi o da libertação da escravatura e da guerra de secessão. Thoreau privilegiava a consciência individual frente aos abusos da lei fundiária e não admitia que se perdessem direitos no contrato social. Acreditava que a natureza não é autossuficiente, e que cada indivíduo condiciona os demais, numa visão holística, organicista e animista. Advertia contra o excesso de separação entre os homens, as fábricas e a natureza e que a harmonia com esta era um remédio espiritual e físico (Kirk, 2004, p. 19).

Sua perspectiva não era sistemática, mas metódica, observava com cuidado, verificando e reexaminando com rigor suas anotações, buscava conexões entre os mundos natural e moral, defendendo a ligação entre a verdade natural (ou científica) e a verdade moral. Não relegava a ciência, mas protestava contra sua separação dos princípios morais. Destaca os aspectos subjetivos da ciência, queixava-se frequentemente da sua tendência a sufocar a poesia.

O autor valorizava o homem sábio, que leva em conta a liberdade e a independência do poder e sabe reagir à autoridade, como no tema dos impostos, quando o Estado se opõe à autoconfiança, estimula a desonestidade e impede de viver confortavelmente. Sua base política era o viver do homem, sua divindade e a verdade de seu espírito. O cidadão resiste quando o Estado torna isso impossível. Frequentemente comparado a Goethe, em seu romantismo e naturalismo, Thoreau expressa seu pensamento: todo conhecimento é profundamente ético, não pode haver um verdadeiro entendimento que não seja fundado no amor e na simpatia. O amor é reconhecimento da interdependência e a perfeita correspondência entre espírito e matéria; simpatia é a capacidade para sentir intensamente a ligação de identidade ou afinidade que une todos os começos até um organismo único. Se o naturalista não chega à natureza por esses caminhos, não pode exigir uma verdade superior; mais do que isso, viola a união moral da alma do mundo, uma doutrina da ética do conhecimento que tem dois lados: um matemático-positivo, objetivo, e outro pela simpatia e pela ética. Refere-se ainda à diferença entre a divisão parcial e a apreensão total. Critica a excessiva especialização da ciência. Separa mecanismos da força da vida e defende a sabedoria indígena contra a ortodoxia. Thoreau, como já foi dito, é visto como uma continuidade da afirmação da natureza de Goethe. Pelo lado da natureza, Thoreau, após morar em Concord, deu o exemplo, e, embora sem pretender renunciar ao mundo, realizou uma experiência para mostrar como a vida poderia ser simples, escolhendo retirar-se para uma cabana no bosque que circunda o lago Walden, que se tornou famoso pelo seu gesto e seus escritos posteriores. Disse na ocasião: "eu fui à floresta porque queria viver livre. Eu queria viver profundamente e sugar a própria essência da vida [...] expurgar tudo que não fosse vida; e não, ao morrer, descobrir que não havia vivido." (*apud* Ken Kinfer, 2007).

A postura moral era central para o autor, por exemplo, nos casos das guerras de secessão e do México, com a inclusão do Texas aos EUA, às quais ele se opunha, era um firme abolicionista e recusava-se a pagar impostos quando os governos atuavam abusivamente. Ele se escandalizava com os grandes proprietários do sul que exploravam os escravos.

Opunha-se às limitações que permitiam emendas constitucionais apenas por uma minoria, para ele os direitos vêm antes das leis. Criticava o processo eleitoral que a seu ver parecia "um tipo de jogo", clamando pela consciência de cada indivíduo e pelo valor do voto socialmente eficaz. Sugeriu que no Estado escravocrata a prisão era o único lugar para um homem honesto, porque ele não reconhecia a organização política de um governo escravista. Seu Estado, Massachusetts, era o centro do norte mais decididamente oposto à escravidão. Thoreau ficou preso uma noite pelo não pagamento de impostos durante três anos, em protesto contra a cumplicidade na recaptura dos escravos fugitivos. Muitos não pagavam impostos porque não podiam ou eram displicentes. Thoreau, tinha uma postura política, um ato pessoal de protesto, inclusive pela imprensa, em que procurava explicar sua ação como uma postura pública de contestação.

Chamava à reflexão sobre a incoerência entre os discursos e a prática das autoridades, por exemplo, referindo-se à escravidão e ao discurso de liberdade dos governantes. O que pretendia era que os cidadãos não desistissem de sua consciência em favor da lei, mas sim lutassem por seu desenvolvimento, a lei nunca fez os homens mais justos, disse. Fazendo referência ao exército pergunta: se os soldados chegarão a ser homens ou apenas cadáveres em pé a serem enterrados, máquinas entregando seus corpos? Existem leis injustas, devemos cumpri-las? Os homens em geral pensam que devem esperar até que a maioria mude essas leis. Para eles, a resistência seria pior do que o mal a ser combatido. Hannah Arendt, por seu lado, chamou a atenção para o fato de que Thoreau não dizia como acabar com as injustiças, mas como evitá-las e chamava à reflexão sobre elas. A injustiça, para Thoreau, é elemento necessário para a missão da máquina do governo, pois o governo é a forma que o povo escolheu para executar sua vontade, mas governo e vontade do povo nem sempre coincidem, além de o governo servir como uma espécie de arma de brinquedo, que pode ser usada como uma arma de verdade, adverte.

Mesmo com ataques ao governo não desejava seu fim, mas sim um governo melhor. Vale lembrar a frase com que introduz, e até sintetiza, suas ideias no livro *Do Dever da Desobediência Civil*: "O melhor governo é o que governa pouco" ou até "o governo não precisa governar". Protestando contra a guerra do México, criticou o exército como braço do poder permanente, uma vez que o governo está sujeito a abusos e a perversões, um pequeno grupo usa-o em seu favor, disse.

Criticou os impostos, chamando-os de tirania e roubo: queria o fim da escravidão e o fim da guerra com o México. Ele recriminava os cidadãos passivos, indiferentes, que ficam com as mãos nos bolsos e em silêncio, somente às vezes assinando petições. Criticava o voto, pela falta de reflexão e critério moral, por exemplo, sobre a escravidão. O voto parece comprado, inescrupuloso, todo voto é uma espécie de jogo. Reclamava da ausência de compromisso pela reforma por parte do governo e de sua lentidão.

Quando preso um dia por causa do não pagamento de impostos, comentou: "Eu pagaria o imposto referente às estradas, mas não os impostos injustos". "O povo tem boas intenções, mas é ignorante e passivo", frente ao governo, disse. Thoreau recusou-se a pagar, inclusive, os impostos religiosos, pois não era filiado a nenhuma das igrejas.

Defendia a centralidade da consciência individual, que deveria prevalecer frente à própria lei, inclusive, pela desobediência civil, valorizando sua oposição moral. No entanto não pode ser considerado um misantropo, pois defendia a comunidade que não anulasse o indivíduo, atuava socialmente, apoiava iniciativas comunitárias, defendia a natureza numa tradição humanista e ética, como a superioridade da razão sobre os instintos. A pequena atitude tem um imenso valor, pois ela se multiplica para sempre, afirmou. Thoreau era pacifista em sua forma de protestar, mas ganhou a fama de escritor inflamado.

Thoreau deixou um grande legado, embora fosse lembrado eventualmente apenas como um naturalista. Muitos foram os autores que compartilharam a preocupação individualista de Thoreau, como Tocqueville e mais contemporaneamente Norberto Bobbio:

> Da concepção individualista da sociedade, nasce a democracia moderna (a democracia no sentido moderno da palavra), que deve ser corretamente definida não como o faziam os antigos, isto é, como o "poder do povo", e sim como o poder dos indivíduos tomados um a um, de todos os indivíduos que compõem uma sociedade regida por algumas regras essenciais [...]. (Bobbio, 1992, p. 119).

Thoreau teve menor repercussão do que a esperada, segundo alguns porque não propunha uma forma específica de ação, mais um desafio e não um programa de reforma a ser seguido. Não era um político tradicional, mas convidava o povo a se pronunciar e participar. *Do Dever da Desobediência Civil* foi um convite às pessoas para pensaram por si mesmas, segundo suas próprias consciências.

O próprio Marx foi influenciado por Thoreau, mas havia divergências, assim como William Morris também tinha o seu exemplar de *Walden* como leitura decisiva, embora o considerasse um espectador insuficientemente envolvido no movimento socialista. Mas há uma diferença: para Thoreau a luta se dava entre pagadores e consumidores de impostos e não era uma luta de classes. Ele publica *Do Dever da Desobediência Civil* em 1849, um ano depois do *Manifesto Comunista* de Marx-Engels. Certo é que sua proeminência na Inglaterra é anterior à sua influência na América. Foi bem recebido pelo Partido Trabalhista inglês, sobre o qual exerceu grande influência. O socialismo se iniciava na Inglaterra e Thoreau foi ouvido, por exemplo, pelo movimento cooperativo de Robert Owen e outras correntes, como Edward Carpenter e os fabianos (Kirk, 2004, p. 62).

No seu tempo, Thoreau foi visto como tendo uma visão idealizada, moralizadora e muito distanciada dos acontecimentos. Chegou-se a acusá-lo de hipocrisia, quando foi morar em Walden, por ser um lugar muito bonito, foi ainda recriminado como sendo um primitivista sentimental e misantropo. No entanto, ele fazia uma crítica social do Ocidente contemporâneo de atitude consumista e da destruição da natureza. Não pretendia ser um eremita, mas permitir-se refletir sobre a sociedade. Sem ser contra o progresso industrial, criticava as empresas por serem tidas como um fim e não como um meio. Era tomado como um partidário da Revolução Francesa e dos republicanos "vermelhos".

Um grande número de críticas vem de uma leitura fechada de Thoreau. Este, por seu lado, conclamava seus leitores a pensarem por si mesmos e que adotassem o seu modo pessoal de ser, pela busca da divindade no homem, descobrindo-se como pessoa, combatendo a alienação frente às máquinas políticas (Kirk, 2004, p. 66).

Sua resistência era contra as leis e a máquina governamental. Mas não pode ser visto como um anarquista, – não trabalhou com um grupo anarquista –, apesar de sua influência no movimento, pois não se opunha ao governo, antes objetivava um governo melhor. Nunca se ligou propriamente a grupos, salvo o abolicionista. Favorável às leis, pensava que elas não deveriam valer a qualquer custo. Para ele era a moral que definia a oportunidade ou não de cooperar com o governo. Parecia escrever para si mesmo.

Era bastante estrito em seus hábitos, uma vida modesta, ou até mesmo um radical "puritano" em sua maneira de viver, não se casou, não ia à igreja, não usava tabaco, evitava excessos e era pobre, mas nunca deselegante, não tinha muitas ambições mundanas, poém um grande interesse pela arte. Pode ser considerado um solitário, apesar de seus muitos amigos.

Seu primeiro livro (1849), *A Week On the Concord and Merrimack Rivers*, pagou de seu bolso. *Walden* foi seu segundo livro, em 1854, obtido um maior sucesso, dentre outros, menos conhecidos. Tornou-se um pioneiro ambientalista. Sua obra principal foi *Resistance to Civil Government*,- onde prega que a reforma social vem dos indivíduos, "o bom governo é aquele que governa pouco" e o direito dos cidadãos de resistirem ao governo – mas o conjunto de seu trabalho era pouco conhecido do grande público, apesar de sua forte influência no movimento socialista, anarquista e ambientalista, na Inglaterra e nos EUA, onde suas obras com o tempo entraram nos currículos acadêmicos.

Nos anos 1929-1930, durante a crise norte-americana, Thoreau voltou à atualidade. Já nos anos 1920, seu pensamento ressurgiu na crítica à frase do presidente Calvin Coolidge, de que "o negócio da América eram os negócios". O próprio presidente Roosevelt em 1933, em seu discurso de posse, declarou que a "felicidade não está na simples posse de dinheiro". A vida simples pregada por Thoreau voltou à ordem do dia, com valores liberais que reapareciam, antimaterialistas. Alguns consideram Thoreau como um pioneiro do anarquismo liberal, ao mesmo tempo em que pretendia conter as multidões desorientadas e colocar a ética acima dos mecanismos da política.

Thoreau representa também um símbolo contra o dirigismo e o totalitarismo de muitos marxistas, enquanto estes o consideram antissocial, inclusive por sua resistência à ação coletiva em favor da individual. Foi um símbolo também contra o macarthismo, nos anos 1950, quando seus livros foram censurados e vistos como próximos aos comunistas.

Na década de 1960, inclusive o movimento de 1968, o pensamento de Thoreau reapareceu – contra a guerra do Vietnã, a hipocrisia política, o imperialismo e nas questões social e ambiental. Foi um período nobre para suas ideias, inclusive devido a Martin Luther King, o líder contra o racismo e pelos direitos civis dos negros, que o havia lido desde o colégio e com quem compartilhava a não violência, assim como ocorreu depois com Mandela. Em seu famoso discurso, *I Have a Dream*, de 1963, em Washington, durante importante manifestação pelos direitos civis, refere-se várias vezes à desobediência civil de Thoreau, a quem considerava o exemplo do protesto criativo. A manifestação contou com o apoio de artistas e intelectuais, e finalmente de Kennedy, embora tenha sido Lyndon B. Johnson quem promulgou a lei contra a segregação racial. Thoreau transformou-se num ícone para os que protestavam contra a guerra, pelas liberdades, direitos civis, pacifistas, anarquistas, naturalistas e os hippies, nessa época, sendo citado nos protestos (Kirk, 2004, p. 97).

Nas décadas seguintes, a partir dos anos 1970, Thoreau tornou-se o símbolo do movimento ambiental e ecologista, dos direitos dos animais, da defesa dos ecossistemas frágeis, dos vegetarianos e da preservação da natureza, em conformidade com seu projeto do século XIX. Embora a palavra ecologia seja posterior a ele, foi criada em 1866 (Nash, 1989). Várias manifestações e instituições foram criadas em Walden e Concord, onde viveu. Seu pensamento deu origem a vários movimentos políticos, até contraditórios às vezes, como socialistas e libertários. Os capítulos no *Walden* mais apontados como preferidos são: "Where I Lived, and What I Lived For", e sobretudo a "Conclusion". Muitas correntes ideológicas – liberais, socialistas, libertários, conservadores – mesmo não tendo afinidades com o espírito *thoreauvian*, deturpam suas ideias. Uma mensagem constante em Thoreau é que permaneçamos despertos para a realidade. As pessoas não usam sua mente para observar agudamente a realidade, mas acompanham o senso-comum. A riqueza e a pobreza são fatos da vida que dão no mesmo. O dinheiro não acrescenta um dia na sua vida e não faz diferença, mas hoje em dia ele rouba experiências que valem a pena. Os indivíduos não conseguem ver a mágica em torno delas, têm a vida estúpida à sua volta. Se um homem quiser ele pode mudar o mundo atual, como a corrente do oceano faz flutuar navios de madeira. Gandhi, um homem pequeno, simples, fraco, insignificante, mas com devoção à verdade, provou que se pode mudar. Ele nos lembra que só pelas matemáticas é que se pode ser sábio, seja como o escravo fugitivo ou o marinheiro, seguindo as constelações. Thoreau jamais pretendeu impor seu modo de vida e ideias, pregava a diversidade das individualidades, que procuremos nosso próprio caminho e não o de outros, por imitação, condicionamento ou inércia (Kifer, 2007).

IV. ONGS: DIVERSAS VISÕES ANALÍTICAS E O MOVIMENTO AMBIENTALISTA

1. *As Mãos Criativas da Sociedade Civil*

A participação cidadã é um dos desafios da passagem do milênio. Trata-se de um tema antigo da teoria, da filosofia e da história das ideias políticas. Sua retomada, no topo da agenda contemporânea, deveu-se à quebra da crença nas grandes respostas ideológicas surgidas no século XIX, desastradamente experimentadas no século XX, como panaceias opostas, ou seja, Estado demais contra Estado de menos ou Estado *versus* mercado. Muitas contribuições foram revelando as contrafaces sombrias do processo de concentração de capital e tecnologia, que, enquanto amplia a carência dos de baixo e dos de fora, reduz os círculos decisórios político-econômicos, para um número ainda menor de mãos (Kurz, 1993).

O fortalecimento da sociedade civil ressurge como uma receita oferecida aos quatro cantos do planeta, como um novo macromodelo, capaz de responder a vários dos atuais desacertos sociais inter-relacionados. Em resumo, enxuga-se o Estado, incapaz de responder aos dramas da degradação e das exclusões sociais, porque não gera soluções sociais e ambientais na escala necessária. Sua máquina é pesada, dispendiosa, ineficiente e impagável, dada a crise fiscal. O mercado não oferece os empregos e serviços que seus incondicionais defensores prometiam. Ao contrário, ampliam-se a esfera dos desfavorecidos e há ceticismo quanto às possibilidades de que as grandes corporações invistam em mecanismos autorreguladores, seja para evitar danos ecológicos e sociais ou para recuperação de áreas degradadas. Convoca-se então um terceiro setor, nas energias potenciais da sociedade civil, e esses novos/velhos atores dariam conta do recado, ficariam com as faturas do social e do ambiental. Já não teríamos Estado demais. As respostas que a outorga e abdicação excessivas da soberania não ofereceram, nem o *laissez-faire*, seriam dadas pela diversidade dos cidadãos, reconvocados à ação pública.

Realidade em curso, utopia, como fazer, eis os temas-chave de vários ensaios recentes, inclusive surgindo de experiências concretas, de diversos países e tipos de atividades sociais, somadas a diferentes pontos de vista, descritivos, explicativos e propositivos, que permitem tomar o pulso do estado da arte desses tópicos, de inquestionável atualidade. Para citar alguns deles, tome-se os ensaios reunidos por Luiz Carlos Bresser Pereira e Nuria Cunill Grau (1998), uma coletânea, com os méritos de ser comparativa, latino-americana e pluralista, incluindo experiências de gestão municipal, como as de Porto Alegre e Córdoba; o livro de Gilberto Dupas (1998), sobre globalização e exclusão, um comparativo de Brasil, México e Argentina, mostrando a diminuição das expectativas de emprego, ou ainda o trabalho de Putnam (1996), sobre a democracia regionalizada da Itália, que mostra que a administração participativa regionalizada teve melhor resultado no norte do que no sul, ou seja, foi profícua nos espaços sociais com maior cultura cívica.

O Início do Reconhecimento Pelo Estado

O governo brasileiro vinha fazendo propostas de nova institucionalidade, abrindo espaços maiores à sociedade, como o reconhecimento de organizações da sociedade civil de interesse público (Oscip) com acesso ao orçamento governamental. Se essa solução pudesse, pelo seu bom resultado, nos levar à paz, teríamos posto fim à inquietação da passagem do milênio. Uma refundação teria ocorrido na sociedade, carregada por valores de solidariedade, participação cidadã e eficácia, dando conta de suas insuportáveis distorções: ter-se-ia aberto um caudal de possibilidades, permitindo a reabilitação da esperança. Alguns dos defensores da proposta (Bresser Pereira; Grau, 1998) foram os primeiros a adiantar-nos que não havia ainda como dormir tranquilos o sono dos justos.

Nas águas correntes do terceiro setor, há ainda meandros a serem experimentados e desvendados, antes que possa ser admitido como panaceia corretiva aos desajustes do Estado e do mercado. O que havia então era ainda pouco, inicial, algumas experiências e realizações positivas, que o livro aponta. Seria justo magnificar os valores positivos dessas iniciativas societárias? Ou corremos o perigo de cultivar mais um imenso *wishful thinking*, ou até uma nova hipóstase social, que terminasse, mais uma vez, por parecer rir da ingrata condição da maior parcela dos humanos? Seria mais uma nova promessa, incapaz de dar conta dos permanentes e maiores desafios da História, os da igualdade e da liberdade, fundadas na solidariedade?

O que nos impede de ver no terceiro setor, no público não governamental, uma solução mágica? A dificuldade está justamente em que se pretende esperar desse mais fraco conjunto de atores o compromisso de oferecer saídas aos maiores dramas sociais, prestar os mais pesados serviços sociais não lucrativos, com a tarefa adicional de controlar os abusos do Estado, dos interesses privados, do corporativismo, que constituem a fonte desses desacertos. Como tais atores atomizados venceriam o acelerado processo de concentração sem perder a diversidade? Como pedir ao instrumento de ajuste proposto, o público não estatal, que, não conta com o poder e os recursos do Estado e do mercado, que corrija e controle esses últimos? A dúvida que surge é se, de fato, está-se propondo uma nova sociedade, fundada na autonomia de cidadãos solidários e participativos, ou se apenas se está buscando instituições que possam preencher a lacuna da crise fiscal que inviabiliza o Estado do bem-estar. Ou seja, não se trata apenas de transferir encargos para outros agentes institucionais a fim de viabilizar o Estado mínimo?

A Sociedade Civil Convocada Para a Reforma do Estado

Na coletânea citada, há várias passagens que chamam a atenção sobre os impasses de uma proposta-chave da abertura, defendida à época pelos editores Bresser Pereira e Grau (1998), referente às organizações sociais de serviço público, estimuladas pelo próprio Estado. Alguns dos seus artigos condenam, outros defendem ou analisam essa solução. O Estado teria no conselho dessas instituições de 30 a 40% dos votos, podendo influenciar decisivamente a escolha dos demais conselheiros-gestores. Tais instituições seriam efetivamente frutos da sociedade civil, ou apenas novas repartições do Estado, administradas com maior autonomia, mas partes integrantes da esfera estatal, até porque essencialmente dependentes do orçamento governamental? Argumenta-se que, impulsionadas pelo Estado, não seriam simples criaturas sua, nem apenas substitutas de repartições extintas. Nada garante que modificá-las administrativamente, inclusive no estatuto jurídico de propriedade, signifique mais do que uma tentativa de descentralização, flexibilização, barateamento, desburocratização. Até que ponto esses enxertos do Estado, devolvidos replantados à sociedade, evitariam os abusos da discricionalidade burocrática, da corrupção e do clientelismo, do corporativismo, apenas por mudarem seu estatuto e inserirem no conselho atores não governamentais voluntários, mas filtrados por agentes governamentais? As organizações não governamentais já existentes, com realizações, competência, eficácia e *accountability* comprovadas, estão em pé de igualdade para disputarem com essas quase estatais, os recursos públicos para a prestação de serviços científicos, culturais, educacionais ou de saúde. Por que não se aposta mais na igualdade de oportunidades, privilegiando os atores que não surgiram do fomento do Estado, mas espontaneamente, do esforço generoso da sociedade civil?

As ONGs vivem dinâmicas controversas, inerentes à iniciativa social, aumentam em número, mas sofrem de vida curta, pouca articulação interinstitucional e fraca voz consensual coletiva, além de descontinuidade administrativa, falta de recursos, autoritarismo e personalismo, para não falar dos casos mais graves, de "pilantropia". Frequentemente são apenas órbitas de partidos, de grupos corporativos, de clientela, de interesses econômicos ou religiosos. Seus exemplos bem-sucedidos, têm vindo justamente de sua diversidade, da dedicação cidadã de seus atores, daqueles movidos mais por valores, cívicos ou religiosos, do que por interesses. No entanto o Estado considera necessário criar novas organizações sob sua égide, muito mais do que selecioná-las para reforçá-las. Ainda assim haveria riscos: a concentração é uma tendência inerente à burocratização das instituições das sociedades complexas, a seleção privilegiada de algumas organizações poderia dar-se com o prejuízo da perda da maior virtualidade da sociedade civil, que é a sua diversidade, além do risco de descaracterizá-las, seja pela dependência, pela escala ou pela burocratização.

Cidadania e Racionalidade Administrativa Instrumental

Os objetivos do fomento pelo Estado são de introduzir mecanismos de racionalidade instrumental gerenciais de eficácia, desenvolvidos pelo setor privado, realizar menos concursos e mais licitações, administração baseada em resultados e resolver localmente o que for possível nessa esfera. Para esses resultados, não parece obrigatório que se tenha sempre novas organizações, herdando patrimônio, recursos e quadros das repartições enxugadas. A virtude das organizações da sociedade civil reside, ao contrário, em que não são encomendadas. Obviamente devem ser estimuladas, precisam de recursos, sobretudo as ONGs médias, muitas vezes as melhores, e por que têm de ser sempre novas? Apesar de aumentarem em número, são muitas as organizações que estão se enfraquecendo, perdendo a riqueza acumulada, sem conseguir transferir seu "capital" social a outros agentes, ou ter documentado sua memória e disseminado os instrumentos gerados, às vezes em décadas de esforço. Outras seguem em direção à concentração típica dos estamentos técnico-burocráticos, formando grupos de interesses ou de *lobby*, quando não se desviam de sua finalidade, mantendo a retórica, ou são absorvidas pela venda de serviços, com dramas gerenciais típicos das instituições do mercado.

As organizações sociais fomentadas pelo Estado seriam a mesma coisa que as iniciativas de atores da sociedade civil? Até que ponto pode o Estado desencarregar-se de ajustes básicos de qualidade de vida e igualdade de oportunidades, como saúde, educação e ciência, frente aos mais desfavorecidos? Pode-se admitir que essas novas instituições ampliem a esfera pública não estatal, desfazendo-se da poeira e da inércia burocráticas. Contudo, continuam quase estatais, ainda que melhorem alguns serviços sociais pela agilidade e fim específico. São prejudicadas como instrumentos de exercício do controle social da cidadania sobre o Estado, ou o mercado, porque condicionadas pelos laços de dependência com seus financiadores. O problema se põe para todas as organizações da sociedade civil, pois a sua virtude esperada é a autonomia, a mediação, a qualificação dos problemas sociais, a independência, somada à sua diversidade. Como conseguir esse espaço frente ao Estado, ao setor privado, as religiões, aos partidos e sindicatos, às corporações, sem profundas mudanças de cultura política de amplos segmentos?

Talvez a proposta não seja muito mais que uma mudança do estatuto jurídico-administrativo para alguns serviços, que passarão a ser prestados por fundações do serviço público, funcionando como agências autonomizadas, mas dependentes do Estado, mesmo que abertas a contribuições voluntárias e contando com algum controle social exterior à burocracia estatal que se pretende seja inclusive dos interessados e usuários. Mas é possível reformar o Estado sem reformar a sociedade? Não é da sociedade que deve partir qualquer chance de aprimorar o Estado e controlar os desmandos privados que ferem outrem? O modelo é inglês, mas lá não se confunde com o que é próprio da sociedade civil, pois como os autores esclarecem, são consideradas *quasi non-governamental organizations*.

Participação: O "Tesouro Perdido"

Uma ONG venezuelana reafirma: "não somos o braço executor do Estado, mas as mãos criativas da sociedade" (Bresser Pereira; Grau, 1998, p. 107). Recusam o risco de serem cooptadas como não governamentais chapa-branca. No entanto a coletânea oferece vários exemplos bem-sucedidos de cooperação com o aparelho de Estado sem perda de identidade, e em alguns casos, essa dificuldade é discutida no seu concreto. O que se espera dos atores públicos da sociedade civil, do setor social, do terceiro setor (ou como quer que os chamemos) é a sua vivacidade inovadora, sua força de criar experiências novas, de formar opinião pública, de reafirmar direitos, reformulá-los, de dar voz aos excluídos e multiplicá-la, até que se imponha como política pública, reformando o Estado, porque mudando a sociedade. Ora, como guardar o "tesouro perdido", o da participação cidadã republicana de Arendt (1998), e ao mesmo tempo introduzir a racionalidade instrumental, técnico-burocrática, e critérios de competência e visando resultados práticos? Como institucionalizar o inovador e manter acesa sua chama criativa? A racionalidade instrumental tem conduzido à concentração de poder, ao surgimento de novos interesses corporativos. Como pedir aos atores públicos da sociedade civil que aliem gerência competente e competitiva, mantendo as mãos criativas da sociedade, sobrepondo valores a interesses?

Multiplicaram-se os espaços de participação, articulação e o próprio Estado, embora ainda de forma contraditória, vem admitindo o terceiro setor em sua agenda. No início da década de 1990 chegou-se a estimar que existiriam no Brasil mais de duzentas mil organizações sem fins lucrativos, empregando mais de um milhão de pessoas (Sachs, 199a).

Diversidade de Atores Sociais

Por outro lado, há toda uma gama de atores, como os locais, os culturais, de gênero, os étnicos, os religiosos, os filantrópicos, os mediadores, os representativos, os prestadores de serviços, as cooperativas, a autogestão, as fundações, os clubes, os movimentos sociais e ambientais e tantos outros. Variam as formas organizativas, o número de associados, o grau de voluntariado, de institucionalização, a profissionalização, o corpo técnico, a democracia interna, a capacidade gerencial, os financiadores, a especialização, a autonomia e a independência. Para que o futuro venha a ser diferente, ampliando-se o aspecto público e diminuindo-se o Estado em direção ao policêntrico, seria indispensável o aprimoramento da consulta, da qualificação, e haver oportunidades iguais a todos esses atores coletivos, inclusive por meio da legislação, que não lhes reconhece o mérito, no que tange aos recursos que estão em outras mãos.

Mas toda a sociedade teria que se envolver no mesmo movimento, ainda mais na América Latina, onde as tradições de solidariedade, supõe-se, seriam comparativamente mais fracas que as do mundo anglo-saxônico, apesar da presença de ações religiosas ou de solidariedade comunitária, ligadas a culturas específicas. As mudanças não poderiam ser apenas do Estado, teriam de ser também dos sindicatos, partidos, religiões e, sobretudo, do mercado, pois não se deve esperar solidariedade contínua dos indivíduos ou grupos que, admitam ou não, são também movidos por interesses privados, pelas mazelas da condição humana e precisam dar respostas às suas próprias necessidades. Não se pode supor que alguns serão sempre mártires, heróis, santos abnegados, ingênuos, especialistas em dar murros em ponta de faca, enquanto a maioria resguarda seu autointeresse.

Nem toda a sociedade civil é solidária, há grupos violentos, racistas, corporativos e mafiosos a enfrentar. A maioria teria que mudar de postura, pessoas e instituições, contribuindo e participando do controle social necessário, parceiros contra a força dos grupos de interesse. De que modo as organizações e populações excluídas poderão gerar renda, permanecendo fora do domínio da centralização do capital e da tecnologia, em número cada vez menor de mãos, que salvo exceções, não são exatamente, nem as criativas do social, nem as dos desfavorecidos? (Sachs, 1999; Bredarioli, 1999).

2. ONGS, Grandes Corporações e o Estado: Giddens

Para Giddens (2009, p. 119) dentre a diversidade de grupos, os mais proeminentes seriam as ONGs e os negócios de mercado,

POLÍTICA AMBIENTAL E TEORIAS DA DEMOCRACIA 417

o *business as usuals*, para usar uma expressão de Lester Brown em seu Plano B. As ONGS do *business* seriam as com uma maior amplitude, liderança e fama. Ele considera que as ONGS ganharam em diminuir seus conflitos com as indústrias gigantes ampliando sua repercussão. Com isso, teriam aumentado sua audiência e confiabilidade, inclusive no relativo a seus parceiros industriais. Admite que, de início, as grandes corporações foram os principais agentes da destruição de recursos, como os *lobbies* das empresas de petróleo em conjunto com a indústria pesada, de transporte, do carvão, dos químicos e influenciaram as resistências dos governos Bush, nos EUA, e na Europa. Adverte Giddens que nem todos são iguais nas corporações, por exemplo, em Quioto, durante as tratativas para o acordo por um tratado contra a emissão de gases que produzem o efeito estufa, as de petróleo eram adversárias do controle, enquanto as de gás e eletricidade eram a favor. Mesmo empresas de petróleo, como a British Petroleum (BP), se dividem, tendo esta uma grande experiência no Alaska, em tratar com a resistência para a exploração de reservas.

Mais recentemente grandes empresas e ONGS expressivas teriam atenuado suas posições e aberto parcerias. Exemplifica com a WalMart dos EUA e a Tesco da Inglaterra, conglomerados de supermercados, dispostos a reduzir suas emissões na cadeia de produção. A ONG Corporate Watch acusa a Tesco de vinte crimes ambientais em seus produtos. A Nike teria reduzido o uso do carvão em 75% em dez anos e pretende chegar a zero. As empresas estariam mudando sua estratégia por razões de redução de impostos e para não perder mercado.

A Coca-Cola fez parceria com a WWF (World Wildlife Fund) para repor a água que consome na produção. A ONG Green Inc especializou-se em relações com o mundo dos negócios. Giddens enfatiza a experiência científica acumulada pelas ONGS como uma das vantagens dessas associações. Admite que entre ONGS, corporações e governos continuarão a existir divergências de interesses, mas afirma que poderão realizar bons trabalhos conjuntos. Para esse autor as ONGS têm credibilidade e competência para lidar com corporações e governos. Outro exemplo é o da associação da Unilever com a Rainforest Alliance para estudos de impacto ambiental do chá Lipton. A madeireira Ikea colabora com ONGS brasileiras que controlam o desmatamento. A Alcoa estaria procurando diminuir seu gasto com água e produção de gases na exploração da bauxita, a matéria-prima do alumínio, em toda a cadeia de produção e transformação. O Citigroup tomou posição pública em favor de diminuir suas emissões em 10% até 2011 e que financiaria projetos da ordem de cinquenta bilhões de dólares nos próximos dez anos em tecnologias alternativas renováveis. Já foram investidos dez bilhões em energia solar, eólica, hidrelétricas e *low-carbon*.

3. *Movimento Ambientalista e a Nova Cultura da Natureza: Castells*

A Revolução Industrial durante séculos teria funcionado, diz Castells, como uma vingança da humanidade contra as forças da natureza que por milênios pareciam dominar a sobrevivência do ser humano. Os processos de industrialização, urbanização, a ciência e a tecnologia teriam revertido nosso modo de vida, controlado pelo PIB e pelo lucro capitalista como medidas de progresso.

Para Castells (2009, p. 304), o aquecimento global é um consenso (quase?) "unívoco" da comunidade científica, mas é o resultado da longa marcha do ambientalismo. Para que o entendimento público pudesse se formar e influir, inclusive nos círculos de decisão, foi preciso um movimento social que informasse e alertasse. A nova cultura foi assim produzida socialmente como um novo caminho coletivo de relação com a natureza. A cultura produtivista e consumista resistiu, em sua lógica do lucro, à evidência política fundada na advertência de grandes cientistas.

Em 1989 a US National Association of Manufactures, de mãos dadas com as petroleiras e a indústria automobilística, organizaram uma Global Climate Coalition para opor-se às regulamentações que o governo norte-americano preparava frente ao aquecimento global, resistindo com *lobbies* na imprensa e no Congresso. Entre 2000 a 2008 as maiores corporações foram mudando suas posições, empresas como BP, Shell, Texaco, Ford e General Motors. Em 2008, o projeto Carbon Disclosure Data publicou os dados das emissões de três mil das maiores corporações do mundo. O World Business Council for Sustainable Development, reunindo as duzentas maiores corporações conclamou os países a concordarem com as metas de controle dos gases do efeito estufa. Castells (2009, p. 306) atribui essa nova cultura ao movimento ambientalista e aos cientistas, a décadas de esclarecimento, por meio da progressiva cobertura da mídia e abertura de comissões sobre o tema no Congresso dos EUA, e em diversas convenções internacionais.

Um momento-chave deu-se em 1988, com a criação pelas Nações Unidas do IPCC – International Panel on Climate Change, reunindo cientistas de 130 países em 2007 em Paris, na sequência do Protocolo de Quioto, abrindo as negociações para um acordo global de emissões em 1997. Após décadas de debates, o IPCC receberia com Al Gore, o ex-vice presidente dos EUA, o prêmio Nobel da Paz, embora esse país continue sem assinar o protocolo por considerá-lo nocivo à sua produção industrial. Em junho de 2008, um relatório confidencial do US National Intelligence Comittee apresentou ao Congresso um reconhecimento de que o aquecimento global era uma ameaça à segurança nacional uma vez que aumentaria a fome no mundo e o terrorismo. O estado da Califórnia, com um governador republicano, anunciou um plano em 2008 para reduzir suas emissões. Em 2007, a União Europeia assinaria um acordo prevendo a redução de 20% dos gases sobre o padrão de 1990. Para Castells (2009, p. 311), a primeira década do século XXI tornou o aquecimento global o mais importante tema da política mundial, modificando o modo de pensar dos cidadãos em várias partes do mundo.

As pesquisas vão ano a ano mostrando o crescimento na opinião pública de que a humanidade é a causadora do efeito estufa. Nos EUA, em 1982, 41% concordava, em 1988 eram 58% e 80% em 1992, chegando em 2006 a 91%. Várias pesquisas internacionais mostravam que em todo o mundo a consciência da gravidade do tema aumentava, como na China, em 2007, onde 88% considerava um sério problema, assim como em 25 outros países. Castells chama a atenção para o fato de que as posições políticas acompanham a opinião pública, por exemplo, nos EUA onde 24% dos republicanos, 54% dos democratas e 47% dos independentes consideravam o efeito estufa resultado da ação humana em 2006 (2009, p. 313).

Quando os entrevistados têm uma visão mais direta dos efeitos das mudanças climáticas, como ocorreu com os furacões Katrina e Rita, os que explicam os fenômenos como causas naturais diminuem, nos EUA, de 39 a 19% em 2005. Imagens ou experiências dos desastres influenciam, em 2007, 20 dentre 21 países, mais de dois terços atribuíam à atividade humana as mudanças climáticas, sendo a Índia a exceção.

A fonte básica de comunicação e informação que levou a essas mudanças de atitude são os *networks*, mas é a mídia que leva a mudanças de opinião em ampla escala. Nas últimas décadas, o número de artigos dedicados ao tema aumentou consideravelmente. Quanto ao consenso entre os cientistas, a mídia levantou dúvidas, por procurar oferecer balanceadamente os dois pontos de vista quando na verdade os cientistas em dúvida ou céticos são em muito menor número. Nos EUA, o tema era apresentado como controverso, enquanto na Nova Zelândia, como na Finlândia, o consenso surgia. Todavia a mídia desempenhou um papel fundamental na mudança da opinião pública (Castells, 2009, p. 316). Contribuiu para a "longa marcha da cultura do produtivismo à do ambientalismo". Em sua análise, a mídia focou as mudanças globais porque as notícias negativas atraem mais que as positivas. E o medo seria uma das mais potentes emoções negativas. Em algumas projeções, o aquecimento global traria um aumento da água dos oceanos, das secas, dos furacões, dos tornados e dos tufões trazendo destruição a áreas agrícolas e urbanizadas do planeta. As imagens podem potencializar estas futuras catástrofes. Daí a mídia recorrer mais às celebridades, como Al Gore ou artistas de cinema e ativistas, do que aos cientistas, sempre no interesse de seu próprio negócio.

Castells destaca ainda assim o papel dos cientistas que, na busca da verdade, teriam dado uma contribuição para a humanidade. Nas últimas décadas, foi aumentando o número de cientistas comprometidos em advertir os cidadãos do risco. Fizeram uso extensivo de modelagem computacional e da evolução do pensamento sistêmico. A partir de uma gigantesca base de dados podem simular modelos, analisar e prever processos atmosféricos. Muitos cientistas escreveram livros para o grande público, uma vez que as revistas científicas têm uma divulgação restrita. Em 1974 os cientistas pressionaram o governo dos EUA para a criação de um National Climate Program. Ignorados, recorreram às grandes ONGs, como o Environmental Defense Fund e o World Resources Institute, dentre outros. Surgiram os primeiros relatórios e os *lobbies*, sobretudo no Congresso. Vários foram os depoimentos em comissões parlamentares a partir de 1977. Os cientistas foram aprendendo a relacionar-se com os jornalistas, sendo pressionados pelo seu ativismo.

Os cientistas são os únicos que podem chancelar os riscos do efeito estufa e tornaram-se os principais atores, por exemplo, no IPCC, que Castells denomina de comunidade epistemológica, uma rede com uma agenda-chave para se chegar a um consenso e a uma resposta política (2009, p. 320). No início do século XXI, o IPCC confirma que o efeito estufa é resultado das atividades humanas. Para Castells, os cientistas trouxeram objetividade e clareza ao debate, mas foi a aliança com os ambientalistas, formadores de opinião e celebridades que tornaram o tema de amplo conhecimento público.

O movimento ambientalista se tornou, assim, um dos mais decisivos movimentos contemporâneos, com toda a sua diversidade. Um exemplo de Castells é o Earth Day iniciado em 1970, com vinte milhões de norte-americanos, chegando em 2007/2008 a um bilhão de participantes, sendo dezessete mil organizações no mundo e cinco mil só nos EUA focados no aquecimento global, que se tornou o objetivo-chave. O movimento utilizou-se das *networks* horizontais e de celebridades na grande mídia, como já dissemos, e de ações diretas pacíficas. Em 2005 foi criada uma coalizão das setenta maiores ONGs na Inglaterra, a Stop Climate Chaos, com uma grande diversidade de correntes. Essa coalizão lançou o movimento I Count, estimulando cada cidadão a manifestar-se junto aos políticos ou assinar petições.

Al Gore criou nos EUA a Alliance for Climate Protection, que em três anos levantou trezentos milhões de dólares para campanhas e anúncios de grande impacto. O Friends of the Earth, presente em setenta países conta com cinco mil grupos de ativistas locais e um total de três milhões de membros. O World Wildlife Fund, iniciado na Suíça, em 1961, mantém dois mil projetos locais em todo o mundo. A internet desempenha um papel decisivo para indicar caminhos para o ativismo, definir campanhas, estimular a ação local e convocar protestos. Os Amigos da Terra, por exemplo, estão conectados com quatro mil outros sites. Há na internet uma estratégia para unificar desde *sites* e até a GreenTV e os vídeos no YouTube e várias outras iniciativas multiplataforma, como os eventos Live Earth (da Save Our Selves – SOS) e a Earth Hour (da WWF), iniciado na Austrália e que têm conseguido apagar as luzes de monumentos, como o Coliseu em Roma para chamar a atenção para o aquecimento global. Uma marcha virtual pela *internet* contou com um milhão de participantes (Castells, 2009, p. 326).

Foi Al Gore, que recebeu um Oscar e o Nobel, o pioneiro a realizar audiências no Congresso, buscar apoio dos cientistas, propor impostos sobre o carvão e defender a assinatura do Protocolo de Quioto. Ele se tornou mais conhecido como ativista do que como vice-presidente dos Estados Unidos. Vários atores têm também papel de destaque, como Leonardo DiCaprio, que organizou uma fundação em 1998, e Matt Damon, Brad Pitt, Angelina Jolie, dentre outros. Os dois lados ganham, uma vez que as personalidades dão prestígio à causa e ganham prestígio ao apoiá-la. Castells destaca ainda a importância de livros que difundiram o ambientalismo, como *Silent Spring*, de Rachel Carson, e dos filmes, inclusive os que tratam de problemas locais. Essas atividades somadas, levaram os legisladores nos EUA a apresentarem 195 projetos de lei ambientais apenas em 2008 e jogaram um papel importante na eleição de Barack Obama com 30% do eleitorado, disposto a levar em conta a posição ambiental dos candidatos, embora tenham posições ambíguas sobre o petróleo.

Avanços ainda maiores deram-se na União Europeia, que concordou em reduzir as emissões em 20% até 2020. Os signatários do Protocolo de Quioto concordaram em assumir compromissos até 2012, sem a assinatura dos EUA. Castells pretende mostrar que há uma associação entre o ativismo ambiental e o aumento da preocupação com o aquecimento global. Isso é resultado da ação dos ativistas, da internet, dos cientistas, das personalidades e sobretudo das redes virtuais, uma vez que "o espaço de nossa ação se tornou simultaneamente global e local" no contexto de uma visão intergeracional, pois leva em conta as gerações futuras (2009, p. 337).

LIÇÕES DA ARQUEOLOGIA: SOCIEDADES E CIVILIZAÇÕES ESCOLHEM SEU FUTURO

É, sem sombra de dúvida, em dois estudiosos, que vamos encontrar a comprovação mais fundamentada de que as civilizações podem escolher seus destinos para o melhor e para o pior. Sobretudo, em dois trabalhos extraordinários. O primeiro *Short History of Progress* (Uma Breve História do Progresso), do arqueólogo e historiador canadense Ronald Wright; e o segundo *Collapse: How Societies Choose To Fail or Succeed* (Colapso: Como Sociedades Escolhem o Fracasso ou o Sucesso), do biogeógrafo norte-americano Jared Diamond, que recebeu um Pulitzer pela obra. Ambos se tornaram verdadeiros *best sellers*. Diamond é citado por Giddens (2009, p. 28) e pela série de livros Plan B (Plano B), de Lester Brown. Trata-se do fortalecimento ou desaparecimento de expressivas civilizações do passado devido às escolhas que fizeram.

O exemplo positivo destacado é o da Islândia que, desde o primeiro milênio de nossa era, teve que escolher entre a cooperação e o desaparecimento, e a racionalidade da utilização dos recursos naturais, uma vez que a camada fértil dos solos era fina ao extremo e se todas as grandes famílias procurassem ao mesmo tempo um aumento exponencial de sua produtividade comprometeriam toda a civilização. Ora, ao optarem pela cooperação, sobreviveram, além de manterem um controle populacional adequado. Hoje, constituem uma sociedade exemplar onde não há analfabetos, nem excluídos e onde uma primeira-ministra era diretora de teatro. A ONU chegou a considerar a Islândia por vários anos o país mais estável e de mais alta qualidade de vida do planeta. Garrett Hardin, em "The Tragedy of the Commons" (A Tragédia dos Comuns), escreveu sobre as cotas de produção, referindo-se à produção de algodão entre os *icelands* e à divisão dos espaços como necessidade e escolha coletiva – uma questão de sobrevivência.

Os outros três exemplos que vêm sendo destacados vão na direção oposta, a da incapacidade do diálogo societário sobre o uso adequado dos recursos naturais: uso do solo e das barragens de irrigação dos rios, entre os sumérios e os maias, e desmatamento nas ilhas da Polinésia, em particular na ilha da Páscoa. Civilizações que desapareceram.

É sabido que em cerca de 4.000 a.C, ou seja, seis mil anos antes de nós, os sumérios inventaram a escrita cuneiforme e a fermentação e destacaram-se no Oriente Médio como a mais criativa civilização da humanidade até então. No entanto, pelo que verificam os arqueólogos nas ruínas da sua civilização no rio Eufrates – como nas dos maias, entre o México e a Guatemala –, eles começaram a fazer uso excessivo do rio, multiplicando barragens e sistemas de irrigação; como a drenagem era inadequada e sal era adicionado e se acumulava no solo e nos lençóis freáticos, o solo foi empobrecendo.

Robert Adams, citado por Lester Brown, estudou as áreas inundadas centrais do Eufrates, encontrando áreas desoladas, não cultivadas, dunas, canais em desuso, áreas de vegetação esparsa ou desertificadas, descrevendo assim o fim do coração urbano da mais antiga e sofisticada civilização literária conhecida. Os maias autodestruíram-se, após terem atingido o seu auge entre 250 d.C. e 900 d.C., pois seus sofisticados canais de irrigação provocaram a erosão do solo, o que com a contribuição de mudanças climáticas naturais, levou a conflitos entre as cidades por comida, que antes havia em abundância. As ruínas foram tomadas por florestas e as soberbas edificações, hoje são destinadas à pesquisa e ao turismo.

Semelhante é o caso da ilha de Páscoa, com 166 km² de terras vulcânicas ricas, com árvores de até 25 metros de altura e 2 metros de diâmetro, isolada no Pacífico Sul. Tudo indica que também ali escolheram o fracasso, por volta de 400 d.C. De vinte mil habitantes, tornaram-se hoje dois mil. A provável explicação é a de que esgotaram as grandes árvores que permitiam a construção dos seus barcos de pesca de longa distância. Assim, perderam a sua fonte de proteínas, seguindo-se a tragédia. Como os peixes grandes eram buscados em alto mar, a pesca tornou-se rara, confundindo-se nos cemitérios ossos dos grandes peixes com restos humanos, de um povo que pode ter terminado na antropofagia.

Quem mais chamou a atenção sobre esses três exemplos, comparativamente com os desafios da nossa sociedade contemporânea, foi Lester R. Brown. Como poderiam ter se perguntado a tempo os povos acima descritos, vemo-nos obrigados a nos perguntar agora se nossas sociedades contemporâneas não "podem ou até devem" escolher seu destino: o desastre ou a qualidade de vida.

BIBLIOGRAFIA

ADORNO, T.W. Progresso. *Lua Nova*, São Paulo, n. 27. ano 11, 1992.
ALIER, J.M. *O Ecologismo dos Pobres*. São Paulo: Contexto, 2007
ALTVATER, E. *O Preço da Riqueza*. São Paulo: Editora Unesp, 1995.
GUTMAN, A.; THOMPSON, D. *Why Deliberative Democracy?* Princeton: Princeton University Press, 2004.

ARENDT, H. *Sobre la Revolución*. Madrid: Alianza, 1998.
BABER, W.; BARTLETT, R. *Deliberative Environmental Politics: Democracy and Ecological Rationality*. Cambridge: MIT Press, , 2005
BAHRO, R. *L'Alternative*. Paris: Stock, 1979.
BECK, U. *World at Risk*. Cambridge: Polity Press, 2009.
BOBBIO, N. *O Futuro da Democracia: Uma Defesa das Regras do Jogo*. São Paulo: Paz e Terra, 1986.
____. *O Futuro da Democracia*. Rio de Janeiro: Paz e Terra, 1986.
____. *A Era dos Direitos*. Rio de Janeiro: Campus, 1992.
____. *Eguaglianza e libertá*. Torino: Einaudi, 1995.
____. *O Conceito de Sociedade Civil*. Rio de Janeiro: Graal, 1994.
BOBBIO, N. et. al. *Democrazia minima. Che leggere? Lo scaffale del buon democratico*. Roma: Theoria, 1995.
BOBBIO, N.; MATTEUCCI, N.; PASQUINO, G. *A Democracia. Dicionário de Política*. Brasília: UNB, 1995.
BOURDIER, P. *Homo Academicus*. Paris: Minuit, 1984.
BREDARIOLI, C. Empresas Incentivam Trabalho Social Voluntário. *O Estado de S. Paulo*, São Paulo, 2 ago. 1999.
BRESSER PEREIRA, L.C.; GRAU, N.C. (orgs.). *O Público Não-Estatal na Reforma do Estado*. Rio de Janeiro: Editora FGV, 1999.
BROWN, L. *Plan B 2.0: Rescuing a Planet Under Stress and a Civilization in Trouble*. London/New York: Norton, 2006.
____. *Plan B 4.0 Mobilizing to Save Civilization*. New York: Norton, 2009
BRÜSEKE, F.J. *A Lógica Decadência: Desestruturação Sócio Econômica, o Problema da Anomia e o Desenvolvimento Sustentável*. Belém: Cejup, 1996.
BUENO, S. Estudo Aponta Crescimento do Terceiro Setor no Brasil. *O Estado de S. Paulo*, São Paulo, 16 jul. 1999.
BUTTEL, F.H; GIJSWIJT. (2001), Emerging Trends in Environmental Sociology. In: BLAU, J.R. *The Blackwell Companion to Sociology*. Oxford: Blackwell, 2004.
____. New Directions in Environmental Sociology. *Annual Review of Sociology*, v. 13, Aug. 1987.
CARTER, N. *The Politics of Environment*. 2. ed.. Cambridge: Cambridge University Press, 2008.
CASTELLS, M. *Communication Power*. New York: Oxford, 2009.
____. *The Power of Identity*. Oxford: Blackwell, 2008.
CERI, P. Le basi sociali e morali dell'ecologia politica. In: GIDDENS, A.; OFFE, C.; TOURAINE, A. *Ecologia Política*. Milano: Feltrinelli, 1987.
CLASTRES, P. *La Société contre l'état*. Paris: Minuit, 1974;
____. *Arqueologia da Violência*. São Paulo: Brasiliense, 1982.
CONVERSE, P.E. Sistemas de Crença. In: CARDOSO, F.H.; MARTINS, C.E. *Política 2*. São Paulo: Cia. Editora Nacional, 1979.
CONSTANZA, R. *Ecological Economic: The Science and Management of Sustainability*. New York: Columbia University Press, 1991.
DALY, H.E.; COBB, John B. *For the Common Good: Redirecting the Economy Toward Community, the Environment and a Suitanable Future*. Boston: Beacon, 1989
____. Crescimento Sustentável? Não, Obrigado. *Ambiente & Sociedade*, Campinas, v. 7, n. 2, 2004.
DENNIS, K.; URRY, J. *After the Car*. Cambridge: Polity, 2009.
DOBSON, A. *Green Political Thought*. London: Routledge, 1995

DRYSEK, J.S. *Deliberative Democracy and Beyond: Liberals,Critics,Contestations.* Oxford: Oxford University Press, 2000.

_____. *The Politics of the Earth: Environmental Discourses.* Oxford: Oxford University Press, 1997.

_____. *Discursive Democracy: Politics, Policy, and Political Science.* Cambridge: Cambridge University Press, 1990.

DUPAS, G. *Economia Global e Exclusão Social.* São Paulo: Paz e Terra, 1999.

EKERSLEY, R. *Environmentalism and Political Theory.* New York: State University of New York. 1992

ELIAS, N. *O processo Civilizador: Uma História dos Costumes.* Rio de Janeiro: Jorge Zahar, 1990.

ERIBON, D. *Michel Foucault, uma Biografia.* São Paulo: Companhia das Letras, 1990.

ESCURET, G.G. *Les Sociétés et leurs natures.* Paris: Armand Collin, 1989.

ESPOSITO, M. Autogestão Salva Vagas na Indústria. *Folha de S.Paulo,* São Paulo, 8 ago. 1999.

FALCÃO, J. Terceiro Setor: Uma Via Alternativa Para a Democracia. Entrevista. *Carta de Educação Comunitária,* ano 3, n.16, São Paulo, out. 1998.

GOLDBLATT, D. *Teoria Social e Ambiente.* Lisboa: Instituto Piaget, 1996

GIDDENS, A. Modernitá, ecologia e transformazione sociali. In: GIDDENS, A.; OFFE, C.; TOURAINE, A. *Ecologia Política.* Milano: Feltrinelli, 1987.

_____. *Consecuencias de la Modernidad.* Madrid: Alianza, 1993.

_____. *The Politics of Climate Change.* Cambridge: Polity, 2009.

GOODLAND, R.; DALY, H. *Environmental Sustentability: Universal and Non-Negotiable.* Washington DC: World Bank, 1994.

GRAJEW, O. ONGs, um Passo Adiante. *Folha de S.Paulo,* São Paulo, 14 jun. 1998.

GUTMANN, A e THOMPSON, D. *Why Deliberative Democracy?* Princeton: Princeton University Press, 2004.

HARDIN, Garrett. The Tragedy of the Commons. *Science,* v. 162; n. 3859, Dec. 1968.

HELD, David. *Democracy and the Global Order.* Cambridge: Potity, 1995

_____. *Models of Democracy.* Cambridge: Polity, 1997.

_____. *Introduction to Critical Theory.* Los Angeles: University of California Press, 1980

KIFER, Ken. *Analisys and Noten on Walden.* Disponível em: <www.kenkifer.com./>. Acesso: 28 fev. 2007.

KINGSLEY, D., URRY, J. *After the Car.* Cambridge: Polity, 2009.

KIRK, A. *Civil Disobedience.* New York, Barrons 2004

KURTZ, R. *O Colapso da Modernização.* Rio de Janeiro: Paz e Terra, 1993.

LEONEL, M. A Sociedade Policêntrica: A Reforma do Estado em Questão. *Folha de S.Paulo,* São Paulo, 10 jul. 1999.

LACEY, H. *Valores e atividade científica.* São Paulo: Discurso Editorial, 1998.

LINDBLOM, C.E. *The Policy-Making Process.* New Jersey: Pentice Hall, 1980

MACPHERSON, C.B.*The Life and Times of Liberal Democracy.* Oxford/New York: Oxford University Press, 1977

_____. C.B. Modelo 4: Democracia Participativa. *A Democracia Liberal.* Rio de Janeiro: Zahar, 1978.

MORIN, E. *O Método: A Natureza da Natureza.* Lisboa: Europa-América, 1987.

NASH, Roderick F. *The Rights of Nature.* Madison: University of Wisconsin Press, 1989

PATEMAN, C. *Participation and Democratic Theory.* Cambridge: Cambridge University Press: 1970.

_____. *The Sexual Contract*. Cambridge: Polity, 1988;

_____. *Participação e Teoria Democrática*. Rio de Janeiro: Paz e Terra, 1992.

_____. *The Disorder of Women*. Cambridge: Polity, 1989.

PETRINA, Adriana. *Life Exposed: Biological Citizens After Chernobyl*. Revised edition. Princeton: Princeton University Press, 2013

PUTNAM, R.D. *Comunidade e Democracia: A Experiência da Itália Moderna*. Rio de Janeiro: FGV, 1996.

RICHARDSON, R.D. *Henry Thoreau: A Life of the Mind*. Berkeley: University of California Press, 1986.

SACHS, I. A História Continua. *O Estado de S. Paulo*, São Paulo, 21 ago. 1999.

_____. O Terceiro Setor e a Amazônia, *O Estado de S. Paulo*, São Paulo, 17 abr. 1999.

SHIVA, V. *Biopirataria: A Pilhagem da Natureza e do Conhecimento*. Rio de Janeiro: Vozes, 2001.

_____. *Earth Democracy*. London: Zed, 2005.

SIDL, A.C. 56% das Empresas Têm Atuação Social. *Folha de S.Paulo*, São Paulo, 19 jul. 1999.

SANI, G. Cultura Política; PASQUINO, G. Grupos de Pressão. In: BOBBIO, N. *Dicionário de Política*, Brasília: Editora da UNB, 1995.

SANTOS, B.S. *A Gramática do Tempo*. São Paulo: Cortez, 2008

SMITH, G. *Deliberative Democracy and the Environment*. London: Routledge, 2003.

THOMPSON, J.B. A Nova Visibilidade. *Matrizes*. São Paulo, n.2, abr. 2008.

_____. *Critical Hermeneutics: A Study in the Thought of Paul Ricoeur and Jurgen Habermas*. Cambridge: Cambridge University Press, 1984.

_____. *A Mídia e a Modernidade: Uma Teoria Social da Mídia*. 4. ed. Petrópolis: Vozes, 1992.

_____.*Ideology and Modern Culture*. Cambridge: Polity, 1990.

_____.*The Media and Modernity*. Cambridge: Polity, 1995.

THOREAU, H.D. *On the Duty of Civil Disobedience*. New York, A.J. Muste Memorial Institute, 1968.

URRY, J. *Global Complexity*. Cambridge: Polity, 2007.

WEBER, M. *Max Weber (Os Pensadores)*. Parlamentarismo e Governo Numa Alemanha Reconstruída. São Paulo: Abril, 1974.

_____. *O Político e o Cientista*. Lisboa: Presença, 1979.

WORSTER, D. *Nature's Economy: A History of Ecological Ideas*. Cambridge: Cambridge University Press, 1985.

WRIGHT, R. *Uma Breve História do Progresso*. Rio de Janeiro: Record, 2007.

Lista de Algumas Áreas Indígenas Com Garimpo (1998)

AMAPÁ

1. A.I. Uaçá I e II (AP), povo Galibi do Uaçá, Karipuna do Amapá e Palikur. Município de Oiapoque. Garimpo indígena. Calha Norte / faixa de fronteira / uma rodovia corta a área BR-156 / 3 rodovias estaduais planejadas AP-230.
2. A.I. Waiãpi (AP), povo Waiãpi. Municípios de Macapá e Mazagão. Garimpo indígena e não indígena. Calha Norte / faixa de fronteira / rodovia planejada AP-160 / a Perimetral Norte corta a área.

AMAZONAS

3. A.I. Pari Cachoeira III (AM), povo Baré, Tukano, Barasano, Desano, Miriti Tapuia e Tuyuka. Município de Bittencourt. Garimpo indígena. Calha Norte / faixa de fronteira / Floresta Nacional Pari Cachoeira II.
4. A.I. Tenharim / Transamazônica (AM), povo Tenharim. Municípios de Manicoré, Humaitá e Auxiliadora. Garimpo indígena. Rodovia corta a área BR-230.

5. A.I. Paniwa (AM), povo Aruak. Invasão de garimpeiros.

6. Maku (AM), povo Maku, família Maku. Invasão de garimpeiros.

MARANHÃO

7. A.I. Alto Turiaçu (MA), povo Guajá, Tembé e Urubu Kaapor. Municípios de Carutapera, Cândido Mendes, Turiaçu e Monção. Garimpo não indígena. Projeto Carajás.

MATO GROSSO

8. A.I. Aripuanã (MT), povo Cinta-Larga. Municípios de Aripuanã e Juina. Presença de garimpo não indígena. Polonoroeste / Hidrelétrica planejada / Rodovia planejada BR-174.

PARÁ

9. A.I. Apyterewa (PA), povo Parakanã. Municípios de Altamira e São Félix do Xingu. Garimpo não indígena intermitente. Projeto Carajás / influência de hidrelétrica planejada (Ipixuna).

10. A.I. Curuá (PA), povo Xipaia Kuruaia. Município de Altamira. Garimpo indígena. Influência de hidrelétrica planejada (Iriri).

11. A.I. Bau / Kubenkokre (PA), povo Kaiapó Mekràgnoti. Município de Altamira. Garimpo não indígena.

12. A.I. Kayapó (PA), povo Kaiapó Aukre, Kaiapó Gorotire, Kaiapó Kikretum, Kaiapó Kokraimoro e Kaiapó Kuben Kran Kren. Município de São Gabriel da Cachoeira. Garimpo não indígena. Hidrelétrica planejada.

13. A.I. Gorotire (PA), povo Kaiapó. Invasão de garimpeiros em 1985.

14. A.I. Trincheira/Bacajá (PA), povo Kaiapó/Xikrin do Bacajá. Municípios de Senador José Porfírio, São Félix do Xingu e Portel. Garimpo não indígena. Projeto Carajás / Influência de hidrelétrica planejada / Rodovia planejada PA-158 / Isolados.

15. A.I. Xikrin do Cateté (PA), povo Kaiapó/Xikrin do Cateté. Município de Marabá. Garimpo não indígena intermitente. Projeto Carajás / Influência de hidrelétrica planejada (Itacaiúnas) / Isolados.

16. A.I. Mundurucu (PA), povo Munduruku. Município de Itaituba. Garimpo indígena e não indígena. Influência de hidrelétrica planejada (B. São Manoel) / Rodovia planejada BR-080 / Reserva Florestal Mundurukania / interdição inclui área já delimitada.

17.A.I. Sai Cinza (PA), povo Munduruku. Município de Itaituba. Garimpo indígena. Rodovia no limite BR-230 / Reserva Florestal Mundurukaina.

18.A.I. Paru do Leste (PA), povo Wayana-Aparai. Municípios de Almeirim, Monte Alegre e Alenquer. Garimpo não indígena. Projeto Calha Norte.

19.P.Q. Tumucumaque (PA), povo Akurió, Kaxuyana, Tiriyó, Waiãpi e Wayana-Aparai. Municípios de Almeirim, Óbidos, Oriximina, Alenquer e Monte Alegre. Garimpo não indígena. Projeto Calha Norte / Influência de hidrelétrica planejada / Rodovias planejadas BR-163 e BR-210 / Reserva Florestal Tumucumaque / Isolados Akurio.

20. Surui do Pará (PA), povo Surui, família Tupi / Guarani.

21.Waiãpi (PA), povo Waiãpi. Invasão de garimpeiros, 1975.

RONDÔNIA

22. A.I. Uruéu-Au-Au (RO), povo Kawahíb. Municípios de Ariquemes, Costa Marques, Guajará-Mirim, Ouro Preto d'Oeste, Presidente Médici, Porto Velho, Jaru, Alvorada D'Oeste, São Paulo de Olivença, Vila Nova do Mamoré. Garimpo não indígena. Polonoroeste / Faixa de fronteira / BR-429 no limite / Parque Nacional Pacaas Novos.

23. A.I. Rio Branco (RO), povo Arikapu, Aruá, Canoé, Corumbiara, Jaboti, Macurap e Tupari. Município de Costa Marques. Área do Projeto Polonoroeste / Faixa de fronteira / Reserva Biológica do Guaporé.

RORAIMA

24. A.I. Ananás (RR), povo Makuxi. Município de Boa Vista. Garimpo indígena, não indígena e misto. Projeto Calha Norte / Faixa de fronteira.

25. A.I. Cajueiro (RR), povo Makuxi. Município de Boa Vista. Garimpo indígena, não indígena e misto. Projeto Calha Norte / Faixa de fronteira.

26. A. I, Jacamim (RR), povo Wapixana. Municípios de Bonfim e Caracarai. Garimpo indígena, não indígena e misto. Projeto Calha Norte / Faixa de fronteira.

27.A.I. Mangueira (RR), povo Makuxi. Município de Alto Alegre. Garimpos indígena, não indígena e misto. Projeto Calha Norte / Faixa de fronteira.

28. A.I. Ouro (RR), povo Makuxi. Município de Boa Vista. Garimpos indígena, não indígena e misto. Projeto Calha Norte / Faixa de fronteira.

29. A.I. Ponta da Serra (RR), povo Makuxi e Wapixana. Município de Boa Vista. Garimpos indígena, não indígena e misto. Projeto Calha Norte / Faixa de fronteira / Rodovia no limite BR-174.

30. A.I. Raposa/ Serra do Sol (RR), povo Makuxi. Municípios de Normandia e Boa Vista. Garimpos indígena, não indígena e misto. Projeto Calha Norte / na fronteira / Hidrelétrica planejada / várias rodovias estaduais cortam a área.

31.A.I. Santa Inês (RR), povo Makuxi. Município de Boa Vista. Garimpos indígena, não indígena e misto. Projeto Calha Norte / Faixa de fronteira / Rodovia planejada BR-202.

32. A.I. São Marcos (RR), povo Makuxi, Taurepang e Wapixana. Município de Boa Vista. Garimpos indígena, não indígena e misto. Projeto Calha Norte / Faixa de fronteira / Hidrelétricas planejadas / Rodovias cortam a área.

33.A.I. Sucuba (RR), povo Makuxi e Wapixana. Município de Alto Alegre. Garimpos indígena, não indígena e misto. Projeto Calha Norte / Faixa de fronteira / Rodovia corta a área RR-205.

34. Parque Ianomami. Dezenas de Garimpos. (Levantamento de FIGOLS, F./Iamá, 1991. Fontes: Cedi/Peti, 1990; Funai; May: 1990; Menendes, 1985; Avaliação do Polonoroeste/Fipe, 1982-1987).

Bibliografia

AB'SABER, Aziz Nacib. *Problemas de Desmatamento em Áreas Interfluviais na Amazônia*. São Paulo: SBPC, 1988.
_____. *Amazônia: Uma Bibliografia Seletiva*. Rio de Janeiro: CVRD/Geamam, 1989.
_____. Zoneamento Ecológico e Econômico da Amazônia, Questões de Escala e Método. *Estudos Avançados*, v. 3, n. 5, São Paulo: IEA/USP, 1989.
_____. Amazônia, las Leciones del Caos. *Nuestra America*, jan.-fev. 1992.
ADORNO, Theodor W. Progresso. *Lua Nova*, n. 27, São Paulo: Cedec, 1992.
ALIER, Juan Martínez. *The Problem for Research*. Barcelona: [S.n.], 1991.
_____. *Ecological and Economic Valuation*. WP 128.89. Universidade Autônoma de Barcelona, 1989.
ANDERSON, Anthony B.; POSEY, Darrell A. Manejo de Cerrado Pelos Índios Kayapó. *Boletim do Museu Paraense Goeldi*, v. 2, n. 1. Belém, 1985. (Série Botânica.)
ASPELIN, Paul L.; SANTOS, Sívio Coelho dos. *Indians Areas Threatened by Hydroelectric Projects in Brazil*. Copenhagen: IWGIA, 1981. (Document 44.)
BATISTA, P.N. O Desafio Brasileiro: A Retomada do Desenvolvimento em Bases Ecologicamente Sustentáveis. *Política Externa*, v. 2, n. 3, São Paulo: Paz e Terra, 1994.
BAYLEY, Peter B.; PETRERE JR., Miguel. Amazonian Fisheries: Assessment Methods, Current Status and Managements Options. In: DODGE, Douglas P. (ed.). *Proceedings of the International Large River Symposium*. Ottawa: Canadian Special Publication of Fisheries and Aquatic Sciences.
BEAUD, Michel. *L'Économie Mondiale dans les années 80*. Paris: La Decouverte, 1989.
BECKER, Berta K. A Amazônia Pós-Eco-92. In: BURSZTYN, Marcel. *Para Pensar o Desenvolvimento Sustentável*. São Paulo: Brasiliense/Ibama/Enap/PNMA, 1993.
BEGOSSI, A. *Utilização de Recursos Aquáticos e Tecnologia entre Pescadores do Médio Tocantins*. São Paulo: IO-USP/FF/UICN, 1989.

BELLIA, V.; BIDONE, E.D. *Garimpos, Tragédia do Uso dos Bens de Propriedade Comum*. Rio de Janeiro: Oikos/Aplicada, 1991. (Mimeo.)
BERTRAN, Paulo. Desastre Ambiental na Capitania de Goiás. *Ciência Hoje*, v. 12, n. 70, Rio de Janeiro, 1991.
BILLER, Dan. *Informal Gold Mining in Brazil and Mercury Pollution: The Case of the Madeira River*. Washington: WB, 1991. (Mimeo.)
BITTENCOURT, M.M.; COX-FERNANDES, C. Peixes Migradores Sustentam Pesca Comercial. *Ciência Hoje*, v. 11, n. 64, Rio de Janeiro, 1990.
BOOKCHIN, M. Liberta e necessita nel mondo naturale. *Volontá*, n. 2-3, Milano, 1987.
BOURDIER, Pierre. *Homo Academicus*. Paris: Les Éditions de Minuit, 1984.
BRANCO, Samuel Murgel. Uma Parte da Amazônia Vai Morrer com Balbina. *Pau-Brasil*, v. 13, São Paulo, 1986.
____. Balbina, Demanda Energética e a Ecologia Amazônica. *O Estado de S. Paulo*, São Paulo, 16/1/1987.
BROWDER, J.O. Alternativas de Desenvolvimento para Florestas Tropicais Úmidas. In: LEONARD, H. Jeffrey. *Meio Ambiente e Pobreza: Estratégias e Desenvolvimento Para uma Agenda Comum*. Rio de Janeiro: Jorge Zahar, 1992.
BUARQUE, Cristóvam. O Pensamento em um Mundo Terceiro Mundo. In: BURSZTIYN, Marcel et al. (orgs.). *Para Pensar o Desenvolvimento Sustentável*. São Paulo: Brasiliense/Ibama/Enap/PNMA, 1993.
BURSZTYN, Marcel et al. (orgs.). *Para Pensar o Desenvolvimento Sustentável*. São Paulo: Brasiliense/Ibama/Enap/PNMA, 1993.
CAGNIN, João Urbano. Hidrelétricas da Amazônia: Uma Proposta Socialmente Eficiente. *Revista Brasileira de Tecnologia*, v. 16, n. 4, Brasília, jun.-ago. 1985.
CALAF, E.C. *Pesquisa Pesqueira no Estado do Amazonas*. Brasília: Ibama/Dirped, 1990.
CAMPBELL, T. Desenvolvimento Urbano no Terceiro Mundo, Dilemas Ambientais e Pobres Urbanos. In: LEONARD, H. Jeffrey. *Meio Ambiente e Pobreza: Estratégias de Desenvolvimento Para uma Agenda Comum*. Rio de Janeiro: Jorge Zahar, 1992.
CARVALHO, E.A. *Avá-Canoeiro do Ocoí-Jacutinga*. São Paulo: ABA/CIMI/ANAI-PR/PUC-SP, 1981.
CARVALHO, José Porfírio F. de. *Waimiri Atroari: A História Que Ainda Não Foi Contada*. Brasília: Edição do autor, 1982.
CARVALHO, M. do R. Um Estudo de Caso: Os Índios Tuxá e a Construção da Barragem em Itaparica. In: SANTOS, Sílvio Coelho dos (org.). *O Índio Perante o Direito*. Florianópolis: Editora da UFSC, 1982.
CARVALHO F$^{\underline{o}}$, J.J. de. Avaliação Conjuntural do POLONOROESTE. *Fipe*, v. 2, São Paulo, 1986.
CASTRO, Eduardo Viveiros de. Sociedades Indígenas e Natureza na Amazônia. *Tempo e Presença*, ano 14, n. 261, São Paulo, 1992.
CEDI. *Povos Indígenas no Brasil*, n. 3, Amapá/Norte do Pará/São Paulo, 1983.
____. *Povos Indígena no Brasil*, n. 5, Javari/São Paulo, 1984.
____. *Povos Indígenas no Brasil*, n. 8, Sudeste do Pará/Tocantins/São Paulo, 1985.
____. *Povos Indígenas no Brasil – 85/86. Aconteceu Especial*, n. 17, São Paulo, 1986.
CEDI/PETI. *Terras Indígenas no Brasil*. São Paulo: Cedi, 1990.
CEDI/CONAGE. *Empresas de Mineração e Terras Indígenas na Amazônia*. São Paulo: Cedi, 1988.
CERI, Paolo. Le basi sociali e morali del Fecologia política. In: CERI, Paolo (ed.). *Ecologia e Politica*, Milano: Feltrinelli, 1987.

CHAPMAN, Margaret D. The Political Ecology of Fisheries Depletion in Amazônia. *Environmental Conservation*, v. 16, n. 4, Suíça, 1989.
CHERNELA, Janet M. Pesca e Hierarquização Tribal no Alto Uaupés. In: RIBEIRO, Berta G. et al. (orgs.). *Suma Etnológica Brasileira*, v. 1, *Etnobiologia*. Petrópolis: Vozes/Finep, 1986.
CLARK, J. La natura è una femmina da dominare, parola di Marx. *Volontá*, n. 2-3, Milano, 1987.
CLASTRES, Pierre. *La Societé contre l'état*. Paris: Les éditions de minuit, 1974.
_____. *Arqueologia da Violência*. São Paulo: Brasiliense, 1982.
CONGRESSO Nacional. *Relatório Final da Subcomissão de Pesca da Comissão de Agricultura e Política Rural: Sessão Legislativa de 1984*. Brasília: Congresso Nacional, 1985.
CONSTANZA, Robert. *Ecological Economics: The Science and Management of Sustainability*. New York: Columbia University Press, 1991.
CUNHA, Manuela Carneiro da. *Os Índios no Direito Brasileiro Hoje*. Comissão Pró-Índio de SP, 1986.
DAVIS, Shelton H. *Vítimas do Milagre: O Desenvolvimento e os Índios do Brasil*. Rio de Janeiro: Zahar, 1978.
DELEAGE, Jean-Paul. Les Rapports des sociétés à la nature. *L'Homme et la societé*. Paris: L'Harmattan, 1989.
DELEAGE, Jean-Paul; HEMERDY, D. De l'éco-histoire à l'écologie monde. *L'Homme et la societé*. Paris: L'Harmattan, 1989a.
_____. L'Écologie, critique de l'économie. *L'Homme et la societé*. Paris: L'Harmattan, 1989b.
DOCKÈS, Pierre; ROSIER, Bernard. *L'Histoire ambiguë: Croissance et développement on question*. Paris: PUF, 1988.
DOWBOR, L. Descentralização e Meio Ambiente. In: BURSZTYN, Marcel et al. (orgs.). *Para Pensar o Desenvolvimento Sustentável*. São Paulo: Brasiliense/ Ibama/Enap/PNMA, 1993.
ELETROBRÁS – *Estatutos da Eletrobrás*. Rio de Janeiro: Eletrobrás, 1978.
_____. *Plano de Recuperação Setorial – Prs*. Rio de Janeiro: Eletrobrás, 1985a.
_____. *Manual de Estudos de Efeitos Ambientais dos Sistemas Elétricos*. Eletrobrás: Rio de Janeiro, 1985b.
ELETRONORTE- *Bal-50-1001 –RE–Monasa-Engerio*. Brasília: Eletronorte, 1986.
_____. *Empreendimentos: Prioridades para Execução*. Brasília: Eletronorte, 1987a.
_____. *Plano de Expansão*. Brasília: Eletronorte, 1987b.
ELIAS, Norbert. *O Processo Civilizador: Uma História dos Costumes*. Rio de Janeiro: Jorge Zahar, 1990.
ENVIROMENTAL *Policy Institute: Background on International Legislation*. Washington: EPI, 1986.
ERIBON, Didier. *Michel Foucault, uma Biografia*. São Paulo: Companhia das Letras, 1990.
ESTEVES, F.A.; BOZELLI, R.L.; ROLAND, F. Lago Batata: Um Laboratório de Limnologia Tropical. *Ciência Hoje*, v. 11, n. 64, Rio de Janeiro, 1990.
FEARNSIDE, P.M. Balbina: Lições Trágicas da Amazônia. *Ciência Hoje*, v. 11, n. 64, Rio de Janeiro, 1990.
FEARNSIDE, P.M.; FERREIRA, G. de L. A Farsa das Reservas. *Ciência Hoje*, v. 3, n. 17, Rio de Janeiro, 1985.
FINK, William I.; FINK, Sara V. A Amazônia Central e Seus Peixes. *Acta Amazônica*, v. 8, n. 4, Manaus: Inpa, 1978.
FIORI, José Luís. Globalização, Estados Nacionais e Políticas Públicas. *Ciência Hoje*, v. 16, n. 96, Rio de Janeiro, 1993.

FISCHER, C.F. *Programa de Ordenamento Pesqueiro Integrado por Bacias Hidrográficas.* Brasília: Ibama/Diren/Depaq, 1990.
FONSECA, E.G. da. O Que É "DesenvolvimentoEconômico?" *Folha de S.Paulo*, 2/1/1994.
FUNATURA – *Alternativas ao Desmatamento na Amazônia: Conservação dos Recursos Naturais.* Brasília: Funatura, 1988.
FURTADO, Lourdes Gonçalvez. *Curralistas e Redeiros de Marudá: Pescadores do Litoral do Pará.* Belém: Museu Paraense Emílio Goeldi, 1987.
GAUCHET Marcel. A Dívida do Sentido e as Origens do Estado. In: CLASTRES, Pierre et al. (orgs.). *Guerra, Religião, Poder.* Lisboa: Edições 70, 1980.
GIDDENS, Anthony. Modernitá, ecologia e trasformazione sociale. In: CERI, Paolo (ed.). *Ecologia Politica.* Milano: Feltrinelli, 1987.
GILMORE, R.M. Fauna e Etnozoologia da América do Sul Tropical. In: RIBEIRO, Berta G. et al. (orgs.). *Suma Etnológica, v. 1, Etnobiologia.* Petrópolis: Vozes/Finep, 1986.
GOLDEMBERG, J. Editorial. *Revista São Paulo Energia-Cesp*, ano II, n. 17, São Paulo, 1986.
GOODLAND, Robert; IRWIN, Howard S. *A Selva Amazônica: Do Inferno Verde ao Deserto Vermelho.* São Paulo: Edusp/Itataia, 1975.
_____. *Brazil – Northwest Region Economic Review: Environmental Aspects.* Washington: Banco Mundial, 3.3.1980. (Mimeo.)
GOULDING, Michael. *Ecologia da Pesca do Rio Madeira.* Manaus: Inpa, 1979.
_____. Amazonian Fisheries. In: MORAN, Emilio F. (ed.). *The Dilemma of Amazonian Development.* Boulder, Colorado: Westview Press, 1983.
_____. Forest Fishes of the Amazon. In: PRANCE, Ghillean T.; LOVEJOY, Thomas E. *Amazônia.* Oxford: Pergamon Press,1985.
_____. *Amazon: The Flooded Forest.* London: BBC Books, 1989.
GUILLE-ESCURET, Georges. *Les Sociétés et leurs natures.* Paris: Armand Colin, 1989.
GUIMARÃES, P.M. *Construção de Usinas Hidrelétricas em Áreas Indígenas da Amazônia Legal.* Parecer Jurídico, CIMI, Brasília, 1986. (Datilografado.)
HABERMANS, Jürgen. *El Discurso Filosófico de la Modernidad.* Madrid: Taurus, 1989.
HARTMANN, Wolf D. *Target Groups in Improving Marketing Systems for Artisanal Fisheries Producers or Middlemen? The Case of Northern Brazil.* International Conferences on Fisheries. GERMA/UQAR. Rimoushi, Canadá, ICF, 1986.
_____. *O Setor Pesqueiro no Pará: Diagnóstico.* Belém: Sudepe, 1988.
_____. *Costs and Margins in Marketing of Artisanal Fishermen's Cactches in Northern Brasil.* Belém: Projeto Iara/Ibama, 1989.
_____. *Conflitos de Pesca em Águas Interiores da Amazônia e Tentativas Para Sua Solução.* Belém,: Projeto Iara/Ibama/IO-UsP/FF/UICN, 1989.
HARTMANN, Wolf D.; VIEIRA, I.J.A. *Lago Grande de Monte Alegre: Por uma Administração de Recursos Pesqueiros em Águas Interiores da Amazônia.* Belém: Informe técnico. Instituto Brasileiro do Meio Ambiente e dos Recursos Naturais Renováveis / Cooperação Técnica Brasil-Alemanha, 1989. (Mimeo.)
HEIZER, Robert F. OS Venenos de Pesca. In: RIBEIRO, Berta G. et al. (orgs.). *Suma Etnológica Brasielria, v. 1, Etnobiologia.* Petrópolis: Finep/Vozes, 1986.
IANNI, Octávio. *Ditadura e Agricultura: O Desenvolvimento do Capitalismo na Amazônia. 1964-1978.* São Paulo: Civilização Brasileira, 1979.
_____. *Colonização e Contra-Reforma Agrária na Amazônia.* Petrópolis: Vozes, 1979.
IBAMA. *Considerações Sobre as Atividades de Pesquisa da Extinta Sudepe.* Brasília: Ibama, 1989.
IBAMA/Embrapa/Inpa. *Programa de Pesquisa e Produção de Peixes Ornamentais.* Brasília: Ibama, 1990.

IMAZON. *O Manejo Sustentável do Recurso Pesqueiro no Médio Amazonas.* Belém: Imazon, 1991. (Fotocópia.)

IPEA. *Relatório de Avaliação dos Incentivos Fiscais.* Brasília: Ipea, 1986. (Fotocópia.)

JUNK, Wolfgang J. As Águas da Região Amazônica. In: SALATI, Eneas (org.). *Amazônia, Integração, Desenvolvimento e Ecologia.* São Paulo: Brasiliense, 1983.

_____. Ecology, Fisheries and Fish Culture in Amazônia. In: SLOLI, Harald (ed.). *The Amazon: Limnology and Landscape Ecology of a Mighty Tropical River and Its Bassin.* The Hague: Dr. W. Junk Publ., 1984.

_____. The Use Of Amazonian Floodplains Under An Ecological Perspective. *Interciencia,* v. 14, n. 6, Caracas, 1989.

JUNQUEIRA, Carmen. *Área Indígena Aripuanã/Cinta-Larga: Os Cinta-Larga do PI Serra Morena e a Hidrelétrica de Juina.* Mato Grosso/São Paulo: Fipe-USP, Avaliação do Polonoroeste, 1985.

JUNQUEIRA, Carmen; MINDLIN, Betty. *The Polonoroeste Program and the Aripuanã Park.* Copenhagen: IWGIA, 1987.

JUNQUEIRA, Carmen; PAIVA, Eunice. *O Estado Contra o Índio.* São Paulo: PUC, 1985.

KABUR, Ravi. *Poverty and Development.* Washington: World Bank, 1990.

KOHLHEPP, Gerd. Desenvolvimento Regional Adaptado: O Caso da Amazônia Brasileira. *Estudos Avançados,* n. 16, São Paulo, 1992.

KURZ, Robert. *O Colapso da Modernização.* Rio de Janeiro: Paz e Terra, 1993.

LEDEC, George; GOODLAND, Robert. *Wildlands: Their Protection and Management in Economic Development.* Washington: World Bank, 1988.

LEITÃO, W.M. A Pesca na Região Norte. *Populações Humanas e Ecossistemas da Costa Brasileira.* São Paulo: FF/UICN/USP/Greenpeace, 1990. (Fotocópia.)

LEITE, R.C. de C. A Fada Boa e a Energia. *Folha de S.Paulo,* 1994.

LÉNA, Philippe; OLIVEIRA, Adélia Engrácia de. *Amazônia: A Fronteira Agrícola 20 Anos Depois.* Belém: MPEG/ORSTOM, 1991.

LENOBLE, Robert. *História da Ideia de Natureza.* Viseu: Edições 70, 1990.

LEONARD, H. Jeffrey. *Meio Ambiente e Pobreza: Estratégias de Desenvolvimento Para uma Agenda Comum.* Rio de Janeiro: Jorge Zahar, 1992.

LEONEL, Mauro. *Carreteras, Índios y Ambiente en la Amazônia: Del Brasil Central ai Oceano Pacífico.* Iwgia – docto. # 13, Copenhague 1992. (Versão em espanhol.) *Roads, Indians and the Environment in the Amazon: From the Central Brazil to the Pacific.* IWGIA – docto. # 72, Copenhagen, 1992. (Versão em inglês)

_____. *Etnodicéia Uruéu-Au-Au.* São Paulo: Edusp/Fapesp/Iamá, 1995.

_____. Urueu-wau-wau: Primeira Demarcação de um Povo Isolado. In: Cedi. *Povos Indígenas no Brasil,* São Paulo, 1986.

_____. Saquirabiar e Macurap: O Preço do Mogno. In: Cedi. *Povos Indígenas no Brasil,* São Paulo, 1986.

_____. "Índios e Ambiente: A Eficácia da Pressão Externa Sobre Governos Latino-Americanos", e "Documento Final da Reunião de Trabalho: Los Grandes Proyectos de Desarrollo y las Comunidades Indígenas". In: *Entre La Resignacion y La Esperanza.* Assunção: CEDHU/Intercontinental, 1989.

_____. Dernier Cercle: Indiens Isoles du Polonoroeste. In: Survival International France; Peuples Autochtones et Developpment (orgs.). *Ethnies: Droits de l'Homme et Peuples Autochtones,* n. 11-12, Paris, 1990. (Brésil: indiens e développement en Amazonie.)

_____. Índios Isolados: As Maiores Vítimas. In: Cedi. *Povos Indígenas no Brasil,* n. 85-86, São Paulo, 1986.

_____. Colonos Contra Amazônidas no Polonoroeste: Uma Advertência às Políticas Públicas. In: LÉNA, Philippe; OLIVEIRA, Adélia Engrácia de (orgs.). *Amazônia: A Fronteira Agrícola 20 Anos Depois*. Belém: Museu Paraense Emílio Goeldi, 1991. (Coleção Eduardo Galvão.)

_____. Onde Se Esconder? – Últimos Índios Isolados na Mata: As Maiores Vítimas. In: HÉBETTE, Jean (org.). *O Cerco Está Se Fechando: O Impacto do Grande Capital na Amazônia*. 460 Congresso dos Americanistas, Amsterdam, Holanda, 1988. Petrópolis;Rio de Janeiro/Belém:, Vozes/FASE/Naea-UFPA, 1991.

_____. Onde Se Esconder? In: *Carta: Falas, Reflexões, Memórias*. Brasília: Gabinete do Senador Darcy Ribeiro, Centro Gráfico do Senado Federal, 1993-1994.

_____. Estradas, Índios e Ambiente na Amazônia: do Brasil Central ao Oceano Pacífico. *Revista São Paulo em Perspectiva*, Fundação Seade, dedicada à ECO-92, v. 6, n.1-2, jun. 92.

_____. A Desmarcação dos Urueuwauwau. In: Cedi. *Povos Indígenas no Brasil*, São Paulo, 1991. Reedição: La De-Demarcazione del Territori Uru Eu-Wau-Wau. *Amazzonia, Terra di Conquista*. Chieti Scalo: Ed. Vecchio Faggio, 1992.

LEONEL, Mauro; JUNQUEIRA, Carmen. O Segundo Massacre Cinta-Larga. *Folha de S.Paulo*, 23.3.1984.

_____. Tancredo e os Índios de Rondônia e Mato Grosso. *Folha de S.Paulo*, 1.3.1985.

_____. A Democracia Não Chegou aos Índios. *Folha de S.Paulo*, 17.9.1985.

_____. Raoni e Ruschi, Ecologia e Indigenismo. *Folha de S.Paulo*, 4.2.1986.

LEONEL, Mauro; MINDLIN, Betty. O Cenário do Assassinato de Iabner Suruf. *Folha de S. Pauto*, 5.4.1989.

_____. O Que o Polonoroeste Deve aos Índios. In: Cedi. *Povos Indígenas no Brasil*, São Paulo, 1991.

LEONEL, Mauro; LEÃO, Maria Auxiliadora Cruz de Sá. Relatório de Avaliação e para Urgente Demarcação das Terras dos índios Urueuwauwau. In: MINISTÉRIO Público Federal. *Boletim Informativo*, Secretaria de Coordenação da Defesa dos Direitos Individuais e dos Interesses Difusos-Secodid, ano IV, n. 12, fev.-mar. 1990.

LEONEL, Mauro; JUNQUEIRA, Carmen; MINDLIN, Betty. *Environment, Poverty and Indians – Henk van Andellezing*. Amsterdam: NOVIB, 1992.

_____. A Corresponsabilidade Internacional e a Questão Indígena e Ambiental na Amazônia. *Revista São Paulo em Perspectiva*, Fundação Seade, dedicada à Eco-92, v. 6, n. 1 e 2, jun. 92.

_____. La Co-Responsabilidad Internacional en la Cuestión Indígena y Ambiental de la Amazônia Brasilena. *Boletim Iwgia*, Copenhagen, n. 3, jul.-ago.-set. 1992.

LÉVI-STRAUSS, Claude. *Elogio de la Antropologia*. Buenos Aires: Ediciones Calden 22, 1976.

_____. *Antropologia Estrutural*. Rio de Janeiro: Edições Tempo Brasileiro, 1967.

_____. *Tristes Trópicos*. Lisboa: Edições 70, 1981.

LOUREIRO, Violeta Refkalefsky. *Os Parceiros do Mar: Natureza e Conflito Social na Pesca da Amazônia*. Belém: Conselho Nacional de Desenvolvimento Científico e Tecnológico, CNPq/Museu Paraense Emilio Goeldi, 1985.

LOWY, Michael; VARIKAS, Eleni. A Crítica do Progresso em Adorno, *Lua Nova*, n. 27, São Paulo, 1992.

MARCUSE, Herbert. Some Social Implications of Modem Technology. In: ARATO, Andrew; GERBHARDT, Eike (eds.). *The Essencial Frankfurt School Reader*. New York: Urizen Books, 1978.

MARTINE, Gorge et al. *A Questão Populacional no Brasil*. Brasília: MacArthur Foundation, 1991.

_____. *Desenvolvimento, Dinâmica Demográfica e Meio Ambiente: Repensando a Agenda Ambiental Brasileira*. Brasília: ISPN, 1991.

MEGGERS, Betty Jane. *Amazônia: A Ilusão de um Paraíso*. São Paulo: Edusp/ Itatiaia, 1987.

MERLEAU-PONTY, Maurice. A Crise do Entendimento. *Textos Escolhidos, Primeira Parte de As Aventuras da Dialética*. São Paulo: Abril Cultural, 1980.

MINDLIN, Betty. *Nós Paiter: Os Sumi de Rondônia*. Petrópolis: Vozes, 1985.

MORAN, Emilio F. *A Ecologia Humana das Populações da Amazônia*. Petrópolis: Vozes, 1990.

MORIN, Edgar. *O Método: A Natureza da Natureza*. Lisboa: Publicações Europa--América, 1987.

MUELLER, C.C. *Dinâmica, Condicionantes e Impactos Socioambientais da Evolução da Fronteira Agrícola no Brasil*. Brasília: ISPN, 1992.

NICOLAU, J.C.M. A Desproporcionalidade da Representação Política Brasileira. *Novos Estudos*, n. 33, São Paulo, 1992.

NODA, S.N. A Água Envenenada. *Ciência Hoje*, v. 11, n. 64, Rio de Janeiro, 1990.

NUNES, M.R. *A Geração de Energia Elétrica na Amazônia e o Mercado do Sudeste*. Brasília: Eletronorte, 1986.

OFFE, C. L'utopia dell'opzione zero. *Ecologia e Política*. Milano: Feltrinelli, 1987.

OLIVEIRA FILHO, João Pacheco. Fronteiras de Papel. *Humanidades*. Brasília: UNB, 1988a.

_____. O Surgimento do Antivalor. *Novos Estudos*, n. 22, São Paulo, 1988b.

PESCART. *Amapá: Projeto Pesca Artesanal/Produtores de Baixa Renda*. Brasília: Ministério da Agricultura, 1977.

PETRERE JR., Miguel. Pesca e Esforço de Pesca no Estado do Amazonas. II. Locais Aparelhos de Captura e Estatísticas de Desembarque. *Acta Amazônica*, ano VIII, n. 3, Manaus: Inpa, 1978.

_____. *Migraciones de Peces de Água Dulce en America Latina*. Roma: Copescal/FAO, 1985.

_____. A Pesca Comercial no Rio Solimões. *Ciência e Cultura*, v. 37, n. 12, 1985.

_____. Variations in the Relative Abundance of Tambaqui (I) Tucunaré (II). *Amazoniana*, Inpa/Manaus, 1986.

_____. Fish Stock Management in the Amazon. *Amazônia, Faits, Problems and Solutions, annals 1*. São Paulo, INPE/USP, 1989a.

_____. *Nota Sobre a Pesca dos Índios Kayapó da Aldeia do Gorotire*. Unesp/Rio Claro, 1989b. (Fotocópia.)

_____. As Comunidades Humanas Ribeirinhas da Amazônia e Suas Transformações Sociais. *IV Encontro de Ciências Sociais e o Mar no Brasil*. São Paulo/ Belém, FF/UICN/PAU/USP, 1990. (Fotocópia.)

PINTO, L.F. A História Recomeça. *O Liberal*, Belém, 5/5/1985.

PRADO JR., Bento. Nota Preliminar. In: CLASTRES, Pierre. *Arqueologia da Violência*. São Paulo: Brasiliense, 1982.

RADJAVI, Kazem. *La Dictature du prolétariat et le deperissement de l 'état de Marx à Lenine*. Paris: Anthropos, 1975.

RIBEIRO, Mauro César Labert de Brito; PETRERE Jr., Miguel. Fisheries Ecology and Management of the Jaraqui (Semaprochilodus taeniurus, S. insignis). *Regulated Rivers; Research & Management*, v. 5, 1990.

_____. "A Pesca no Araguaia". *Jornal do Brasil*, 4/12/1989.
RIBEIRO, Berta G. *Amazônia Urgente*. Belo Horizonte: Itatiaia, 1990.
_____. *Suma Etnológica Brasileira*. 1: *Etnobiologia*. Rio de Janeiro: Vozes, 1986.
ROSSET, Clément. *Vanti-nature*. Paris: PUF, 1973.
SACHS, Ignacy. Estratégias de Transição para o Século XXI. In: BURSZTYN, Marcel et al. (orgs.). *Para Pensar o Desenvolvimento Sustentável*. São Paulo: Brasiliense/Ibama/Enap/PNMA, 1993.
SAHLINS, DAVID Marxhall. *As Sociedades Tribais*. Rio de Janeiro: Zahar, 1974.
SALLES, V.R. Pescar, Pesquisar. *Ciência Hoje*, v. 11, n. 64, Rio de Janeiro, 1990.
SANTOS, A. dos. As Águas da Região. In: ALMEIDA JR., José Maria de; FÉ, José de Achieta Moura (orgs.). *Carajás, Desafio Político, Ecologia e Desenvolvimento*. São Paulo, Brasiliense, 1986.
SANTOS, José Orestes Schneider. *O Desenvolvimento da Amazônia Ocidental através de Polos Minerais*. Manaus: Fua, 1987. (Fotocópia.)
SCHUBART, H.; JUNK, W.J.; PETRERE, M. Sumário de Ecologia Amazônica. *Ciência e Cultura*, v. 28, 1976.
SEMAM. *Relatório Nacional do Brasil para a Conferência da UNCED-92 – Versão Preliminar*. Brasília: Semam, 1991. (Mimeo.)
SEPLAN. *Plano Nacional de Desenvolvimento – Pnd*. Brasília: Seplan, 1985.
SILVA, V.M.F. Botos: Mitológicos Hóspedes da Amazônia. *Ciência Hoje*, v. 11, n. 64, Rio de Janeiro, 1990.
SIOLI, Harald. *Amazônia: Fundamentos da Ecologia da maior Região de Florestas Tropicais*. Petrópolis: Vozes, 1990.
SOUZA, R.H.S.; VAL, L.A. O Gigante das Águas Doces. *Ciência Hoje*, v. 11, n. 64, Rio de Janeiro, 1990.
SUDAM: *10 Plano de Desenvolvimento da Amazônia*. Belém, 1986.
THOMPSON, Edward Palmer. *A Formação da Classe Operária Inglesa II: A Maldição de Adão*. Rio de Janeiro: Paz e Terra, 1987.
TOURAINE, Alain. Le lotte antinucleari. *Ecologia e Política*. Milano: Feltrinelli, 1987.
VAL, Adalberto Luis; VAL, Vera Maria Fonseca de Almeida e. Adaptação Bioquímica em Peixe da Amazônia. *Ciência Hoje*, v. 11, n. 64, Rio de Janeiro, 1990.
VIOLA, E. *Proposta de Reforma do Sistema Político e do Estado na Direção de uma Sociedade Democrática, Eficiente, Equitativa e Sustentável*. Brasília: Inesc, 1993.
WAGLEY, Charles. *Uma Comunidade Amazônica*. Belo Horizonte: Itatia/Edusp, 1988.
WALKER, I. Ecologia e Biologia dos Igapós e Igarapés. *Ciência Hoje*, v. 11, n. 64, Rio de Janeiro, 1990.
WEBER, Max. Sociologia de la Comunidad Religiosa. *Economia y Sociedad*. México: Fondo de Cultura Econômica, 1964.
_____. *O Político e o Cientista*. Lisboa: Editorial Presença, 1979.
WORLD Bank Brazil. *An Economic Analysis of Enviromnental Problems in the Amazon*. Washington: World Bank, 1990. (Mimeo.)
_____. *Poverty: World Development Report*. Washington: World Bank, 1990. (Mimeo.)
_____. *Sustainable Development: Towards an Operational Definition*. Washington: World Bank, 1990. (Mimeo.)

MAURO LEONEL
É professor associado livre docente da Escola de Artes e Ciências das Humanidades da Universidade de São Paulo (EACH-USP) e ex-professor da Universidade de Lisboa e da Unesp; fez mestrado em Economia Política na Universidade de Paris e é mestre em ciências sociais pela PUC-SP e doutor em Sociologia pela USP. Foi jornalista, colaborando com os jornais *Folha de S.Paulo*, *Jornal do Brasil* e *Gazeta Mercantil*. Na década de 1970, na França, trabalhou no *Liberation*. Atuou ainda no Chile, Portugal (Inter Press Service) e Suíça (Swiss International Radio and Television).

Na década de 1980, foi consultor da Fipe-USP, do Banco Mundial, do PNUD e do Fida/OIT/ ONU e é diretor e coordenador de projetos do Iamá – Instituto de Antropologia e Meio-Ambiente, tendo trabalhado também na Bolívia, Peru e Paraguai em políticas públicas e populações tradicionais, dentre outros temas. É autor, entre outros, de *Etnodiceia Uruéu-au-au* (São Paulo, Edusp/ Fapesp/Iamá, 1995), *Roads, Indians and the Environment in the Amazon –From the Central Brazil to the Pacific* (Copenhagen, IWGIA – docto. # 72, 1992), *Environment, Poverty and Indians* (com Carmen Junqueira e Betty Mindlin; Holanda, Henk van and Llezing, NoviB, 1991).

Este livro foi impresso na cidade de Cotia,
nas oficinas da Meta Brasil, em maio de 2020,
para a Editora Perspectiva.